Lehr- und Handbücher der Statistik

Herausgegeben von
Universitätsprofessor Dr. Rainer Schlittgen

Bisher erschienene Werke:
Caspary/Wichmann, Lineare Modelle
Chatterjee/Price (Übers. Lorenzen), Praxis der
Regressionsanalyse, 2. Auflage
Degen/Lorscheid, Statistik-Aufgabensammlung, 2. Auflage
Harvey (Übers. Untiedt), Ökonometrische Analyse von
Zeitreihen, 2. Auflage
Harvey (Übers. Untiedt), Zeitreihenmodelle, 2. Auflage
Heiler/Michels, Deskriptive und Explorative Datenanalyse
Miller (Übers. Schlittgen), Grundlagen der
Angewandten Statistik
Naeve, Stochastik für Informatik
Oerthel/Tuschl, Statistische Datenanalyse mit dem
Programmpaket SAS
Pokropp, Lineare Regression und Varianzanalyse
Rasch · Herrendörfer u. a., Verfahrensbibliothek, Band I
Rinne, Wirtschafts- und Bevölkerungsstatistik, 2. Auflage
Rüger, Induktive Statistik, 3. Auflage
Schlittgen, Statistik, 7. Auflage
Schlittgen, Statistische Inferenz
Schlittgen/Streitberg, Zeitreihenanalyse, 7. Auflage

Fachgebiet Biometrie
Herausgegeben von Dr. Rolf Lorenz

Bisher erschienen:
Bock, Bestimmung des Stichprobenumfangs

Bestimmung des Stichprobenumfangs

für biologische Experimente und kontrollierte klinische Studien

Von
Professor
Dr. Jürgen Bock

Buch mit Diskette

R. Oldenbourg Verlag München Wien

Die Deutsche Bibliothek - CIP-Einheitsaufnahme

**Bestimmung des Stichprobenumfangs für biologische Experimente
und kontrollierte klinische Studien** / von Jürgen Bock. – München ;
Wien : Oldenbourg
  (Lehr- und Handbücher der Statistik)
  ISBN 3-486-24513-9

Buch. 1998

Diskette. 1998

© 1998 R. Oldenbourg Verlag
Rosenheimer Straße 145, D-81671 München
Telefon: (089) 45051-0, Internet: http://www.oldenbourg.de

Gedruckt auf säure- und chlorfreiem Papier
Gesamtherstellung: Huber KG, Dießen

ISBN 3-486-24513-9

Vorwort

So wie die Auswahl des geeigneten Auflösungsvermögens beim Mikroskopieren kein primär technisches, sondern ein sachliches Problem ist, ist die Festlegung des Stichprobenumfangs für eine Studie oder ein Experiment in erster Linie ein fachwissenschaftliches, kein statistisches Problem. Um das passende Mikroskop auswählen zu können, müssen die optischen Eigenschaften und Leistungsmerkmale verschiedener Geräte erkundet werden. Dabei kann ein Optiker wertvolle Unterstützung geben. Der Statistiker kennt die Voraussetzungen, die Genauigkeit und die Sicherheit seiner Verfahren und kann so bei Planung des Umfangs behilflich sein. Diesen Faden kann man weiterspinnen.

Niemand würde auf die Idee kommen, zu sagen: "Ob das Auflösungsvermögen unseres Mikroskops ausreicht, wissen wir nicht. Das Risiko, eventuell nichts zu erkennen, müssen wir eingehen." Vielmehr wird man sich nach einem geeigneten Mikroskop umsehen. Aber fragt sich eigentlich jeder, der ein Experiment anstellt, ob er mit der angestrebten Fallzahl überhaupt die Unterschiede herausfinden kann, die praktisch relevant sind?

Da, wo Behörden die Planung des Stichprobenumfangs verlangen, wird sie regelmäßig durchgeführt, manchmal aber als lästige Aufgabe angesehen, die besser der Statistiker alleine erledigen sollte. Aber so wie der Optiker nicht die passende Vergrößerung voreinstellen kann, ohne das praktische Problem zu kennen, kann der Statistiker nicht ohne hinreichende Information über die Aufgabenstellung und die mögliche Variabilität den Umfang bestimmen.

Der Fachwissenschaftler und der Statistiker müssen in einem Dialog die Aufgabenstellung soweit präzisieren, daß die passende Analysemethode ausgewählt und der für das aus fachlicher Sicht erforderliche "Auflösungsvermögen" benötigte Umfang bestimmt werden kann. Das setzt gegenseitiges Verstehen der Fachbegriffe, aber auch viel Erfahrung und Wissen auf beiden Seiten voraus.

Hauptanliegen dieses Buches sind die Unterstützung dieses Dialoges und die Bereitstellung der entsprechenden Methoden zur Planung des Umfangs. Es wendet sich daher nicht nur an Statistiker, sondern an alle, die mit der Planung von Experimenten und Studien im naturwissenschaftlichen und medizinischen Bereich befaßt sind, d.h. an Wissenschaftler, Doktoranden, Laboranten, Studenten an Hoch- und Fachschulen, an Universitäten, in Forschungsinstituten und in der Industrie. Vorausgesetzt ist ein solides Grundwissen in der Statistik, ohne das man schlechterdings über die Eigenschaften von statistischen Verfahren nicht reden kann.

Beim Schreiben des Buches habe ich folgende Ziele verfolgt:

- Eine Einführung in die Methoden der Bestimmung des Stichprobenumfangs auf einem verständlichen Niveau, bei der der Leser Schritt für Schritt sein Wissen erweitern und immer neue Facetten des Problems entdecken kann.

- Die Vermittlung von Erfahrungen aus der Beratungstätigkeit anhand von praktischen Beispielen, in denen nicht nur die Anwendung der Methoden demonstriert wird, sondern auch Probleme und Gedanken diskutiert werden, die während der Planung auftauchen können.

- Ein Vergleich der Methoden und Empfehlungen für die Anwendung.

- Die Bestimmung der exakten Stichprobenumfänge und die Bereitstellung der dazu notwendigen Tabellen und Programme.

Eine Einführung dieses Umfangs muß sich auf die grundlegenden Methoden beschränken, daher konnten leider so wichtige Probleme wie das multiple Testen oder gruppensequentielle Verfahren nicht behandelt werden.

Die Auseinandersetzung mit den Fragen der Sicherheit und Genauigkeit trägt viel zum Verständnis der statistischen Schlußweisen und zum Erkennen der Grenzen ihrer Anwendung bei – das gilt gleichermaßen für Statistiker wie Fachwissenschaftler. So hoffe ich, daß beide Gewinn aus diesem Buche ziehen können. Den größten Nutzen hat aber der Anwender, der mit einer gut geplanten Studie mehr Aussicht auf Erfolg hat.

Für den, der sich nicht der Mühe unterziehen will, das Buch systematisch zu lesen, oder der nur an speziellen Problemen bzw. Methoden interessiert ist, habe ich mehrere Verzeichnisse bereitgestellt, die den Zugang erleichtern sollten. In jedem Falle würde ich aber die Lektüre von Kapitel 2 empfehlen, in dem die Voraussetzungen besprochen und die grundlegenden Begriffe eingeführt werden.

Ein solches Buch könnte ohne die Mithilfe von Freunden und Kollegen kaum zustande kommen. Insbesondere danke ich Herrn Dr. M. Budde für die sehr sorgfältige und kritische Durchsicht des gesamten Manuskripts, für sein ständiges Interesse an dem Fortgang des Projektes, die fruchtbaren Diskussionen und wertvollen Hinweise zur Gestaltung. Herr Dr. H.U. Burger und Herr Dr. K. Dannehl haben dankenswerter Weise einige Kapitel gelesen und Vorschläge für neue Formulierungen unterbreitet, die wesentlich zu einem besseren Verständnis beitragen. Der Begriff des "statistischen Auflösungsvermögens" ist eine Schöpfung von Herrn Dr. K Dannehl. Wertvolle Literaturhinweise verdanke ich Herrn Dr. H. Kres, der mir seine Sammlung zur Verfügung gestellt hat. Ohne die Unterstützung der Firma F.Hoffmann-La Roche, Basel wäre die Berechnung einiger Tabellen nicht möglich gewesen, wofür ich mich herzlich bedanke.

Sehr zu schätzen weiß ich die Mühen der Herausgeber, Herr Dr. R.J. Lorenz und Herr Dipl.-math. J.Vollmar, die durch die außergewöhnlich sorgfältige Durchsicht des Manuskripts und ihre kritischen Bemerkungen in erheblichem Maße zur Gestaltung des Buches beigetragen haben. Herr Dr. R.J. Lorenz hat mich auch durch sein stets bekundetes Interesse immer wieder zum Schreiben ermutigt.

Den größten Dank verdient aber meine Frau, die es mir durch ihre Geduld und Fürsorge erst ermöglicht hat, dieses Buch zu schreiben.

Schallstadt   Jürgen Bock

Inhalt

1 Einleitung

JAKOB BERNOULLI (1654 - 1705), einer der Väter der Wahrscheinlichkeitsrechnung, schrieb in seiner "Ars Conjectandi" folgendes:

"Jedem ist auch klar, daß es zur Beurteilung irgendeiner Erscheinung nicht ausreicht, eine oder zwei Beobachtungen zu machen, sondern es ist eine große Anzahl von Beobachtungen erforderlich. Aus diesem Grunde weiß selbst der beschränkteste Mensch aus einem natürlichen Instinkt heraus von selbst und ohne jegliche vorherige Belehrung (was sehr erstaunlich ist), daß je mehr Beobachtungen in Betracht gezogen werden, desto kleiner die Gefahr ist, das Ziel zu verfehlen".

Die hier angesprochene empirische Tatsache hat in der Theorie ihren Niederschlag in den sogenannten Gesetzen der großen Zahlen gefunden. Prinzipiell erscheint es möglich - vorausgesetzt, die Versuchsbedingungen bleiben konstant - Populationsparameter aus Stichproben mit beliebiger Genauigkeit zu schätzen, wenn nur der Stichprobenumfang genügend groß gewählt wird. Praktisch sind dem aber Grenzen gesetzt. Einerseits sind die Ressourcen zur Durchführung von Experimenten und Studien beschränkt, andererseits wäre es reine Verschwendung, den Umfang größer als notwendig zu wählen, zumal bei vielen statistischen Methoden der Aufwand zur Steigerung der Genauigkeit nichtlinear anwächst, d.h. gegebenenfalls hohe Aufwendungen für geringe Verbesserungen der Genauigkeit notwendig sind. Eine übertriebene Genauigkeit oder statistische Sicherheit ist weder sinnvoll noch realisierbar. Sie behindert den schnellen Fortschritt der Forschung und Entwicklung. Eine zu geringe Genauigkeit oder Sicherheit führt dagegen zu unvertretbar vielen Fehlentscheidungen, Irrwegen, die nicht immer nur einen Zeitverlust in der Entwicklung nach sich ziehen, sondern mit Gefahren oder Verlusten erheblichen Ausmaßes in den Anwendungen verbunden sein können.

Nicht zuletzt sprechen bei biologischen Experimenten und medizinischen Studien auch ethische Gründe ganz entschieden für eine aufgrund der Vorinformationen bestmögliche Planung des Stichprobenumfangs. So muß z.B. die Anzahl der Tiere, die zur Abklärung der toxischen Eigenschaften einer Wirksubstanz in ein Experiment einbezogen werden, auf das notwendige Minimum reduziert werden. Es ist unethisch, eine Arzneimittelstudie fortzusetzen, wenn die Anzahl der bereits einbezogenen Patienten ausreicht, mit hinreichender Sicherheit zu schließen, daß dieses Arzneimittel eine geringere Wirksamkeit als ein Vergleichspräparat hat. Ein zu geringer Umfang kann dazu führen, eine Substanz fälschlich zu verwerfen (falsch negative Ergebnisse zu erhalten) und damit Heilungschancen zu vergeben, was aus ethischer Sicht ebenfalls negativ einzuschätzen ist. Bei einem sehr großen Stichprobenumfang besteht die Gefahr, statistisch signifikante, aber kleine Unterschiede überzubewerten. Ist die gefundene Differenz nicht klinisch relevant, so besteht die Gefahr, Patienten einer Therapie mit sehr geringen Erfolgschancen zu unterwerfen, die gegebenenfalls mit risikoreichen Eingriffen und erheblichen Einschränkungen in der Lebensqualität verbunden ist, bzw. sie unbegründet den Nebenwirkungen einer wenig wirksamen Substanz auszusetzen. Besonders bedenklich ist dies, wenn den Patienten dadurch bessere Heilungsmethoden vorenthalten werden.

Die in der mathematischen Statistik angenommene unbegrenzte Wiederholbarkeit der Experimente unter konstanten Versuchsbedingungen ist eine Idealvorstellung (ein Modell), die (das) unter praktischen Bedingungen nur näherungsweise zutrifft. Es geht um Organismen, Pflanzen, Tiere und Menschen, die in einer sich verändernden Umwelt bzw. unter sich ändernden sozialen Verhältnissen leben und die in mehr oder minder großem Maße in der Lage sind, sich neuen Bedingungen anzupassen oder diese aktiv zu gestalten. Die Lebensbedingungen von Tier- und Pflanzenpopulationen verändern sich z.B. durch Witterungseinflüsse, Schädlingsbefall, saisonale Effekte, Änderungen der Bestandsdichte, des Nahrungsangebots bzw. der Fütterungs- und Haltungsbedingungen, der tierhygienischen Bedingungen. Bei Menschen spielen neben den sich ständig ändernden Umweltverhältnissen, sozialen und hygienischen Bedingungen, der sich entwickelnden gesundheitlichen Überwachung und Betreuung, ethnischen und kulturellen Unterschieden auch subjektive Faktoren (Wissen und Erfahrungen des medizinischen Personals, der persönliche Umgang mit den Patienten, Erfahrungen des Patienten mit seiner Krankheit und mit Behandlungsmethoden, Schmerzerlebnisse, die Einsicht in die Notwendigkeit bestimmter Maßnahmen und Verhaltensweisen, Erfolge, gesundheitliche Fortschritte, Hoffnungen, Erwartungen an die Lebensqualität) eine große Rolle. Der Arzt, der Patienten während einer medizinischen Studie betreut, steht vor dem Konflikt, einerseits entsprechend seinem Eid nach bestem Wissen und Gewissen alle notwendigen Maßnahmen zu ergreifen, die dem Wohle des einzelnen Patienten dienen, andererseits aber auch die Vorschriften des Studienprotokolls einzuhalten, ohne die gesicherte Entscheidungen und damit medizinische Fortschritte zum Wohle zukünftiger Patienten nicht möglich sind.

Es ist jedem klar, daß bei der Planung von Experimenten und Studien ein Kompromiß zwischen den praktischen Möglichkeiten und der Genauigkeit und statistischen Sicherheit der Ergebnisse unter Beachtung der ethischen Belange gefunden werden muß. In den letzten Jahrzehnten hat es eine Vielzahl von Veröffentlichungen zur Bestimmung des Stichprobenumfangs gegeben z.B. die Bücher von MACE (1964), COHEN (1969, 1977), ODEH und FOX (1975), RASCH, HERRENDÖRFER, BOCK und BUSCH (1978, 1980) sowie RASCH, HERRENDÖRFER, BOCK, GUIARD und VICTOR (1996). Übersichten und grundlegenden Einschätzungen für den Bereich klinischer Studien wurden u.a. von ALTMAN (1980), LACHIN (1981), IMMICH (1982), NEISS (1982), DONNER (1984), WHITEHEAD (1986), MOUSSA (1988, 1990), LEMESHOW et al. (1990), BOCK und TOUTENBURG (1991) sowie GAIL (1994) publiziert. Es mangelt inzwischen auch nicht an Computer-Software: RALPHS (1986), HEISELBETZ und EDLER (1987), SAYN und MERKEL (1989), DUPONT and PLUMMER (1990), HSIEH (1991), HINTZE (1991), RASCH et al. (1992), EaST (1992). Dennoch setzen sich manche Methoden nur schrittweise durch. So beurteilten FREIMANN et al. (1978) die Güte von 71 publizierten randomisierten klinischen Studien, die zu keinen signifikanten Unterschieden zwischen den Gruppen führten. Sie kamen zu dem Schluß, daß möglicherweise 50 dieser Studien eine 50%-ige verbesserte therapeutische Wirkung nur deshalb nicht nachweisen konnten, weil der Stichprobenumfang zu gering war. Die Situation dürfte sich entscheidend verbessert haben, da inzwischen viele Länder in ihren gesetzlichen Vorschriften Stichprobenkalkulationen für klinische Studien zur Arzneimittelprüfung verlangen.

Wie die Konsultationen zwischen Statistikern und Fachwissenschaftlern zeigen, liegen die Hauptschwierigkeiten bei den Fachwissenschaftlern im Verständnis und der Interpretation der mathematisch-statistischen Begriffe und Methoden und ihrer Konsequenzen, während der Statistiker erst nach längerer Erfahrung in einem speziellen Anwendungsgebiet in der Lage ist, die praktischen Einflüsse, Bedingungen und Konsequenzen richtig einzuschätzen und bei seiner Modellierung zu berücksichtigen. Das gegenseitige Verständnis und das Zusammenwirken von Statistikern und Fachwissenschaftlern ist eine der Grundvoraussetzungen für den Erfolg eines Experimentes oder einer Studie. Die Zusammenarbeit muß bereits in der Planungsphase einsetzen, da die möglichst genaue Formulierung des Problems einer der alles entscheidenden Schritte ist. Fehler, die zu diesem Zeitpunkt gemacht werden, sind nur sehr schwierig und häufig gar nicht mehr zu korrigieren. Insbesondere ist für die exakte Formulierung und Interpretation der Forderungen an die Genauigkeit bzw. statistische Sicherheit von Experimenten bzw. Studien, mit der wir uns im nächsten Kapitel ausführlicher beschäftigen wollen, eine enge Zusammenarbeit erforderlich. Es sei aber auch vor zu großen Erwartungen gewarnt:

> *Die Statistik (Mathematik) kann den Zufall nicht beseitigen, nur beschreiben, sie kann helfen, Risiken einzugrenzen und Aussagen über die erreichbare Genauigkeit zu machen. Wie bei jeder anderen Planung hängt deren Güte von der vorhandenen Vorinformation ab. Der Stichprobenumfang ist eine aus der Vorinformation abgeleitete Planungsgröße und nicht der exakt benötigte Umfang. Dessen sollte man sich stets bewußt sein.*

Bevor wir uns den statistischen Methoden zur Bestimmung des Stichprobenumfangs zuwenden, sollen einige typische Beispiele die Situationen und die Fragestellungen verdeutlichen, die in den Anwendungen auftreten.

Beispiel 1.1: *Es wird angenommen, daß mit einer einfachen Dosis von 100 mg eines Antibiotikums eine Eradikationsquote von ca. 90% für ein bestimmtes Pathogen (z.B. Streptococcus pneumoniae) erreicht werden kann, d.h., daß bei 90% der Patienten dieses Pathogen vernichtet wird. Wieviel Patienten müssen in eine Studie einbezogen werden, um das zu überprüfen?*

Beispiel 1.2: *In einer doppelblinden Placebo-kontrollierten Studie (LEBEL et al. 1988) wurde der Effekt einer Dexamethason-Behandlung auf das Auftreten von Hörverlusten bei bakterieller Meningitis untersucht. In der Placebogruppe wurde bei 14 von 46 Patienten eine milde oder stärkere Beinträchtigung des Hörvermögens in einem oder beiden Ohren festgestellt. Dagegen war ein derartiger Hörverlust in der parallelen Dexamethasongruppe nur bei 7 von 49 Patienten zu beobachten. Mit einem in der Entwicklung stehenden Arzneimittel werden zumindest ähnliche Ergebnisse erwartet. Wie groß müssen die beiden Gruppen in einer ebenfalls Placebo-kontrollierten Parallelstudie sein, um einen Effekt der gleichen Größenordnung mit hinreichender Sicherheit nachweisen zu können? Welche Stichprobenumfänge sind nötig, wenn die Studie nicht in einem Zentrum, sondern in mehreren durchgeführt wird?*

Beispiel 1.3: *In einer randomisierten Doppelblindstudie (MARRE et al. 1987) erhielten jeweils 10 normotensive Diabetes-Patienten, ausgewählt aus einer Gesamtheit von 1500 Diabetes-Patienten, entweder 20 mg Enalapril täglich oder Placebo für die Dauer von sechs Monaten. Beide Gruppen hatten ähnliche klinische Charakteristika bezüglich des Gewichtes, der Diät, Hämoglobin, der mittleren*

Albumin-Exkretionsrate und des mittleren arteriellen Blutdruckes (Mittelwerte bei Studienbeginn: 100 mm Hg in der Enalapril-Gruppe und 99 mm Hg in der Placebogruppe, Standardabweichungen: 8 bzw. 6 mm Hg). Der mittlere arterielle Druck sank in der Enalapril-Gruppe auf $\overline{y}_1 = 90$ mm Hg (Standardabweichung: 10 mm Hg) und blieb in der Placebogruppe nahezu konstant ($\overline{y}_2 = 98$ mm Hg, Standardabweichung 8 mm Hg). Die geschätzte Reststandardabweichung am Ende der Behandlung ist $s = \sqrt{(10^2 + 8^2)/2} = 9.055$. Student's t-Test (siehe z.B. LORENZ 1996) liefert den Wert

$$t = \frac{\overline{y}_1 - \overline{y}_2}{s}\sqrt{\frac{n}{2}} = \frac{90 - 98}{9.055}\sqrt{5} = -1.98. \tag{1.1}$$

Er hat $2n - 2 = 18$ Freiheitsgrade. In der Tabelle der kritischen Werte für den t-Test (Tabelle T2) findet man für df = 18 Freiheitsgrade zur Irrtumswahrscheinlichkeit $\alpha = 0.05$ bzw. $P = 0.95$ den Wert $t_1 = 1.734$ für die einseitige Fragestellung (bei der getestet werden soll, ob Enalapril eine Senkung des mittleren arteriellen Druckes bewirkt oder nicht) und zu $P = 0.975$ den Wert $t_2 = 2.101$ für die zweiseitige Fragestellung (bei der nach der Änderung des mittleren arteriellen Druckes – Senkung oder Erhöhung – gefragt wird). Im ersten Falle ist das Ergebnis signifikant, im zweiten aber nicht. Das weckt Zweifel: Welches ist eigentlich die richtige Fragestellung? Ist der Stichprobenumfang groß genug?

Eines erkennt man sofort: Der Faktor $\sqrt{n/2}$ in der Testgröße wächst mit steigendem Stichprobenumfang, während die Mittelwerte und die Restvarianz mit wachsendem Umfang immer genauer geschätzt werden, sich also immer mehr ihrem "wahren" Wert nähern. Mit der doppelten Anzahl von Patienten und etwa gleichen Mittelwerten und gleicher Restvarianz hätten wir in beiden Fällen Signifikanz erhalten, während bei Halbierung der Umfänge keine signifikanten Resultate aufgetreten wären.

Diese Überlegungen zeigen ein Dilemma, in das man geraten kann, wenn die Fragestellung und der Stichprobenumfang vor dem Experiment nicht fixiert wurden. Es bestehen offensichtlich Möglichkeiten zur Manipulation. Signifikanz hat keine absolute Bedeutung. Signifikanz – wie im Falle der einseitigen Fragestellung – besagt auch nicht, daß Enalapril in der Gesamtheit von Diabetes-Patienten eine Senkung des mittleren arteriellen Druckes um genau 8 mm Hg bewirkt (das ist nur die Differenz der Stichprobenmittel, nicht der Populationsmittel).

Für die Gesamtheit könnten wir nur auf eine Senkung schließen. Wir wissen aber nicht, ob diese als klinisch relevant anzusehen ist. Das 95%-Konfidenzintervall für die Mittelwertdifferenz hat die Grenzen $\overline{y}_1 - \overline{y}_2 \pm t_2 s\sqrt{2/n} = -8 \pm 8.5$. Daß dieses den Wert 0 enthält, ist äquivalent mit der Feststellung eines nichtsignifikanten Unterschiedes im Falle der zweiseitigen Fragestellung.

Auf den ersten Blick erscheint das alles sehr verwirrend. Und es ist in der Tat auch nicht zu verstehen, ehe wir einige weitere Begriffe, wie die kleinste entdeckbare Differenz und die Güte eines Tests, geklärt haben. Soviel kann man aber schon festhalten: *Ohne die Festlegung der Fragestellung, d.h. der Hypothesen, und ohne geeignete Wahl des Stichprobenumfanges ist die Interpretation der Ergebnisse eines statistischen Tests zweifelhaft.*

Eine ähnliche Problematik wie im vorhergehenden Beispiel wirft die Äquivalenzprüfung auf, bei der aber nicht eine Differenz entdeckt werden soll (wie zwischen Enalapril und Placebo im obigen Beispiel), sondern eine angenäherte Gleichheit nachgewiesen werden soll:

Beispiel 1.4: *In einer zweifachen Cross-over-Studie (BÜHRENS et al. 1991) sollte die Bioäquivalenz zweier Allopurinol-Präparate (Testpräparat[T]: Cellidrin und Referenzpräparat[R]: Standardpräparat aus handelsüblicher Quelle) an 12 männlichen Probanden geprüft werden. Die Studie wurde in zwei Perioden durchgeführt, zwischen denen eine Auswaschphase von 14 Tagen lag. Sechs Probanden erhielten in der ersten Phase das Testpräparat und in der zweiten das Standardpräparat, während die anderen sechs zuerst das Standardpräparat und dann das Testpräparat erhielten. Wir wollen im Rahmen dieses*

Beispiels bei der Bewertung der Bioverfügbarkeit nur die Flächen unter den Serumspiegelkurven [AUC (µg/ml h)] betrachten.

Die Studie lieferte folgende Ergebnisse:

Proband	Sequenz	Periode I	Periode II	Test[T]	Referenz[R]
1	T/R	3.881	4.894	3.881	4.894
2	T/R	4.835	6.504	4.835	6.504
3	R/T	3.648	3.671	3.671	3.684
4	T/R	6.914	7.372	6.914	7.372
5	R/T	8.531	7.693	7.693	8.531
6	R/T	4.318	4.481	4.481	4.318
7	T/R	5.236	4.105	5.236	4.105
8	R/T	6.974	5.591	5.591	6.974
9	T/R	3.058	2.368	3.058	2.368
10	T/R	5.722	6.229	5.722	6.229
11	R/T	5.862	5.311	5.311	5.862
12	R/T	3.082	3.165	3.165	3.082
Geometr.	Mittel:	4.920	4.849	4.777	4.998

Tabelle 1.1: *Flächen unter den Serumspiegelkurven [AUC (µg/ml h)] zweier Allopurinol-Präparate*

Zur späteren Demonstration der Verfahren sind die Ergebnisse in der Tabelle doppelt aufgeführt: nach Perioden bzw. nach Präparaten geordnet. Die beiden Präparate sollen als äquivalent angesehen werden, wenn der Quotient der Populationsmittel (Test/Referenz) innerhalb der Grenzen von 0.80-1.25 (d.h. 80 - 125%, bezogen auf das Referenzmittel) liegt. Im Gegensatz zum vorherigen Beispiel soll der Test signifikant ausgehen, wenn die Abweichungen klein sind, d.h. der Quotient nahe an 1 liegt. Die Festlegung des Referenzbereiches und die entsprechenden Verfahren werden später erläutert.

Reicht die Zahl von 12 Probanden aus, Äquivalenz innerhalb der vorgegebenen Grenzen nachzuweisen? Welche statistische Sicherheit bietet die Studie mit 12 Probanden?

Welche neuen Gesichtspunkte hinzukommen, wenn mehr als zwei Mittelwerte zu vergleichen sind, soll an dem folgendem Beispiel diskutiert werden.

Beispiel 1.5: *Um zu prüfen, ob fünf zur Auswahl stehende Futtermittel bezüglich ihres Einflusses auf die durchschnittliche tägliche Masttagszunahme y [g/Tag] als gleichwertig anzusehen sind oder nicht, wurde ein Versuch mit 40 zufällig aus einer Herde ausgewählten Tieren durchgeführt. Die Futtermittel [FM] wurden an jeweils 8 Tiere verabreicht. Zwei Tiere schieden vorzeitig aus, so daß zu Versuchsende die folgenden Ergebnisse zu verzeichnen waren:*

FM	y_1	y_2	y_3	y_4	y_5	y_6	y_7	y_8	n	$\overline{y}$
1	683	742	703	698	765	728	751		7	724
2	677	638	709	669	693	705	728	714	8	692
3	658	699	723	681	702	743	716	679	8	700
4	725	739	648	679	705	691	702	688	8	697
5	625	680	709	712	663	692	658		7	677

Tabelle 1.2: *Durchschnittliche tägliche Zunahmen für 5 Futtermittel [g/Tag]*

Die Mittelwerte für die Futtermittel 2, 3, 4 liegen eng beieinander, während die beiden anderen von diesen stärker abweichen. Es erhebt sich die Frage, worauf sich der Begriff "Unterschied" bezieht. Sind paarweise Unterschiede gemeint, und will man auch herausfinden, welche Futtermittel sich gegebenenfalls unterscheiden, oder geht es nur um eine globale Einschätzung (interessiert nur der Unterschied zwischen den beiden Extremen)? Welcher Unterschied ist praktisch relevant, hat die Differenz von 47 g/Tag bereits eine Bedeutung? Ist der Stichprobenumfang ausreichend? Das sind einige der Fragen, die bei der statistischen Planung eines derartigen Experimentes zu beantworten sind. Wir werden uns mit ihnen näher in dem Kapitel über Varianzanalysen beschäftigen.

Vergleiche von Quoten und Mittelwerten sind die am häufigsten auftretenden Probleme. Dosis-Wirkungsbeziehungen führen zu Problemen der Regressionsanalyse. Ein Beispiel dafür ist das folgende:

Beispiel 1.6:   *Um die Aufnahme bestimmter Aminosäuren durch den Tierkörper zu untersuchen, werden die Tiere für die Dauer des Versuches in speziell ausgerüsteten Boxen gehalten, die die Kontrolle aller Ausscheidungen gestatten. Abbildung 1.1 zeigt die Ergebnisse eines solchen Versuches mit Methionin von vier Tieren sowie die Regressionsgerade.*

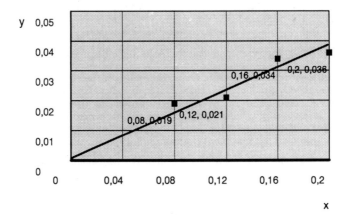

Abb. 1.1: *Aufgenommene (x) und ausgeschiedene (y) Mengen von Methionin [g/Tag/kg LM]*

Man konnte feststellen, daß zwischen den in festgelegten Dosen (aus dem praktischen Fütterungsbereich) verfütterten Mengen x_i von Aminosäuren und den ausgeschiedenen Mengen y_i vielfach in guter Näherung eine lineare Beziehung besteht:

$$y_i = \gamma_0 + \gamma_1 x_i + e_i \qquad i = 1, \ldots, N, \tag{1.2}$$

wobei das Absolutglied γ_0 im allgemeinen sehr klein ist, so daß

$$R = (1 - \gamma_1)100\% \tag{1.3}$$

als der im Mittel im Tierkörper verbleibende Anteil angesehen werden kann. R wird in diesem Zusammenhang Resorbierbarkeit genannt. Die e_i bezeichnen die Zufallsabweichungen von der Regressionsgeraden.

Sollen nun die Resorbierbarkeiten verschiedener Aminosäuren oder die Resorbierbarkeiten einer Amino-
säure, die in unterschiedlichen Futtermitteln vorkommt, verglichen werden, so läuft dies vom Modell
her gesehen auf den Vergleich der Anstiege der zugehörigen Regressionsgeraden hinaus. Gleichheit der
Resorbierbarkeiten bedeutet Parallelität der Geraden. Deshalb spricht man auch von Parallelitätstests.

In diesem Falle sind zwei eng miteinander verbundene Probleme zu lösen: Die Auswahl der zu fütternden
Portionen (Dosen), d.h. der Meßstellen, und die Bestimmmung des Gesamtstichprobenumfangs sowie
seine Aufteilung auf die Meßstellen (Dosen). Dabei sollen wie bei Mittelwertvergleichen praktisch re-
levante Differenzen zwischen den Resorbierbarkeiten mit einer vorgegebenen Sicherheit herausgefunden
werden können.

Aus einem vorhergehendem Experiment liegt die Schätzung $s_R^2 = 0.00002$ für die Restvarianz vor. Der
Versuchsbereich, d.h. der Bereich, aus dem die Dosen gewählt werden können, ist durch 0.08 g/Tag/kg
LM nach unten und durch 0.20 g/Tag/kg LM nach oben beschränkt (LM bezeichnet die Lebendmasse
der Tiere).

Ein komplexes Beispiel zur Überlebenszeitanalyse soll dieses Kapitel abschließen.

Beispiel 1.7: *Der Begriff Überlebenszeit bezieht sich nicht nur auf Gesamtlebenszeiten, wie z.B. die*
Lebensdauer einer Zahnprothetik, eines Herzschrittmachers, sondern auch auf Überlebenszeiten (bei
einer Krebstherapie, nach einer Operation) und allgemeiner auf Zeitabstände zwischen bestimmten Er-
eignissen, wie die Zeit zwischen dem ersten und zweiten Herzinfarkt, zwischen zwei aufeinanderfolgenden
epileptischen Anfällen, zwischen der Implantation eines Organs und der Abstoßung, zwischen zwei Not-
fallmeldungen u.a.m.. Im vorliegenden Beispiel geht es um eine Krebsstudie und die Überlebenszeit
nach Aufnahme des Patienten in die Studie.

Wir wollen annehmen, daß die Überlebenszeiten (die Zeiten vom Eintritt in die Studie bis zum Eintritt
des Todes) exponentialverteilt mit der Dichtefunktion $\lambda e^{-\lambda t}$ sind. Dabei bezeichnet λ die Hazardrate,
d.h. die Rate von Patienten, die bis zu einem bestimmten Zeitpunkt überlebt haben, aber in einem kurzen
Zeitraum nach diesem Zeitpunkt sterben. Diese wird bei der Exponentialverteilung als konstant über
die Zeit angesetzt. Die mittlere Überlebenszeit ist $1/\lambda$. In Abbildung 1.2 sind die Wahrscheinlichkeiten
$e^{\lambda t}$, eine vorgegebene Anzahl von Jahren t zu überleben, für die mittleren Überlebenszeiten von 2.5
(d.h. $\lambda = 1/2.5 = 0.4$) bzw. 1.25 Jahren (d.h. $\lambda = 1/1.25 = 0.8$) dargestellt.

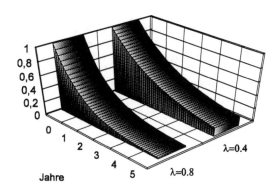

Abb. 1.2: *Überlebenswahrscheinlichkeiten im Falle von Exponentialverteilungen mit den Hazardraten*
$\lambda=0.4$ und $\lambda=0.8$.

Weiterhin unterstellen wir, daß die Patienten gleichmäßig verteilt über eine vorgegebene Periode (Rekrutierungsphase) von $T = 2$ Jahren in die Klinik aufgenommen werden. Dieser schließt sich die Beobachtungsphase von weiteren $\tau = 2$ Jahren an.

Jeder Patient wird vor Beginn der Behandlung entsprechend dem Stadium der Erkrankung einer der vorher festgelegten Risikogruppen (Strata) zugeordnet. Die z.B. aufgrund von epidemiologischen Untersuchungen zu erwartende Häufigkeit von Patienten im j-ten Stratum wollen wir mit p_j, $j = 1, \ldots, a$, bezeichnen. Innerhalb jedes Stratums werden die Patienten zufällig der Prüfbehandlung (E) oder der Kontrollbehandlung (C) mit den Wahrscheinlichkeiten $1 - \theta$ bzw. θ zugeteilt.

Wir wollen von drei Risikogruppen (Gruppe 1: geringes Risiko, Gruppe 2: mittleres Risiko, Gruppe 3: hohes Risiko) mit den erwarteten Häufigkeiten $p_1 = 0.3$, $p_2 = 0.5$, $p_3 = 0.2$ ausgehen, d.h., 30% der Patienten aus der Population gehören der Risikogruppe 1 an, 50% der Gruppe 2 und 20% der Gruppe 3. Werden jeweils 40% ($\theta = 0.4$) der Patienten einer Gruppe der Kontrollbehandlung und 60% der Prüfbehandlung unterworfen, so ergibt sich folgendes Belegungsschema:

Gruppe / Behandlung	E	C	Summe
1	18%	12%	30%
2	30%	20%	50%
3	12%	8%	20%
Summe	60%	40%	100%

Die Hazardraten λ_{Cj} im Falle der Kontrollbehandlung bzw. λ_{Ej} für die Prüfbehandlung dürfen zwischen den Risikogruppen variieren, es wird aber vorausgesetzt, daß ihr Quotient $\Delta = \lambda_{Cj}/\lambda_{Ej}$ konstant ist. Im Falle $\Delta = 1$ sind die Überlebenszeitverteilungen (und damit auch deren Mittelwerte) für beide Therapien und alle Risikogruppen gleich, also die Therapien gleichwertig. Da die mittlere Überlebenszeit gleich dem Kehrwert der Hazardrate ist, folgt, daß die Prüftherapie der Kontrolltherapie im Falle $\Delta > 1$ in allen Risikogruppen hinsichtlich der mittleren Überlebenszeit überlegen ist.

Ziel ist es, den Gesamtstichprobenumfang und die Teilstichprobenumfänge für die Strata so festzulegen, daß eine vorgegebene Abweichung Δ von 1 mit festgelegter statistischer Sicherheit – der sogenannten Power – erkannt werden kann. Im Kapitel 8 wird sich zeigen, daß die Power des Tests zum Vergleich der Überlebenszeiten im wesentlichen von der Anzahl der beobachteten "echten" Überlebenszeiten abhängt. "Echte" Überlebenszeiten erhält man nur bei den Patienten, die vor Abschluß der Studie sterben. Scheiden Patienten aus anderweitigen Gründen aus der Studie aus oder überleben sie das Studienende, so kann nur ihre Verweildauer in der Studie, aber nicht ihre tatsächliche Überlebenszeit in die Analyse einbezogen werden. Durch den Abbruch der Studie zu einem vorgegebenem Zeitpunkt werden die Überlebenszeiten abgeschnitten (zensiert). Die verschiedenen Möglichkeiten sind in der Abbildung 1.3 beispielhaft zusammengestellt.

Der Gesamtumfang und die Dauer der Studie müssen so groß gewählt werden, daß bei Berücksichtigung der Zensierungs- und Ausfallhäufigkeiten noch eine hinreichend große Anzahl von Todesfällen innerhalb der Studie beobachtet werden kann.

In Abbildung 1.3 ist links der Studienablauf mit den Eintritts- und Austrittszeiten der Patienten dargestellt (Patientennummer=PNO). Der rechte Teil der Graphik präsentiert die Verweildauern, d.h. die Zeiten vom Eintritt bis zum Ausscheiden.

PNO	Eintritt	Austritt	Verweildauer	Status	zensiert
1	0.0	4.0	4.0	lebend	ja
2	0.0	3.8	3.8	verstorben	nein
3	0.5	4.0	3.5	lebend	ja
4	0.6	3.5	2.9	verstorben	nein
5	1.0	3.0	2.0	ausgeschieden	ja
6	1.3	1.9	0.6	ausgeschieden	ja

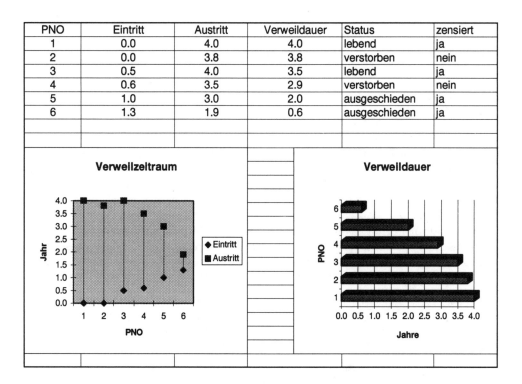

Abb. 1.3: Verweilzeiträume (in Kalenderzeit) und Verweildauern (seit Eintritt) von Patienten in einer Studie

Die Patienten 2 und 4 sind vor Ende der Studie aufgrund des Krebsleidens verstorben. Ihre Verweildauer stimmt mit der Überlebenszeit überein. Ein Teil der Patienten überleben den Abbruch der Studie nach $T + \tau = 4$ Jahren, so daß für diese die Überlebenszeit am Ende der Studie nicht feststeht. In Abbildung 1.3 trifft dies auf die Patienten 1 und 3 zu. An die Stelle der echten Überlebenszeit tritt die Verweildauer in der Studie. Diese Zeitdauer wird als zensierte Überlebenszeit bezeichnet, da die wahre Überlebenszeit nicht bekannt ist. Schließlich können Patienten aus anderweitigen Gründen (eigener Wunsch, Infektionen, starke Nebenwirkungen, Tod aufgrund anderer Leiden u.a.m.) ausscheiden (Patient 5 und 6).

In Kapitel 8 wird beschrieben, wie diese komplexen Abläufe modelliert werden können und darauf basierend der Stichprobenumfang berechnet werden kann.

2   Voraussetzungen, Sicherheit und Genauigkeit

Inhalt

2.1   Voraussetzungen

Biologische Experimente und kontrollierte klinische Studien werden in der Regel mit dem Ziel durchgeführt, die Schlußfolgerungen zu verallgemeinern. So soll z.B. die Wirksamkeit eines Arzneimittels für alle Patienten mit einer bestimmten Erkrankung, die festgelegte Einschlußkriterien (bezüglich des Alters, des Schweregrades der Erkrankung u.a.m.) und Ausschlußkriterien (Kontraindikationen, Schwangerschaft) erfüllen, nachgewiesen werden. Die Aussage beschränkt sich also nicht auf die in die Studie einbezogenen Patienten. Aus Düngungsversuchen werden Empfehlungen für die Düngung bestimmter Fruchtarten unter festgelegten Anbaubedingungen abgeleitet. Der Vergleich mehrerer Futtermittel dient der Auswahl eines geeigneten für Tiere einer Rasse unter festgelegten Haltungsbedingungen.

> *Das Ziel eines biologischen Experimentes, einer klinischen Studie besteht im allgemeinen darin, Aussagen über eine vorgegebene* **Grundgesamtheit (Population)** *von Individuen (Menschen, Tiere, Pflanzen, Zellen) auf der Grundlage einer* **Stichprobe***, d.h. eines Teils der Grundgesamtheit, zu treffen.*

Eine Ausnahme bilden sogenannte Totalerhebungen, bei denen alle Individuen einbezogen werden (z.B. alle Patienten einer Klinik innerhalb des letzten Jahres). Die Aussagen beziehen sich dann nur auf diese Population.

Die Grundgesamtheit kann durch eine Liste von Ein- und Ausschlußkriterien eingegrenzt werden, wie im folgenden Beispiel für eine Blutdruckstudie:

Beispiel 2.1: *Ein- und Ausschlußkriterien einer Studie zur Prüfung der Wirksamkeit eines blutdrucksenkenden Mittels:*

Einschlußkriterien: *Männliche Patienten im Alter von 20-65 Jahren mit einem diastolischen Blutdruck (sitzend) von 95-114 mm Hg nach einwöchiger Behandlung mit einem Placebo.*

Ausschlußkriterien: *schwere oder maligne Hypertonie, hämodynamische Rhythmusstörungen, Herzinfarkt oder chronische Herzerkrankungen, zerebrovasculäre Störungen, gastrointestinale, neurologische, hämatologische und cardiovasculäre (andere als Hypertonie) Erkrankungen und eingeschränkte Nierenfunktion, Insulin-abhängiger Diabetes, HIV-positive Patienten, Patienten mit mehr als 150% des idealen Körpergewichtes, psychiatrische Erkrankungen.*

Statistische Aussagen sind Aussagen über Verteilungen. Als **statistischer Schluß** wird eine Aussage über die Verteilung in der Grundgesamtheit (Zielpopulation) bezeichnet, die aus den Stichprobenverteilungen von Zufallsstichproben abgeleitet wurde.

Die Methoden der mathematischen Statistik basieren also auf Zufallsstichproben. Nur wenn Zufallsstichproben gezogen werden, sind die angegebenen Wahrscheinlichkeitsaussagen (Irrtumswahrscheinlichkeiten, Konfidenzniveaus) bzw. die Genauigkeitsangaben gültig. Zur Abschätzung der Variabilität benötigt man im allgemeinen mindestens zwei Beobachtungen. Das setzt die Einhaltung folgender **Grundprinzipien** voraus (siehe RASCH et al. (1978, 1996)):

- **Zufallsauswahl der Versuchseinheiten:**

Es unterliegt dem Zufall, welche Individuen (Elemente) aus der Grundgesamtheit in die Stichprobe gelangen (Chancengleichheit).

- **Randomisierung der Behandlungen:**

Die Zuordnung der Individuen (Elemente) zu den Behandlungen muß zufällig erfolgen, um Verzerrungen zu vermeiden.

- **Replikation:**

Um die Varianz aus den Versuchergebnissen schätzen zu können, muß zumindest eine der Behandlungen auf mehrere Individuen (Elemente) angewendet werden.

Soll von der Stichprobe auf die durch die Ein- und Ausschlußkriterien beschriebene Grundgesamtheit geschlossen werden, so ist es für die Anwendbarkeit der statistischen Verfahren entscheidend, daß unterstellt werden kann, daß die Einbeziehung (Auswahl) der Individuen vom Zufall gesteuert wird und keinen systematischen Einflüssen unterliegt. Während die Randomisierung der Versuchseinheiten zu den Behandlungen und die Replikation leicht zu verwirklichen sind, ist die Zufallsauswahl von Versuchseinheiten zumeist eine Idealvorstellung.

Im Idealfall sollte jedes Element der Grundgesamtheit die gleiche Chance haben, in die Stichprobe zu gelangen. Das kann bei einer Erhebung aus einer endlichen Grundgesamtheit durch die Auswahl der Elemente mit Hilfe von Zufallszahlen erreicht werden. Man spricht dann von einem einfachen Zufallsstichprobenverfahren. Diese Möglichkeit besteht z.B. bei der Auswahl von Schlägen und Teilstücken in einer Studie zum Schädlingsbefall oder bei der Auswahl von Tieren aus einer Herde. Zur Berücksichtigung von Schichtungen (z.B. nach Alter, Geschlecht, Gewicht) werden stratifizierte Zufallsstichprobenverfahren eingesetzt (siehe z.B. RASCH et al. (1978, 1996)), bei denen in jeder Schicht ein einfaches Zufallsstichprobenverfahren angewandt wird.

In vielen Fällen ist die zufällige Auswahl der Versuchseinheiten praktisch schwer oder gar nicht realisierbar. So ist man oft schon aus Zeitgründen gezwungen, möglichst alle in Frage kommenden Patienten, die in eine Klinik kommen und gewillt sind, an der Studie teilzunehmen, in die Studie aufzunehmen, falls sie die Einschlußkriterien erfüllen und nicht aufgrund irgendeines Ausschlußkriteriums ausgeschlossen werden müssen. Das ist natürlich kritisch, da auf diese Weise nicht - wie idealerweise gefordert - jeder potentielle Patient die gleiche Chance hat, in die Stichprobe aufgenommen zu werden. Inwieweit das eine Verzerrung der Aussagen **Bias** zur Folge hat, die Stichprobe also nicht repräsentativ ist, ist kaum abzuschätzen.

Praktisch versucht man die Umstände so zu gestalten, daß die Auswahl einer Zufallsauswahl nahekommt. Dabei ist die reale Grundgesamtheit, aus der die Patienten rekrutiert werden in den meisten Fällen nur eine Teilmenge der durch die Ein- und Ausschlußkriterien beschrieben Gesamtheit (Patienten aus dem Einzugsbereich der Kliniken, die an der Studie beteiligt sind, Patienten, die während der Rekrutierungsphase die Klinik aufsuchen u.ä.). Streng genommen gelten die statistischen Aussagen nur für diese Gesamtheit. Die Verallgemeinerung der Aussagen auf andere Individuen setzt voraus, daß in der erweiterten Grundgesamtheit die gleichen Verteilungen vorliegen. Das einzuschätzen, wird im allgemeinen dem "Fachmann" überlassen. Einige Autoren gehen soweit, den Aussagebereich auf die sogenannte **Permutationsgrundgesamtheit**, d.h. die Gesamtheit aller möglichen Permutationen der vorliegenden Stichprobe, einzuschränken. Dann sind die statistischen Schlüsse zwar gut begründet, sie gelten aber nur für die in die Studie einbezogenen Patienten.

Bekannte systematische Einflüsse (Alter, Geschlecht, Zentren u.a.m.) können durch Stratifizierung oder die Einbeziehung von Kovariablen in die Analyse berücksichtigt werden. Zusätzlich werden bei multizentrischen Studien separate Analysen für die Zentren durchgeführt, um deren Vergleichbarkeit zu kontrollieren.

Außerdem ist zu bedenken, daß die Behandlungen und die Versuchsumstände zu einer weiteren Selektion der Versuchseinheiten führen können. So können z.B. in einer Behandlungsgruppe aufgrund von Nebenerscheinungen mehr Patienten vorzeitig die Behandlung abbrechen als in einer anderen Gruppe. Beim Vergleich verschiedener Haltungsformen (Spaltenbodenhaltung, Einstreuhaltung) können Tiere aufgrund von Verletzungen ausscheiden.

Es ist deshalb üblich, zwei Analysen durchzuführen: eine sogenannte **"intent-to-treat"- Analyse**, in die in der Regel alle behandelten Individuen mit mindestens einer Beobachtung einbezogen werden und eine **Standardanalyse**, bei der die **nicht evaluierbaren** (nicht auswertbaren) Individuen herausgenommen werden, d.h. diejenigen, deren Bewertungen unvollständig oder falsch erscheinen (z.B. aufgrund einer falschen Diagnose, eines Abbruchs vor Versuchsende, der Nichteinhaltung von Versuchsvorschriften oder Diäten, falscher Dosierung, von Verletzungen vorgegebener Zeitfenster für Messungen oder Laboranalysen, von Nebenerkrankungen u.ä.). So gewinnt man einen Eindruck von den Auswirkungen der Selektion der Individuen auf die Resultate. Zum Beispiel kann es in einer Studie zur Prüfung eines Arzneimittels zur Behandlung von Übergewichtigkeit vorkommen, daß einige Patienten die Diätvorschriften zeitweise nicht einhalten. Dann werden zwei Analysen durchgeführt. Bei der einen werden die genannten Patienten eingeschlossen, bei der anderen werden sie ausgeschlossen.

Natürlich muß bereits im Protokoll der Studie festgelegt werden, welche der Analysen als primär anzusehen ist. Sonst könnte am Ende der Eindruck entstehen, die "günstigere" sei für die Interpretation ausgewählt worden.

Die statistischen Aussagen bleiben gültig, wenn die Selektion nicht durch die Behandlung gesteuert ist und andere Einflüsse zufällig sind. Typische Beispiele für die Nichteinhaltung des Zufallsprinzips sind der Auschluß von "aussichtlosen" Fällen oder die Auswahl der "besten" Fälle aus einer vorhergehenden Studie.

Die Möglichkeit von Ausfällen muß bei der Planung des Stichprobenumfangs und der Auswertung berücksichtigt werden.

Die randomisierte Zuordnung der Individuen zu den Behandlungen bereitet dagegen kaum Schwierigkeiten. Sie erfolgt zumeist mit computergenerierten Randomisierungslisten, in denen mit Hilfe eines Zufallszahlengenerators die Behandlungen den Patientennummern zugeordnet werden. Die Randomisierung wird durchgeführt, um einen **Bias**, d.h. eine Verzerrung der Stichprobenverhältnisse gegenüber denen in der Grundgesamtheit zu vermeiden. Es ist zwar nicht garantiert, daß die spezielle realisierte Stichprobe repräsentativ ist, d.h. die Verhältnisse in der Grundgesamtheit richtig widerspiegelt, es wird aber zumindest im Mittel vieler Stichproben eine Verzerrung vermieden.

Bei den meisten Experimenten und Studien kommt zu den obengenannten Grundprinzipien noch ein viertes hinzu:

• **Kontrolle:**

Der Vergleich mit einer Kontrollgruppe (Placebo, Standard) ist notwendig, um Versuchsbedingungen zu kontrollieren, die eigentlichen Behandlungseffekte herauszufiltern oder die Überlegenheit gegenüber einem Standard nachzuweisen.

So ist es z.B. bei der Bewertung von unerwünschten Ereignissen (wie z.B. Schmerzen, Übelkeit u.a.m.) wichtig, diese von ohnehin auftretenden Begleiterscheinungen der Erkrankung zu trennen, oder zumindest festzustellen, ob sie häufiger in der Behandlungsgruppe als in der Placebogruppe auftreten oder nicht. Bei vielen Behandlungen ist mit einem Placeboeffekt zu rechnen (psychische Wirkungen, Trainigseffekte u.ä.). Bei einem Standard wird vorausgesetzt, daß dessen Wirksamkeit nachgewiesen ist. Das ist von besonderer Bedeutung bei Äquivalenzstudien (siehe z.B. GARBE, RÖHMEL und GUNDERT-REMY (1993)).

Die Berechnung der Risiken für Fehlentscheidungen erfolgt – wie später genauer erläutert wird – auf der Grundlage eines statistischen Modells (z.B. dem der Normalverteilung). Deshalb gilt:

Die Risikoabschätzungen (Abschätzungen der statistischen Sicherheit) und die Berechnung der Stichprobenumfänge sind streng genommen nur dann gültig, wenn die obengenannten Grundprinzipien eingehalten werden und das angenommene statistische Modell gültig ist. Praktisch muß man versuchen, diesen Forderungen möglichst nahe zu kommen.

2.2   Statistische Sicherheit und Genauigkeit

Was unter Genauigkeit bzw. Sicherheit zu verstehen ist, hängt von der Art und Weise ab, in der Schlüsse gezogen werden. Sollen Quoten oder Populationsmittel näherungsweise bestimmt – geschätzt – werden, sollen Vergleiche angestellt werden, Trends berechnet werden oder Interaktionen bzw. Korrelationen untersucht werden? Viele dieser Analysen basieren auf zwei grundlegenden Schlußweisen der mathematischen Statistik: Konfidenzintervalle und statistische Tests. Für das weitere wird vorausgesetzt, daß der Leser mit diesen vertraut ist oder sich in einem einführenden Buch (z.B. LORENZ (1996)) orientiert.

2.2.1   Wie sicher und genau sind Schätzungen?

Die aus Zufallsstichproben berechneten relativen Häufigkeiten, Mittelwerte, Standardabweichungen, Varianzen, Korrelationskoeffizienten und Trendparameter sind Näherungswerte – **Schätzwerte** – für die entsprechenden Parameter in der Grundgesamtheit. Da die Stichprobe nur wenige Elemente aus der Grundgesamtheit enthält, werden die berechneten Werte im allgemeinen von den Populationswerten abweichen. Es ist anzunehmen, daß bei kleineren Stichproben eher größere Abweichungen auftreten werden als bei größeren. **Konfidenzintervalle** beschreiben den Bereich, in dem mit vorgegebener Wahrscheinlichkeit, dem sogenannten **Konfidenzniveau** $1 - \alpha$, der Populationsparameter (Populationsquote, Populationsmittel, ...) zu finden ist. Was heißt das?

Eine Wahrscheinlichkeit bezieht sich immer auf ein zufälliges Ereignis bzw. auf eine Zufallsvariable. Der Populationsparameter ist aber nicht zufällig. Er besitzt einen festen – uns unbekannten – Wert für die festgelegte Population. Dagegen variieren die berechneten Grenzen der Konfidenzintervalle von Stichprobe zu Stichprobe, d.h. die Grenzen sind zufällig, wenn Zufallsstichproben gezogen werden. Das Konfidenzniveau gibt die Wahrscheinlichkeit an, daß die zufälligen Grenzen den wahren Wert des Populationsparameters einschließen, daß das zufällige Konfidenzintervall den wahren Wert überdeckt.

Unser Ausgangspunkt ist der, daß wir das Populationmittel nicht kennen. Wir ziehen aufgrund der Stichprobenergebnisse den Schluß, daß das Populationsmittel in dem berechneten Intervall liegt. Dieser kann falsch sein. Die statistische Sicherheit bezieht sich auf die wiederholte Verwendung von Konfidenzintervallen. Werden wiederholt Konfidenzintervalle zu einem vorgegebenem Niveau von 95% realisiert und stimmen die Modellannahmen, so werden ca. 95% der Konfidenzintervalle den Populationsparameter enthalten, die restlichen aber nicht. Ein Konfidenzniveau von 95% zu wählen, bedeutet praktisch in 95% der Fälle den richtigen Schluß zu ziehen, es bedeutet andererseits auch in 5% der Fälle falsch zu entscheiden – was gern vergessen wird.

In Abb. 2.1 sind 100 simulierte Konfidenzintervalle zum Konfidenzniveau $1 - \alpha = 0.95$ (d.h. 95%) dargestellt. Mit Hilfe eines Zufallszahlengenerators wurden im Computer 100 Mittelwerte und Standardabweichungen von Stichproben vom Umfang $n = 5$ aus einer Normalverteilung mit dem Erwartungswert $\mu = 670$ (das könnte z.B. ein Herdenmittel der mittleren täglichen Masttagszunahme in g/Tag sein) und der Populationsstandardabweichung $\sigma = 10$ erzeugt und daraus die Konfidenzintervalle berechnet.

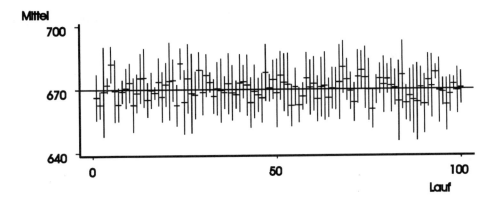

Abb. 2.1: Simulierte Konfidenzintervalle ($n = 5$, $\mu = 670$, $\sigma = 10$)

Von Stichprobe zu Stichprobe variiert nicht nur die Lage der berechneten Konfidenzintervalle, sondern im allgemeinen auch deren Länge. Die Länge von Konfidenzintervallen ist ebenfalls eine zufällige Größe. Als Maß für die Genauigkeit einer Schätzung kann deshalb nicht die Länge selber, aber z.B. deren Erwartungswert verwandt werden. Das ist – nicht ganz präzise formuliert – die mittlere Länge der aus allen möglichen Stich- proben aus der Grundgesamtheit (zu einem vorgegebenen Umfang n) berechenbaren Konfidenzintervalle zum gleichen Konfidenzniveau. Konfidenzintervalle sind so konstruiert, daß deren erwartete Länge für wachsenden Stichprobenumfang gegen Null strebt. Es ist möglich, den Stichprobenumfang so zu bestimmen, daß die erwartete Länge des $(1 - \alpha)$-Konfidenzintervalls gleich einem vorgegebenen Wert ist bzw. diesen nicht überschreitet.

Das Konfidenzniveau kann im Prinzip beliebig vorgegeben werden. Ein höheres Konfidenzniveau führt bei gleichem Stichprobenumfang zu breiteren Konfidenzintervallen, d.h. einer geringeren Genauigkeit. Das ist einleuchtend, da die in der Stichprobe enthaltene Informationsmenge beschränkt ist. Die Erhöhung der Sicherheit geht zu Lasten der Genauigkeit und umgekehrt.

Die Beschränkung der erwarteten Breite der Konfidenzintervalle erweist sich – wie in Kapitel 3 näher erläutert – als eine sehr schwache Forderung. Die Schlußfolgerungen, die aus den Ergebnissen des Experimentes gezogen werden, beruhen auf dem realisierten Konfidenzintervall. Dessen Breite kann aber auch bei festgelegter erwarteter Breite noch erheblich variieren. Um zu einem neuen Konzept zu kommen, dürfen wir uns nicht auf einen Parameter (den Erwartungswert) der Verteilung der Intervallbreiten beschränken, sondern müssen die Eigenschaften der Verteilung besser ausnutzen.

Geben wir z.B. ein Konfidenzniveau von 95% vor, so verlangen wir damit, daß 95% der Konfidenzintervalle den wahren Parameterwert einschließen. Wünschenswert wäre es, daß die Konfidenzintervallgrenzen um nicht mehr als einen vorgegebenen Betrag vom wahren Parameterwert abweichen. Das können wir aber im allgemeinen nicht erreichen. Zum Beispiel kann die Konfidenzintervallbreite bei der Schätzung von Populationsmitteln beliebig groß werden – selbst bei größeren Stichprobenumfängen, dann allerdings nur mit äußerst geringer Wahrscheinlichkeit.

Wir können aber fordern, daß bei einem vorgegebenen Prozentsatz der Konfidenzintervalle festgelegte Genauigkeitsschranken eingehalten werden. Beispielsweise könnten wir verlangen, daß bei 80% der Konfidenzintervalle weder die untere Konfidenzintervallgrenze um mehr als eine vorgegebene Schranke Δ_u noch die oberere Konfidenzintervallgrenze um mehr als ein Δ_o vom wahren Parameterwert abweicht. Im Falle gleicher Genauigkeitsschranken ($\Delta_u = \Delta_o = \Delta$) heißt das, wir bestimmen in 80% der Fälle den wahren Parameter "auf $\pm\Delta$ genau".

Das führt zu folgender Definition:

Die **Power bzw. Güte einer Konfidenzintervallschätzung** *für einen Parameter ϑ bei vorgegebenen Genauigkeitsschranken $\Delta_u > 0$ und $\Delta_o > 0$ ist die Wahrscheinlichkeit, daß sowohl die untere Konfidenzintervallgrenze ϑ_u um weniger als Δ_u als auch die obere Konfidenzintervallgrenze ϑ_o um weniger als Δ_o vom wahren Parameterwert ϑ abweicht:*

$$Power = P[(\vartheta - \Delta_u < \vartheta_u) \cap (\vartheta_o < \vartheta + \Delta_o)]$$

.

Der Stichprobenumfang kann so bestimmt werden, daß die Power einen vorgegebenen Wert $1 - \beta$, z.B. 0.80, nicht unterschreitet. Das Konfidenzniveau – die statistische Sicherheit – ist davon nicht berührt. Es bleibt bei jedem Umfang dasselbe. Durch die Planung des Stichprobenumfangs wird die Genauigkeit der Schätzung gesteuert.

2.2.2 Welche Sicherheit bietet ein statistischer Test?

Die Situation ist komplizierter als bei Konfidenzintervallen. Zum besseren Verständnis gehen wir von Erfahrungen in ähnlichen praktischen Situationen aus.

Jeder Student weiß, daß es zwei Möglichkeiten zur "Fehlbeurteilung" bei einer Prüfung gibt: Trotz guten Wissens kann man durchfallen. Es ist aber mit ein wenig Glück möglich, eine Prüfung trotz unvollständigen Wissens zu bestehen.

Bei allen sogenannten Zwei-Entscheidungs-Problemen (Tests) treten Fehlentscheidungen dieser Art auf, so z.B. bei Labortests.

Beispiel 2.2: *Da das Risiko für das Auftreten mongoloider Feten (Morbus Down Syndrom, Trisomie 21) mit dem Alter der Mutter anwächst, wird bei werdenden Müttern mit einem Lebensalter von 35 Jahren an aufwärts eine Fruchtwasserprobe gezogen (Amniozentese) und genetisch untersucht. Das ist eine sichere Methode, mongoloide Feten zu erkennen. Es besteht jedoch ein Abortrisiko von ca. 1%, weshalb nach Ersatzmethoden gesucht wurde. Naheliegend erschien es, Indikatoren für Trisomie 21 im Blutserum aufzuspüren. So sind im Falle mongoloider Feten niedrige Alpha-Fetoprotein-Werte (S-AFP) im Serum der Mutter zu beobachten. Drückt man die S-AFP-Werte in Multiplen des Medians (MoM) für Normalfeten in derselben Schwangerschaftswoche aus, so können in Abhängigkeit vom Alter der Mutter kritische Werte berechnet werden, bei deren Unterschreitung wegen des zu hohen Risikos für eine Fehlbildung eine Amniozentese angezeigt ist. Zum Beispiel ergab sich aus einer Untersuchung (MÜHLHAUS und BOCK (1989)) einer Population von ca. 10 000 Schwangerschaften der kritische Wert 0.45 bei einer 25-Jährigen. Die möglichen Fehlentscheidungen sind:*

falsch-positiv: *Entscheidung für eine Amniozentese (falls MoM < 0.45 bei einer 25-Jährigen), obwohl der Fetus normal ist,*

falsch-negativ: *Entscheidung gegen eine Amniozentese (falls MoM $\geq$ 0.45 bei einer 25-Jährigen) bei mongoloidem Fetus.*

Die "auffälligen" Normalfeten stellen die falsch-positiven Fälle dar, die "unauffälligen" mongoloiden Feten die falsch-negativen. Wie die Untersuchung von MÜHLHAUS und BOCK (1989) ergeben hat, liegt bei dieser Wahl des kritischen Wertes zwar die Falsch-Positiv-Quote unter 2.5%, die Falsch-Negativ-Quote aber bei ca. 89%. Bei einer Erhöhung des kritischen Wertes fällt die Falsch-Negativ-Quote, aber gleichzeitig steigt die Falsch-Positiv-Quote. Es muß ein Kompromiß gefunden werden, wobei zu berücksichtigen ist, daß die Konsequenzen der beiden Typen von Fehlentscheidungen sehr unterschiedlich sind: Bei einer falsch-positiven Entscheidung tritt das Abortrisiko auf, während bei einer falsch-negativen Entscheidung ein mongoloides Kind geboren wird.

Auf die gleiche Weise geht der Statistiker vor: Eine Prüfgröße (hier: MoM) wird mit einem kritischen Wert verglichen. Bei Unterschreitung wird gegen die Nullhypothese H_0 (Normalgeburt), d.h. für die Alternativhypothese H_A (Trisomie 21) entschieden. Die Analogie ist allerdings nicht perfekt. Hier wird über den Einzelfall entschieden, während statistische Tests in der Regel auf Stichproben vom Umfang $n > 1$ basieren.

Die Wahrscheinlichkeiten für die möglichen Fehlentscheidungen werden aus den entsprechenden theoretischen Verteilungen (den Verteilungen in der Population) berechnet. Beim Labortest spricht man von einem positiven Ausgang des Tests, beim statistischen Test von einem **signifikanten** Ausgang, wenn die Nullhypothese abgelehnt wird. Die beiden möglichen Fehlentscheidungen werden als **Fehler 1.Art** und **Fehler 2.Art** bezeichnet, die entsprechenden Wahrscheinlichkeiten für Fehlentscheidungen als **Risiko 1.Art** α bzw. **Risiko 2.Art** β. Diese sind in dem nun folgenden Schema zusammengestellt.

	Testentscheidung	
Unbekannte **Realität**	H_0 wird *nicht* abgelehnt H_A wird abgelehnt	H_0 wird abgelehnt H_A wird *nicht* abgelehnt
H_0 ist richtig	*kein Fehler* $(1-\alpha)$	**Fehler 1.Art** (α)
H_A ist richtig	**Fehler 2.Art** (β)	*kein Fehler* $(1-\beta)$

Oft wird nur das Risiko 1.Art α als Irrtumswahrscheinlichkeit des Tests bezeichnet, obgleich auch β eine Irrtumswahrscheinlichkeit ist. Die Komplementärwahrscheinlichkeit $1-\beta$ heißt **Güte** oder **Power** des Tests.

Was Signifikanz bedeutet und welche Fehler als Fehler erster bzw. zweiter Art zu bezeichnen sind, hängt von der Formulierung der Hypothesen ab. Das wird besonders deutlich beim Vergleich von **Differenz- und Äquivalenztests**:

Beispiel 2.3 *Im Beispiel 1.3 geht es um einen Differenztest. Es soll herausgefunden werden, ob im Mittel durch Enalapril eine Senkung des arteriellen Blutdruckes erreicht werden kann, also eine klinisch relevante Differenz $\mu_1 - \mu_2$ zur Placebogruppe vorhanden ist (μ_1 = Populationsmittel bei Behandlung mit Enalapril, μ_2 = Populationsmittel bei Placebogabe). Die Hypothesen lauten:*

Nullhypothese: H_0 : *Enalapril ist unwirksam ($\mu_1 = \mu_2$)*

Alternativhypothese: H_A : *Enalapril ist wirksam ($\mu_1 < \mu_2$)*

Das führt zu folgenden Definitionen der möglichen Fehler (Risiken):

Realität	*Gezogener Schluß*	
Enalapril	*Wirksamkeit* *nicht nachgewiesen*	*Wirksamkeit* *nachgewiesen*
unwirksam	*kein Fehler* *($1-\alpha$)*	*Fehler 1.Art* *(α)*
wirksam	*Fehler 2.Art* *(β)*	*kein Fehler* *($1-\beta$)*

In diesem Falle ist α die Wahrscheinlichkeit, fälschlich auf eine Wirksamkeit (Differenz) zu schließen, β die Wahrscheinlichkeit, eine vorhandene Differenz nicht zu entdecken. Die Komplementärwahrscheinlichkeit $1 - \beta$ ist die "Entdeckungswahrscheinlichkeit" für eine Differenz der Populationsmittel. Es ist zu beachten, daß sie auch von der Größe dieser Differenz abhängt.

Die Hypothesen H_0 und H_A von Beispiel 2.3 beschreiben eine **einseitige Fragestellung**, da nur Abweichungen in einer Richtung ($\mu_1 < \mu_2$) interessieren. Von einer **zweiseitigen Fragestellung** würde man sprechen, wenn geprüft werden sollte, ob Enalapril und Placebo sich unterscheiden oder nicht (d.h. im Falle H_A: $\mu_1 \neq \mu_2$).

Beispiel 2.4: *Ganz anders ist die im Beispiel 1.4 geschilderte Situation. Das Ziel der Studie besteht darin, zu klären, ob die beiden Präparate äquivalent, d.h. nur wenig unterschiedlich sind. Die zu testenden Hypothesen lauten:*

Nullhypothese: H_0 : *Die Präparate sind **nicht** äquivalent (erheblich unterschiedlich).*

Alternativhypothese: H_A : *Die Präparate sind äquivalent (wenig unterschiedlich).*

Welcher Unterschied als erheblich anzusehen ist, muß vor Beginn des Experimentes festgelegt werden. Im Gegensatz zur obigen Situation besagt die Nullhypothese im Beispiel 1.4 nicht, daß keine Differenz vorliegt, sondern, daß das Testpräparat hinsichtlich der mittleren Flächen unter den Serumspiegelkurven vom Referenzpräparat um mindestens 20% nach unten oder 25% nach oben abweicht, so daß die Präparate nicht mehr als äquivalent angesehen werden können.

Dementsprechend ergibt sich folgende Typisierung der möglichen Fehler (Risiken):

Realität	*Gezogener Schluß*	
Präparate	*Äquivalenz* *<u>nicht</u> nachgewiesen*	*Äquivalenz* *nachgewiesen*
nicht äquivalent	*kein Fehler* *$(1 - \alpha)$*	*Fehler 1.Art* *(α)*
äquivalent	*Fehler 2.Art* *(β)*	*kein Fehler* *$(1 - \beta)$*

Jetzt ist α die Wahrscheinlichkeit, fälschlich auf Äquivalenz, d.h. auf einen unbedeutenden Unterschied zu schließen, während β die Wahrscheinlichkeit angibt, die Äquivalenz der Präparate nicht nachweisen zu können. Die Wahrscheinlichkeit, eine bestehende Äquivalenz zu entdecken, ist $1 - \beta$.

Wenn man von dem Unterschied zwischen **Äquivalenz** und Gleichheit absieht, sind die Hypothesen und damit die Fehler erster und zweiter Art bei den beiden Tests miteinander vertauscht. Im Falle gleicher Populationsmittel gilt beim Differenztest die Nullhypothese, ihre fälschliche Ablehnung haben wir als Fehler 1.Art bezeichnet. Beim Äquivalenztest beschreibt "Gleichheit" dagegen die Alternativhypothese, sie abzulehnen, bedeutet einen Fehler 2.Art zu begehen. Statistische Tests werden so konstruiert, daß das Risiko 1.Art α unabhängig vom gewählten Stichprobenumfang eingehalten

wird. Das Risiko 2.Art β hängt aber vom Stichprobenumfang ab. Die Wahrscheinlichkeit für eine Ablehnung der "Gleichheits"-Hypothese wird also beim Differenztest
unabhängig vom Stichprobenumfang kontrolliert, beim Äquivalentest aber nicht.

Soll z.B. die Wirksamkeit eines Arzneimittels im Vergleich zu Placebo nachgewiesen werden, so verwendet man einen Differenztest, denn im Falle der Unwirksamkeit
(Gleichheit) müssen die Patienten vor der Anwendung dieses Mittels geschützt werden.

Beim Vergleich der Bioverfügbarkeit (Beispiel 2.4) geht die Ablehnung der "Gleichheit"
nicht zu Lasten der Patienten, da dann das neue Präparat nicht akzeptiert wird. In
diesem Falle müssen die Patienten davor geschützt werden, daß die Präparate fälschlich
als äquivalent angesehen werden. Deshalb postuliert man als Nullhypothese deren
"Ungleichheit". Durch das vom Stichprobenumfang unabhängige Risiko 1.Art wird
dann der fälschliche Schluß auf Äquivalenz kontrolliert.

Welcher Test zu wählen ist, hängt also in entscheidendem Maße davon ab, welches
Risiko *unabhängig vom Stichprobenumfang* kontrolliert werden muß. Wie wir später
sehen werden, hängt das "wahre" Risiko 2.Art und damit der "wahre" Stichprobenumfang von unbekannten Parametern (z.B. der unbekannten Populationsvarianz) ab.
Wäre das nicht der Fall, könnte man also den wahren Stichprobenumfang bestimmen,
so wäre die Unterscheidung zwischen Differenz- und Äquivalenztest unnötig.

---

*Ehe Fehler klassifiziert und damit Fehlerwahrscheinlichkeiten für einen statisti-
schen Test festgelegt werden können, müssen die Hypothesen formuliert werden.*

*Die statistische Sicherheit eines Tests wird durch beide Risiken α und β beschrie-
ben. Das Risiko 1.Art α wird unabhängig vom Stichprobenumfang eingehalten,
während β vom gewählten Umfang abhängt.*

Die Hypothese, die abgelehnt (falsifiziert) werden soll, wird als Nullhypothese formuliert. Wie auch beim Labortest, sind die Konsequenzen der Fehlentscheidungen
unterschiedlich. Dem Schutz vor fälschlicher Ablehnung der Nullhypothese wird zumeist die größere Bedeutung zugemessen. In der Regel wählt man $\alpha=0.05$, im Falle
hoher Sicherheitsansprüche $\alpha=0.01$ oder $\alpha=0.001$. Das entspringt aus der Philosophie
der Signifikanztests:

"In erster Linie sichern wir uns dagegen ab, fälschlich ein signifikantes Ergebnis zu
erhalten. Sollte das Experiment zu keinem signifikanten Ergebnis führen, haben wir
immer noch die Chance, weitere Versuche anzustellen".

Die Nichtberücksichtigung der Power ist inkonsequent. Das Experiment liefert im Falle
eines nichtsignifikanten Ergebnisses keinerlei Entscheidungshilfen für oder gegen eine
Weiterführung. Wenn ein relevanter Unterschied zwischen den Populationsmitteln vorliegt, so sollte der Differenztest diesen auch mit hinreichender Sicherheit entdecken.

Das Risiko 2.Art β verringert sich bei den üblichen statistischen Tests mit wachsendem
Stichprobenumfang. Durch geeignete Wahl des Stichprobenumfangs kann es auf einen
vorgegeben Wert herabgedrückt werden. Das wird in den nächsten Kapiteln genauer
erläutert.

2.3   Schlußfolgerungen und Empfehlungen

- *Der erste und wichtigste Schritt bei der Planung des Umfangs einer Studie oder Experiments ist die* **Präzisierung der Aufgabenstellung.** *Dazu gehören die Festlegung des Aussagebereiches, der statistischen Fragestellung, der primären Variablen, des Designs (der Versuchsanlage), der statistischen Methode und der Anforderungen an die Güte und Genauigkeit.*

- *Obgleich letztendlich ein konkreter Umfang festgelegt werden muß, sollte seine Bestimmung nicht auf die formale Berechnung mit Hilfe einer passenden Formel oder Software reduziert werden.* Vielmehr sollten durch die Berechnung verschiedene Varianten abgeklärt werden, welches das geeignete Design der Studie ist, wie der Umfang von den Planungsparametern und der Analysemethode abhängt bzw. sich die Aussagekraft der Studie in Abhängigkeit vom Umfang verändert. Es sollten auch andere mögliche Faktoren, die den Umfang der Studie beeinflussen könnten (ungleichmäßige Rekrutierung von Patienten, Ausfälle, Umstände bei der Versuchsdurchführung, multiples Testen, falsche Modellwahl u.a.m.) in die Diskussion einbezogen werden.

- *So gesehen ist die Berechnung des Stichprobenumfangs nicht Selbstzweck, sondern ein Hilfsmittel zur Planung einer Studie mit ausreichendem* **"statistischem Auflösungsvermögen"** – vergleichbar mit der Bereitstellung eines optischen Gerätes mit ausreichendem optischen Auflösungsvermögen (DANNEHL (1989)).

3   Der Stichprobenumfang zur Schätzung von Parametern

Inhalt

3.1   Einführende Überlegungen

Die Literatur, die sich mit der Bestimmung des Stichprobenumfangs für Schätzungen beschäftigt, ist bei weitem nicht so umfangreich wie die für statistische Tests. Dennoch haben sich eine ganze Reihe von Autoren mit diesem Problem auseinandergesetzt (KREWSKI und JUNKINS (1981), McHUGH und CHAP (1984), HUGH und LE (1984), GREENLAND (1988), BEAL (1989), BRISTOL (1989), HSU (1989), GRIEVE (1991), BROMAGHIN (1993) sowie SISON und GLAZ (1995)). Wir wollen hier nicht die Arbeiten im Detail diskutieren, sondern Schritt für Schritt ein Konzept entwerfen, das der landläufigen Vorstellung von der Schätzung eines Parameters "auf $\pm\Delta$ genau" möglichst nahe kommt.

Wie in Abschnitt 2.2.1 erläutert wurde, liefern die aus Zufallsstichproben $y_1, y_2, \ldots, y_n$ vom Umfang n berechneten Schätzwerte Näherungswerte für die entsprechenden Parameter der Verteilung in der Grundgesamtheit (Zielpopulation), aus der die Stichproben entnommen wurden. So sind z.B. das arithmetische Stichprobenmittel und die Stichprobenvarianz

$$\overline{y} = \frac{\sum y_j}{n}, \qquad s^2 = \frac{\sum (y_j - \overline{y})^2}{n-1} \tag{3.1}$$

Schätzwerte für den Erwartungswert μ (das Populationsmittel) bzw. die Varianz σ^2 (Populationsvarianz). Analoges gilt für den Median, die Standardabweichung, den Korrelationskoeffizienten und andere Parameter. Es ist ratsam, sich bei den folgenden Betrachtungen immer vor Augen zu halten, daß das Ziel darin besteht, eine Aussage über Parameter der Grundgesamtheit zu treffen. Die Stichprobe ist Hilfsmittel, nicht Selbstzweck.

Die Schätzwerte verändern sich von Stichprobe zu Stichprobe. So ergeben sich z.B. im allgemeinen aus verschiedenen Stichproben unterschiedliche Schätzwerte (Mittelwerte, Varianzen, Häufigkeiten usw.). Da die Stichproben zufällig gezogen werden, variieren auch die Schätzwerte zufällig. Der Statistiker drückt das so aus, daß die konkreten Schätzwerte als Realisationen einer Zufallsvariablen – **der Schätzung bzw. Punktschätzung** – angesehen werden können. Diese hat wiederum eine Verteilung. Sind z.B. die zufälligen Einzelbeobachtungen normalverteilt mit dem Erwartungswert μ und der Varianz σ^2, d.h., werden die Stichproben vom Umfang n zufällig aus einer normalverteilten Population gezogen, so ist das arithmetische Mittel $\bar{y}$ ebenfalls normalverteilt.

Das kann man sich folgendermaßen vorstellen: Werden wiederholt Zufallsstichproben vom gleichen Umfang n gezogen und jeweils die arithmetischen Mittel berechnet, so ist die Häufigkeitsverteilung der Mittelwerte wieder angenähert eine Normalverteilung. Würden alle möglichen Stichproben vom Umfang n gezogen, so ergäbe sich die Verteilung der Schätzung in der Population.

Die Erörterung philosophischer Fragen würde den Rahmen dieses Buches sprengen. Nur soviel sei bemerkt: die hier beschriebene Häufigkeitsinterpretation wurde aus Gründen der Anschaulichkeit und wegen ihrer weiten Verbreitung gewählt, trifft aber nicht immer die praktischen Gegebenheiten. Experimente oder Studien werden nur selten wiederholt, so daß gegebenenfalls nur eine einzelne realisierte Zufallsstichprobe vorliegt. Andere Interpretationen beziehen sich auf abweichende Definitionen der Wahrscheinlichkeit (z.B. die subjektive Wahrscheinlichkeit).

Der Erwartungswert des arithmetischen Mittels, d.h. das Populationsmittel der Stichprobenmittel, stimmt, wie mathematisch leicht gezeigt werden kann, mit μ überein. Das arithmetische Mittel ist eine **erwartungstreue** Schätzung. Sie trifft im Mittel den richtigen Wert μ. Nicht alle Schätzungen sind erwartungstreu. Bei der Stichprobenvarianz s^2 wird die Erwartungstreue dadurch erreicht, daß durch $n-1$ und nicht durch n geteilt wird. Die Stichprobenstandardabweichung s und der Stichprobenkorrelationskoeffizient r sind Beispiele für **verzerrte** – nicht erwartungstreue – Schätzungen. Die Verzerrung, d.h. die Differenz zwischen dem Erwartungswert der Schätzung und dem zu schätzenden Parameter, wird als **Bias** bezeichnet. Strebt die Verzerrung mit wachsendem Stichprobenumfang gegen Null, wie z.B. bei s und r, so spricht man von **asymptotischer Erwartungstreue**.

Intuitiv ist jedem klar, daß die Mittelwerte weniger streuen als die Einzelwerte. Mathematisch kann abgeleitet werden, daß $\bar{y}$ die Varianz $\sigma_{\bar{y}}^2 = \sigma^2/n$ besitzt, wobei σ^2 die Varianz der Einzelbeobachtungen ist. Die zugehörige Standardabweichung $\sigma_{\bar{y}} = \sigma/\sqrt{n}$ heißt **Standardfehler**. So streut z.B. das arithmetische Mittel aus vier Beobachtungen mit der halben Standardabweichung der Einzelbeobachtungen.

Mit wachsendem Stichprobenumfang wird der Standardfehler immer kleiner, d.h., das Populationsmittel wird immer "besser" geschätzt. Verlangen wir, daß die Standardabweichung der Schätzung eine vorgegebene positive Schranke Δ nicht überschreitet, d.h., ist $\sigma_{\bar{y}} \leq \Delta$ bzw.

$$\sigma_{\bar{y}}^2 = \frac{\sigma^2}{n} \leq \Delta^2, \tag{3.2}$$

so folgt

$$n \geq \frac{\sigma^2}{\Delta^2}. \tag{3.3}$$

Das ist eine Möglichkeit, den Stichprobenumfang festzulegen.

Beispiel 3.1: *Es soll die mittlere durch ein bestimmtes Arzneimittel bewirkte Senkung des diastolischen Blutdruckes zwei Stunden nach Verabreichung einer festgelegten Dosis eines Arzneimittels geschätzt werden. Aus einer vorangegangenen Studie liegt der Schätzwert 7 mm Hg für die Standardabweichung σ der beobachteten Blutdrucksenkungen vor.*

Verlangen wir, daß in einer Folgestudie der Standardfehler auf etwa $\Delta = 3$ mm Hg beschränkt wird, so ergibt sich

$$n \geq \frac{7^2}{3^2} \approx 5.4.$$

Um auf der sicheren Seite zu bleiben, runden wir auf $n = 6$ auf.

Nach dem gleichen Prinzip kann bei einer Reihe anderer Schätzungen verfahren werden, bei denen die Varianz umgekehrt proportional zum Stichprobenumfang ist. So ist z.B. die relative Häufigkeit für das Auftreten eines festgelegten Ereignisses bei n unabhängigen Beobachtungen eine Schätzung für dessen Wahrscheinlichkeit p. Sie besitzt die Varianz $\sigma_p^2 = p(1-p)/n$ bzw. die Standardabweichung $\sigma_p = \sqrt{p(1-p)/n}$.

Geben wir für die Standardabweichung die Schranke $\Delta > 0$ vor, so erhalten wir analog zu (3.3)

$$n \geq \frac{p(1-p)}{\Delta^2}. \tag{3.4}$$

Beispiel 3.2: *Im Beispiel 1.1 wurde davon ausgegangen, daß mit einem Antibiotikum in etwa eine Eradikationsquote von 90% erreicht werden kann. Das Ereignis "Eradikation" hat damit vermutlich die Wahrscheinlichkeit $p = 0.9$. Soll die Standardabweichung σ_p der relativen Häufigkeit in der zu planenden Studie $\Delta = 0.05$ nicht überschreiten, so müssen mindestens*

$$n = \frac{0.9 \cdot 0.1}{0.05^2} = 36$$

Patienten in die Studie einbezogen werden.

Wie dieses Beispiel zeigt, wird zur Planung des Umfangs eine **Vorausschätzung** der unbekannten Wahrscheinlichkeit benötigt. Liegt diese nicht vor, so kann der maximal erforderliche Umfang aus (3.4) mit $p = 0.5$, d.h. aus $n = 0.25/\Delta^2 = 100$, berechnet werden, da die Varianz für $p = 0.5$ am größten ist.

Die Beschränkung der Varianz ist aber eine sehr schwache Forderung, wie die folgende Überlegung für den Fall der Schätzung des Mittels einer normalverteilten Grundgesamtheit durch das arithmetische Mittel aus der Stichprobe zeigt.

Im Falle der Normalverteilung fallen nur ca. 68% der Mittelwerte in den Bereich $\mu \pm \sigma_{\overline{y}}$. Wurde der Stichprobenumfang nach (3.3) so gewählt, daß der Standardfehler gleich der vorgegeben Schranke Δ ist, so folgt bei wiederholter Stichprobenentnahme: In nur etwa 68% der Fälle weicht das arithmetische Mittel um weniger als Δ vom "wahren" Wert μ ab, für 32% der Stichproben wird die vorgegebene Schranke überschritten.

Analoges gilt auch für andere Schätzungen. Wir wollen deshalb diesen Weg nicht weiter verfolgen.

Es liegt nahe, nicht die Varianz zu beschränken, sondern die **statistische Sicherheit**, d.h. die Wahrscheinlichkeit, eine "richtige" Aussage zu erhalten, festzulegen und daraus den notwendigen Stichprobenumfang abzuleiten. Was unter einer "richtigen" Aussage zu verstehen ist, muß sehr sorgfältig bedacht werden und im Einklang mit der allgemeinen Zielstellung des Experimentes bzw. der Studie stehen. In den folgenden Abschnitten wird sich zeigen, daß unterschiedliche Kriterien zu erheblichen Unterschieden in den notwendigen Stichprobenumfängen führen.

Die exakte Festlegung der Anforderungen an die Genauigkeit und Sicherheit der Aussagen eines Experimentes ist einer der wichtigsten Schritte bei der Bestimmung des Stichprobenumfangs.

3.2 Schätzung des Populationsmittels

3.2.1 Schätzung des Populationsmittels mit mittlerer Genauigkeit

Das arithmetische Mittel $\overline{y}$ aus einer Stichprobe vom Umfang n besitzt unter allen erwartungstreuen Schätzungen des Populationsmittels μ die kleinste Varianz, kann also in diesem Sinne als "beste" Schätzung verstanden werden. Wie im vorhergehenden Abschnitt bereits festgestellt, ist $\overline{y}$ normalverteilt mit dem Erwartungswert μ und der Standardabweichung $\sigma_{\overline{y}} = \sigma/\sqrt{n}$, falls Zufallsstichproben aus einer normalverteilten Grundgesamtheit gezogen werden, was wir im weiteren voraussetzen wollen.

Naheliegend wäre es, die "statistische Sicherheit" durch die Wahrscheinlichkeit dafür, daß die Schätzung $\overline{y}$ um weniger als eine vorgegebene Schranke $\Delta > 0$ vom wahren Parameterwert μ abweicht, zu beschreiben. Die Verteilung von $\overline{y} - \mu$ hängt aber von der unbekannten Standardabweichung σ ab, so daß diese Wahrscheinlichkeit nur in dem praktisch unrealistischem Fall exakter Kenntnis der Varianz berechnet werden kann.

Der Ausweg ist bekannt: Ersetzt man σ durch die Stichprobenstandardabweichung s bzw. den Standardfehler $\sigma_{\overline{y}} = \sigma/\sqrt{n}$ durch den geschätzten Standardfehler $s_{\overline{y}} = s/\sqrt{n}$, so führt die Transformation

$$t = \frac{\overline{y} - \mu}{s_{\overline{y}}} = \frac{\overline{y} - \mu}{s}\sqrt{n} \qquad (3.5)$$

zu einer t-verteilten Zufallsvariablen. Die **t-Verteilung** hängt nur von den Freiheitsgraden $n - 1$ und damit vom Stichprobenumfang ab. Mit ihrer Hilfe kann ein **Konfidenzintervall** konstruiert werden.

In fast jedem Statistikbuch ist nachzulesen, daß unter den oben genannten Voraussetzungen das Intervall

$$[\overline{y} - t^* s_{\overline{y}} \quad , \quad \overline{y} + t^* s_{\overline{y}}] \tag{3.6}$$

μ mit der Wahrscheinlichkeit $1 - \alpha$ überdeckt, also z.B. mit Wahrscheinlichkeit 0.95, wenn $\alpha = 0.05$ vorgegeben wird. Im Prinzip kann α als beliebiger Wert zwischen 0 und 1 vorgegeben werden, üblich sind die Werte 0.05 und 0.01. Für t^* muß das $(1 - \alpha/2)$-Quantil der t-Verteilung $t^* = t_{1-\alpha/2, df}$ mit $df = n - 1$ Freiheitsgraden eingesetzt werden. Diese Quantile werden auch als kritische Werte für den t-Test verwandt. Sie sind in Tabelle T2 im Anhang zu finden.

Anders formuliert heißt das, daß die Schätzung von dem wahren Wert mit der Wahrscheinlichkeit $1 - \alpha$ um weniger als die halbe Konfidenzintervallbreite

$$HB = t^* s_{\overline{y}} = t^* \frac{s}{\sqrt{n}} \tag{3.7}$$

abweicht:

$$Pr\left(|\overline{y} - \mu| < HB\right) = 1 - \alpha. \tag{3.8}$$

Man könnte leicht in den Fehler verfallen, in (3.7) für HB eine vorgegebene Schranke Δ einzusetzen, um daraus den Stichprobenumfang n zu bestimmen. Das ist nicht möglich. Wie bereits in Abschnitt 2.2.1 demonstriert, ist die Konfidenzintervallbreite eine Zufallsgröße. Da s von Stichprobe zu Stichprobe variiert, ändert sich auch die halbe Konfidenzintervallbreite von Stichprobe zu Stichprobe. Das ist der Preis, den wir dafür zahlen müssen, daß die statistische Sicherheit, das Konfidenzniveau $1 - \alpha$, unabhängig von der unbekannten Varianz und unabhängig vom Stichprobenumfang eingehalten wird. Durch die Wahl des Stichprobenumfangs kann nur noch die Genauigkeit der Schätzung beeinflußt werden, nicht aber das Konfidenzniveau.

Wie kann die Genauigkeitsforderung formuliert werden, wenn die Genauigkeit durch eine Zufallsgröße beschrieben wird? Eine Möglichkeit besteht darin, die "mittlere Genauigkeit", die erwartete halbe Konfidenzintervallbreite, festzulegen. Es ist mehr eine mathematische Feinheit (s^2 ist eine erwartungstreue Schätzung, s aber nicht) als von praktischer Bedeutung, daß wir zur Formulierung der Genauigkeitsforderung nicht die erwartete halbe Breite sondern den Erwartungswert der quadrierten halben Breite $t^{*2} \sigma^2 / n$ heranziehen. Soll diese die vorgegebenen Schranke $\Delta > 0$ nicht überschreiten, so muß n aus

$$n \geq \frac{t_{1-\alpha/2, df}^2}{c^2} \tag{3.9}$$

mit $c = \Delta/\sigma$ und $df = n - 1$ bestimmt werden. Da n auf beiden Seiten der Ungleichung auftritt (auf der rechten Seite in den Freiheitsgraden), bestimmen wir den kleinstmöglichen Wert durch das folgende Suchverfahren.

Die Quantile der Standardnormalverteilung, die für $df = \infty$ aus Tabelle T2 abgelesen werden können, sind stets kleiner als die entsprechenden Quantile der t-Verteilung. Setzen wir rechts in (3.9) statt des t-Quantils das zugehörige Quantil der Standardnormalverteilung ein, so erhalten wir einen etwas zu kleinen Wert für n. Der auf die nächstgrößere ganze Zahl aufgerundete Wert kann als Startwert benutzt werden. Man muß nun den Umfang solange um 1 erhöhen, bis er erstmals größer als die rechte Seite von (3.9) ist.

Fortsetzung von Beispiel 3.1: *Es soll die mittlere durch ein bestimmtes Arzneimittel bewirkte Senkung des diastolischen Blutdruckes zwei Stunden nach Verabreichung einer festgelegten Dosis mit der* <u>*mittleren halben Konfidenzintervallbreite*</u> *$\Delta = 3$ mm Hg und mit der statistischen Sicherheit (Konfidenzniveau) von 95% bestimmt werden. Damit ist $\alpha = 0.05$ und $1 - \alpha/2 = 0.975$.*

Aus einer vorangegangenen Studie liegt der Schätzwert $\sigma = 7$ mm Hg für die Standardabweichung der Blutdrucksenkung vor. In Tabelle T2 findet man für $df = \infty$, d.h. in der untersten Zeile, das Quantil $u_{0.975} = 1.96$. Daraus errechnet sich der Startwert zu

$$\frac{7^2}{3^2} \cdot u_{0.975}^2 = \frac{49}{9} \cdot 1.96^2 = 20.9 \approx 21.$$

Für $n = 21$ also $df = 20$ Freiheitsgrade liefert Tabelle T2 das Quantil $t_{0.975,20} = 2.086$, und die rechte Seite von (3.9) nimmt den Wert $49 \cdot 2.086^2/9 = 23.7$ an. Erhöhen wir den Umfang um 1 auf 22, so hat die rechte Seite den Wert $49 \cdot 2.08^2/9 = 23.6$. Der Umfang $n = 22$ ist immer noch kleiner als die rechte Seite. Der Umfang $n = 24$ ist schließlich der gesuchte minimale Umfang. Für diesen hat die rechte Seite den Wert 23.3.

Im allgemeinen geben die Startwerte gute Näherungen. Das gilt insbesondere für größere Stichprobenumfänge, da für wachsendes n die Quantile der t-Verteilung gegen die der Standardnormalverteilung streben. Man könnte auch iterativ vorgehen, d.h., den gerundeten Wert der rechten Seite wieder in diese einsetzen. Das ist aber nicht generell zu empfehlen, da endlose Schleifen auftreten können.

Nicht ganz zutreffend ist die häufig zu findende Interpretation, daß durch die Festlegung der mittleren halben Konfidenzintervallbreite das Populationsmittel μ "im Mittel auf $\pm\Delta$ genau" geschätzt werde. Richtig ist, daß bei einem Konfidenzniveau von 0.95 etwa 95% der Konfidenzintervalle μ überdecken und damit $\overline{y}$ um höchstens die halbe Konfidenzintervallbreite von μ abweicht. Wir ziehen aber nicht den Schluß, daß das Populationsmittel gleich $\overline{y}$ sei, sondern sehen alle vom Konfidenzintervall eingeschlossenen Werte als mögliche Werte für das Populationsmittel an. So kann es z.B. vorkommen, daß das Populationsmittel auf dem linken Rand liegt. Dann weicht zwar immer noch $\overline{y}$ nur um die halbe Konfidenzintervallbreite von μ ab, aber auch alle Werte oberhalb $\overline{y}$ bis zur rechten Konfidenzintervallgrenze werden als zulässige Werte für μ angesehen. Die mögliche Abweichung ist durch die gesamte Konfidenzintervallbreite – nicht durch die halbe – beschrieben. Die Aussage, daß das Populationsmittel "im Mittel auf $\pm\Delta$ genau" geschätzt werde, bezieht sich auf die Punktschätzung, nicht aber auf die Intervallschätzung. Wenn wir eine Intervallschätzung verwenden, dann sollte sich die Genauigkeitsforderung konsequenter Weise auch auf diese beziehen. Wir sagen besser, daß der Stichprobenumfang so bestimmt wurde, daß die mittlere halbe Konfidenzintervallbreite den Wert Δ nicht überschreitet.

Die Festlegung der erwarteten halben Breite ist aber kaum befriedigend. Bei der Versuchsauswertung wird das Konfidenzintervall nicht mit der erwarteten, sondern der realisierten halben Breite berechnet. Diese ist - wie aus (3.7) hervorgeht – proportional zur geschätzten Standardabweichung der Schätzung, die bei kleineren Stichprobenumfängen erheblich variieren kann. Die realisierte Abweichung ist möglicherweise wesentlich größer als die festgelegte mittlere Abweichung.

Praktisch naheliegend ist die Forderung, das Populationsmittel auf $\pm\Delta$ genau zu bestimmen. Ob und wie diese Vorstellung umgesetzt werden kann, wird im nächsten Abschnitt beschrieben.

3.2.2 Schätzung des Populationsmittels mit vorgegebener Power

Sowohl der Mittelpunkt als auch die Grenzen des Konfidenzintervalles (3.6) sind zufällig. Daher können keine festen Beschränkungen vorgeschrieben werden. Es ist aber möglich zu fordern, daß Beschränkungen mit einer vorgegebenen Wahrscheinlichkeit eingehalten werden. Wir verlangen nun, daß nicht nur der Schätzwert, sondern das gesamte Konfidenzintervall mit der festgelegten Wahrscheinlichkeit $1 - \beta$ innerhalb des Intervalls $(\mu - \Delta, \mu + \Delta)$ liegt. Mit Wahrscheinlichkeit $1 - \beta$ darf weder die untere noch die obere Konfidenzintervallgrenze um Δ oder mehr vom wahren Parameterwert (Populationsmittel) μ abweichen.

Man könnte es auch so formulieren: Parameterwerte, die um mehr als Δ von μ abweichen, werden als ungenau angesehen. Wir wollen den Stichprobenumfang so bestimmen, daß ungenaue Parameterwerte vom Konfidenzintervall höchstens mit der kleinen Wahrscheinlichkeit β, genaue aber mit der Power $1 - \beta$ überdeckt werden.

Während das Konfidenzniveau die statistische Sicherheit der Konfidenzaussage angibt, ist $1 - \beta$ die statistische Sicherheit, mit der die Genauigkeitsforderung eingehalten wird. Wir haben diese in Abschnitt 2.2.1 – in Anlehnung an die Theorie statistischer Tests – als Güte oder Power der Schätzung bezeichnet. Das Konfidenzniveau wird unabhängig vom Stichprobenumfang und von der zugrundeliegenden Varianz eingehalten. Die Power wächst mit steigendem Stichprobenumfang und hängt außerdem von der unbekannten Varianz σ^2 ab.

Was bedeuten unsere Forderungen?

Es soll gleichzeitig die untere Konfidenzgrenze größer als $\mu - \Delta$, d.h.

$$\bar{y} - t^* s_{\bar{y}} > \mu - \Delta \iff -(\Delta - t^* s_{\bar{y}}) < \bar{y} - \mu, \tag{3.10}$$

und die obere Konfidenzintervallgrenze kleiner als $\mu + \Delta$, d.h.

$$\bar{y} + t^* s_{\bar{y}} < \mu + \Delta \iff \bar{y} - \mu < (\Delta - t^* s_{\bar{y}}), \tag{3.11}$$

sein. Die simultane Gültigkeit von (3.10) und (3.11) ist gleichbedeutend mit

$$|\overline{y} - \mu| < \Delta - t^* s_{\overline{y}} \quad . \tag{3.12}$$

Unsere Forderung läuft also darauf hinaus, daß die Wahrscheinlichkeit

$$P^* = Pr\left(|\overline{y} - \mu| < \Delta - t^* s_{\overline{y}}\right) \tag{3.13}$$

gleich einem vorgegebenem Wert $1 - \beta$ ist.

Eine ganz ähnliche Forderung stellt HSU (1989) auf. Er verlangt, daß das $1 - \alpha$-Konfidenzintervall mit Wahrscheinlichkeit $1 - \beta$ gleichzeitig den wahren Parameter überdeckt und "kurz genug" ist (halbe Breite $< \Delta$). Die Forderung, "eine Schranke für die Breite mit hoher Wahrscheinlichkeit einzuhalten", geht schon auf TUKEY (1953) zurück, neu ist nur, daß gleichzeitig beide Grenzen die Genauigkeitsforderung erfüllen müssen.

Wenn die halbe Breite kleiner als Δ ist, kann immer noch eine der Grenzen um mehr als Δ vom wahren Parameterwert abweichen. Aus unserer Forderung nach Einschließung der Grenzen in $[-\Delta, +\Delta]$ folgt die von Hsu, aber nicht umgekehrt.

Die Berechnung von P^* erweist sich als schwierig, da auf beiden Seiten der Ungleichung Zufallsgrößen ($\overline{y}$ bzw. $s_{\overline{y}}$) auftauchen. Um zu einer Näherungsformel zu gelangen, nehmen wir vorübergehend an, daß die Varianz σ^2 und damit $\sigma_{\overline{y}}^2$ bekannt ist. Durch Abziehen des Erwartungswertes und Teilen durch die Standardabweichung wird eine Zufallsvariable standardisiert, d.h.,

$$u = \frac{\overline{y} - \mu}{\sigma_{\overline{y}}} \tag{3.14}$$

ist normalverteilt mit dem Erwartungswert 0 und der Standardabweichung 1. Die zugehörige Verteilungsfunktion $\Phi(z)$ ist im Anhang tabelliert (Tabelle T1).

Mit der Bezeichnung

$$w = \frac{\Delta}{\sigma_{\overline{y}}} - t^* \tag{3.15}$$

lautet unsere neue Forderung

$$P^* \approx Pr\left(\frac{|\overline{y} - \mu|}{\sigma_{\overline{y}}} < \frac{\Delta}{\sigma_{\overline{y}}} - t^*\right) = Pr(|u| < w) = 1 - \beta \tag{3.16}$$

bzw.

$$P^* \approx 2\Phi(w) - 1 = 1 - \beta \tag{3.17}$$

oder

$$\Phi(w) = 1 - \beta/2. \tag{3.18}$$

Aus Tabelle T1 für die Verteilungsfunktion der Standardnormalverteilung kann man entweder zum Argumentwert u den Funktionswert $P = \Phi(u)$ oder zum Wert P im

Tabellenfeld den Argumentwert u_P, das sogenannte **Quantil**, ablesen, so z.B. für $u = 1.96$ den Wert $P = \Phi(1.96) = 0.975$ bzw. zu $P = 0.975$ den Wert $u_{0.975} = 1.96$. Der Argumentwert zu $1 - \beta/2$ ist das Quantil $u_{1-\beta/2}$, d.h., wir können auf der rechten Seite $1 - \beta/2$ durch $\Phi(u_{1-\beta/2})$ ersetzen:

$$\Phi(w) = \Phi(u_{1-\beta/2}). \tag{3.19}$$

Mathematisch gesprochen ist die Funktion, die das Quantil zu vorgegebener Wahrscheinlichkeit angibt, die Umkehrfunktion der monoton wachsenden Verteilungsfunktion. Für streng monotone Funktionen gilt, daß die Argumentwerte übereinstimmen, wenn die Funktionswerte übereinstimmen und umgekehrt. Daraus folgt

$$w = u_{1-\beta/2}. \tag{3.20}$$

Einsetzen von w nach (3.15) und $\sigma_{\bar{y}} = \sigma/\sqrt{n}$ liefert

$$\frac{\Delta}{\sigma}\sqrt{n} - t^* = u_{1-\beta/2}. \tag{3.21}$$

Auflösen nach n führt zu einer Approximationsformel für den Stichprobenumfang. Ein Vergleich mit exakt berechneten Umfängen hat jedoch gezeigt, daß die Approximation besser ist, wenn $u_{1-\beta/2}$ durch das entsprechende Quantil $t_{1-\beta/2,df}$ der t-Verteilung ersetzt wird.

Daraus folgt schließlich mit $t^* = t_{1-\alpha/2,df}$ die Bestimmungsgleichung

$$n \approx \frac{(t_{1-\alpha/2,df} + t_{1-\beta/2,df})^2}{c^2}. \tag{3.22}$$

mit $c = \Delta/\sigma$. Da n auf beiden Seiten der Gleichungen auftritt, wird die Lösung wiederum bestimmt, indem zunächst die t-Quantile durch die u-Quantile ersetzt werden und dann der Stichprobenumfang schrittweise erhöht wird.

Fortsetzung von Beispiel 3.1: *Für das Konfidenzniveau $1 - \alpha = 0.95$ und die Güte $1 - \beta = 0.80$, also $1 - \alpha/2 = 0.975$ und $1 - \beta/2 = 0.90$ bzw. $u_{0.975} = 1.96$ und $u_{0.90} = 1.2816$ sowie $c=3/7$, erhalten wir den Startwert*

$$\frac{(u_{1-\alpha/2} + u_{1-\beta/2})^2}{c^2} = \frac{49}{9}(1.96 + 1.2816)^2 = 57.2 \approx 58.$$

Setzen wir nacheinander $n=58$, 59, 60 in die rechte Seite von (3.22) ein, so übersteigt $n = 60$ erstmals die rechte Seite der Gleichung.

Das bedeutet: Sind die Modellannahmen (Normalverteilung, $\sigma = 7$) richtig, so garantiert der Stichprobenumfang $n = 60$, daß mit der Wahrscheinlichkeit 0.8 das aus einer Zufallsstichprobe berechnete 0.95-Konfidenzintervall innerhalb der Grenzen $\mu - 3$ mm Hg und $\mu + 3$ mm Hg liegt, d.h., 80% der aus allen möglichen Zufallsstichproben berechneten Konfidenzintervalle liegen innerhalb der angegebenen Grenzen. Dieser Stichprobenumfang ist wesentlich größer als der in Abschnitt 3.2.1 berechnete ($n = 24$). Dort haben wir nur verlangt, daß die mittlere Breite des Konfidenzintervalls beschränkt *ist, hier sollen aber 80% aller Konfidenzintervalle im Genauigkeitsbereich liegen. Das verdeutlicht, wie wichtig es ist, die Zielstellung und insbesondere Anforderungen an die Sicherheit und Genauigkeit der Aussagen rechtzeitig zu diskutieren.*

Aus (3.22) geht hervor, daß zur Berechnung des Stichprobenumfangs die **standardisierte Genauigkeitsschranke**

$$c = \frac{\Delta}{\sigma} \qquad (3.23)$$

vorgegeben werden muß und dieser damit von der unbekannten Standardabweichung σ abhängt. Sie wird durch eine Vorausschätzung aus vorangegangenen ähnlichen Studien ersetzt. So ergibt sich natürlich wiederum nur eine Vorausschätzung des Umfangs und nicht der wahre Umfang.

Da das Konfidenzniveau von der Wahl des Stichprobenumfangs unbeeinflußt ist, wirkt sich eine eventuell falsche Planung nur auf die Genauigkeit der Aussage, nicht aber auf die statistische Sicherheit aus.

Prinzipiell kann der wahre Stichprobenumfang nur aus exakter Vorinformation über die wahre Varianz abgeleitet werden, die aber zumeist nicht vorliegt. Daher ist der Stichprobenumfang ein Planungsparameter, dessen Güte von der Genauigkeit der Vorinformation abhängt. Mehr als die bestmögliche Ausnutzung der Vorinformation kann man von einem Planungsverfahren nicht erwarten.

"No man's knowledge ... can go beyond his experience."

JOHN LOCKE (1632-1704) in seinem Hauptwerk (1690): "An Essay Concerning Human Understanding".

Der Begriff der **Vorausschätzung** der Varianz ist vage. Es kann der Schätzwert aus einer vorhergehenden Studie, das Mittel oder das Maximum von Schätzwerten aus mehreren Studien oder eine Grobschätzung aus der Spannweite der Beobachtungen ähnlicher Studien sein. Diese wird dann anstelle der exakten Varianz in die Stichprobenumfangsformel eingesetzt. Um eine Vorstellung davon zu bekommen, wie stark der berechnete Umfang von der Vorausschätzung abhängt, braucht man nur in Beispiel 3.1 die vorausgeschätzte Standardabweichung $\sigma = 7$ durch $\sigma = 10$ zu ersetzen. Dann ergibt sich anstelle des Umfangs $n = 60$ der Umfang $n = 119$, also fast der doppelte Umfang. Etwa verdoppelt hat sich auch die vorausgeschätzte Varianz, sie ist von $\sigma^2 = 49$ auf $\sigma^2 = 100$ angestiegen.

Unterstellen wir nun, daß der berechnete Umfang eine monoton wachsende Treppenfunktion der vorausgeschätzen Varianz darstellt. Das ist zwar naheliegend, aber bei einer impliziten Formel – wie (3.22) – nicht unmittelbar ersichtlich. Ist s^2 die Vorausschätzung aus einer vorhergehenden Studie und $\chi^2 = df\,s^2/\sigma^2$ mit df Freiheitsgraden χ^2-verteilt, so kann daraus auf die Verteilung des berechneten Umfangs geschlossen werden.

Falls die vorausgeschätzte Varianz kleiner als die wahre Varianz, d.h. $s^2 < \sigma^2$ und damit $\chi^2 < df$, ist, wird ein zu kleiner Umfang berechnet. Die Wahrscheinlichkeit dafür kann aus der Verteilungsfunktion der χ^2-Verteilung an der Stelle df (z.B. mit Hilfe eines SAS-Programms) berechnet werden. Sie beträgt 0.68 für $df = 1$, 0.56 für $df = 10$ und sinkt für wachsende Freiheitsgrade monoton auf 0.5 ab. Das bedeutet, daß in etwas mehr als der Hälfte der Fälle den Stichprobenumfang unterschätzt wird. Diese Aussage gilt allerdings nur näherungsweise, da bei der Treppenfunktion nicht gerade an der Stelle σ^2 ein Sprung auftreten muß und eventuell auch für etwas kleinere Varianzen derselbe Umfang berechnet wird.

Es sollte ein größerer Wert als der Schätzwert für die Varianz eingesetzt werden. Aber um wieviel größer sollte dieser Wert sein?

BROWN (1995) empfiehlt, die obere Konfidenzschranke $df\,s^2/\chi^2_{\gamma,df}$ für ein vorgegebenes Konfidenzniveau $1 - \gamma$ zu verwenden. Diese ist mit Wahrscheinlichkeit $1 - \gamma$ größer als σ^2, was zu einem ausreichenden Stichprobenumfang führt. Wählt man z.B. $1 - \gamma = 0.7$, so wird mit näherungsweise der statistischen Sicherheit von 70% für die Folgestudie einen Umfang berechnet, der gleich dem wahren Umfang oder größer als dieser ist. Das führt eventuell zu erheblich größeren Umfängen als das Einsetzen der Varianz s^2.

Zwei Bemerkungen erscheinen nötig:

1. Die Wahrscheinlichkeit $1 - \gamma$ wird unabhängig vom Umfang der vorhergehenden Studie näherungsweise eingehalten. Damit wird zwar die Häufigkeit von Über- oder Unterschätzungen des wahren Umfangs, aber nicht deren Ausmaß kontrolliert. Die Vorstudie muß hinreichend groß sein, um eine gute Vorausschätzung zu erhalten.

2. Die obige Argumentation ist nur dann gültig, wenn die Grundgesamtheiten beider Studien übereinstimmen, was praktisch relativ selten der Fall ist.

Kommen wir zum Problem des "exakten" Stichprobenumfangs zurück. Der **exakte Stichprobenumfang** ist der zu vorgegebener Varianz aus der exakten Verteilung der Prüfgröße berechnete Umfang, d.h. der Umfang, der bei dieser Varianz die vorgegebene Power garantiert (oder eine geringfügig höhere Power, da der Umfang nur ganzzahlig sein darf). Nach der gerade geführten Diskussion ist auch dieser falsch, wenn die vorgegebene Varianz nicht stimmt oder die Verteilungsannahmen nicht zutreffen. *Die Bezeichnung "exakt" bezieht sich auf die Art und Weise der Berechnung, nicht aber auf die Gültigkeit.*

Es wurde bereits erwähnt, daß keine explizite Formel für den exakten Umfang angegeben werden kann. Eine Möglichkeit zur Bestimmung der exakten Power (3.13) besteht darin, zunächst die bedingte Power für festgehaltene Varianzschätzung ($s_{\bar{y}}$) zu berechnen und dann entsprechend der Verteilung der geschätzten Varianzen "zu mitteln" (numerisch zu integrieren). Diese wurde in dem SAS-Programm N_CONFI bzw. bei der Berechnung von Tabelle T3 genutzt.

Bei vorgegebenem Konfidenzniveau und fixierter Power hängt der Umfang nur noch von der standardisierten Genauigkeitsschranke $c = \Delta/\sigma$ ab. Also wäre es möglich, den Umfang in Abhängigkeit von c zu tabellieren. Mit einer hinreichend feinen Schrittweite von c ergäbe sich eine sehr umfangreiche Tabelle. Günstiger ist es, c in Abhängigkeit von n zu tabellieren. Das sind die Werte von c, bei denen der Umfang um 1 "springt". So besitzt man gleichzeitig eine Tabelle für alle Zwischenwerte von c. Ist der Wert von c nicht in der Tabelle enthalten, nimmt man den nächst kleineren und liest den zugehörigen Umfang ab. Der nächst größere Wert von c würde zu einem zu kleinen Umfang führen.

Die mit Hilfe eines Computerprogrammes berechnete Tabelle für die Konfidenzniveaus $1 - \alpha = 0.95$, 0.99 und die Power 0.80 ist im Tabellen-Anhang zu finden (Tabelle T3). Da hier nur eine Stichprobe vom Umfang n vorliegt, ist dieses gleichzeitig der Gesamtumfang $N = n$ der Studie bzw. des Experimentes. Die Freiheitsgrade sind $df = N - 1$. Zur Bestimmung von N ist lediglich c nach (3.23) zu berechnen.

Für kleinere als die in der Tabelle enthaltene c bzw. entsprechend größere Stichprobenumfänge kann die Approximationsformel (3.22) herangezogen werden. Das auf Diskette erhältliche SAS-Programm N_CONFI berechnet auch für andere α und β den exakten Umfang. Die Vorgaben werden im DATA-Step eingegeben. Neben α=ALPHA, C und der gewünschten Power POWER0 ist auch DF_=1 zur Festlegung der Freiheitsgrade einzugeben. Das Programm ist auch für andere Schätzungen von Lageparametern verwendbar, bei denen die Freiheitsgrade in der Gestalt df =N-DF_ berechnet werden können (wie z.B. im Falle Schätzung des Anstiegs einer Regressionsgeraden, bei der df =N-2 bzw. DF_ = 2 zu einzusetzen wäre).

Fortsetzung von Beispiel 3.1:   *Wir hatten das Konfidenzniveau 0.95, die Power 0.80, $\Delta = 3$ und $\sigma = 7$ vorgegeben. Daraus ergibt sich $c = \Delta/\sigma = 3/7 = 0.4286$. In der ersten Spalte von Tabelle T3 finden wir als benachbarte Werte für $N = 59$ den Wert $c = 0.4292$ und für $N = 60$ den Wert $c = 0.4255$. Der zu dem kleineren c-Wert gehörige Umfang $N = 60$ ist der exakte Umfang. Dieser stimmt mit dem nach der Approximationsformel (3.22) berechneten Umfang überein.*

Würden wir das Konfidenzniveau 0.99 verlangen, so ergäbe sich nach Tabelle T3 der Umfang $n = 86$. Das Programm N_CONFI liefert den Ausdruck

```
Exakter Gesamtumfang fuer Konfidenzintervalle, die mit vorgegebener
    Power innerhalb der Grenzen Parameter +/- Delta liegen
```

ALPHA	DF_	C	POWER0	POWER	NEXAKT
0.05	1	0.4268	0.8	0.80355	60
0.01	1	0.4268	0.8	0.80792	86

Die aus (3.22) approximativ berechneten Umfänge unterscheiden sich von den exakten im gesamten Tabellenbereich – also auch für kleine N – entweder gar nicht oder wenig. Für praktische Belange ist der Unterschied unerheblich.

Bemerkenswert ist, daß die Vorgehensweise diese Abschnitts völlig analog zu der bei der Prüfung auf zweiseitige Äquivalenz (siehe Abschnitt 5.2) ist.

3.3   Schätzung einer Wahrscheinlichkeit

3.3.1 Schätzung einer Wahrscheinlichkeit mit mittlerer Genauigkeit

Eine Wahrscheinlichkeit p (Heilungsquote, Responderquote, Eradikationsquote eines Pathogens, Schwergeburtenquote, Falsch-Positiv-Quote eines Labortests, Keimfähigkeit eines Samens u.a.m.) wird aus einer Zufallsstichprobe vom Umfang n durch die **relative Häufigkeit** $\hat{p} = k/n$ geschätzt. Die **absolute Häufigkeit** k, d.h. die Anzahl der Fälle, in denen das Zielereignis (Heilung, Response usw.) eintritt, ist **binomialverteilt** $(B(n,p))$ mit der Verteilungsfunktion

$$F_p(t) = P(k < t) = \sum_{i<t} \binom{n}{i} p^i q^{n-i}, \qquad (q = 1 - p). \tag{3.24}$$

Es geht hier nur um das Auftreten oder Nichtauftreten eines Zielereignisses. Sind mehrere Ausgänge möglich (z.B. Erfolg, Teilerfolg, Mißerfolg), so liegt eine Multinomialverteilung vor. Für diesen Fall sei auf die Arbeiten von BROMAGHIN (1993) sowie SISON und GLAZ (1995) verwiesen.

Für $npq \geq 9$ kann die Binomialverteilung durch die Normalverteilung approximiert werden. Genauer gesprochen ist $\hat{p} = k/n$ asymptotisch (d.h. für hinreichend großes n approximativ) normalverteilt mit dem Erwartungswert $\mu = p$ und der Varianz $\sigma_p^2 = pq/n$. Ein approximatives $1 - \alpha$-Konfidenzintervall ist durch

$$\left[\hat{p} - u_{1-\alpha/2} \sqrt{\frac{\hat{p}\hat{q}}{n}} \quad , \quad \hat{p} + u_{1-\alpha/2} \sqrt{\frac{\hat{p}\hat{q}}{n}} \right] \tag{3.25}$$

gegeben, wobei $\hat{q} = 1 - \hat{p}$ gesetzt wurde und $u_{1-\alpha/2}$ das $1 - \alpha/2$-Quantil der Standardnormalverteilung bezeichnet, das aus der letzten Zeile von Tabelle T2 (d.h. für $FG = \infty$) abgelesen werden kann.

Die halbe Konfidenzintervallbreite $HB = u_{1-\alpha/2}\sqrt{\hat{p}\hat{q}/n}$ ist eine Zufallsgröße. Für ihren Erwartungswert gilt approximativ

$$E(HB) \approx u_{1-\alpha/2} \sqrt{\frac{pq}{n}}. \tag{3.26}$$

Verlangen wir nun, daß die erwartete halbe Breite des Konfidenzintervalls eine vorgegebene Schranke $\Delta > 0$ nicht überschreiten soll, so ergibt sich aus (3.26) die Approximationsformel

$$n \approx \frac{pq}{\Delta^2} u_{1-\alpha/2}^2. \tag{3.27}$$

für den Stichprobenumfang. Dieser hängt von $pq = p(1 - p)$ und damit von der zu schätzenden Wahrscheinlichkeit selber ab. Für $p = 1/2$ ist die Varianz der Schätzung am größten. Dann benötigen wir den größten Umfang, um die Wahrscheinlichkeit p zu schätzen.

Beispiel 3.3: *In einem Keimversuch werden n zufällig ausgewählte Körner aus einer Partie Saatgut ausgesät, um die Keimfähigkeit der Partie zu schätzen. Bei anderen Partien wurde vorher eine Keimfähigkeit von ca. 70% festgestellt. Wieviele Körner müssen ausgewählt werden, um die Keimfähigkeit mit der statistischen Sicherheit von 95% und der <u>mittleren Genauigkeit</u> (mittleren Konfidenzintervallbreite) von 1% Keimfähigkeit schätzen zu können?*

Für $p = 0.7$, $\Delta = 0.01$ und $\alpha = 0.05$ bzw. $u_{1-\alpha/2} = u_{0.975} = 1.96$ liefert (3.27) den Umfang $n = 8068$. Dabei wurde, wie bei der Berechnung von Stichprobenumfängen generell, auf die nächstgrößere ganze Zahl gerundet.

Der große Stichprobenumfang wirkt auf den ersten Blick schockierend. Es wurde hier jedoch zur Demonstration eine extrem hohe Genaugkeitsforderung gestellt ($\Delta = 0.01$). In der Praxis wird es wohl kaum nötig sein, die Keimfähigkeit so genau zu bestimmen.

Bei einer Studie zur Schätzung der Eradikationsquote eines Pathogens ist allein schon durch die Kosten eine obere Grenze für die Fallzahl gesetzt. Man muß sich dann mit schwächeren Genauigkeitsforderungen (z.B. $\Delta = 0.05$) begnügen. Dadurch, daß die Standardabweichung $\sigma_p = \sqrt{pq/n}$ der relativen Häufigkeit bei gleichem n für kleine bzw. große Wahrscheinlichkeiten viel kleiner als für Wahrscheinlichkeiten in der Nähe von $p = 1/2$ ist, wird die Situation aber wieder günstiger.

Fortsetzung von Beispiel 3.2: *Bei einem Antibiotikum wird eine Eradikationsquote von ca. 90% für ein bestimmtes Pathogen erwartet. Wie viele evaluierbare Fälle, d.h. Patienten, bei denen dieses Pathogen nachgewiesen werden kann, und wie viele Patienten insgesamt müssen in die Studie einbezogen werden, damit die Eradikationsquote mit einer statistischen Sicherheit von 95% und einer mittleren approximativen halben Konfidenzintervallbreite $\Delta = 0.05$ geschätzt werden kann?*

Einsetzen in (3.27) liefert

$$\frac{0.9 \cdot 0.1}{0.05^2} \cdot 1.96^2 \approx 138.3,$$

also $n = 139$. Wie bereits im vorhergehenden Abschnitt diskutiert, ist der "exakte" Umfang nur exakt, wenn die Vorgaben stimmen, d.h., wenn die wahre Eradikationsquote 90% ist. Wissen wir z.B. nur, daß diese zwischen 85% und 95% liegt, so müssen wir mit dem ungünstigsten Fall ($p = 0.85$) rechnen. Der zugehörige Stichprobenumfang ist $n = 196$.

Außerdem ist zu beachten, daß der so berechnete Umfang nur die notwendige Anzahl von evaluierbaren Fällen angibt. Diese kann auf die Anzahl der zu rekrutierenden Patienten N hochgerechnet werden, wenn die Wahrscheinlichkeit für das Auftreten des Pathogens in der Zielpopulation bekannt ist. Kann z.B. angenommen werden, daß dieses bei 60% der potentiellen Patienten zu finden ist, gilt $n = 0.6N$. Damit wären $N = 196/0.6 = 327$ Patienten einzubeziehen.

Dieses Beispiel zeigt auch, wie stark der berechnete Stichprobenumfang von der Vorausschätzung der Wahrscheinlichkeit abhängt. Für $p = 0.9$ ergab sich 138, für $p = 0.85$ bereits 196. Läge keinerlei Vorausschätzung vor, so müßte man mit dem ungünstigsten Fall $p = 0.5$ rechnen, der zum Umfang $n = 385$ führt.

Wenn der benötigte Stichprobenumfang so sensibel gegenüber den Vorgaben ist, erhebt sich der Verdacht, daß die Güte der Approximation durch die Normalverteilung einen erheblichen Einfluß hat. Gerade in den Randbereichen (für sehr kleine und sehr große Wahrscheinlichkeiten) ist die Approximation schlecht. Wir werden daher im folgenden Abschnitt zu den Clopper-Pearson-Konfidenzintervallen übergehen.

Analog zu dem im Abschnitt 3.2.1 Gesagten gilt auch hier, daß die Beschränkung der mittleren halben Konfidenzintervallbreite eine eher schwache Genauigkeitsforderung ist. Die realisierten Konfidenzintervallbreiten hängen von der geschätzten Varianz $\hat{p}\hat{q}$ ab, die erheblich von der wahren Varianz pq abweichen kann.

3.3.2 Schätzung einer Wahrscheinlichkeit mit vorgegebener Power

Ähnlich wie in Abschnitt 3.2.2 soll der Stichprobenumfang nun so bestimmt werden, daß das Konfidenzintervall mit großer Wahrscheinlichkeit nur Werte enthält, die "nahe genug" an der wahren Wahrscheinlichkeit (relativen Häufigkeit in der Population) liegen. Genauer gesagt verlangen wir, daß das $1 - \alpha$-Konfidenzintervall für die Wahrscheinlichkeit p mit vorgegebener Wahrscheinlichkeit $1 - \beta$ (Power, Güte) innerhalb der Genauigkeitsgrenzen $p \pm \Delta$ liegt. Die statistische Sicherheit der Aussage (das Konfidenzniveau $1 - \alpha$) wird unabhängig vom Stichprobenumfang und damit unabhängig von der Genauigkeitsforderung eingehalten. Die Genauigkeitsforderung wird nicht für sämtliche realisierten Konfidenzintervalle erhoben, sondern nur für einen gewünschten Prozentsatz – z.B. 80% – aller möglichen Konfidenzintervalle. Mit anderen Worten: Wir geben die Wahrscheinlichkeit $1 - \beta$ für die Einhaltung der Genauigkeitsforderungen vor. Das ist die in Abschnitt 2.2.1 definierte Power (Güte) der Schätzung. Diese Forderung ist wesentlich stärker als die Festlegung der erwarteten (mittleren) Breite der Konfidenzintervalle.

Die sogenannten **Clopper-Pearson-Konfidenzgrenzen** werden nicht aus einer approximativen Verteilung, sondern direkt aus der Binomialverteilung bestimmt. Das zugrundeliegende Prinzip ist das der Überschreitungswahrscheinlichkeiten (LORENZ (1996)). Zu vorgegebenem Konfidenzniveau $1 - \alpha$ und beobachteter Häufigkeit k des Zielereignisses in n unabhängigen Wiederholungen bestimmt man die minimale Grundwahrscheinlichkeit $p = c_u$ (untere Grenze des Konfidenzintervalls) und die maximale Grundwahrscheinlichkeit $p = c_o$ (obere Grenze des Konfidenzintervalls), bei der k von einer mit den Parametern n und p binomialverteilten Zufallsvariablen x mit einer Wahrscheinlichkeit kleiner als $\alpha/2$ überschritten bzw. unterschritten wird:

$$P(x \geq k) = 1 - F_{c_u}(k) = \alpha/2, \quad P(x \leq k) = F_{c_o}(k) + P(x = k) = \alpha/2 \qquad (3.28)$$

mit der Verteilungsfunktion $F_p(t)$ aus (3.24). Nach Clopper und Pearson können die Konfidenzgrenzen aus den Quantilen der F-Verteilung bestimmt werden:

$$c_u = \frac{k}{k + (n - k + 1)F_{1-\alpha/2,2(n-k+1),2k}} \qquad (k > 0), \qquad (3.29)$$

$$c_o = \frac{k + 1}{k + 1 + (n - k)F_{\alpha/2,2(n-k),2(k+1)}} \qquad (k < n). \qquad (3.30)$$

Für $k = 0$ ist $c_u = 0$, und für $k = n$ ist $c_o = 1$ (vgl. HARTUNG et al. (1985)).

Tabellen der F-Quantile sind zwar in fast jedem Statistiklehrbuch zu finden, aber sie enthalten zumeist nur die 0.95- bzw. 0.99-Quantile, die als kritische Werte für den F-Test benutzt werden. Zur Berechnung der Grenzen eines 0.95-Konfidenzintervalles benötigt man jedoch die 0.975-Quantile. Im allgemeinen erlauben aber Statistik-Software-Pakete (wie z.B. SAS) deren Berechnung.

Fortsetzung von Beispiel 3.3: *Haben z.B. $k = 60$ von $n = 80$ ausgesäten Körnern gekeimt und soll das 0.95-Konfidenzintervall der Keimfähigkeit geschätzt werden, so berechnet man $2(n-k+1) = 42$ Freiheitsgrade für den Zähler und $2k = 120$ Freiheitsgrade für den Nenner das 0.975-Quantil $F_{0.975,42,120} = 1.60271$ und daraus die untere Konfidenzintervallgrenze $c_u = 60/(60 + 21 \cdot 1.60271) = 0.64$. Das 0.025-Quantil $F_{0.025,40,122} = 0.58043$ kann entweder direkt bestimmt werden oder als Kehrwert von $F_{0.975,122,40} = 1.72285$ (falls die unteren Quantile nicht in der Tabelle enthalten sind). Die obere Grenze ist $c_o = 61/(61 + 20 \cdot 0.58043) = 0.84$. Man würde also den Schluß ziehen, daß die Keimfähigkeit des Saatgutes zwischen 64% und 84% liegt. Die approximativen Grenzen nach (3.25) sind 65% und 84%.*

Die approximativen Konfidenzintervallgrenzen weichen für relative Häufigkeiten in der Nähe von 0 oder 1 deutlich von den Clopper-Pearson-Grenzen ab. Bei der Schätzung kleiner bzw. großer Wahrscheinlichkeiten ist es also angezeigt, nicht mit der Normalapproximation, sondern mit den Clopper-Pearson-Grenzen zu arbeiten. Praktisch ist das deshalb von Bedeutung, weil diese Fälle relativ häufig auftreten, wie z.B. hohe Heilungsquoten. Nomogramme zur Bestimmung der Clopper-Pearson-Grenzen sind z.B. in dem Tabellenwerk von PEARSON und HARTLEY (1962) und bei LORENZ (1996) zu finden.

In Abschnitt 2.2.1 haben wir die Power einer Schätzung bei vorgegebener Genauigkeit Δ als die Wahrscheinlichkeit dafür definiert, daß das Konfidenzintervall in $p \pm \Delta$ eingeschlossen ist. Wir müssen also bei vorgegebenem α, n, p und Δ das kleinste $k = k_{min}$, für das die untere Clopper-Pearson-Grenze größer als $p - \Delta$ ist, und das größte $k = k_{max}$, für das die obere Clopper-Pearson-Grenze kleiner als $p + \Delta$ ist, finden. Die Power berechnet sich als Summe der Einzelwahrscheinlichkeiten der Binomialverteilung für $k_{min} \leq k \leq k_{max}$.

In der folgenden Tabelle sind für $\alpha = 0.05$, d.h. für das Konfidenzniveau 0.95, und $n = 8$ die unteren und oberen Clopper-Pearson-Grenzen c_u bzw. c_o sowie für $p = 0.5$ die Einzelwahrscheinlichkeiten $p_k = P(x = k)$ der Binomialverteilung angegeben:

k	0	1	2	3	4	5	6	7	8
c_u	0.000	0.003	0.032	0.085	0.157	0.245	0.349	0.473	0.631
c_o	0.369	0.527	0.651	0.755	0.843	0.915	0.968	0.997	1.000
p_k	0.00391	0.03125	0.10937	0.21875	0.27344	0.21875	0.10938	0.03125	0.00391

Soll die Wahrscheinlichkeit $p = 0.5$ mit der Genauigkeit $\Delta = 0.45$ geschätzt werden, so überschreitet c_u erstmals für $k = 3 = k_{min}$ die untere Schranke $p - 0.45 = 0.05$. Das maximale k, für das c_o kleiner als $p + 0.45 = 0.95$ ist, ist $k_{max} = 5$. Die Power ergibt sich als Summe $p_3 + p_4 + p_5 = 0.021875 + 0.27344 + 0.21875 = 0.71094$.

Das bedeutet: Mit einem Stichprobenumfang der Größe $n = 8$ kann die Wahrscheinlichkeit p bei dem Konfidenzniveau 0.95 in 71% der Fälle auf ± 0.45 genau geschätzt werden.

Ist eine Power von 0.80 gewünscht, muß der Stichprobenumfang erhöht werden, bis diese erreicht oder überschritten ist. Auf diese Weise wurde die Tabelle T4 im Anhang berechnet. Wegen der Diskretheit der Binomialverteilung stellt sich aber das Problem, daß die Power nicht monoton mit dem Umfang wächst. Sie fluktuiert um eine monoton wachsende Funktion. Es gibt einen minimalen Umfang, bei dem sie erstmals den vorgegebenen Wert (in unserem Falle 0.80) überschreitet. Dann kann sie wieder – eventuell mehrfach – unter 0.80 absinken, bis sie schließlich über 0.80 verbleibt. Daher gibt Tabelle T4 zu vorgegebenem Konfidenzniveau und vorgegebener Power für die Wahrscheinlichkeiten p zwischen 0.01 und 0.50 sowie die Genauigkeitsschranken $\Delta = 0.01\,(0.01)\,0.05, 0.10, 0.15, 0.20, 0.25, 0.30$ den minimalen als auch den maximalen (von dem ab 0.80 nicht mehr unterschritten wird) Stichprobenumfang an. Will man sicher gehen, daß auch bei Ausfällen von Beobachtungen (sogenannten dropouts) die vorgegebene Power nicht unterschritten wird, muß die geplante Anzahl evaluierbarer Fälle über dem maximalen Umfang liegen. Für $p > 0.50$ können die Stichprobenumfänge zur Komplementärwahrscheinlichkeit $1 - p$ abgelesen werden.

Fortsetzung von Beispiel 3.2: *Wie viele evaluierbare Fälle, d.h. Patienten, bei denen ein bestimmtes Pathogen nachgewiesen werden kann, müssen in die Studie einbezogen werden, damit die Eradikationsquote mit 80% Wahrscheinlichkeit auf ± 0.05 geschätzt werden kann, wenn das Konfidenzniveau 0.95 vorausgesetzt und eine Eradikationsquote von 90% erwartet wird?*

Tabelle T4 liefert zur Komplementärwahrscheinlichkeit 0.10 und $\Delta = 0.05$ den Stichprobenumfang (max) $n = 402$. Es müssen also 402 evaluierbare Fälle erreicht werden. Sind – wie weiter oben angenommen – nur 60% der Fälle evaluierbar, ergibt sich der Gesamtumfang der Studie $N = n/0.6 \approx 670$.

Genügt es, die Eradikationsquote auf 10% genau zu schätzen, so sind nur $n = 113$ evaluierbare Fälle nötig, was zu einem Gesamtumfang von $N = 189$ Patienten führt.

Fortsetzung von Beispiel 3.3: *Soll die Keimfähigkeit mit einem 0.95-Konfidenzintervall mit der Power 0.80 auf $\pm 1\%$ genau geschätzt werden und wird eine Keimfähigkeit von 70% erwartet, so müssen nach Tabelle T4 (max) $n = 22238$ Körner ausgesät werden. Bei Festlegung der mittleren Genauigkeit kamen wir nur auf 8086. Das macht den Unterschied in den Genauigkeitsforderungen deutlich.*

Weit realistischer ist es, nur eine Schätzung der Keimfähigkeit auf $\pm 5\%$ zu verlangen. Dann ist der Umfang $n = 908$ erforderlich.

Beispiel 3.4: *Sogenannte Monte-Carlo-Simulationen werden dazu benutzt, die Gültigkeit von Methoden oder Verfahren bei Abweichung von den theoretischen Modellvoraussetzungen zu untersuchen. So werden z.B. approximative Konfidenzintervallgrenzen auf der Basis der Normalverteilung berechnet, obwohl das in Frage stehende Merkmal eine schiefe Verteilung aufweist. Um den Einfluß der Schiefe auf das Konfidenzniveau zu klären, werden mit Hilfe von Zufallszahlengeneratoren auf dem Rechner Stichproben aus schiefen Verteilungen erzeugt und die zugehörigen Konfidenzgrenzen berechnet. Nach jedem Lauf kann abgelesen werden, ob der zu schätzende Parameter im Konfidenzintervall liegt oder nicht. Wie viele Läufe müssen auf dem Rechner durchgeführt werden, um das in Frage stehende Konfidenzniveau 0.95 mit der Power 0.80 auf ± 0.01 genau zu schätzen?*

In Tabelle T4 lesen wir zur Komplementärwahrscheinlichkeit $p = 1 - 0.95 = 0.05$ und $\Delta = 0.01$ die Anzahl $n = 5141$ ab. Bei ca. 80% dieser Läufe, d.h. bei etwa 4113 Läufen, werden die Clopper-Pearson-Grenzen um weniger als 0.01 von dem wahren Konfidenzniveau abweichen, wenn dieses nur wenig von 0.95 verschieden ist. Da wir aber von vornherein Veränderungen des Konfidenzniveaus erwarten, sollten wir die Planung auf den schlechtesten Fall ausrichten. Ein erhöhter Umfang kostet in diesem Falle nur mehr Rechnerzeit, aber kaum anderweitige Ressourcen. Rechnen wir damit, daß das Konfidenzniveau bis auf 0.90 absinken kann, so sind 9593 Läufe nötig. Eine mögliche Erhöhung des Konfidenzniveaus brauchen wir bei der Planung nicht zu berücksichtigen. Diese würde zu einer kleineren Zahl von Läufen führen.

Eine Näherungsformel für den Stichprobenumfang kann auf der Basis der Approximation der Binomialverteilung durch die Normalverteilung analog zu den Überlegungen in Abschnitt 3.2.2 hergeleitet werden:

$$n_0 = \frac{[u_{1-\alpha/2} + u_{1-\beta/2}]^2}{\Delta^2} p(1-p). \tag{3.31}$$

Eine bessere Approximation ergibt sich bei Verwendung der von CASAGRANDE, PIKE und SMITH (1978) empfohlenen Korrektur

$$n = \frac{n_0}{4} \left[1 + \sqrt{1 + \frac{4}{\Delta n_0}} \right]^2. \tag{3.32}$$

Fortsetzung von Beispiel 3.2: *Setzen wir $u_{1-\alpha/2} = u_{0.975} = 1.96$, $u_{1-\beta/2} = u_{0.9} = 1.282$, $p = 0.1$ sowie $\Delta = 0.05$ in (3.31) ein, so erhalten wir die Näherung*

$$n_0 = \frac{(1.96 + 1.282)^2}{0.05^2} \cdot 0.1 \cdot 0.9 = 378.4 \approx 379.$$

Der korrigierte approximative Umfang ist

$$n = \frac{378}{4} \left[1 + \sqrt{1 + \frac{4}{0.05 \cdot 378}} \right]^2 \approx 418.$$

Verglichen mit dem exakten Umfang 402 liefert n_0 einen zu kleinen Wert. Dieser ist sogar kleiner als der minimal erforderliche Umfang 386. Die Korrektur führt jedoch zu einem etwas zu großen Wert.

Auf Diskette ist das Programm N_CLOP erhältlich, das die minimalen und maximalen Umfänge $NMIN$ und $NMAX$ in Abhängigkeit von den in einem DATA-Step eingelesenen Werten von α =ALPHA, p, Δ=DELTA und der vorgegebenen Power POWER0 berechnet. Die Macrovariable dn steuert den Bereich, in dem die aktuelle Power ausgedruckt werden soll. Im Falle $dn = 0$ wird nur die Lösung ausgegeben. Ist dn größer als Null, so wird die Power zwischen $NMIN - dn$ und $NMAX + dn$ berechnet.

N bezeichnet den Umfang, für den die Power errechnet wurde. Für die in den obigen Beispielen verwandten Vorgaben und $dn = 0$ liefert das Programm den Ausdruck:

```
Exakter Stichprobenumfang N zur Schaetzung der Wahrscheinlichkeit P
        mit der Genauigkeit DELTA und der Power POWERO
                  Konfidenzniveau=1-ALPHA
```

ALPHA	P	DELTA	POWERO	POWER	NMIN	NMAX	N
0.05	0.90	0.05	0.8	0.81899	386	402	402
0.05	0.70	0.01	0.8	0.80213	22107	22238	22238
0.05	0.70	0.05	0.8	0.80690	899	908	908
0.05	0.95	0.01	0.8	0.80746	5018	5141	5141
0.05	0.90	0.01	0.8	0.80344	9471	9593	9593

3.4   Verallgemeinerungen

3.4.1 Paarweise Differenzen – Differenzen zum Baselinewert

Soll aus N **gepaarten Beobachtungen** (y_{1i}, y_{2i}), z.B. den Werten vor und nach einer Behandlung, die Differenz der Populationsmittel geschätzt werden, so geht man zu den Differenzen $d_i = y_{1i} - y_{2i}$ über und betrachtet diese als neue Beobachtungen. Das Populationsmittel der Differenzen ist $\mu_d = \mu_1 - \mu_2$, wenn μ_1 und μ_2 die Populationsmittel der ersten bzw. zweiten Beobachtungen bezeichnen. Es wird durch $\bar{d} = \bar{y}_1 - \bar{y}_2$ geschätzt. Die Varianz σ_d^2 der Differenzen wird durch die aus den Einzeldifferenzen berechnete Stichprobenstandardabweichung s_d^2 mit $df = N - 1$ Freiheitsgraden geschätzt. In (3.6) sind lediglich $\bar{y}$ durch $\bar{d}$ und $s_{\bar{y}}$ durch $s_{\bar{d}} = s_d/\sqrt{N}$ zu ersetzen.

Damit ist das Problem auf das in Abschnitt 3.2 besprochene Problem der Schätzung eines Populationsmittels zurückgeführt. Wir müssen nur in (3.9), (3.22) bzw. beim Ablesen aus Tabelle T3 $c = \Delta/\sigma_d$ verwenden, wobei Δ nun die Genauigkeitsschranke für die zu schätzende Differenz darstellt. Vorausgesetzt werden muß, daß die Differenzen unabhängig voneinander normalverteilt sind.

Fortsetzung von Beispiel 3.1: *Die im Beispiel 3.1 beschriebene Senkung des diastolischen Blutdrucks ist die Differenz des Blutdrucks nach der Behandlung zu dem vor der Verabreichung des Arzneimittels gemessenen Baselinewert. Letzterer wird häufig auch als das Mittel von Mehrfachmessungen bestimmt, um seine Zuverlässigkeit zu erhöhen. Eventuelle Unterschiede zwischen den Varianzen der Baselinemessung und der späteren Messung – sie könnten aus unterschiedlich vielen Meßwiederholungen bestimmt sein – und Korrelationen spielen keine Rolle. Entscheidend ist, daß eine Vorausschätzung der Varianz der Differenzen für die in der Studie geplante Meßmethode vorliegt. Die Varianz der Differenzen ist gleichzeitig die Varianz der Blutdrucksenkung. Wir haben also bereits mit den gepaarten Differenzen gearbeitet, diese aber von vornherein als Blutdrucksenkungen bezeichnet.*

3.4.2 Quotienten von Beobachtungen – Bioverfügbarkeit

Sind die Quotienten $q_i = x_{1i}/x_{2i}$ $(i = 1, 2, ..., n)$ aus Beobachtungspaaren lognormalverteilt, dann sind die Differenzen $d_i = y_{1i} - y_{2i}$ der logarithmierten Beobachtungen $y_{1i} = ln x_{1i}$ und $y_{2i} = ln x_{2i}$ normalverteilt mit dem Erwartungswert μ_d und der Standardabweichung σ_d. Wir sind – wie es scheint – wieder beim Fall der Paardifferenzen angelangt. Das ist richtig, solange wir im Bereich der logarithmisch transformierten Werte bleiben. Gehen wir mit Hilfe der Exponentialfunktion auf den Originalbereich zurück, so ist zu beachten, daß

$$MED_q = e^{\mu_d} \tag{3.33}$$

den Median der Quotienten angibt. Werden die Grenzen des aus den logarithmierten Werten berechneten Konfidenzintervalls (3.6) auf den Originalbereich zurücktransformiert, so ergibt sich ein Konfidenzintervall für den Median der Quotienten:

$$\left[e^{\bar{y} - t^* s_{\bar{d}}} \quad , \quad e^{\bar{y} + t^* s_{\bar{d}}} \right] . \tag{3.34}$$

Die Genauigkeitsforderung für die Schätzung des Medians der Quotienten, kann in eine entsprechende Genauigkeitsforderung für den Erwartungswert der Differenzen der logarithmierten Beobachtungen umgeschrieben werden. Fallen die Grenzen des aus den d_i berechneten Konfidenzintervalls in das Intervall $\mu_d \pm \Delta$, so ist (3.34) in dem Intervall

$$(MED_q/e^{\Delta} \quad , \quad e^{\Delta} MED_q) \tag{3.35}$$

enthalten und umgekehrt. Es ist also gleichgültig, ob wir verlangen, daß die Konfidenzgrenzen (3.6) mit in das Intervall $\mu_d \pm \Delta$ fallen oder die zurücktransformierten Grenzen (3.34) in (3.35) eingeschlossen sind.

Aus bekannten Eigenschaften der Lognormalverteilung (siehe z.B. RASCH et al. (1996)) folgt, daß zwischen dem Variationskoeffizienten CV_q der Quotienten und der Varianz σ_d^2 der Differenzen der logarithmierten Werte die Beziehung

$$\sigma_d^2 = ln(1 + CV_q^2), \tag{3.36}$$

bzw.

$$CV_q^2 = e^{\sigma_d^2} - 1 \tag{3.37}$$

besteht. Man benötigt daher nur für eines der beiden Streuungsmaße eine Vorausschätzung.

Der Stichprobenumfang kann aus Tabelle T3 für $c = \Delta/\sigma_d$ abgelesen werden.

Beispiel 3.5: *Freiwillige Probanden erhalten eine orale Gabe eines Arzneimittels und nach einer sogenannten Wash-out-Periode, die mindestens das Fünffache der Halbwertszeit des Arzneimittels betragen sollte, eine Infusion der gleichen Dosis. Die Serumspiegelkurven des Arzneimittels werden aus*

*Blutproben in zeitlich gestaffelten Abständen bestimmt. Aus diesen können die Flächen unter den Ser-
umspiegelkurven (AUC_o und AUC_{iv}) geschätzt werden. Der Quotient $q_i = AUC_o/AUC_{iv}$ für den i-ten
Probanden ist ein Beobachtungswert für die Bioverfügbarkeit des Arzneimittels.*

*Die Erfahrungen aus vielen Studien zeigen, daß oft für die Flächen und damit auch für deren Quotienten
eine approximative Lognormalverteilung unterstellt werden kann. Die Variationskoeffizienten liegen
häufig zwischen 10% und 30%. Aus dem Variationskoeffizienten $CV_q = 0.1$ ergibt sich nach (3.36) die
Standardabweichung*

$$\sigma_d = \sqrt{ln(1 + 0.1^2)} = 0.09975,$$

*zu $CV_q = 0.3$ gehört $\sigma_d = 0.2936$. Die Genauigkeitsschranken geben wir am besten so vor, daß nach dem
Logarithmieren ein symmetrisches Genauigkeitsintervall entsteht. Lassen wir z.B. mit der Power 0.80
eine Unterschätzung des Medians der Bioverfügbarkeit um 10% und eine Überschätzung um 11% zu, so
folgt aus $ln(0.9) = -0.105$ und $ln(1.11) = 0.104$, daß $\Delta = 0.105$ die Genauigkeitsschranke im Bereich
der logarithmierten Werte ist. Die zugehörigen Werte von $c = \Delta/\sigma_d$ sind $c = 0.105/0.09975 = 1.0526$
und $c = 0.105/0.2936 = 0.3576$.*

*Zum Konfidenzniveau $1-\alpha = 0.95$ und zur Power $1-\beta = 0.80$ liefert Tabelle T3 für N-1 Freiheitsgrade
die Stichprobenumfänge 12 (für den Variationskoeffizienten von 10%) bzw. 85 (für den Variationskoeffizienten von 30%).*

*Die schwächere Genauigkeitsvorgabe 80% - 125% ist gleichbedeutend mit der Vorgabe von $\Delta = 0.223$.
Dann ergeben sich zu $c = 2.2356$ und $c = 0.7595$ die Stichprobenumfänge 5 bzw. 21.*

*Die üblichen Umfänge von Bioverfügbarkeitsstudien liegen zwischen 12 und 24 Probanden. Wenn also
der Variationskoeffizient 30% nicht übersteigt, hat man bei ca.et 80% der Konfidenzintervalle nur im
schlechtesten Falle mit Abweichungen der Grenzen um 20% nach unten und 25% nach oben zu rechnen.
Bei einem Variationskoeffizienten von 10% kann man bereits mit einer Genauigkeit von ±11% rechnen.*

*Zu erwähnen ist noch, daß hier davon ausgegangen wurde, daß einerseits aufgrund der Wash-out-Periode
keine Nachwirkungen der ersten Behandlung auf die zweite – sogenannte Carry-over-Effekte – und
andererseits auch keine Periodeneffekte auftreten. Normalerweise verwendet man ein Cross-over-Design.
Wie später im Zusammenhang mit Äquivalenztests gezeigt wird, wirkt sich das aber nur geringfügig auf
den notwendigen Stichprobenumfang aus.*

3.4.3 Mittelwertdifferenzen - Kontraste

Der Fall von Mittelwertdifferenzen aus gepaarten Stichproben hat sich als sehr einfach
erwiesen. Werden jedoch die Mittelwerte $\overline{y}_1$, $\overline{y}_2$ aus zwei unabhängigen Zufallsstichproben vom Umfang n_1 bzw. n_2 aus normalverteilten Grundgesamtheiten berechnet,
so tritt an die Stelle von (3.6) das $1 - \alpha$-Konfidenzintervall

$$[\hat{\vartheta} - t^{**}s_{\hat{\vartheta}} \quad , \quad \hat{\vartheta} + t^{**}s_{\hat{\vartheta}}], \tag{3.38}$$

wobei $\hat{\vartheta} = \overline{y}_1 - \overline{y}_2$ die Schätzung der Differenz der Populationsmittel bezeichnet. Die
Schätzung $s_{\overline{y}}$ der Standardabweichung des Mittelwertes wird durch die geschätzte Standardabweichung der Mittelwertdifferenz

$$s_{\hat{\vartheta}} = s_R \sqrt{\frac{n_1 + n_2}{n_1 n_2}} \tag{3.39}$$

ersetzt. Die Restvarianz

$$s_R^2 = \frac{(n_1 - 1)s_1^2 + (n_2 - 1)s_2^2}{n_1 + n_2 - 2} \tag{3.40}$$

ist das mit den Freiheitsgraden gewichtete Mittel der aus den beiden Stichproben berechneten Varianzen.

Außer der Normalverteilung muß Varianzhomogenität (d.h. gleiche Varianzen in den Populationen - nicht in den Stichproben) vorausgesetzt werden. Dann ist die Restvarianz eine Schätzung der gemeinsamen Varianz σ^2 mit $df = N - 2$ Freiheitsgraden, wobei $N = n_1 + n_2$ den Gesamtumfang bezeichnet. t^{**} ist das Quantil der t-Verteilung mit $df = N - 2$ Freiheitsgraden: $t_{1-\alpha/2,df}$.

Wegen der vorausgesetzten Varianzhomogenität ist es optimal, gleiche Teilstichprobenumfänge zu wählen. Bei festgehaltenem Gesamtumfang wird der Standardfehler in der Population minimal für $n_1 = n_2 = n$. Er ergibt sich aus (3.39) mit der Populationsstandardabweichung σ anstelle der geschätzten Standardabweichung s_R zu

$$\sigma_{\hat{\vartheta}} = \sigma\sqrt{\frac{2}{n}} = \frac{2\sigma}{\sqrt{N}}. \tag{3.41}$$

Die Standardabweichung der Schätzung ist umgekehrt proportional zur Wurzel des Gesamtumfangs. Ist die erwartete halbe Breite Δ des Konfidenzintervalls (3.38) vorgegeben, so kann der Gesamtumfang approximativ aus (3.9) bestimmt werden. Dazu müssen nur die entsprechenden Freiheitsgrade $df = N - 2$ und $c = \Delta/(2\sigma)$ eingesetzt werden.

Soll dagegen mit vorgegebener Power das Konfidenzintervall in den Genauigkeitsbereich $\mu_1 - \mu_2 \pm \Delta$ fallen, so ist der Gesamtumfang N zu $c = \Delta/(2\sigma)$ aus Tabelle T3 für $N - 2$ Freiheitsgrade abzulesen oder approximativ aus (3.22) zu berechnen.

Beispiel 3.6: *In Beispiel 1.3 wurde der mittlere arterielle Blutdruck einer Gruppe von mit Enalapril behandelten normotensiven Diabetes-Patienten mit dem einer Placebogruppe verglichen. Die geschätzte Reststandardabweichung war gerundet 9 mm Hg.*

Wie groß muß der Gesamtumfang einer ähnlichen Studie sein, wenn der Behandlungseffekt von Enalapril, d.h. die mittlere Differenz zum Placeboeffekt, auf ± 10 mm Hg genau geschätzt werden soll?

Tabelle T3 entnimmt man für $c = 10/(2 \cdot 9) = 0.556$ den Umfang $N = 36$. Davon sind zufällig 18 der Placebogruppe und 18 der Enalaprilgruppe zuzuordnen. Werden nur 5 mm Hg Abweichung zugelassen, d.h., soll die Genauigkeit verdoppelt werden, so ist fast der vierfache Umfang nötig.

Zu bemerken ist, daß diese Aufgabenstellung nicht der von Beispiel 1.3 entspricht. Dort ging es um den Test, nicht um die Schätzung. Wir kommen später darauf zurück.

Differenzen von Mittelwerten sind Spezialfälle von Kontrasten, die als Linearkombinationen

$$\vartheta = c_1\mu_1 + c_2\mu_2 + \ldots + c_a\mu_a \tag{3.42}$$

mit $c_1 + c_2 + \ldots + c_a = 0$ definiert sind, wobei die μ_i die Mittel verschiedener Populationen, z.B. die Populationsmittel bei unterschiedlichen Behandlungen, bezeichnen. Die folgenden Überlegungen gelten aber auch, wenn die Summe der Koeffizienten c_i ungleich Null ist.

Werden unabhängige Zufallsstichproben vom Umfang n_i aus diesen Populationen gezogen und kann Varianzhomogenität angenommen werden, so sind bei der Schätzung der

Linearkombination nach der Methode der kleinsten Quadrate die Populationsmittel durch die arithmetischen Mittel $\overline{y}_i$ zu ersetzen

$$\hat{\vartheta} = c_1 \overline{y}_1 + c_2 \overline{y}_2 + \ldots + c_a \overline{y}_a. \tag{3.43}$$

Die in allen Populationen als gleich vorausgesetzte Varianz σ^2 wird durch die Restvarianz s_R^2 aus einer Varianzanalyse mit $df = N - a$ Freiheitsgraden geschätzt.

Dabei bezeichnet $N = n_1 + n_2 + \ldots + n_a$ den Gesamtumfang. Wegen der Varianzhomogenität ist es optimal, gleiche Gruppenumfänge $n_1 = n_2 = \ldots = n_a = n$ zu verwenden. Dann ist die Standardabweichung der Schätzung der Linearkombination

$$\sigma_{\hat{\vartheta}} = \frac{\sigma \sqrt{a}}{\sqrt{N}} \sqrt{c_1^2 + c_2^2 + \ldots + c_a^2}. \tag{3.44}$$

Sie ist wiederum umgekehrt proportional zur Wurzel aus dem Gesamtumfang. Die Bestimmung des Stichprobenumfangs erfolgt in gleicher Weise wie bei den Differenzen, aber mit

$$c = \frac{\Delta}{\sigma \sqrt{a(c_1^2 + c_2^2 + \ldots + c_a^2)}} \tag{3.45}$$

und für $df = N - a$ Freiheitsgrade, je nach Festlegung der Genauigkeit. Ist die erwartete halbe Breite des Konfidenzintervalls vorgegeben, so wird N aus (3.9) bestimmt. Sollen die Konfidenzintervallgrenzen mit Wahrscheinlichkeit $1 - \beta$ um nicht mehr als $\pm\Delta$ von dem wahren Wert des zu schätzenden Parameters abweichen, so kann N aus Tabelle T3 abgelesen werden oder approximativ aus (3.22) bestimmt werden.

Beispiel 3.7: *Im Beispiel 1.5 waren 5 Futtermittel bezüglich der täglichen Masttagszunahme zu vergleichen. Die Varianzanalyse der dort angegebenen Versuchsergebnisse liefert die Reststandardabweichung von 29 g/Tag, die wir für die Planung eines weiteren Fütterungsexperimentes mit $a = 3$ Futtermitteln als Vorausschätzung verwenden wollen.*

In diesem Experiment werden zwei Standardfuttermittel (1,2) und ein neues (3) geprüft. Uns interessieren die mittleren Differenzen zwischen den alten und dem neuen Futtermittel, d.h. $\vartheta_1 = \mu_1 - \mu_3$ und $\vartheta_2 = \mu_2 - \mu_3$. Die Koeffizienten sind also $c_1 = 1$, $c_2 = 0$ und $c_3 = -1$ für den ersten Kontrast bzw. $c_1 = 0$, $c_2 = 1$ und $c_3 = -1$ für den zweiten.

Man könnte aber auch das Mittel der beiden alten Futtermittel als Standard ansehen, und das neue mit diesem vergleichen. Dann wäre der Kontrast $\vartheta_3 = 0.5\mu_1 + 0.5\mu_2 - \mu_3$ mit den Koeffizienten $c_1 = 0.5$, $c_2 = 0.5$ und $c_3 = -1$ zu schätzen.

Wir wollen in allen drei Fälle den Stichprobenumfang aufgrund der gleichen Genauigkeitsforderung – Konfidenzniveau 0.95, Power 0.80 und $\Delta = 50$ g/Tag – bestimmen.

Für die ersten beiden Kontraste ist die Summe der Quadrate der Koeffizienten gleich 2 und $c = 50/(29\sqrt{3 \cdot 2}) = 0.7039$. Tabelle T3 entnimmt man zu diesem c und $N - 3$ Freiheitsgraden den Gesamtumfang $N = 24$.

Beim letzten Kontrast ist $c = 50/(29 \cdot \sqrt{3 \cdot (0.25 + 0.25 + 1)}) = 0.8128$. Der zugehörige Umfang ist $N = 19$ (nach Tabelle T3). Einsetzen in die Approximationsformel (3.22) führt zu

$$N \approx \frac{(t_{0.975,16} + t_{0.9,16})^2}{c^2} = \frac{(2.1199 + 1.3368)^2}{0.8128^2} = 18.09.$$

Rundet man auf die nächstgrößere ganze Zahl auf, um auf der sicheren Seite zu bleiben, so ergibt sich wieder $N = 19$.

Um allen drei Genauigkeitsforderungen gerecht zu werden, müssen wir den maximalen Umfang $N = 24$ wählen. Es sind also 8 Tiere pro Gruppe nötig.

Auf den ersten Blick scheint die Vorgehensweise korrekt zu sein. Aber auch der Kontrast $\vartheta_4 = 0.25\mu_1 + 0.25\mu_2 - 0.5\mu_3$ vergleicht das Mittel für die ersten beiden Futtermittel mit dem des dritten Futtermittels. Nun ist $c = 1.6255$ und Tabelle T3 liefert den viel kleineren Gesamtumfang $N = 8$. Was ist richtig?

Die Kontraste ϑ_3 und ϑ_4 vergleichen zwar die gleichen Mittelwerte, bewerten aber die Differenz unterschiedlich. Bei gleichen Mittelwerten ist ϑ_4 halb so groß wie ϑ_3. Das wirkt sich beim Testen der Nullhypothese, daß der Kontrast gleich Null ist, nicht auf die Testgröße aus, da sich auch die Standardabweichung der Schätzung halbiert. Beim Schätzen oder beim Vergleich des Kontrasts mit einer Konstanten spielt das aber sehr wohl eine Rolle. Wir haben die gleiche Genauigkeitsforderung für zwei Parameter verwandt, die denselben Mittelwertunterschied ganz verschieden bewerten. Da $\vartheta_4 = 0.5\vartheta_3$ ist, sollte auch die Genauigkeitsforderung entsprechen angepaßt werden. Anstelle von $\Delta = 50$ ist $\Delta = 0.25$ zu verwenden. Dann erhalten wir denselben Stichprobenumfang.

Die Genauigkeitsforderung kann nicht skalenunabhängig festgelegt werden. Wird ein Kontrast mit einer Konstanten multipliziert, so muß auch Δ mit dieser Konstanten multipliziert werden. Normiert man Kontraste, indem die Koeffizienten durch die Summe der Absolutwerte aller Koeffizienten geteilt werden, so ist auch Δ durch die Summe zu teilen.

Schwieriger ist es, Kontraste miteinander zu vergleichen, die nicht durch Multiplikation mit einer Konstanten auseinander hervorgehen, wie ϑ_1 und ϑ_3. Beim ersten wird das Futtermittel 3 mit dem Futtermittel 1 verglichen, beim zweiten mit dem Mittel von Futtermittel 1 und Futtermittel 2. Wir haben $(\mu_1 + \mu_2)/2$ in ϑ_3 das gleiche Gewicht zugeordnet wie μ_1 in ϑ_1 und die Genauigkeitsschranke beibehalten. Da das Mittel von zwei Futtermitteln bei gleichem Gruppenumfang genauer geschätzt wird als die Einzelmittel, erklärt sich der geringere Stichprobenumfang für den dritten Kontrast.

Man muß einen Schritt in der Planung zurückgehen und danach fragen, was eigentlich gemessen werden soll. Einen Kontrast zu schätzen macht nur einen Sinn, wenn er einen Effekt von praktischer Relevanz mißt, wie z.B. den Mittelwertunterschied zwischen zwei Behandlungsgruppen. Dann sollte auch aus der praktischen Fragestellung eine entsprechende Genauigkeitsforderung ableitbar sein. Beim statistischen Testen wirkt sich – wie bereits erwähnt – die Skalierung nicht auf die Testgröße aus. Die Power hängt aber von der wahren Größe des Kontrasts ab, ist also nicht skalenunabhängig. Das gilt genauso für andere Linearkombinationen.

Bei der Formulierung der Zielstellung eines Experimentes oder einer Studie muß der zu schätzende Effekt eindeutig definiert werden. Bei der Festlegung der Genauigkeit seiner Schätzung ist die Skala zu beachten.

3.4.4 Lineare Schätzungen - Regression

Die Ergebnisse der vorhergehenden Abschnitte können auf allgemeine lineare Modelle verallgemeinert werden. Die Voraussetzung dafür ist, daß die Zufallsabweichungen vom Modell unabhängig voneinander mit dem Erwartungswert 0 und der gleichen Varianz σ^2 normalverteilt sind und das Konfidenzintervall die Gestalt (3.38) hat, wobei die Standardabweichung der Schätzung umgekehrt proportional zur Wurzel aus dem Umfang ist. Das soll am Beispiel der Schätzung eines Regressionskoeffizienten demonstriert werden.

Angenommen, die Beobachtungen lassen sich durch das Modell

$$y_i = \gamma_0 + \gamma_1 x_i + e_i, \qquad i = 1, 2, \ldots, N \tag{3.46}$$

beschreiben, wobei die Werte x_i der Variablen x vor dem Experiment festgelegt werden und die Zufallsabweichungen e_i die gerade genannten Bedingungen erfüllen. (3.46) ist das Modell der einfachen linearen Regression. Die x_i müssen nicht alle verschieden sein. Sind mehrere x_i gleich, so werden die zugehörigen Beobachtungen y_i als Replikationen an dieser Meßstelle bezeichnet. Wir verwenden die Bezeichnung N für den Gesamtumfang, der sich aus den Teilstichprobenumfängen (Anzahl der Replikationen an den Meßstellen) zusammensetzt.

Das $(1 - \alpha)$-Konfidenzintervall für den Anstieg γ_1 der Regressionsgeraden lautet bekanntermaßen

$$[\hat{\gamma}_1 - t_1 s_{\hat{\gamma}_1} \quad , \quad \hat{\gamma}_1 + t_1 s_{\hat{\gamma}_1}], \tag{3.47}$$

wobei $t_1 = t_{1-\alpha/2, df}$ das Quantil der t-Verteilung und $s_{\hat{\gamma}_1}$ die mit $df = N - 2$ Freiheitsgraden geschätzte Standardabweichung der Schätzung

$$\hat{\gamma}_1 = \frac{SP_{xy}}{SQ_x} = \frac{\sum (x_i - \overline{x})(y_i - \overline{y})}{\sum (x_i - \overline{x})^2} \tag{3.48}$$

des Anstiegs bezeichnet. Die Summe der Abweichungsprodukte

$$SP_{xy} = \sum (x_i - \overline{x})(y_i - \overline{y}) \tag{3.49}$$

ist eine lineare Funktion in den zufälligen Beobachtungen y_i, da die $(x_i - \overline{x})$ sich aus den festen, vor dem Experiment festgelegten Meßstellen x_i berechnen. Die Summe der Abweichungsquadrate

$$SQ_x = \sum (x_i - \overline{x})^2 \tag{3.50}$$

hängt nur vom gewählten Design ab, so daß $\hat{\gamma}_1$ linear von den Beobachtungen y_i abhängt. Die Standardabweichung ist

$$\sigma_{\hat{\gamma}_1} = \frac{\sigma}{\sqrt{SQ_x}}. \tag{3.51}$$

In dieser Formel steckt N nur implizit.

Es sind zwei Probleme eng miteinander verknüpft: die optimale Wahl der Meßstellen und die Festlegung der Anzahl der Replikationen des optimalen Designs. Der optimale Versuchsplan im Falle der einfachen linearen Regression besteht darin, gleichhäufig in den beiden Randpunkten x_l und x_u des zugelassenen Bereiches der x-Werte zu messen. Der Gesamtumfang ist $N = 2n$, wobei n die Anzahl der Messungen pro Punkt angibt. Für dieses Design gilt, wie einfach nachzurechnen ist,

$$SQ_x = \frac{n}{4}(x_u - x_l)^2 = \frac{N}{8}(x_u - x_l)^2. \tag{3.52}$$

Aus (3.51) folgt

$$\sigma_{\hat{\gamma}_1} = \frac{\sigma\sqrt{8}}{(x_u - x_l)\sqrt{N}}. \tag{3.53}$$

Die Standardabweichung der Schätzung ist wiederum umgekehrt proportional zur Wurzel aus N. Der Stichprobenumfang kann wie oben bestimmt werden, wenn

$$c = \frac{\Delta(x_u - x_l)}{\sigma\sqrt{8}} \tag{3.54}$$

gesetzt wird. Die Freiheitsgrade unterscheiden sich jedoch von denen bei der Schätzung eines Mittels. Bei der einfachen linearen Regression sind es $df = N - 2$ Freiheitsgrade, da beide Koeffizienten der Regressionsgeraden geschätzt werden müssen.

Beispiel 3.8: *Im Beispiel 1.6 wurde beschrieben, wie die Resorbierbarkeit $R = (1 - \gamma_1)100\%$ einer Aminosäure experimentell bestimmt wird. Zwei zu fütternde Rationen $x_l = 0.08$ g/Tag/kg LM und $x_u = 0.20$ g/Tag/kg LM wurden für das Experiment vorgesehen. Als Vorausschätzung für σ liegt die Reststandardabweichung $s_R = \sqrt{0.00002} = 0.00447$ aus einem vorhergehenden Fütterungsversuch vor.*

Die Resorbierbarkeit soll mit Hilfe eines 0.95-Konfidenzintervalls mit der Power 0.80 auf $\pm 10\%$ genau geschätzt werden. Eine Genauigkeit von $\pm 10\%$ für die Resorbierbarkeit entspricht der Genauigkeit von ± 0.1 für den Regressionskoeffizienten. Mit $\Delta = 0.1$ ergibt sich

$$c = \frac{0.1 \cdot 0.12}{0.00447\sqrt{8}} = 0.949.$$

Tabelle T3 entnimmt man für $N - 2$ Freiheitsgrade den Gesamtumfang $N = 14$. Es sind also 7 Tiere mit der Ration von 0.08 g/Tag/kg LM und ebenfalls 7 Tiere mit der Ration von 0.20 g/Tag/kg LM zu füttern. Die rechte Seite der Approximationsformel (3.22) liefert für 12 Freiheitsgrade den Wert $(2.1788 + 1.3562)^2/0.949^2 = 13.9$ und führt damit zum selben Umfang.

Genauso muß man im Falle anderer zumindest näherungsweise normalverteilter linearer Schätzungen vorgehen. Wenn die Standardabweichung der Schätzung $\hat{\vartheta}$ in der Form

$$\sigma_{\hat{\vartheta}} = \frac{1}{c\sqrt{N}} \tag{3.55}$$

dargestellt werden kann, ist c der Wert, zu dem aus Tabelle T3 für die Freiheitsgrade der Restvarianzschätzung der Gesamtumfang abgelesen werden kann.

3.4.5 Nichtlineare Schätzungen – Korrelation

Viele nichtlineare Schätzungen sind asymptotisch normalverteilt, d.h. ihre Verteilung strebt für wachsenden Stichprobenumfang gegen die Normalverteilung. In manchen Fällen kann auch durch eine monotone Transformation eine relativ gute Näherung an die Normalverteilung erreicht werden. Es soll am Beispiel des **Pearsonschen Korrelationskoeffizienten**

$$r = \frac{SP_{xy}}{\sqrt{SQ_x SQ_y}} = \frac{\sum (x_i - \overline{x})(y_i - \overline{y})}{\sqrt{\sum (x_i - \overline{x})^2 \sum (y_i - \overline{y})^2}} \tag{3.56}$$

gezeigt werden, wie man in solchen Fällen zu einer Approximationsformel für den Stichprobenumfang gelangt (siehe z.B. COHEN (1969, 1977)).

Unter der Voraussetzung der Normalverteilung und der Unabhängigkeit der Beobachtungspaare überführt die **Fishersche z-Transformation**

$$z(r) = \frac{1}{2} ln \frac{1 + r}{1 - r} \qquad (z(0) = 0) \tag{3.57}$$

den Korrelationskoeffizienten r in eine näherungsweise mit dem Erwartungswert $z(\rho)$ und der Varianz $1/(n - 3)$ normalverteilte Zufallsvariable $z = z(r)$, wobei ρ den Korrelationskoeffizienten in der Population und n den Stichprobenumfang bezeichnet. Hier liegt nur eine Stichprobe (von Paaren) vor, deshalb verwenden wir im Gegensatz zum vorhergehenden Abschnitt n als Bezeichnung für den Umfang.

$u = (z(r) - z(\rho))\sqrt{n - 3}$ ist approximativ standardnormalverteilt. Daher ist

$$\left[z(r) - \frac{u_{1-\alpha/2}}{\sqrt{n - 3}} \quad , \quad z(r) + \frac{u_{1-\alpha/2}}{\sqrt{n - 3}} \right] \tag{3.58}$$

ein approximatives $1 - \alpha$-Konfidenzintervall für $z(\rho)$. Nun geht man genauso wie in Abschnitt 3.2.2 vor: Wenn gleichzeitig die obere Intervallgrenze kleiner als $z(\rho) + \Delta$ und die untere Intervallgrenze größer als $z(\rho) - \Delta$ sein soll, muß

$$|u| = |z(r) - z(\rho)|\sqrt{n - 3} < \Delta \sqrt{n - 3} - u_{1-\alpha/2} = A \tag{3.59}$$

gelten. Da u approximativ standardnormalverteilt ist, kann

$$Pr(|u| < A) = Pr(-A < u < A) = 1 - \beta \tag{3.60}$$

nur gelten, wenn $A \approx u_{1-\beta/2}$ bzw.

$$\Delta \sqrt{n - 3} - u_{1-\alpha/2} \approx u_{1-\beta/2} \tag{3.61}$$

ist. Auflösen von (3.61) nach n liefert die Approximationsformel

$$n = 3 + \frac{(u_{1-\alpha/2} + u_{1-\beta/2})^2}{\Delta^2}. \tag{3.62}$$

Das Ergebnis ist überraschend. In (3.62) taucht weder ein Streuungsparameter noch irgendein anderer unbekannter Parameter auf. Ist denn der Stichprobenumfang unabhängig von der Stärke der Korrelation?

Er ist es nicht. Die Genauigkeitsschranke Δ beschreibt die Genauigkeit der Schätzung von $z(\rho)$ und nur implizit die der Schätzung von ρ. Um zu einem Konfidenzintervall für ρ zu gelangen, müssen die Grenzen des Konfidenzintervalls (3.58) mit Hilfe der Umkehrfunktion

$$h(z) = \frac{e^{2z} - 1}{e^{2z} + 1} \tag{3.63}$$

von $z(r)$ in den Originalbereich zurücktransformiert werden. Da $h(z)$ eine streng monoton wachsenden Funktion ist, bleiben Ungleichungen erhalten. Wenn (3.58) innerhalb der Grenzen $z(\rho) \pm \Delta$ liegt, so liegt das mit $h(z)$ transformierte Konfidenzintervall zwischen den Genauigkeitsschranken $h[z(\rho) - \Delta]$ und $h[z(\rho) + \Delta]$ und umgekehrt. Da $h(z)$ eine nichtlineare Funktion ist, ergeben sich unterschiedliche Genauigkeitsschranken für die Schätzung des Korrelationskoeffizienten in Abhängigkeit von seiner Größe.

Zu einem beliebigen Δ können so die Genauigkeitsschranken für die Schätzung von ρ berechnet werden. Abbildung 3.1 zeigt diese Genauigkeitsschranken in Abhängigkeit von ρ für $\Delta = 0.05, 0.10\ 0.15$ und 0.20.

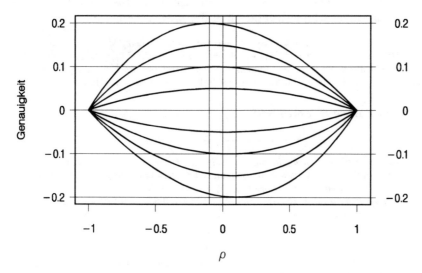

Abb. 3.1: Genauigkeitsschranken $h[z(\rho) - \Delta]$ und $h[z(\rho) + \Delta]$ für die Schätzung des Korrelationskoeffizienten ρ für $\Delta = 0.05, 0.10, 0.15$ und 0.20 (von innen nach außen)

Die obere Genauigkeitsschranke ist maximal an der Stelle $\rho = -\Delta/2$. Ihr Maximum ist kleiner als Δ. Die untere Genauigkeitsschranke nimmt ihren kleinsten Wert an der Stelle $\Delta/2$ an. Er ist größer als $-\Delta$. Für $\Delta = 0.2$, d.h. für die beiden äußeren

Kurven in Abb. 3.1, sind die Stellen -0.1 und 0.1, an denen das Maximum der oberen Genauigkeitsschranke bzw. das Minimum der unteren Genauigkeitsschranke angenommen werden, durch senkrechte Referenzlinien markiert.

Das bedeutet: Wird der Stichprobenumfang approximativ nach (3.62) bestimmt, so weichen die mit $h(z)$ zurücktransformierten Grenzen mit der Wahrscheinlichkeit $1 - \beta$ um nicht mehr als Δ von ρ ab, ganz gleich, welchen Wert ρ besitzt. Die Schätzung ist aber bei diesem Stichprobenumfang genauer, wenn der wahre Korrelationskoeffizient größer als $\Delta/2$ oder kleiner als $-\Delta/2$ ist, für Korrelationskoeffizienten in der Nähe von ± 1 sogar sehr viel genauer.

Umgekehrt können wir fragen, wie groß die Genauigkeitsschranke Δ_z gewählt werden muß, damit die obere Genauigkeitsschranke für die Schätzung von ρ kleiner als $\rho + \Delta_\rho$ und die untere Genauigkeitsschranke größer als $\rho - \Delta_\rho$ ist. Werden die Genauigkeitsschranken nach (3.57) in den z-Bereich transformiert, so ergibt sich ein asymmetrisches Genauigkeitsintervall. Um dennoch die geforderte Genauigkeit für ρ einzuhalten muß Δ_z als die kleinere der beiden Abweichungen der z-transformierten Schranken von $z(\rho)$

$$\Delta_z = min[z(\rho) - z(\rho - \Delta_\rho), z(\rho + \Delta_\rho) - z(\rho)] \qquad (3.64)$$

gewählt werden. Diese kann in (3.62) anstelle von Δ eingesetzt werden, um den Stichprobenumfang zu vorgegebenem ρ zu bestimmen.

Eine untere Schranke für positive Korrelationskoeffizienten bzw. eine obere Schranke für negative Korrelationskoeffizienten ist ausreichend für die Berechnung des Stichprobenumfangs, da sich die Genauigkeit rechts von der oberen bzw. links von der unteren – abgesehen von einem schmalen Intervall in der Mitte – verbessert (siehe Abb. 3.1).

Beispiel 3.9: *Es ist bekannt, daß zwischen den Körpermaßen beim Menschen mehr oder minder starke Korrelationen bestehen, so auch zwischen der Schuhgröße und der Körpergröße. Wie viele zufällig ausgewählte Personen müssen vermessen werden, um den Korrelationskoeffizienten zwischen der Schuh- und Körpergröße mit Hilfe eines 0.95-Konfidenzintervalls mit Wahrscheinlichkeit 0.80 auf ±0.1 genau zu bestimmen?*

Aus (3.62) kann mit $\Delta = 0.1$ die obere Schranke

$$n = 3 + \frac{(1.96 + 1.28169)^2}{0.1^2} \approx 1054$$

berechnet werden. Auch in dem ungünstigsten Fall eines Korrelationskoeffizienten in der Nähe von Null wird mit diesem Stichprobenumfang die Genauigkeitsforderung eingehalten. Bereits durchgeführte Erhebungen lassen vermuten, daß der Korrelationskoeffizient größer als 0.8 ist. Wir berechnen daher die beiden Genauigkeitsschranken $z(0.8) - z(0.7) = 1.099 - 0.867 = 0.232$ sowie $z(0.9) - z(0.8) = 1.472 - 1.099 = 0.373$ und setzen die kleinere $\Delta_z = 0.232$ in (3.62) ein:

$$n = 3 + \frac{(1.96 + 1.28169)^2}{0.232^2} \approx 199.$$

Es sind also nur 199 Personen in die Studie einzubeziehen. Da die untere Abweichung zur Bestimmung des Stichprobenumfangs verwendet wurde, liegt die untere Grenze des Konfidenzintervalls mit der Mindestwahrscheinlichkeit 0.8 rechts von $\rho - 0.1$, falls $\rho \geq 0.8$ ist. Die obere Genauigkeitsschranke liegt sogar noch näher bei dem wahren Wert. Zu $z(0.8) + 0.232 = 1.099 + 0.232 = 1.331$ gehört die transformierte obere Schranke

$$h(1.331) = \frac{e^{2 \cdot 1.331} - 1}{e^{2 \cdot 1.331} + 1} = \frac{14.32 - 1}{14.32 + 1} = 0.869.$$

Die maximale Abweichung nach oben ist mit der vorgegebenen Power also sogar kleiner als 0.069.

3.5 Schlußfolgerungen und Empfehlungen

- *Der berechnete Stichprobenumfang ist eine Planungsgröße und nicht der exakt benötigte Umfang.* Er wird auf der Basis von Vorinformation und Vorgaben bestimmt. Der Begriff "exakter Stichprobenumfang" bezieht sich auf die Art und Weise seiner Berechnung. Es empfiehlt sich daher, mit konservativen Vorgaben und Vorausschätzungen (z.B. mit der oberen Konfidenzgrenze für die Varianz aus einer vorhergehenden Studie) zu arbeiten oder die Vorgaben zu variieren, um die Sensitivität des Umfangs in Bezug auf die Veränderungen zu untersuchen.

- Die Forderung, daß die erwartete halbe Breite des Konfidenzintervalls einen vorgegebenen Wert nicht überschreiten soll, ist wegen der Variabilität der Konfidenzgrenzen eine sehr schwache Forderung. *Es empfiehlt sich sowohl eine Genauigkeitsschranke als auch die Power der Schätzung vorzugeben* (zur Definition vgl. Abschnitt 2.2.1).

- Der Stichprobenumfang zur *Schätzung des Mittels* einer normalverteilten Population kann approximativ nach (3.9) bzw. (3.22) berechnet werden. Dabei bezieht sich (3.9) auf den Fall, daß die erwartete halbe Breite des Konfidenzintervalls festgelegt wurde, während für (3.22) die Genauigkeitsschranke Δ und die Power vorgegeben werden müssen. Zur Bestimmung des exakten Umfangs stehen die Tabelle T3 und das SAS-Programm N_CONFI zur Verfügung. Die Ergebnisse lassen sich ohne weiteres auf gepaarte Beobachtungen übertragen (vgl. Abschnitt 3.4.1).

- *Zur Schätzung einer Wahrscheinlichkeit empfiehlt es sich, die Clopper-Pearson-Konfidenzgrenzen (3.29), (3.30) anstelle der approximativen Grenzen zu verwenden.* Der benötigte Stichprobenumfang kann aus Tabelle T4 abgelesen, approximativ nach (3.31) und (3.32) oder exakt mit den SAS-Programm N_CLOP berechnet werden.

- Die Formeln (3.9), (3.22) und Tabelle T3 können nicht nur bei der Schätzung eines Populationsmittels, sondern auch für andere *normalverteilte, lineare Schätzungen*, wie die Schätzungen von *Kontrasten* (Abschnitt 3.4.3) und die Schätzung des *Regressionskoeffizienten* (Abschnitt 3.4.4), verwendet werden. Dabei ändern sich nur c und die Freiheitsgrade. Zu beachten ist, daß die Genauigkeitsforderung im allgemeinen nicht skalenunabhängig festgelegt werden kann.

- Werden *monotone Transformationen* verwendet, um zu näherungsweise normalverteilten Schätzungen zu gelangen, so können die Genauigkeitsforderungen im Originalbereich oder für die transformierten Werte festgelegt werden. Beispiele sind die *logarithmische Transformation von Quotienten* (Abschnitt 3.4.2) und die *Fishersche Transformation des Korrelationskoeffizienten* (3.4.5). Es empfiehlt sich, sich die Bedeutung der gewählten Genauigkeitsforderung sowohl im Originalbereich als auch im transformierten Bereich klar zu machen.

4   Der Stichprobenumfang für Differenztests

Inhalt

4.1   Gepaarter t-Test, Vergleich mit einer Konstanten

Die Risiken eines statistischen Tests sowie der Unterschied zwischen Differenz- und Äquivalenztests wurden in Abschnitt 2.2.2 diskutiert. Das folgende Beispiel eines Differenztests soll verdeutlichen, in welchem Maße der Ausgang eines statistischen Tests vom Stichprobenumfang abhängt.

Beispiel 4.1: *In einer pharmakodynamischen Studie sollte die mögliche Reduktion der Anzahl der Spitzen (Spikes) im EEG durch ein Antiepileptikum untersucht werden. Dazu wurde eine Stunde lang vor der Arzneimittelgabe und eine Stunde lang danach ein EEG abgeleitet und die Anzahl der Spitzen in Intervallen von 2 min ausgezählt. Von Interesse war, ob sich die mittlere Anzahl der Spitzen pro Zeiteinheit unter der Wirkung des Antiepileptikums zumindest halbiert – wenn auch nicht bei allen Patienten, so doch bei der Mehrheit.*

Für jeden Patienten wurde die mittlere Anzahl c_{BL} (aus 30 Intervallen) vor der Arzneimittelgabe (Baseline) und die mittlere Anzahl c_T danach berechnet. Zählwerte sind zwar diskret verteilt, die Verteilung von den Mitteln aus 30 Beobachtungswerten kann aber näherungsweise als stetig angenommen werden.

Die Dosis von 10 mg wurde an $n = 9$ Patienten verabreicht. Die mittleren Anzahlen von Spitzen waren:

Patient	1	2	3	4	5	6	7	8	9
c_{BL}	5.1667	5.6774	15.1667	15.3333	17.6774	2.6562	5.0937	5.0357	8.0345
c_T	2.8571	0.8571	9.1786	5.1429	4.6786	2.4286	0.6786	0.2857	1.3214

Mittelwerte, Mediane und Standardabweichungen von c_{BL}, c_T, der Quotienten $x = c_{BL}/c_T$ sowie der Logarithmen der Quotienten $y = \ln(x)$ sind in der weiter unten folgenden Tafel aufgelistet. Die Unterschiede zwischen den Mittelwerten und Medianen zeugen von einer erheblichen Schiefe der Verteilungen sowohl der mittleren Spitzenanzahlen als auch ihrer Quotienten. Nur für die Logarithmen der Quotienten stimmen Mittelwert und Median näherungsweise überein, so daß deren Verteilung nahezu symmetrisch ist. Es liegt auf der Hand, für die Logarithmen y in der Population eine approximative Normalverteilung mit dem uns unbekannten Erwartungswert μ_y und der Varianz σ_y^2 zu unterstellen. Dann sind die Quotienten x approximativ lognormalverteilt.

Variable	Mittelwert	Median	Standard-abweichung
c_{BL}	8.871	5.677	5.603
c_T	3.048	2.429	2.874
$x = c_{BL}/c_T$	5.461	3.778	5.121
$y = ln(x)$	1.354	1.329	0.880

Im Falle einer Lognormalverteilung besteht eine einfache Beziehung zwischen dem Median $\tilde{\mu}_x$ von x und dem Erwartungswert μ_y vom y: der Logarithmus des Medians von x ist gleich dem Erwartungswert (Populationsmittel) μ_y der Logarithmen, d.h., es gilt $\mu_y = ln(\tilde{\mu}_x)$ bzw. $\tilde{\mu}_x = exp(\mu_y)$. Das gilt näherungsweise auch für die Schätzwerte: $ln(3.778) = 1.329$ bzw. $exp(1.329) = 3.778$.

Wir wollen nun die zur obigen Fragestellung gehörigen Hypothesen formulieren:

Daß sich die mittlere Anzahl von Spikes zumindest halbiert, heißt, daß der Baselinewert zumindest doppelt so groß wie der nachfolgende Wert ist ($x > 2$). Wenn das für mindestens 50% der Patienten in der Population gelten soll, muß der Median $\tilde{\mu}_x$ von x größer als 2 sein.

Wir haben bei vorgegebener Irrtumswahrscheinlichkeit $\alpha = 0.05$ zu entscheiden, ob $\tilde{\mu}_x > 2$ also $\mu_y = ln(\tilde{\mu}_x) > ln(2) = 0.693$ ist:

$$H_0: \quad \mu_y \leq 0.693 \qquad H_A: \quad \mu_y > 0.693.$$

Dazu verwenden wir den t-Test (zum Vergleich eines Mittelwertes mit einer Konstanten) mit der Prüfzahl

$$t = \frac{\overline{y} - 0.693}{s}\sqrt{n} = \frac{1.354 - 0.693}{0.88} 3 = 2.25.$$

Da der berechnete Wert größer als der kritische Wert $t_{0.95,8} = 1.8595$ aus Tabelle T2 ist (wegen der einseitigen Fragestellung ist das 0.95-Quantil zu verwenden), wird die Nullhypothese abgelehnt. Man kann auch den P-Wert $P = 1 - PROBT(2.25, 8) = 0.027$ mit Hilfe der Verteilungsfunktion $PROBT$ der t-Verteilung mit 8 Freiheitsgraden berechnen. Da dieser kleiner als $\alpha = 0.05$ ist, liegt ein signifikantes Testergebnis vor. Das ist nur eine andere Beschreibung derselben Entscheidungsregel.

Wir haben herausgefunden, daß $\mu_y > 0.693$ und damit $\tilde{\mu}_x > 2$ ist, also zumindest bei 50% der Patienten der Population, aus der die Stichprobe entnommen wurde, eine Halbierung des mittleren Anzahlen von Spitzen auftritt.

Das Beispiel ist auch insofern interessant, als sich auf einfachem Wege die Konstante ableiten läßt, gegen die der Test durchzuführen ist. Wen die Konstante stört, der kann von vornherein die Baselinewerte halbieren und die Variablen $u = ln(c_{BL}/2)$ und $v = ln(c_T)$ mit den Erwartungswerten μ_u bzw. μ_v einführen. Die paarweisen Differenzen $d = u - v$ besitzen den Erwartungswert $\mu_d = \mu_u - \mu_v$. Damit ist der gepaarte t-Test für die Hypothesen

$$H_0: \quad \mu_d = 0 \qquad H_A: \quad \mu_d > 0 \qquad\qquad (4.1)$$

zu verwenden. Da der Logarithmus eines Quotienten gleich der Differenz der Logarithmen von Zähler und Nenner ist, gilt für die paarweisen Differenzen d der Logarithmen der halben Baselinewerte und der mittleren Spitzenanzahlen nach Arzneimittelgabe

$$d = ln(c_{BL}) - ln(2) - ln(c_T) = ln(x) - ln(2) = y - 0.693.$$

Wegen $\bar{d} = \bar{u} - \bar{v} = 1.3074 - 0.6465 = \bar{y} - 0.693 = 0.6609$ *und* $s_d = s_y = 0.88$ *(die Varianz verändert sich nicht, wenn von allen Beobachtungen derselbe Wert abgezogen wird) stimmt die Prüfzahl des gepaarten t-Testes*

$$t = \frac{\bar{d}}{s_d}\sqrt{n} = \frac{0.6609}{0.88}3 = 2.25$$

mit der weiter oben verwendeten Prüfzahl überein. Da auch die Hypothesen äquivalent und die Freiheitsgrade gleich sind, sind das nur verschiedene Beschreibungen desselben statistischen Testes. Der gepaarte t-Test ist immer ein Test zum Vergleich mit einer Konstanten. Wir brauchen die Tests auch hinsichtlich des Stichprobenumfangs nicht separat zu behandeln.

Wäre das Experiment nach Beobachtung der ersten vier Patienten abgebrochen worden, ergäbe sich $\bar{d} = 0.3263$, $s_d = 0.6362$, *und daraus* $t = 1.03$ *bzw. der P-Wert* $P = 0.190$, *also keine Signifikanz. Der Faktor* $\sqrt{n}$, *der bei der Berechnung des t-Wertes auftaucht, wächst mit steigendem Stichprobenumfang. Der t-Test führt bei beliebig kleiner Populationsmitteldifferenz* $\mu_d > 0$ *zu einem signifikantem Ergebnis, wenn nur der Stichprobenumfang groß genug gewählt wird. Ist es nur eine Frage des "Fleißes", zu einem signifikantem Ergebnis zu gelangen? Kann das Testergebnis durch die Wahl des Umfangs manipuliert werden? Um das herauszufinden, müssen wir uns mit der Power des Tests beschäftigen.*

Die **Gütefunktion** des gepaarten t-Tests für die Hypothesen (4.1) gibt die **Power**, d.h. die Wahrscheinlichkeit, einen Unterschied μ_d zwischen den Populationsmitteln zu entdecken, als Funktion von μ_d an. Da jeder Differenz μ_d umkehrbar eindeutig ein Median $\tilde{\mu}_x$ zugeordnet werden kann, ist sie in Abbildung 4.1 der leichteren Interpretierbarkeit halber als Funktion des Medians dargestellt.

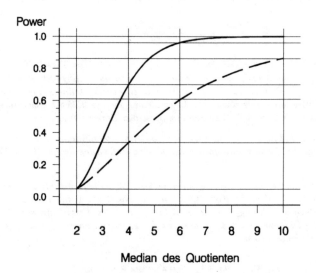

Abb. 4.1: Power des gepaarten t-Tests ($\alpha = 0.05$, einseitig) als Funktion von $\tilde{\mu}_x$ für das Beispiel 4.1 ($n = 4$ – gestrichelt, $n = 9$ - durchgezogen)

An der Stelle $\mu_d = 0$, d.h., wenn die Nullhypothese gültig ist, nimmt sie den Wert α an. Mit größer werdender Differenz $\mu_d > 0$ erhöht sich bei festem Stichprobenumfang die Chance, diese zu entdecken, d.h., die Gütefunktion steigt monoton an. Sie kann mit

Hilfe der Verteilungsfunktion der nichtzentralen t-Verteilung (das ist die Verteilung im Falle der Gültigkeit der Alternativhypothese) berechnet werden.

Fortsetzung von Beispiel 4.1: *Bei der Berechnung der Gütefunktionen des gepaarten t-Testes für $n = 4$ und $n = 9$ wurde unterstellt, daß die Standardabweichung in der Population mit der in der Stichprobe übereinstimmt ($\sigma_d = s_d = 0.88$). Wegen $\mu_d = \mu_y - ln(2) = ln(\tilde{\mu}_x) - ln(2) = ln(\tilde{\mu}_x/2)$ kann die Power als Funktion des Medians von x oder der erwarteten Mittelwertdifferenz dargestellt werden. Einige Werte der in Abb. 4.1 dargestellten Gütefunktion sind in der folgenden Tafel zusammengestellt:*

$\tilde{\mu}_x$	μ_d	Power (n=4)	Power (n=9)
2	0	0.05	0.05
4	0.693	0.34	0.70
6	1.099	0.61	0.96
10	1.609	0.86	0.9995

Ist $\tilde{\mu}_x = 2$ (d.h. $\mu_d = 0$), so besteht vereinbarungsgemäß nur die Chance von 5%, die Alternativhypothese $H_A : \tilde{\mu}_x > 2$ anzunehmen. Erst wenn $\mu_d = 0.693$ ist, also der wahre Median von x gleich 4 ist, d.h. bei 50% der Patienten aus der Population die mittlere Anzahl von Spitzen auf mindestens ein Viertel des Baselinewertes absinkt, steigt mit $n = 9$ Patienten die Chance für einen signifikanten Ausgang des Tests auf 70% an.

Verlangen wir, daß der Test eine vorgegebene Power haben soll, so müssen wir auch die Differenz festlegen, auf die sich diese beziehen soll. Das ist die Differenz der Populationsmittel $\Delta = \mu_d$, die mit der vorgegebenen Power entdeckt werden soll, falls sie auftritt. Ist die wahre Differenz noch größer, so übersteigt die Power den vorgegebenen Wert. Welche Mindestdifferenz klinisch relevant ist und damit auch gefunden werden soll, kann nur der Kliniker entscheiden. Der Stichprobenumfang wird so bestimmt, daß diese Differenz mit vorgegebener Wahrscheinlichkeit entdeckt werden kann. In diesem Falle wurde $\Delta = 0.693$, d.h. ein Absinken der mittleren Anzahl von Spitzen auf ein Viertel des Baselinewertes bei mindestens der Hälfte der Patienten, als relevant angesehen.

Halten wir fest:

Die Güte (Power) des gepaarten t-Tests bezieht sich immer auf eine bestimmte Fragestellung (einseitig, zweiseitig) und auf eine bestimmte Differenz. Soll der Stichprobenumfang bestimmt werden, so müssen zunächst die Hypothesen und die **zu entdeckende Mindestdifferenz** *festgelegt werden.*

Im Falle einer zweiseitigen Fragestellung ist sowohl eine negative als auch eine positive Differenz vorzugeben. Wegen der Symmetrie des t-Testes wählt man in der Regel Differenzen von gleicher absoluter Größe. Dann genügt es, die Power für die positive Differenz zu berechnen.

Während das Risiko 1.Art α unabhängig vom Stichprobenumfang ist, wächst die Power mit steigendem Stichprobenumfang.

In Abb. 4.2 sind die Dichtefunktionen der **zentralen** (unter H_0 gültigen) und der **nichtzentralen** (unter H_A gültigen) **t-Verteilung** für das Beispiel 4.1 dargestellt. Der jeweilige kritische Wert $t_{krit} = t_{0.95,n-1}$ ist durch eine senkrechte Trennlinie angezeigt. Dieser wandert mit wachsendem Stichprobenumfang nach links und nähert sich dem entsprechenden Quantil $u_{0.95} = 1.6449$ der Standardnormalverteilung.

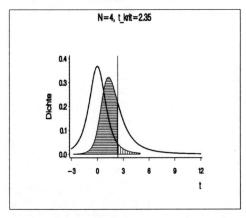 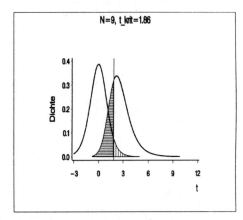

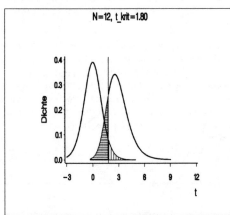 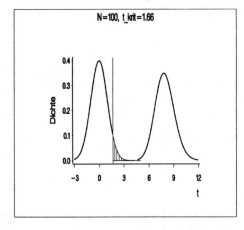

Abb. 4.2: Dichtefunktionen der zentralen (links) und der nichtzentralen (rechts) t-Verteilung mit $df = n - 1$ Freiheitsgraden und dem Nichtzentralitätsparameter $nct = 0.7875\sqrt{n}$, für $n = 4, 9, 12, 100$, Risiko 1.Art $\alpha = 0.05$ senkrecht schraffiert, Risiko 2.Art β waagerecht schraffiert

Die senkrecht schraffierte Fläche rechts von der Trennlinie unter der Dichtefunktion der zentralen Verteilung ist aber in allen Fällen gleich 0.05. Der kritische Wert des einseitigen Testes wird ja gerade so festgelegt, daß die Wahrscheinlichkeit für das Auftreten von t-Werten, die größer als der kritische Wert sind, gleich $\alpha = 0.05$ ist, falls die Nullhypothese richtig ist.

Die Power ist gleich der Fläche unter der Dichtefunktion der nichtzentralen Verteilung rechts von der Trennlinie. Die Wahrscheinlichkeiten für den Fehler 2.Art $\beta = 1 - Power$ sind als waagerecht schraffierten Flächen links von der jeweiligen Trennlinie dargestellt. (Um Überlappungen der Schraffierung zu vermeiden, wurde nicht die Power selbst, sondern deren Komplementärwahrscheinlichkeit $\beta = 1 - Power$ schraffiert.) Im Falle $n = 4$ ist diese Fläche gleich $1 - 0.34 = 0.66$ entsprechend der in der Tafel von Beispiel 4.1 angegebenen Power von 0.34. Im Falle $n = 9$ ist sie 0.30 und im Falle $n = 12$ gleich 0.20.

Man kann die Bilder als "Momentaufnahmen" bei wachsendem Stichprobenumfang ansehen. Die nichtzentrale Verteilung wandert nach rechts, wobei sich auch ihre Gestalt ändert. Ihre Lage und Gestalt und damit auch die Geschwindigkeit, mit der die beiden Verteilungen "auseinanderlaufen", hängen von dem **Nichtzentralitätsparameter** nct ab, der für den gepaarten t-Test gleich

$$nct = \frac{\mu_d}{\sigma_d}\sqrt{n} = c\sqrt{n} \tag{4.2}$$

ist, wobei σ_d die Standardabweichung der Differenzen in der Population angibt. Für das Beispiel 4.1 und die Populationsmitteldifferenz $\mu_d = 0.693$ ist der Nichtzentralitätsparameter $nct = (0.693/0.88)\sqrt{n} = 0.7875\sqrt{n}$, falls $\sigma_d = s_d$ unterstellt wird. Er wächst monoton mit dem Stichprobenumfang.

Für größere Stichprobenumfänge können beide Verteilungen angenähert durch Normalverteilungen beschrieben werden, die zentrale durch die Standardnormalverteilung, die nichtzentrale durch $N(nct, 1 + 0.5 \cdot nct^2/(n-1))$. Für das Beispiel 4.1 ist die Varianz der nichtzentralen Verteilung $1 + 0.5 \cdot 0.7875^2 n/(n-1)$. Diese strebt gegen $1 + 0.5 \cdot 0.7875^2 = 1.31$ und nicht etwa gegen 1, wie die der zentralen Verteilung. Dementsprechend besitzen die nichtzentralen Dichten in Abb. 4.1 kleinere Maxima als die zentralen.

Soll eine vorgegebene Power $1 - \beta$ erreicht werden, so müssen wir n so groß wählen, daß die schraffierte Fläche rechts vom kritischen Wert gerade $1 - \beta$ bzw. die schraffierte Fläche links vom kritischen Wert gleich β ist. Letztere ist gleich dem Wert der Verteilungsfunktion der nichtzentralen Verteilung an der Stelle t_{krit}. Genauso ist ja die Verteilungsfunktion definiert. Sie gibt die Fläche unter der Dichtefunktion links von einem vorgegebenem Wert – in diesem Falle dem kritischen Wert – an.

Falls sich der Ablehnungsbereich eines statistischen Tests aus den Werten, die größer als ein kritischer Wert t_{krit} *sind, zusammensetzt, lautet die* **Grundgleichung zur Bestimmung des Stichprobenumfanges**

$$F_{nct}(t_{krit}) \leq \beta, \tag{4.3}$$

wobei $F_{nct}(t)$ *die Verteilungsfunktion der nichtzentralen Verteilung, d.h. der Verteilung unter der Alternativhypothese, bezeichnet.*

Wird für μ_d die zu entdeckende Mindestdifferenz Δ eingesetzt, so ist in (4.2)

$$c = \frac{\Delta}{\sigma_d}. \tag{4.4}$$

Gesucht ist der minimale Stichprobenumfang, für den (4.3) gilt. Da wir eine ganzzahlige Lösung suchen, kann exakte Gleichheit nur in Ausnahmefällen erreicht werden. Das ist aber nicht das Hauptproblem. Die Schwierigkeit besteht vielmehr darin, daß die Verteilungsfunktion der nichtzentralen Verteilung im allgemeinen nicht explizit angegeben werden kann, sondern durch numerische Integration oder Reihen berechnet werden muß. Deshalb wollen wir uns vorerst mit einer Approximation beschäftigen.

Anstatt die Fläche unter der Dichtefunktion der nichtzentralen Verteilung links von einer vorgegebenen Trennlinie zu bestimmen, können wir auch zu vorgegebener Fläche (Wahrscheinlichkeit) den Trennpunkt suchen. Im Falle der zentralen Verteilung ist die Fläche $1 - \alpha$ vorgegeben. Die zugehörige Trennlinie ist das $1 - \alpha$-Quantil der zentralen Verteilung, d.h. der kritische Wert. Geben wir die Fläche β für die nichtzentrale Verteilung vor, so ist der Trennpunkt das β-Quantil $t_{\beta,n-1,nct}$ dieser Verteilung. Der Stichprobenumfang muß gerade so groß gewählt werden, daß diese beiden Trennpunkte zusammenfallen:

$$t_{krit} = t_{\beta,n-1,nct}. \tag{4.5}$$

Die Quantile der nichtzentralen t-Verteilung können approximativ berechnet werden, indem man zu den zentralen Quantilen (aus Tabelle T2) den Nichtzentralitätsparameter addiert,

$$t_{\beta,n-1,nct} \approx t_{\beta,n-1} + nct = -t_{1-\beta,n-1} + nct. \tag{4.6}$$

Aufgrund der Symmetrie der zentralen t-Verteilung gilt

$$t_{\beta,n-1} = -t_{1-\beta,n-1}. \tag{4.7}$$

Aus (4.2) bis (4.7) folgt für die einseitige Fragestellung

$$\boxed{N \approx \frac{[t_{1-\alpha,df} + t_{1-\beta,df}]^2}{c^2}} \tag{4.8}$$

mit den Freiheitsgraden $df = n - 1$. Wegen späterer Verweise wurde in der Formel das Symbol N für den Gesamtumfang verwendet. Hier gilt natürlich $N = n$.

Im Falle einer zweiseitigen Fragestellung, d.h. im Falle der Alternativhypothese H_A : $\mu_d \neq 0$, ist nur α durch $\alpha/2$ zu ersetzen:

$$N \approx \frac{[t_{1-\alpha/2,df} + t_{1-\beta,df}]^2}{c^2} \qquad (4.9)$$

N bzw. n tauchen auf beiden Seiten der Gleichung (rechts in den Freiheitsgraden $df = n - 1$) auf. Die Gleichung kann wie im Abschnitt 3.2.1 beschrieben (siehe Formel (3.9)) gelöst werden.

Um den exakten kleinsten Umfang N zu bestimmen, für den (4.3) erfüllt ist, muß ein Programm zur Verfügung stehen, das die Verteilungsfunktion der nichtzentralen t-Verteilung berechnet. Dann kann ausgehend von der approximativen Lösung der exakte Umfang mit Hilfe eines numerischen Suchverfahrens bestimmt werden. Dieser Algorithmus liegt den meisten Computerprogrammen zur Bestimmung des exakten Umfangs für den t-Test zugrunde.

Im Falle der zweiseitigen Fragestellung wird die Tatsache ausgenutzt, daß $F = t^2$ mit dem Nichtzentralitätsparameter $ncF = c^2n$ und $df_1 = 1$ sowie $df_2 = n - 1$ Freiheitsgraden F-verteilt ist. Die Nullhypothese $H_0 : \mu_d = 0$ wird zugunsten der Alternativhypothese $H_A : \mu_d \neq 0$ verworfen, wenn die Prüfzahl t des t-Testes betragsmäßig (d.h. nach Weglassen des Vorzeichens) größer als der kritische Wert $t_{krit} = t_{1-\alpha/2,df}$ ist. Das ist genau dann der Fall, wenn F größer als der kritische Wert $F_{krit} = F_{1-\alpha,1,df}$ des F-Testes ist. An die Stelle der Ungleichung (4.3) tritt die Ungleichung

$$F_{ncF}(F_{krit}) \leq \beta. \qquad (4.10)$$

Eine komprimierte Tabelle zur Bestimmung des exakten Umfangs ergibt sich, wenn zu vorgegebenem Umfang N das c bestimmt wird, für das in (4.3) bzw. (4.10) das Gleichheitszeichen gilt. Auf diese Weise wurde Tabelle T5 berechnet. Um den erforderlichen Stichprobenumfang zu bestimmen, muß man nur aus der vorgegebenen zu entdeckenden Mindestdifferenz Δ und der Vorausschätzung der Standardabweichung σ_d den Wert $c = \Delta/\sigma_d$ berechnen. Dann kann der Stichprobenumfang am Rande der Tabelle zu c in der Spalte für $df = N - 1$ Freiheitsgrade abgelesen werden.

Auf Diskette ist das SAS-Programm N_TTEST erhältlich, das den exakten Gesamtumfang berechnet. Die Eingabe der Planungsparameter erfolgt im DATA-Step:

```
data &fname;                                    input
seitig   alpha     c      DF_     power0;        cards;
  1       0.05   0.7855    1        0.8
;run;
```

Dieser muß entsprechend dem Problem abgeändert werden.

Dabei ist seitig=1 für die einseitige und seitig=2 für die zweiseitige Fragestellung einzugeben. Das Programm ist auch für andere später erörterte Anwendungen des t-Testes geschrieben. Hier ist c nach (4.4) einzusetzen, allgemeiner ist c der Koeffizient von $\sqrt{N}$ im Nichtzentralitätsparameter (siehe (4.2)). Die Freiheitsgrade ergeben sich aus N-DF_=N-1. Deshalb ist für den gepaarten t-Test DF_=1 einzusetzen. Die vorzugebende Power wurde mit power0 bezeichnet.

Fortsetzung von Beispiel 4.1: *Sollen die Hypothesen (4.1) getestet werden, so liegt eine einseitige Fragestellung vor. Von Interesse ist nur eine Erhöhung von μ_d. Wie schon weiter oben beschrieben, gehört zu $\mu_d = 0.693$ der Median 4 für die Quotienten aus den mittleren Anzahlen von Spitzen vor und nach Arzneimittelgabe. Bei 50% der Patienten aus der Population würde die mittlere Anzahl der Spitzen auf mindestens ein Viertel des Wertes vor Arzneimittelgabe absinken. Bei $\alpha = 0.05$ und $n = 9$ ist die Power gleich 0.70, eine solche Verminderung der mittleren Spitzenanzahlen zu entdecken. Dann würde der t-Test bei 70% der möglichen Stichproben vom Umfang 9 ein signifikantes Ergebnis liefern. Üblicherweise verlangt man mindestens eine Power von 0.80. Wieviele Patienten müssen in die Studie einbezogen werden, um die Differenz $\Delta = 0.693$ mit der Mindestwahrscheinlichkeit 0.80 zu entdecken?*

Aus Tabelle T2 entnimmt man für die Freiheitsgrade ∞ die Quantile $t_{0.95,\infty} = 1.6449$ und $t_{0.80,\infty} = 0.8416$. Die standardisierte zu entdeckende Differenz nach (4.4) ist $c = 0.693/0.88 = 0.7875$. Einsetzen in (4.8) liefert den Startwert

$$n_0 = \frac{[1.6449 + 0.8416]^2}{0.7875^2} = 9.97 \approx 10.$$

Für diesen Umfang, d.h. $df = 9$ Freiheitsgrade, nimmt die rechte Seite von (4.8) den Wert $[1.8331 + 0.8834]^2/0.7875^2 = 11.9$ an. Sie ist größer als $n_0 = 10$, somit haben wir die Lösung noch nicht gefunden. Wir müssen den Umfang erhöhen. Für $n = 11$ und $n = 12$ berechnen wir für die rechte Seite der Approximationsformel die Werte 11.7 bzw. 11.5. Im Falle $n = 12$ ist die rechte Seite erstmals kleiner als die linke. Der gesuchte Umfang ist $N = n = 12$.

Um den exakten Umfang zu bestimmen, suchen wir in der Spalte für $df = N - 1$ Freiheitsgrade von Tabelle T5 die benachbarten Werte zu $c = 0.7875$. Zu $N = 11$ lesen wir den Wert 0.8062 und zu $N = 12$ den Wert 0.7665. Da N mit der Schrittweite 1 aufgeführt ist, brauchen wir nicht zu interpolieren. Wir lesen den Umfang zu der etwas kleineren standardisierten Differenz 0.7665 ab. Der exakte Umfang ist ebenfalls 12.

Das Programm N_TTEST liefert den Ausdruck

Exakter Gesamtumfang fuer den t-Test

SEITIG	ALPHA	C	DF_	POWER0	DF	POWER	NEXAKT
1	0.05	0.7855	1	0.8	11	0.81682	12

Genaugenommen können wir mit der Wahrscheinlichkeit 0.80 nicht nur die Differenz 0.693, sondern $0.7664 * 0.88 = 0.67$ entdecken. Auf diese Feinheit kommt es aber nicht an. Der exakte Umfang ist nur der "exakte berechnete". Er ist nur dann der exakt benötigte, wenn die vorgegebene Standardabweichung 0.88 mit der wahren Standardabweichung in der Population übereinstimmt – was wir nicht wissen, sondern nur unterstellt haben. Ist die wahre Standardabweichung der Differenzen d gleich 1, so müssen nach Tabelle T5 wegen $c = 0.693$ bereits 15 Patienten rekrutiert werden. Eine Verdopplung der Standardabweichung führt zu $c = 0.693/1.76 = 0.3938$ und damit zu dem Stichprobenumfang 42.

Wie bei der Planung anderer Aktivitäten entwerfen wir unseren Plan für das Experiment auf der Grundlage von Unterstellungen. Hier unterstellen wir eine bestimmte Variabilität. Bei konservativem Vorgehen wird man eine obere Schranke oder eine obere Konfidenzgrenze für die Standardabweichung verwenden (zur Vorausschätzung der Varianz siehe auch Abschnitt 3.2 bzw. BROWN (1995)). Falsche Unterstellungen führen natürlich zu falscher Planung des Experimentes. *Bei der Durchführung von Experimenten realisiert sich die wahre Power – unabhängig davon, ob der Stichprobenumfang statistisch geplant wurde oder nicht – in einer entsprechenden Häufigkeit für ein signifikantes Ergebnis.* Es nützt daher auch nichts, die "Augen zu verschließen" und von einer Planung des Stichprobenumfangs abzusehen.

In jedem Falle ist es empfehlenswert, mehrere Varianten zu berechnen, um herauszufinden, wie sensibel der Umfang auf eine Veränderung der Vorgaben reagiert. Das bezieht sich auch auf die zu entdeckenden Mindestdifferenz Δ. Zumeist hat man nur eine ungefähre Vorstellung von der Größe der relevanten Mindestdifferenz. Entscheidend ist nicht ihre absolute Größe, sondern die standardisierte Differenz c, d.h. die Differenz gemessen in Vielfachen der Standardabweichung. Tabelle T5 zeigt die Abhängigkeit des Umfangs von c.

Eine andere Bemerkung bezieht sich auf die Interpretation der Ergebnisse eines geplanten Differenztest. Aus der Tatsache, daß der Stichprobenumfang so gewählt wurde, daß eine bestimmte Differenz mit vorgegebener Power entdeckt wird, kann *nicht* geschlossen werden, daß bei signifikantem Testergebnis die wahre Differenz größer als die zu entdeckende Mindestdifferenz ist. Der Test erlaubt nur den Schluß, daß die Nullhypothese abzulehnen ist. Bei der einseitigen Fragestellung besagt ein signifikantes Testergebnis lediglich, daß die wahre Mittelwertdifferenz größer als Null ist. Das ist ein recht mageres Ergebnis. Deshalb werden bei der Interpretation der Ergebnisse eines Experimentes oder einer Studie immer auch die Schätzwerte mit einbezogen. *Über die wahre Mittelwertdifferenz gibt das entsprechende Konfidenzintervall Auskunft.*

Abgesehen davon, daß in (3.22) das $1 - \beta/2$-Quantil eingeht, während in (4.9) das $1 - \beta$-Quantil verwendet wird, stimmen die Formeln formal überein. Legt man z.B. für den Test die Power 0.90 ($\beta = 0.1$) und für die Schätzung die Power 0.80 ($\beta/2 = 0.1$) fest, so ergibt sich bei gleichem c derselbe Stichprobenumfang. Das ist aber nur eine formale Übereinstimmung. *Die Power der Schätzung ist völlig verschieden von der des Differenztests definiert, und auch die Bedeutung der Differenz Δ ist unterschiedlich.* Im ersten Falle geht es darum, ob das Konfidenzintervall in ein Genauigkeitsintervall um den zu schätzenden Parameter fällt. Beim Test ist die Power die Wahrscheinlichkeit eine bestimmte Differenz zu entdecken. Im Falle der Schätzung drückt Δ die Genauigkeit aus, beim Test beschreibt sie im allgemeinen die der Zielstellung der Studie entsprechende praktisch relevante Mindestdifferenz. Das sind inhaltlich völlig verschiedene Dinge. Wie wir später sehen werden, besteht aber eine Analogie zwischen der Vorgehensweise beim Schätzen und beim Äquivalenztest.

Beim t-Test zum Vergleich mit einer Konstanten kann der Stichprobenumfang – wie bereits weiter oben erwähnt – mit den gleichen Formeln bzw. derselben Tabelle bestimmt werden. Es ist nur anstelle der Standardabweichung für die paarweisen Differenzen die Standardabweichung der Einzelbeobachtungen einzusetzen. Die zu entdeckende Mindestdifferenz beschreibt die relevante Abweichung von der Vergleichskonstanten.

Für das nichtparametrische Analogon des t-Testes, den Vorzeichenrangtest von Wilcoxon, sei auf die Arbeit von NOETHER (1987) verwiesen.

4.2   t-Test für unabhängige Stichproben – parallele Gruppen

Die grundlegende Vorgehensweise ist die gleiche wie im vorhergehenden Abschnitt. Der einzige neue Aspekt, der im Zusammenhang mit zwei unabhängigen (**parallelen**) Gruppen auftaucht, ist die Aufteilung des Gesamtumfangs auf die Gruppen.

Die praktische Anwendung des t-Testes wurde in Beispiel 1.3 demonstriert. Soll festgestellt werden, ob zwei Populationsmittel μ_1 und μ_2 sich unterscheiden oder nicht, so spricht man von einer **zweiseitigen Fragestellung**. Die zu testenden Hypothesen lauten

$$H_0 : \mu_1 = \mu_2 \qquad H_A : \mu_1 \neq \mu_2. \tag{4.11}$$

Das ist der häufigste Fall in den Anwendungen. Eine **einseitige Fragestellung** liegt z.B. vor, wenn μ_2 das zu einem Standardpräparat gehörige Mittel darstellt und geprüft werden soll, ob eine neues Präparat besser als das Standardpräparat ist oder nicht. In diesem Falle lauten die Hypothesen

$$H_0 : \mu_1 \leq \mu_2 \qquad H_A : \mu_1 > \mu_2. \tag{4.12}$$

Im Experiment werden entweder zwei unabhängige Zufallsstichproben vom Umfang n_1 bzw. n_2 aus zwei Populationen erhoben oder, es wird eine Zufallsstichprobe vom Gesamtumfang N erhoben, wobei n_1 Elemente zufällig der Behandlungsgruppe 1 und n_2 Elemente zufällig der Behandlungsgruppe 2 zugeordnet werden ($N = n_1 + n_2$). Der Begriff "parallele Gruppen" sagt nichts über die zeitliche Abfolge aus. Gemeint sind zwei unabhängige Gruppen (Stichproben) von Patienten oder Objekten. So werden z.B. in einer Dosis-Findungs-Studie nacheinander ansteigende Dosen eingesetzt, dennoch werden die Patientgruppen als parallele Gruppen bezeichnet, weil eventuelle zeitliche Effekte (Periodeneffekte) als vernachlässigbar angesehen werden.

Kann Normalverteilung und Varianzhomogenität ($\sigma_1^2 = \sigma_2^2 = \sigma^2$) in den Populationen unterstellt werden, so wird aus den beiden Stichprobenmitteln $\overline{y}_1$ und $\overline{y}_2$ sowie den beiden Stichprobenvarianzen s_1^2 und s_2^2 die Prüfzahl

$$t = \frac{\overline{y}_1 - \overline{y}_2}{s_R} \sqrt{\frac{n_1 n_2}{n_1 + n_2}} \tag{4.13}$$

mit der als das gewichtetes Mittel

$$s_R^2 = \frac{(n_1 - 1)s_1^2 + (n_2 - 1)s_2^2}{n_1 - 1 + n_2 - 1} \tag{4.14}$$

berechneten Restvarianz bestimmt. Die jeweilige Nullhypothese wird zugunsten der Alternativhypothese verworfen, falls bei der zweiseitigen Fragestellung $|t|$ den kritischen Wert $t_{1-\alpha/2, df}$ übersteigt und im Falle der einseitigen Fragestellung $t > t_{1-\alpha, df}$ ist. Die Irrtumswahrscheinlichkeit α muß vor dem Experiment festgelegt werden. Die Freiheitsgrade $df = n_1 + n_2 - 2 = N - 2$ sind die Freiheitsgrade der Restvarianzschätzung. Im Falle der zweiseitigen Fragestellung kann auch wahlweise ein F-Test mit der Prüfzahl $F = t^2$ durchgeführt werden. Dann wird die Nullhypothese abgelehnt, falls F größer als das Quantil $F_{1-\alpha,1,df}$ der zentralen F-Verteilung mit 1 Freiheitsgrad für den Zähler und df Nennerfreiheitsgraden ist.

Der Nichtzentralitätsparameter der Verteilung unter der Alternativhypothese ist nun

$$nct_2 = \frac{\mu_1 - \mu_2}{\sigma} \sqrt{\frac{n_1 n_2}{n_1 + n_2}} \qquad (4.15)$$

für die t-Verteilung bzw. $ncF_2 = nct_2^2$ für die F-Verteilung. Ist ein festes Verhältnis $n_2 = kn_1$ zwischen den Gruppenumfängen vorgegeben, so folgt aus $N = n_1 + n_2 = (1+k)n_1$ und $n_1 n_2/(n_1 + n_2) = Nk/(1+k)^2$

$$nct_2 = c\sqrt{N} \qquad (4.16)$$

mit

$$c = \frac{\Delta}{\sigma} \frac{\sqrt{k}}{1+k}, \qquad (4.17)$$

wobei die Differenz der Populationsmittel $\mu_1 - \mu_2$ gleich der zu entdeckenden Differenz Δ ist. Im Falle gleicher Gruppenumfänge, d.h. für $k = 1$, ist

$$c = \frac{\Delta}{2\sigma}. \qquad (4.18)$$

(4.16) hat die gleiche Gestalt wie (4.2), daher können wir wieder die Approximationsformeln (4.8) und (4.9) bzw. Tabelle T5 mit c aus (4.17) bzw. (4.18) zur Bestimmung des Stichprobenumfangs nutzen. Es muß lediglich beachtet werden, daß nun $df = N - 2$ Freiheitsgrade einzusetzen sind.

Beispiel 4.2:   *In Beispiel 1.3 wurden jeweils 10 normotensive Diabetes-Patienten mit Placebo bzw. Enalapril behandelt. Es war nicht von vornherein klar, in welche Richtung die Wirkung von Enalapril (Erhöhung oder Senkung des Druckes im Vergleich zu Placebo) bei normotensiven Patienten geht. Deshalb sollte untersucht werden, ob Unterschiede im mittleren arteriellen Blutdruck festzustellen sind. Das entspricht der zweiseitigen Fragestellung (4.11), für die der t-Test nicht zu einem signifikanten Ergebnis führte. Die Standardabweichung σ in der Population wurde durch die Reststandardabweichung $s = s_R = \sqrt{82} = 9.055$ geschätzt.*

Nehmen wir an, wir hätten eine Studie mit der gleichen Fragestellung und unter den gleichen Voraussetzungen zu planen. Unterstellen wir weiterhin, das $\sigma = 9$ ist. Als Irrtumswahrscheinlichkeit sei $\alpha = 0.05$ vorgegeben.

Zunächst muß die zu entdeckende Differenz festgelegt werden. Nehmen wir an, daß ein Unterschied von $\Delta = 10$ mm Hg mit der Wahrscheinlichkeit 0.80 gefunden werden soll. Wie viele Patienten müssen in die Studie einbezogen werden, wenn gleich viele Patienten mit Placebo bzw. Enalapril behandelt werden sollen?

Nach (4.18) ist $c = 10/18 = 0.5556$. Dieser Wert liegt zwischen 0.5611 und 0.5501 in der Spalte für N-2 (zweiseitig) von Tabelle T5. Der Gesamtumfang ist also $N = 28$. Jeweils 14 Patienten sind der Placebogruppe bzw. der Enalaprilgruppe randomisiert zuzuordnen.

Setzt man $c = 0.5556$, und $df = 26$ in die rechte Seite von (4.9) ein, so ergibt sich der Wert

$$\frac{[2.0555 + 0.8557]^2}{0.5556^2} = 27.45.$$

Da dieser Wert etwas kleiner als der eingesetzte Umfang $N = 28$ ist, liefert die Approximationsformel den exakten Umfang.

Wie würde sich das auswirken, wenn wir nicht gleiche Umfänge wählen, sondern nur etwa halb so viele Patienten der Placebogruppe (Gruppe 2) zuordnen wie der Enalaprilgruppe (Gruppe 1)? Mit $k = 0.5$ ergibt sich aus (4.17)

$$c = \frac{10}{9} \frac{\sqrt{0.5}}{1.5} = 0.5238.$$

Aus Tabelle T5 lesen wir den Mindestgesamtumfang $N = 31$ ab. Die Gruppenumfänge sind $n_1 = N/(1 + k) = 31/1.5 = 20.66 \approx 21$ und $n_2 = 0.5 \cdot 20.66 = 10.33 \approx 11$ (zur Sicherheit werden Stichprobenumfänge stets aufgerundet). Es werden 4 Patienten mehr benötigt als bei gleicher Aufteilung auf die Gruppen.

Die Vorgabe von $\Delta = 10$ erscheint ziemlich hoch. Soll bereits eine Differenz von 5 mm Hg mit der gleichen Power und gleichen Gruppenumfängen nachgewiesen werden, so wären $N = 104$, also 52 Patienten pro Gruppe erforderlich. Der Umfang der genannten Studie erweist sich für die behandelte Fragestellung als zu gering. Der Fairneß halber muß aber gesagt werden, daß die Untersuchung des mittleren arteriellen Blutdruckes nicht die primäre Fragestellung der Studie war, sondern eine Varianzanalyse der zeitlichen Verläufe bestimmter Laborparameter durchgeführt wurde.

Bei der Berechnung des Umfangs mit dem Programm N_TTEST ergibt sich der Ausdruck

Exakter Gesamtumfang fuer den t-Test

SEITIG	ALPHA	C	DF_	POWER0	DF	POWER	NEXAKT
2	0.05	0.5556	2	0.8	26	0.80782	28
2	0.05	0.5238	2	0.8	29	0.80474	31
2	0.05	0.2778	2	0.8	102	0.80130	104

Im Beispiel haben wir den kleineren Gesamtumfang erhalten, wenn die beiden Gruppenumfänge gleich sind. Allgemeiner gilt:

> *Die Aufteilung des Gesamtumfangs in gleiche Gruppenumfänge ist optimal.*

Das wird plausibel, wenn man die Abb. 4.2 betrachtet. Je größer der Nichtzentralitätsparameter wird, um so besser sind die Verteilungen "getrennt", d.h., um so größer ist die Power. Bei vorgegebenem Gesamtumfang wird (4.15) maximal für $n_1 = n_2 = N/2$. Man wird daher nur dann unterschiedliche Umfänge wählen, wenn gute Gründe dafür vorliegen, wie z.B. ethische Gründe, sehr unterschiedliche Kosten für die beiden Behandlungen, vorhersehbare geringere Rekrutierungsrate in einer der Gruppen etc..

Wie aus (4.17) hervorgeht, hängt der Stichprobenumfang bei festgehaltenen Risiken im wesentlichen von der standardisierten zu entdeckenden Differenz Δ/σ ab. Die vorgegebene Power wird aber nur dann eingehalten, wenn die eingesetzte der wahren Standardabweichung entspricht und die wahre Differenz $\mu_1 - \mu_2$ mit Δ übereinstimmt. Beide können durch Störfaktoren oder Nichteinhaltung der Protokollvorschriften (**Noncompliance**) beeinflußt werden.

Nehmen wir z.B. an, daß in einer Studie zur Prüfung der Effektivität eines Arzneimittels gegenüber einem Placebo die Hälfte der Patienten der Behandlungsgruppe (Gruppe 2) das Arzneimittel nicht einnimmt. Dann stimmt deren Populationsmittel mit dem der Patienten aus der Placebogruppe (Gruppe 1) überein. Ist die wahre Populationmitteldifferenz gleich Δ, so zeigt sich in der Studienpopulation nur der Effekt $0.5 \cdot \mu_2 + 0.5 \cdot \mu_1 - \mu_1 = 0.5 \cdot (\mu_2 - \mu_1) = 0.5 \cdot \Delta$. Einsetzen in (4.17) führt zu einer Verdopplung von c. Da aber c^2 in die Formel für den Umfang (siehe z.B. (4.9)) eingeht, bedeutet das eine Vervierfachung des benötigten Umfangs. Dabei haben wir noch nicht berücksichtigt, daß sich auch die Standardabweichung erhöht, woraus sich eine weitere Vergrößerung des Umfangs ergibt.

Auch andere Störeinflüsse wie z.B. Nebenerkrankungen, Unbalanziertheit bezüglich anderer Faktoren (Geschlecht, Gewicht, Metabolisierungstypen u.a.m.), vorzeitiger Studienabbruch können zu einer "Verdünnung des Effekts" führen. Wie das obige Beispiel zeigt, dürfen diese keinesfalls bei der Planung des Umfangs vernachlässigt werden.

Bezüglich der Power der entsprechenden nichtparametrischen Tests zum Vergleich von zwei Verteilungen (u.a. des Mann-Whitney-Tests) sei auf die Arbeiten von DIXON (1954), GIBBONS (1962, 1964), GOVINDDARAJULU und HAYHNAM (1966) und NOETHER (1987) verwiesen.

4.3 Test von Satterthwaite-Welch – ungleiche Varianzen

Die Aufgabenstellung ist die gleiche wie im vorhergehenden Abschnitt, nur soll jetzt **Varianzinhomogenität** ($\sigma_1 \neq \sigma_2$) vorausgesetzt werden. Anstelle des t-Tests (4.13) wird ein approximativer t-Test mit der Prüfgröße

$$t' = \frac{\overline{y}_1 - \overline{y}_2}{s_{diff}} \qquad (4.19)$$

und der aus den Freiheitsgraden $df_1 = n_1 - 1$ und $df_2 = n_2 - 1$ der beiden Stichproben genäherten Anzahl von Freiheitsgraden

$$df' = \frac{1}{g^2/df_1 + (1-g)^2/df_2}, \qquad (4.20)$$

mit

$$g = \frac{s_1^2/n_1}{s_1^2/n_1 + s_2^2/n_2} = \frac{ks_1^2}{ks_1^2 + s_2^2} \qquad (4.21)$$

durchgeführt (SATTERTHWAITE (1946), WELCH (1947), siehe auch RASCH et al. (1978), LORENZ (1996)). Dabei bezeichnet $k = n_2/n_1$ das Verhältnis der beiden Stichprobenumfänge. Die Freiheitsgrade werden gerundet, um auf ganzzahlige Werte zu kommen. Durch

$$s_{diff}^2 = \frac{s_1^2}{n_1} + \frac{s_2^2}{n_2} = \frac{1}{N}\left(s_1^2 + s_2^2 + ks_1^2 + \frac{s_2^2}{k}\right) \qquad (4.22)$$

wird die Varianz

$$\sigma^2_{diff} = \frac{\sigma_1^2}{n_1} + \frac{\sigma_2^2}{n_2} = \frac{1}{N}\left(\sigma_1^2 + \sigma_2^2 + k\sigma_1^2 + \frac{\sigma_2^2}{k}\right) \tag{4.23}$$

der Mittelwertdifferenz $\bar{y}_1 - \bar{y}_2$ geschätzt. Die maximale Power wird bei vorgegebenem Gesamtumfang erreicht, wenn k so gewählt wird, daß (4.23) minimiert wird. Das ist der Fall, wenn

$$k = \frac{n_2}{n_1} = \frac{\sigma_2}{\sigma_1} \tag{4.24}$$

ist, d.h. die Stichprobenumfänge proportional zu den Standardabweichungen gewählt werden. Um das einzusehen, braucht man nur nach den bekannten Regeln der Differentialrechnung zu verfahren, d.h. die 1.Ableitung von (4.23) nach k Null zu setzen, und sich zu überzeugen, daß die zweite Ableitung positiv ist. Für das optimale Verhältnis gilt

$$\sigma^2_{diff} = \frac{(\sigma_1 + \sigma_2)^2}{N}. \tag{4.25}$$

Die Power des Testes ergibt sich aus der Verteilung von t' unter der Alternativhypothese. Diese kann für $\Delta = \mu_1 - \mu_2$ durch eine t-Verteilung mit dem Nichtzentralitätsparameter

$$nct'_2 = \frac{\Delta}{\sigma_{diff}} \tag{4.26}$$

approximiert werden. Zur Berechnung der Freiheitsgrade ist g in (4.20) durch

$$\gamma = \frac{k\sigma_1^2}{k\sigma_1^2 + \sigma_2^2} = \frac{\sigma_1}{\sigma_1 + \sigma_2} \tag{4.27}$$

zu ersetzen. Der Nichtzentralitätsparameter hat wieder die Gestalt (4.2) mit

$$c = \frac{\Delta}{\sqrt{\sigma_1^2 + \sigma_2^2 + k\sigma_1^2 + \sigma_2^2/k}} = \frac{\Delta}{\sigma_1 + \sigma_2}. \tag{4.28}$$

Der Gesamtstichprobenumfang kann näherungsweise aus (4.8) bzw. (4.9) bestimmt werden. Die Berechnung gestaltet sich geringfügig komplizierter, weil in jedem Schritt die approximativen Freiheitsgrade berechnet werden müssen. Der Gesamtumfang wird entsprechend dem vorgegebenem oder optimalen Verhältnis

$$n_1 = \frac{N}{1+k} \qquad n_2 = \frac{kN}{1+k} \tag{4.29}$$

aufgeteilt, wobei bei der endgültigen Aufteilung aufzurunden ist.

Wegen der Rundung der Freiheitsgrade ergibt sich gegenüber dem t-Test noch ein weiterer Approximationsfehler. Die exakten Umfänge wurden von LEE (1992) berechnet.

Das Problem ist nicht neu, erste Untersuchungen wurden bereits von WALSH (1949) durchgeführt.

Beispiel 4.3: *LORENZ (1996) zitiert eine Untersuchung über die Graviditätsdauer von säugenden und nichtsäugenden Mäusen, bei der sich ein erheblicher Unterschied in den Varianzen zeigte ($s_1^2 = 1.09$ für die nichtsäugenden und $s_2^2 = 7.12$ für die säugenden Mäuse). Wir wollen bei unseren Berechnungen davon ausgehen, daß die Standardabweichungen in den Populationen $\sigma_1 = 1$ bzw. $\sigma_2 = 2.65$ betragen.*

Das optimale Verhältnis der Stichprobenumfänge ist demnach $k = 2.65$. Da eine verkürzte Trächtigkeitsdauer bei säugenden Mäusen nie beobachtet wurde, wird nur geprüft, ob diese gegenüber der der nichtsäugenden Mäuse verlängert ist. Es liegt also eine einseitige Fragestellung vor. Als Testniveau wurde $\alpha = 0.05$ vorgegeben.

Soll eine Verlängerung von $\Delta = 2$ Tagen in der mittleren Graviditätsdauer mit der Wahrscheinlichkeit 0.80 erkannt werden, so ist zur Bestimmung des Umfangs Formel (4.8) mit $c = 2/(1 + 2.65) = 0.548$ zu verwenden. Der Startwert ergibt sich, wenn auf der rechten Seite $df = \infty$ Freiheitsgrade eingesetzt werden:

$$N_0 = \frac{(1.6449 + 0.8416)^2}{0.548^2} = 20.6.$$

Versuchen wir zunächst, ob $N = 21$ ausreichend ist. Nach (4.29) ist N in die Gruppenumfänge $n_1 = 5.75 \approx 6$ und $n_2 = 2.65 \cdot 5.75 = 15.2 \approx 15$ aufzuteilen. Die zugehörigen Freiheitsgrade sind $df_1 = 5$ und $df_2 = 14$, woraus sich nach (4.20) mit $\gamma = 0.274$ anstelle von g die genäherten Freiheitsgrade

$$df' = \frac{1}{0.274^2/5 + (1 - 0.274)^2/14} = 18.99 \approx 19$$

berechnen. Die rechte Seite von (4.8) nimmt den Wert

$$\frac{(1.7291 + 0.8610)^2}{0.548^2} = 22.3$$

an, ist also noch größer als der zur Debatte stehende Umfang $N = 21$. Wir müssen den Umfang erhöhen. Für $N = 23$, $n_1 = 6.3 \approx 6$ und $n_2 = 16.7 \approx 17$ erhalten wir $df' = 20.85 \approx 21$ sowie den Wert 22.16 für die rechte Seite von (4.8), womit die Lösung gefunden ist. Um auf der sicheren Seite zu sein, runden wir auf. Alleiniges Aufrunden von n_1 auf 7, würde zu einer zu großen Abweichung vom optimalen Verhältnis führen. Deshalb erhöhen wir auch n_2 auf 18 und damit den Gesamtumfang auf $N = 25$.

Würde man gleiche Gruppenumfänge ($k = 1$) verwenden, so ist $\gamma = 1/(1 + 7) = 0.125$ und $c = 2/\sqrt{1 + 7 + 1 + 7} = 0.5$. Wenn wir den Startwert $N_0 = (1.6449 + 0.8416)^2/0.5^2 = 24.7$ auf $N = 26$ erhöhen und $n_1 = n_2 = 13$ verwenden, ergeben sich die näherungsweisen Freiheitsgrade $df' = 15.4 \approx 15$ und 27.4 als Wert der rechten Seite von (4.8). Für $N = 28$ hat die rechte Seite den Wert 27.1. Der Gesamtumfang erhöht sich also um 3 gegenüber dem Gesamtumfang bei optimaler Aufteilung.

Zu bemerken wäre, daß die Kalkulationen etwas vage sind, da die Vorausschätzungen der Standardabweichungen aus kleinen Stichproben stammen.

4.4   Binomialtest – Vorzeichentest

In Abschnitt 3.3 wurde die Schätzung einer Wahrscheinlichkeit behandelt. Die dort eingeführten Bezeichnungen sollen auch hier verwandt werden.

Der **Binomialtest** vergleicht eine Wahrscheinlichkeit p mit einer vorgegebenen Wahrscheinlichkeit p_0. Im Falle einer zweiseitigen Fragestellung sind die Hypothesen

$$H_0: \quad p = p_0 \quad vs. \quad H_A: \quad p \neq p_0 \tag{4.30}$$

zu prüfen. Interessiert nur die Abweichung nach oben oder unten, so liegt eine einseitige Fragestellung vor, was zu den Hypothesenpaaren

$$H_0: \quad p \leq p_0 \quad vs. \quad H_A: \quad p > p_0 \tag{4.31}$$

bzw.

$$H_0: \quad p \geq p_0 \quad vs. \quad H_A: \quad p < p_0 \tag{4.32}$$

führt.

Der Spezialfall des Binomialtests für $p_0 = 0.5$ ist der u.a. bei LORENZ (1996) detailliert beschriebene **Vorzeichentest**.

Fortsetzung von Beispiel 4.1: *In Abschnitt 4.1 wurde erläutert, wie bei vorausgesetzter Lognormalverteilung die Nullhypothese geprüft werden kann, daß die mittlere Anzahl von Spitzen im EEG nach Arzneimittelgabe bei mindestens 50% der Patienten unter den halben Baselinewert absinkt. Ohne eine Annahme über die Verteilung machen zu müssen, kann wie folgt vorgegangen werden:*

Wenn die mittlere Anzahl von Spitzen im EEG nach Arzneimittelgabe kleiner als der halbe Baselinewert ist, vergeben wir für diesen Patienten ein Pluszeichen, ansonsten ein Minuszeichen. Wenn die Nullhypothese richtig ist, sollten etwa gleichviele Plus- und Minuszeichen auftauchen. Die Anzahl der Pluszeichen k in einer Stichprobe vom Umfang n ist dann binomialverteilt mit der Grundwahrscheinlichkeit $p_0 = 0.5$. Von Interesse ist, ob das Absinken der mittleren Spitzenanzahlen bei mehr als 50% der Patienten in der Population zu verzeichnen ist, d.h., ob $p > 0.5$ ist. Es liegt die einseitige Fragestellung (4.31) mit $p_0 = 0.50$ vor.

Die Festlegung auf 50% der potentiellen Patienten ist willkürlich. Es wäre z.B. auch sinnvoll zu fragen, ob bei mindestens 90% der Patienten ein Absinken der Spitzenanzahlen auftritt. Dann ist $p_0 = 0.90$ einzusetzen. Die Auswahl des geforderten Prozentsatzes gehört zur Präzisierung der Aufgabenstellung seitens des Fachwissenschaftlers – in Zusammenarbeit mit dem Statistiker.

Ist die absolute Häufigkeit k eines Ereignisses binomialverteilt (B(n,p)) und bezeichnet $\hat{p} = k/n$ die zugehörige relative Häufigkeit, so ist

$$u = \frac{\hat{p} - p_0}{\sigma_0} \tag{4.33}$$

näherungsweise standardnormalverteilt, falls $p = p_0$, d.h. gleich der in der Nullhypothese vorgegebenen Wahrscheinlichkeit ist. Andererseits ist

$$v = \frac{\hat{p} - p_1}{\sigma_1} \tag{4.34}$$

näherungsweise standardnormalverteilt, falls p mit einem Wert p_1 aus dem Bereich der Alternativhypothese übereinstimmt. Dabei bezeichnen $\sigma_0 = \sqrt{p_0(1-p_0)/n}$ und $\sigma_1 = \sqrt{p_1(1-p_1)/n}$ die entsprechenden Standardabweichungen der relativen Häufigkeit. Zwischen u und v besteht, wie man leicht nachrechnet, die Beziehung

$$u = v\frac{\sigma_1}{\sigma_0} + \frac{p_1 - p_0}{\sigma_0}. \tag{4.35}$$

Wenden wir uns nun der einseitigen Fragestellung (4.31) zu. Bei vorgegebener Irrtumswahrscheinlichkeit α wird die Nullhypothese abgelehnt und das Testergebnis als signifikant bezeichnet, wenn

$$u > u_{1-\alpha} \tag{4.36}$$

ist. Der kritische Wert $u_{1-\alpha}$ kann für die Freiheitsgrade $df = \infty$ aus Tabelle T2 entnommen werden. Die Power ist die Wahrscheinlichkeit, zu einem signifikantem Testergebnis zu gelangen, falls die Alternativhypothese richtig ist, d.h. $p = p_1 > p_0$ ist. Die Ungleichung (4.36) ist nach (4.35) äquivalent zu

$$v > \frac{\sigma_0}{\sigma_1}u_{1-\alpha} - \frac{p_1 - p_0}{\sigma_1}. \tag{4.37}$$

Soll die Power einen vorgegebenen Wert $1-\beta$ annehmen, so muß die Ungleichung (4.37) mit dieser Wahrscheinlichkeit erfüllt sein. Da v im Falle $p = p_1$ standardnormalverteilt ist, ist das gleichbedeutend damit, daß die durch die rechte Seite von (4.37) bestimmte Schranke die Fläche unter der Dichtefunktion der Standardnormalverteilung (unter der Gauß'schen Glockenkurve) in die Anteile β (links von der Schranke) und $1 - \beta$ (rechts von der Schranke) aufteilt. Die Schranke ist also das β-Quantil $u_\beta = -u_{1-\beta}$ der Standardnormalverteilung, d.h., es gilt

$$\frac{\sigma_0}{\sigma_1}u_{1-\alpha} - \frac{p_1 - p_0}{\sigma_1} = u_\beta = -u_{1-\beta} \tag{4.38}$$

bzw.

$$u_{1-\alpha}\sigma_0 + u_{1-\beta}\sigma_1 = p_1 - p_0. \tag{4.39}$$

Nun braucht man nur noch σ_0 und σ_1 einzusetzen und nach n aufzulösen, um zu der Näherungsformel

$$N = n = \frac{\left(u_{1-\alpha}\sqrt{p_0(1-p_0)} + u_{1-\beta}\sqrt{p_1(1-p_1)}\right)^2}{\Delta^2} \tag{4.40}$$

mit $\Delta = p_1 - p_0$ für den Stichprobenumfang bzw. den Gesamtumfang N zu gelangen. Die u–Quantile werden aus der letzten Zeile von Tabelle T2 abgelesen.

Im Falle der zweiseitigen Fragestellung wird in (4.40) α durch $\alpha/2$ ersetzt. Da aber sowohl kleinere als auch größere Wahrscheinlichkeiten als p_0 zur Debatte stehen, muß neben $p_1 > p_0$ auch eine Wahrscheinlichkeit $p_2 < p_0$ festgelegt werden, für die die Power gleich $1 - \beta$ sein soll. Der erforderliche Stichprobenumfang ist der maximale der beiden für $\Delta = p_1 - p_0$ und $\Delta = p_0 - p_2$ berechneten Umfänge.

NOETHER (1987) hat für den Vorzeichentest die Formel

$$N = n = \frac{(u_{1-\alpha} + u_{1-\beta})^2}{4\Delta^2} \tag{4.41}$$

mit $\Delta = p_1 - 1/2$ vorgeschlagen. Diese unterscheidet sich von (4.40) für $p_0 = 1/2$ dadurch, daß sowohl unter der Nullhypothese als auch unter der Alternativhypothese die gleiche Standardabweichung $\sqrt{p_0(1 - p_0)} = \sqrt{1/4} = 1/2$ eingesetzt wird. Da die Standardabweichung $\sqrt{p(1 - p)}$ für $p = 1/2$ ihr Maximum annimmt, führt die Formel von Noether zu etwas größeren Stichprobenumfängen.

Fortsetzung von Beispiel 4.1: *In Abschnitt 4.1 hatten wir $\alpha = 0.05$ und $1 - \beta = 0.80$ festgelegt und verlangt, daß die Power gleich 0.80 ist, wenn bei 50% der Patienten der Population die mittlere Spitzenanzahl auf weniger als ein Viertel des Baselinewertes absinkt. Letzteres war gleichbedeutend damit, daß der Erwartungswert μ_d der paarweisen Differenzen d der logarithmierten Spitzenanzahlen den Wert 0.693 annimmt.*

Für den Vorzeichentest muß anstelle von μ_d eine Wahrscheinlichkeit p_1 festgelegt werden, für die die Power berechnet wird. Das ist im allgemeinen schwierig, weil schwer abzuschätzen ist, welche praktische Bedeutung die Erhöhung der Proportion der Pluszeichen hat. Der Vorteil des Vorzeichentests gegenüber dem gepaarten t-Test ist der, daß die Normalverteilungsannahme nicht benötigt wird. Als Prüfgröße verwendet er die relative Häufigkeit von Pluszeichen. Es ist aber unklar, welche Schlußfolgerung über die Anzahl der Spitzen gezogen werden kann, wenn z.B. 80% Pluszeichen gefunden werden.

Wir wollen daher bei der Annahme einer Normalverteilung für die Logarithmen der Spitzenanzahlen bleiben und einen Gütevergleich des t-Testes und des Vorzeichentestes anhand der erforderlichen Stichprobenumfänge anstellen.

Welchen Wert muß p_1 annehmen, damit die Forderungen und damit die Stichprobenumfänge vergleichbar sind?

Die folgende Überlegung hilft uns weiter: Ein Pluszeichen wird einer Beobachtung genau dann zugeordnet, wenn $d > 0$ ist. Im Falle $\mu_d = 0$ ist die Wahrscheinlichkeit dafür wegen der Symmetrie der Normalverteilung gerade $p_0 = 0.5$. Ist aber $\mu_d = 0.693$ und $\sigma_d = 0.88$, so gilt

$$p_1 = Pr(d > 0) = Pr\left(\frac{d - 0.693}{0.88} > \frac{-0.693}{0.88}\right) = 1 - \Phi(-0.7875) = \Phi(0.7875) = 0.785.$$

Φ bezeichnet die Verteilungsfunktion der Standardnormalverteilung, deren Werte aus Tabelle T1 abgelesen werden können.

Der erforderliche approximative Stichprobenumfang für den Vorzeichentest ist nach (4.40)

$$n \approx \frac{\left(1.6449\sqrt{0.5 \cdot 0.5} + 0.8416\sqrt{0.785 \cdot (1 - 0.785)}\right)^2}{(0.785 - 0.5)^2} = 16.8 \approx 17.$$

Für den gepaarten t-Test hatten wir den Umfang n = 12 bestimmt. Der erforderliche Stichprobenumfang für den Vorzeichentest ist erheblich größer. Das ist verständlich, da wir im letzten Fall nur die Information über das Vorzeichen, nicht aber die über den Betrag der Änderung ausnutzen.

Bisher haben wir uns nur mit einer Approximation beschäftigt. Als Faustregel für eine akzeptable Approximation der Biomialverteilung durch die Normalverteilung wird in der Literatur $np(1 - p) \geq 9$ angegeben (siehe z.B. HARTUNG et al. (1985)). Für den Vorzeichentest ist $p_0 = 0.5$, so daß bereits für $n \geq 36$ eine gute Annäherung der Binomialverteilung an die Normalverteilung zu verzeichnen ist. Bei kleinen oder großen p_0 erscheint das aber fraglich. Um den Binomialtest exakt durchzuführen, muß die absolute Häufigkeit k mit den kritischen Werten (den Quantilen) der Binomialverteilung unter der Nullhypothese verglichen werden.

Fortsetzung von Beispiel 4.1: *Bei k = 6 der n = 9 Patienten hat sich die mittlere Anzahl von Spitzen um mehr als 50% gegenüber dem Baselinewert verringert. Die Einzelwahrscheinlichkeiten der Binomialverteilung B(9, 0.5) lauten*

k	0	1	2	3	4	5	6	7	8	9
p_k	0.002	0.018	0.070	0.164	0.246	0.246	0.164	0.070	0.018	0.002

Im Falle der einseitigen Fragestellung (4.31) und bei vorgegebenem (nominellen) $\alpha = 0.05$ ist der kritische Wert 7, da dies der kleinste Wert ist, der mit einer Wahrscheinlichkeit unter 0.05 überschritten wird. Der kritische Bereich enthält die Punkte 8 und 9. Da die gefundene Häufigkeit 6 den kritischen Wert nicht übersteigt, kann die Nullhypothese nicht abgelehnt werden.

Das aktuelle α ist die Wahrscheinlichkeit, einen Wert aus dem kritischen Bereich zu beobachten, falls die Nullhypothese richtig ist, d.h. $p_8 + p_9 = 0.002+0.018=0.02$. Der exakte Test ist konservativ. Das aktuelle α überschreitet niemals den nominellen Wert, kann aber erheblich kleiner sein.

Die Power errechnet sich als Summe der Einzelwahrscheinlichkeiten der Punkte aus dem kritischen Bereich unter der Binomialverteilung B(9, p_1). Dabei ist p_1 die unter der Alternativhypothese angenommene Wahrscheinlichkeit für das Auftreten von Pluszeichen, für die die Power bestimmt werden soll. Für $p_1 = 0.785$ ergibt sich die Power Pr(8)+Pr(9)= 0.279+0.113=0.392.

Auf die gerade beschriebene Weise kann die Power des exakten Binomialtests zu vorgegebenen Wahrscheinlichkeiten p_0, p_1 und vorgegebenem Stichprobenumfang bestimmt werden. Die aktuelle Irrtumswahrscheinlichkeit ergibt sich, wenn die unter der Nullhypothese gültige Binomialverteilung eingesetzt wird.

In der praktischen Versuchsplanung wird aber zumeist die Power vorgegeben, um dann entweder den Stichprobenumfang zu vorgegebenem α und vorgegebener Differenz $\Delta = p_1 - p_0$ oder die nachweisbare Differenz bei gegebenem Umfang zu bestimmen. Eine Iteration bezüglich des Stichprobenumfangs bei vorgegebener Differenz erweist sich als ungünstig. Da die Binomialverteilung diskret ist, ändern sich sowohl die Irrtumswahrscheinlichkeiten als auch die Power sprunghaft mit wachsendem Umfang. Die Power ist keine streng monotone Funktion des Stichprobenumfangs. Durch iterative Berechnungen können zu jedem Umfang die Abweichungen von p_0 nach oben bzw. unten bestimmt werden, bei denen der Test mit vorgegebener Power zu einem signifikanten Ergebnis führt.

Tabelle T6 enthält für die einseitige Fragestellung (4.31) die mit der Power 0.80 nachweisbaren Differenzen $100 \cdot (p_1 - p_0)$ für den exakten Binomialtest. Mit 100 wurde aus Gründen der Platzersparnis multipliziert und, weil häufig in Prozenten gedacht wird. Ein Punkt zeigt an, daß für $p_1 < 1$ die Power 0.80 nicht erreicht wird.

Um die alternative einseitige Fragestellung (4.32) zu behandeln, braucht man nur zu den Komplementärwahrscheinlichkeiten überzugehen.

Tabelle T7 ist in der gleichen Weise aufgebaut. Sie enthält die nachweisbaren Differenzen für die zweiseitige Fragestellung (4.30). Dabei wurde sowohl die Abweichung nach unten (mit negativem Vorzeichen) als auch die nach oben bestimmt. Da die kritischen Werte als $\alpha/2$- bzw. $(1 - \alpha/2)$-Quantile gewählt wurden, ergeben sich aufgrund der Asymmetrie der Binomialverteilung für $p_0 \neq 0.5$ unterschiedliche Abweichungen nach unten und oben. Im Falle $p_0 > 0.5$ sind wiederum die Komplementärwahrscheinlichkeiten zu betrachten.

Die Bestimmung des exakten Stichprobenumfangs ist einfach. In der zu p_0 gehörigen Spalte sucht man die Abweichung, die mit der Power 0.80 erkannt werden soll, und liest am Rande den zugehörigen Stichprobenumfang ab. Die nachweisbaren Differenzen (in beiden Tabellen) wurden aufgerundet, um den Umfang nicht zu unterschätzen.

Auf Diskette ist das Programm N_VORZ erhältlich. Es berechnet einen exakten Umfang sowohl für die einseitige (seitig=1) als auch für die zweiseitige (seitig=2) Fragestellung und beliebig vorgegebene Power. Die Planungsparameter sind im DATA-Step einzugeben. Im Falle der zweiseitigen Fragestellung können unterschiedliche zu entdeckende Abweichungen vom Nullhypothesenwert p_0=PROB0 nach unten (DELTA_U) und nach oben (DELTA_O) vorgegeben werden. Dann bestimmt das Programm den Stichprobenumfang $N = n$ so, daß die minimale Power für die beiden Abweichung den vorgegebenen Wert überschreitet. Im einseitigen Fall wird nur DELTA_O benutzt (d.h., der Umfang wird für die Fragestellung (4.31) bestimmt).

Wegen der Diskretheit der Binomialverteilung kann die vorgegebene Power für ein N erreicht werden, dann aber wieder absinken. Es kann also mehrere Lösungen geben. Das Programm gibt durch die Wahl der Macrovariablen dn die Möglichkeit, die aktuelle Power (POWER) in der Umgebung des errechneten Umfangs zu inspizieren. Es wird auch das aktuelle α (ACTALPHA) ausgegeben.

Fortsetzung von Beispiel 4.1: *Für den Vorzeichentest ist $p_0 = 0.5$. Wenn $p_1 \geq 0.785$ ist, soll das mit der Mindestpower 0.80 erkannt werden, d.h., die zu entdeckende Mindestdifferenz ist 0.285. In Tabelle T6 müssen die benachbarten Werte zu 28.5 gesucht werden. Für N=17 und p0=50 liest man die Differenz 31.28 und für N=18 die Differenz 27.55 ab. Also ist N=18 eine Lösung. Für N=19 steigt die nachweisbare Differenz wieder an. Erst ab N=21 bleibt sie unter 28.5.*

Läge eine zweiseitige Fragestellung vor und werden zu entdeckende Abweichungen von -0.20 bzw. +0.285 vorgegeben, so muß ein Umfang bestimmt werden, für den beide Forderungen erfüllt werden. Nach Tabelle T7 wäre bereits N=28 ein Umfang, bei dem die Power an der Stelle 0.5+0.285=0.785 den vorgegebenen Wert 0.80 übersteigt. Das ist für 0.5-0.2=0.3 frühestens für N=49 und dann ab N=51 der Fall. Der gesuchte Umfang ist N=51.

Das Programm N_VORZ liefert für dn=2 den Ausdruck

Exakter Stichprobenumfang fuer den Binomialtest

SEITIG	ALPHA	PROBO	DELTA_U	DELTA_O	POWERO	ACTALPHA	NEXAKT	POWER	N
1	0.05	0.5	0.0	0.285	0.8	0.031784	21	0.79128	19
1	0.05	0.5	0.0	0.285	0.8	0.020695	21	0.75253	20
1	0.05	0.5	0.0	0.285	0.8	0.039177	21	0.85393	21
1	0.05	0.5	0.0	0.285	0.8	0.026239	21	0.82341	22
1	0.05	0.5	0.0	0.285	0.8	0.046570	21	0.89872	23
2	0.05	0.5	-0.2	0.285	0.8	0.044384	51	0.81000	49
2	0.05	0.5	-0.2	0.285	0.8	0.032839	51	0.78219	50
2	0.05	0.5	-0.2	0.285	0.8	0.048874	51	0.83627	51
2	0.05	0.5	-0.2	0.285	0.8	0.036483	51	0.81120	52
2	0.05	0.5	-0.2	0.285	0.8	0.027008	51	0.78436	53

4.5 Vergleich von Wahrscheinlichkeiten – Häufigkeiten, Quoten

4.5.1 Die Vierfeldertafel

In vielen Therapiestudien werden Häufigkeiten bzw. Wahrscheinlichkeiten als primäres Kriterium für die Beurteilung der Wirksamkeit verwendet (Heilungsquote, Sterbewahrscheinlichkeit, 5-Jahre-Überlebensrate, Prozentsatz der Patienten, bei denen ein bestimmtes Pathogen beseitigt wurde, Anteil der Patienten mit partieller oder kompletter Remission, Prozentsatz der wiedererkannten Wörter bei einem Wortfindungstest, Rückfallquote, Häufigkeit des Ausbruchs einer Erkrankung innerhalb eines gegebenen Zeitraums nach der Infektion u.a.m.). Labortests zum Nachweis einer bestimmten Infektion werden anhand ihrer Sensitivität – der Erkennungsquote unter den Infizierten (Richtig-Positiv-Quote) – und Spezifität – Nichtfindungsquote unter den Nichtinfizierten (Richtig-Negativ-Quote) – eingeschätzt. In landwirtschaftlichen und biologischen Experimenten werden die Fruchtbarkeit (Erfolgsquote bei Besamungen), Schwergeburtenquote, Keimfähigkeit eines Saatguts, Häufigkeit von Klauenerkrankungen bei Spaltenbodenhaltung, Prozentsatz weiblicher Nachkommen nach gezielter Behandlung des Spermas und andere Häufigkeiten beobachtet. Bei der Qualitätskontrolle von Lebensmitteln spielt der Anteil verdorbener oder in ihrer Qualität beeinflußter Lebensmittel eine Rolle. Die Epidemiologie befaßt sich mit Expositionsraten, Inzidenzraten und Prävalenzen.

Der Anwendungsbreite entsprechend ist die Literatur zu diesem Gebiet sehr umfangreich und kann hier nicht vollständig besprochen werden. Es werden nur die wichtigsten Lösungsansätze besprochen. Dabei kommt dem exakten Test von Fisher eine besondere Bedeutung zu. Doch zunächst wollen wir uns mit approximativen Tests beschäftigen.

Das folgende von LORENZ (1996) ausführlicher diskutierte Beispiel soll dem Einstieg in die Materie dienen.

Beispiel 4.4: *In einem Experiment sollte geklärt werden, ob Lehmwasser auf die Keimfähigkeit von Primula sinensis-Samen einen Einfluß hat oder nicht. Dazu wurden jeweils 100 Primelsamen mit Regenwasser oder Lehmwasser angefeuchtet. Die Ergebnisse sind in der folgenden Vierfeldertafel zusammengefaßt:*

	gekeimt	*nicht gekeimt*	*Summe*
Lehmwasser	*74*	*26*	*100*
Regenwasser	*64*	*36*	*100*
Summe	*138*	*62*	*200*

Es interessiert natürlich nicht nur der Ausgang dieses speziellen Experiments. Die Ergebnisse sollen verallgemeinert werden. Dazu stellt man sich zwei (fiktive) Grundgesamtheiten vor, die Gesamtheiten sämtlicher Primelsamen, die mit Regen- bzw. Lehmwasser angefeuchtet werden könnten. Anhand des Experiments soll entschieden werden, ob zwischen den Keimwahrscheinlichkeiten p_1 (bei Verwendung von Lehmwasser) und p_2 (bei Verwendung von Regenwasser) ein Unterschied besteht. Die entsprechenden Hypothesen lauten:

H_0 : $p_1 = p_2$ *(Zwischen Lehm- und Regenwasser besteht kein Unterschied.)*

H_A : $p_1 \neq p_2$ *(Lehmwasser bewirkt eine andere Keimfähigkeit als Regenwasser.)*

Da sowohl eine Erhöhung als auch eine Erniedrigung der Keimfähigkeit in Frage steht, handelt es sich um eine zweiseitige Fragestellung. Die aus dem Experiment geschätzten Keimfähigkeiten sind $\hat{p}_1 = 74/100 = 0.74$ und $\hat{p}_2 = 64/100 = 0.64$.

Allgemeiner werden die Häufigkeiten des Auftretens A bzw. Nichtauftretens $\overline{A}$ eines festgelegten Ereignisses – im Beispiel ist das das Ereignis Keimung – in zwei Zufallsstichproben vom Umfang n_1 bzw. n_2 in einer **Vierfeldertafel** zusammengestellt:

	A	$\overline{A}$	Summe
Stichprobe 1	a	b	n_1
Stichprobe 2	c	d	n_2
Summe	$a+c$	$b+d$	$N = n_1 + n_2$

Sind die Stichproben unabhängig, so sind a und c unabhängige binomialverteilte Zufallsvariable mit den Erwartungswerten $n_1 p_1$ und $n_2 p_2$ sowie den Varianzen $n_1 p_1 (1 - p_1)$ bzw. $n_2 p_2 (1 - p_2)$. Bei Gültigkeit der Nullhypothese, d.h. im Falle $p_1 = p_2 = p_0$, kann p_0 – im Beispiel ist das die in beiden Populationen gleiche Keimfähigkeit – durch die gemittelte relative Häufigkeit

$$\hat{p}_0 = \frac{n_1 \hat{p}_1 + n_2 \hat{p}_2}{n_1 + n_2} = \frac{a + c}{N} \tag{4.42}$$

geschätzt werden, die Varianz der Differenz $\hat{p}_1 - \hat{p}_2$ der relativen Häufigkeiten $\hat{p}_1 = a/n_1$ und $\hat{p}_2 = c/n_2$ durch

$$v_d^2 = \hat{p}_0(1 - \hat{p}_0)\left(\frac{1}{n_1} + \frac{1}{n_2}\right) = \hat{p}_0(1 - \hat{p}_0)\frac{n_1 + n_2}{n_1 n_2}. \tag{4.43}$$

Für hinreichend große Stichprobenumfänge ist

$$u = \frac{\hat{p}_1 - \hat{p}_2 \pm cc/(n_1 n_2)}{v_d} = \frac{\hat{p}_1 - \hat{p}_2 \pm cc/(n_1 n_2)}{\sqrt{\hat{p}_0(1 - \hat{p}_0)}}\sqrt{\frac{n_1 n_2}{n_1 + n_2}} \tag{4.44}$$

näherungsweise standardnormalverteilt. Dabei bezeichnet cc eine Stetigkeitskorrektur (continuity correction), die deshalb notwendig ist, weil der unkorrigierte Test ($cc = 0$) das vorgegebene Testniveau α nicht einhält. Welches Vorzeichen die Stetigkeitskorrektur erhält, hängt von der Fragestellung ab und wird weiter unten besprochen. Am bekanntesten ist die **Stetigkeitskorrektur** von YATES (1934) $cc_Y = N/2$ (siehe z.B. FLEISS (1981), HARTUNG et al. (1985)). SCHOUTEN et al. (1980) zeigten, daß die Yates'sche Korrektur zu konservativ ist und schlugen die Korrektur $cc_S = min(n_1, n_2)/2$ vor. Im Falle gleicher Gruppenumfänge ($n_1 = n_2 = n$) ist $cc_S = n/2$. Schouten et al. verwendeten außerdem eine unverzerrten Schätzer für die Varianz. Wir bleiben bei (4.43).

Die Prüfgröße u kann für die einseitigen Fragestellungen

$$H_0: \quad p_1 \leq p_2 \quad vs. \quad H_A: \quad p_1 > p_2 \tag{4.45}$$

bzw.

$$H_0: \quad p_1 \geq p_2 \quad vs. \quad H_A: \quad p_1 < p_2 \tag{4.46}$$

herangezogen werden. Im Falle (4.45) wird die Stetigkeitskorrektur abgezogen, im Falle (4.46) wird sie addiert. Die Nullhypothese wird abgelehnt, wenn u größer als der kritische Wert $u_{1-\alpha}$ bzw. kleiner als $-u_{1-\alpha}$ ist. Der kritische Wert kann zu vorgegebener Irrtumswahrscheinlichkeit α aus der letzten Zeile von Tabelle T2 abgelesen werden.

Im Falle der zweiseitigen Fragestellung

$$H_0: \quad p_1 = p_2 \quad vs. \quad p_1 \neq p_2 \tag{4.47}$$

wird die Stetigkeitskorrektur abgezogen, falls die Differenz $\hat{p}_1 - \hat{p}_2$ positiv ist, und addiert, falls sie negativ ist. Anschließend wird $|u|$ mit dem kritischen Wert $u_{1-\alpha/2}$ verglichen. Einfacher ist es, gleich den χ^2-**Test** mit

$$\chi^2 = u^2 = \frac{[|\hat{p}_1 - \hat{p}_2| - cc/(n_1 n_2)]^2}{\hat{p}_0(1 - \hat{p}_0)} \cdot \frac{n_1 n_2}{n_1 + n_2} = N\frac{(|ad - bc| - cc)^2}{n_1 n_2 (a + c)(b + d)} \tag{4.48}$$

als Prüfgröße zu verwenden. Der kritische Wert $\chi^2_{1-\alpha,1} = u^2_{1-\alpha/2}$ ist das $(1-\alpha)$-Quantil der χ^2-Verteilung mit 1 Freiheitsgrad, z.B. $\chi^2_{1-\alpha,1} = 3.84 = 1.96^2$ für $\alpha = 0.05$.

Fortsetzung von Beispiel 4.4:   *Wir erhalten $\hat{p}_0 = (74 + 64)/200 = 0.69$ und mit der Stetigkeits-korrektur $cc_S = 100/2 = 50$*

$$u = \frac{0.74 - 0.64 - 50/(100 \cdot 100)}{\sqrt{0.69 \cdot 0.31}} \sqrt{50} = 1.452457$$

und

$$\chi^2 = 200 \cdot \frac{(|74 \cdot 36 - 26 \cdot 64| - 50)^2}{100 \cdot 100 \cdot 138 \cdot 62} = 2.10963 = 1.452457^2.$$

(Normalerweise werden nur 2 Nachkommastellen berechnet. Hier soll aber die Übereinstimmung von χ^2 mit u^2 demonstriert werden.) Bei einer vorgegebenen Irrtumswahrscheinlichkeit $\alpha = 0.05$ kann die Nullhypothese nicht abgelehnt werden, da der berechnete Wert 2.10963 kleiner als der kritische Wert 3.84 ist. Ohne Stetigkeitskorrektur ergäbe sich $u = 1.5298$ und $\chi^2 = 2.3375 = 1.5298^2$, also auch keine Signifikanz.

LACHIN (1981) betrachtete zur Ableitung einer approximativen Formel für den Stichprobenumfang eine normalverteilte Zufallsvariable z, die unter der Nullhypothese den Erwartungswert μ_0^* und die Varianz σ_0^{*2} und unter der Alternativhypothese den Erwartungswert μ_1^* und die Varianz σ_1^{*2} besitzt. Dann ist

$$u^* = \frac{z - \mu_0^*}{\sigma_0^*} \tag{4.49}$$

unter der Nullhypothese und

$$v^* = \frac{z - \mu_1^*}{\sigma_1^*} \tag{4.50}$$

unter der Alternativhypothese standardnormalverteilt. Es besteht die Beziehung

$$v^* = u^* \frac{\sigma_0^*}{\sigma_1^*} + \frac{\mu_0^* - \mu_1^*}{\sigma_1^*}. \tag{4.51}$$

Bei vorgegebener Irrtumswahrscheinlichkeit α wird die Nullhypothese zugunsten der Alternativhypothese $H_A : \mu_1^* > \mu_0^*$ abgelehnt, falls u^* größer als der kritische Wert $u_{1-\alpha}$ ist. Der Test hat die Power $1 - \beta$, wenn der kritische Wert im Falle der Alternativhypothese mit Wahrscheinlichkeit β unterschritten wird:

$$P_{H_A}(u^* < u_{1-\alpha}) = P_{H_A}\left(v^* < u_{1-\alpha}\frac{\sigma_0^*}{\sigma_1^*} - \frac{\mu_0^* - \mu_1^*}{\sigma_1^*}\right) = \beta. \tag{4.52}$$

Da v^* unter der Alternativhypothese standardnormalverteilt ist, muß die Schranke für v^* mit dem β-Quantil $u_\beta = -u_{1-\beta}$ übereinstimmen. Aus

$$u_{1-\alpha}\frac{\sigma_0^*}{\sigma_1^*} - \frac{\mu_0^* - \mu_1^*}{\sigma_1^*} = -u_{1-\beta} \tag{4.53}$$

folgt die **Grundgleichung**

$$\boxed{u_{1-\alpha}\sigma_0^* + u_{1-\beta}\sigma_1^* = \mu_0^* - \mu_1^*,} \tag{4.54}$$

aus der der erforderliche Stichprobenumfang bestimmt werden kann, wenn bekannt ist, wie $\mu_0^* - \mu_1^*, \sigma_0^*$ und σ_1^* vom Stichprobenumfang abhängen. Die unterschiedlichen Stichprobenformeln entstehen durch die verschiedenen Spezifikationen der Standardabweichungen.

Wählt man $z = \hat{p}_1 - \hat{p}_2$, $\mu_0^* = 0$, $\mu_1^* = p_1 - p_2 = \Delta$, und werden die Varianzen

$$\sigma_0^{*2} = \overline{p}(1-\overline{p})\left(\frac{1}{n_1} + \frac{1}{n_2}\right) \tag{4.55}$$

mit

$$\overline{p} = \frac{n_1 p_1 + n_2 p_2}{n_1 + n_2} \tag{4.56}$$

sowie

$$\sigma_1^{*2} = \frac{p_1(1-p_1)}{n_1} + \frac{p_2(1-p_2)}{n_2} \tag{4.57}$$

angesetzt, so stimmen u aus (4.44) und u^* bis auf die Stetigkeitskorrektur strukturell überein. Die Tests sind asymptotisch gleich, d.h., sie stimmen für wachsende Stichprobenumfänge immer besser überein.

Setzen wir nun ein festes Verhältnis

$$n_2 = kn_1 \tag{4.58}$$

der Stichprobenumfänge voraus, so ist

$$\overline{p} = \frac{p_1 + kp_2}{1 + k}. \tag{4.59}$$

Der Gesamtumfang ist $N = n_1 + n_2 = (1+k)n_1$. Einsetzen in die Grundgleichung (4.54) und Auflösen nach N liefert die bekannte Formel von SCHNEIDERMANN (1964), FLEISS (1973) ($k = 1$) und FLEISS, TYTUN, URY (1980) - modifiziert für den Gesamtumfang N:

$$N = \frac{1+k}{k} \frac{\left[u_{1-\alpha}\sqrt{\overline{p}(1-\overline{p})(1+k)} + u_{1-\beta}\sqrt{kp_1[1-p_1] + p_2(1-p_2)}\right]^2}{\Delta^2}. \tag{4.60}$$

Der Gesamtumfang ist nach

$$n_1 = \frac{N}{1+k}, \quad n_2 = N\frac{k}{1+k} \tag{4.61}$$

in die Teilstichprobenumfänge aufzuteilen. Dabei wird, um auf ganzzahlige Umfänge zu kommen, in der Regel aufgerundet. Die u-Quantile können in der letzten Zeile von Tabelle T2 abgelesen werden. Diese Formel wird häufig empfohlen (siehe z.B. CAMPBELL und ALTMAN (1995)).

Im Falle der zweiseitigen Fragestellung (4.47) ist lediglich α durch $\alpha/2$ zu ersetzen. Es tritt allerdings ein Problem auf: Während bei der einseitigen Fragestellung p_1 die Wahrscheinlichkeit unter der Nullhypothese ist, liegt das bei der zweiseitigen Fragestellung nicht fest. Vertauschen von p_1 und p_2 in (4.60) führt im Falle $k \neq 1$ zu unterschiedlichen Gesamtumfängen. Eine mögliche Lösung besteht darin, den größeren der Umfänge zu wählen.

Fortsetzung von Beispiel 4.4: *Es sei $\alpha = 0.05$ festgelegt. Ein Unterschied von 20% in der Keimfähigkeit soll mit der Power 0.80 entdeckt werden. Wir wollen für die Lehmwasserprobe den doppelten Stichprobenumfang verwenden ($k = 2$), um diese mit größerer Genauigkeit schätzen zu können.*

Diese Angaben reichen noch nicht zur Bestimmung des Umfangs. Zusätzlich muß ein Wert für die Keimfähigkeit bei Anfeuchtung mit Regenwasser angenommen werden. Entsprechend den Ergebnissen des abgeschlossenen Experimentes wollen wir dafür 64% ansetzen.

Mit $p_2 = 0.64$ und $p_1 = p_2 + 0.2 = 0.84$ ergibt sich

$$N = \frac{3}{2} \frac{\left[1.96\sqrt{0.707 \cdot 0.293 \cdot 3} + 0.8416\sqrt{2 \cdot 0.84 \cdot 0.16 + 0.64 \cdot 0.36} \right]^2}{0.2^2} = 160.8.$$

Vertauschen der Wahrscheinlichkeiten ($p_1 = 0.64$, $p_2 = 0.84$) liefert den Gesamtumfang $N = 171.8$. Der höhere Gesamtumfang im zweiten Fall erklärt sich daraus, daß die kleinere Stichprobe dort gezogen wird, wo die Varianz größer ist (die Varianz der Binomialverteilung wird um so größer, je näher die Grundwahrscheinlichkeit bei 1/2 liegt).

In der zweiseitigen Fragestellung spiegelt sich wider, daß es unsicher ist, ob $p_1 \geq p_2$ oder $p_1 \leq p_2$ ist. Somit müssen wir für den ungünstigen Fall gewappnet sein, d.h. $N = 172$ wählen. Dann ergeben sich die Teilstichprobenumfänge

$$n_1 = \frac{172}{3} = 57.33 \approx 58, \quad n_2 = 116$$

für das zu planende Experiment. Durch das Aufrunden hat sich der Gesamtumfang auf $N = 174$ erhöht.

Für $k = 1$ errechnet sich der geringste Gesamtumfang $N = 148.6 \approx 150$. Es wären also jeweils 75 Primelsamen anzufeuchten. Das sind weniger, als im vorausgehenden Experiment.

Warum hat dann das vorhergehende Experiment nicht zu einem signifikanten Ergebnis geführt? Einerseits könnte es sein, daß die wahre Differenz $p_1 - p_2$ kleiner als das vorgegebene $\Delta = 0.2$ ist. Dann wäre Signifikanz gar nicht wünschenswert. Andererseits ist auch in dem Falle, daß die wahre Differenz größer gleich Δ ist, ein signifikanter Ausgang nicht sicher, sondern nur mit einer bestimmten Wahrscheinlichkeit – der Power – zu erwarten. Welcher der Fälle vorliegt, wissen wir nicht. Nichtsignifikanz bedeutet nur "Freispruch mangels Beweises".

Über den wahren Unterschied $p_1 - p_2$ gibt das Konfidenzintervall Auskunft. Ein approximatives 0.95-Konfidenzintervall ist (siehe z.B. LORENZ (1996))

$$\hat{p}_1 - \hat{p}_2 \mp \frac{n_1 + n_2}{2n_1 n_2} \mp u_{0.975}\sqrt{\frac{\hat{p}_1(1 - \hat{p}_1)}{n_1} + \frac{\hat{p}_2(1 - \hat{p}_2)}{n_2}} = 0.10 \mp 0.14 = \begin{cases} -0.04 \\ +0.24 \end{cases}.$$

So können wir zwar schließen, daß der Unterschied kleiner als 0.24 ist, aber nicht, daß er kleiner als $\Delta = 0.2$ *ist. Daß die Null im Konfidenzintervall enthalten ist, steht im Einklang mit der Aussage des Tests, daß $p_1 = p_2$ nicht auszuschließen ist.*

Eine andere, häufig zitierte Stichprobenumfangsformel ist im Falle $k = 1$, d.h. für gleiche Teilstichprobenumfänge $n_1 = n_2 = N/2$,

$$N = \frac{2}{\Delta^2}[u_Q + u_{1-\beta}]^2[p_1(1 - p_1) + p_2(1 - p_2)] \tag{4.62}$$

mit $Q = 1 - \alpha$ bei der einseitigen bzw. $Q = 1 - \alpha/2$ bei der zweiseitigen Fragestellung. Diese kann auf die gleiche Weise wie (4.60) abgeleitet werden. Der Unterschied besteht nur darin, daß anstelle der Varianz (4.55) dieselbe Varianz wie unter der Alternativhypothese, d.h. $\sigma_1^{*2} = \sigma_2^{*2}$ gemäß (4.57), eingesetzt wird. Die Analogie bezieht sich dann auch auf die Prüfgröße. An die Stelle von (4.44) tritt

$$\tilde{u} = \frac{\hat{p}_1 - \hat{p}_2 - cc/(n_1 n_2)}{\sqrt{\hat{p}_1(1 - \hat{p}_1)/n_1 + \hat{p}_2(1 - \hat{p}_2)/n_2}}. \tag{4.63}$$

Für das Beispiel 4.4 liefert Formel (4.62) den etwas kleineren Gesamtumfang $N = 143.2 \approx 144$.

Für $p_1 = p_2 = 1/2$ ergibt sich aus (4.62) der maximale Umfang

$$N = \frac{1}{\Delta^2}[u_Q + u_{1-\beta}]^2. \tag{4.64}$$

Das ist eine für nahe bei 0 oder nahe bei 1 gelegene Werte von p_1, p_2 eine grobe Schranke. Für das Beispiel 4.4 ergäbe sich $N = 196.2 \approx 197$. Die noch gröbere Abschätzung

$$N = 10/\Delta^2 \tag{4.65}$$

wurde von WALTER (1980) empfohlen. Sie führt sogar zu $N = 250$.

SILITTO (1949) nutzte die varianzstabilisierende Arcussinus-Wurzel-Transformation aus und approximierte die Verteilung der Differenz der transformierten relativen Häufigkeiten durch eine Normalverteilung. Für den darauf basierenden approximativen Test leitete er die Formel

$$N = \frac{[u_Q + u_{1-\beta}]^2}{[arcsin\sqrt{p_2} - arcsin\sqrt{p_1}]^2} \tag{4.66}$$

ab. Mit dieser errechnet sich für das Beispiel 4.2 der Gesamtumfang $N = 145.8 \approx 146$. URY (1981) vergleicht diese Approximation mit der für den χ^2-Test.

Diese Liste von Approximationsformeln ist bei weitem nicht vollständig. Eine detaillierte Übersicht gaben SAHAI und KHURSCHID (1996).

Die Unterschiede in den Umfängen können wegen der damit verbundenen Versuchskosten erheblich sein. Daher stellt sich die Frage, welche der Formeln zu empfehlen ist.

Da alle Formeln approximativ sind, muß als Vergleichsmaßstab der exakte Umfang herangezogen werden. Das ist aber nicht so einfach, wie es auf den ersten Blick erscheint. Die Approximationsformeln beziehen sich auf verschiedene Tests. Es ist also auch der Test festzulegen, mit dem verglichen wird. Naheliegend ist es, als Vergleichstest den sogenannten **exakten Test** von FISHER (1935) heranzuziehen. Für den Statistiker sei gesagt, daß hier der nichtrandomisierte Test gemeint ist. Der randomisierte Test wird ohnehin kaum verwendet. Dieser nutzt die Tatsache aus, daß a einer hypergeometrischen Verteilung folgt, falls der "Totalscore" $a + c$ festgehalten wird. Als kritischer Wert wird das entsprechende Quantil der hypergeometrischen Verteilung verwendet (vgl. HARTUNG (1985)). Es wird also nicht ein einziger kritischer Wert – wie beim χ^2-Test – sondern für jeden "Totalscore" der aus der entsprechenden bedingten Verteilung berechnete kritische Wert verwendet. Ein derartiger Test wird als **bedingter Test** bezeichnet.

Der zugehörige (unbedingte) kritische Bereich kann bestimmt werden, indem man für alle möglichen Paare (a, c) anhand des entsprechenden kritischen Wertes entscheidet, ob dieser Punkt zum Ablehnungsbereich gehört oder nicht. Da a und c unabhängig voneinander binomialverteilt mit den Parametern p_1, n_1 bzw. p_2, n_2 sind, kann anschließend für beliebige Parameterkombinationen die Power und für die Parameter unter der Nullhypothese die aktuelle Irrtumswahrscheinlichkeit berechnet werden, indem die Einzelwahrscheinlichkeiten für das Auftreten der Paare a, b aus dem kritischen Bereich aufsummiert werden. Die Gesamtzahl der zu bewertenden Punkte ist $n_1 \cdot n_2$, so daß der Rechenaufwand mit steigenden Stichprobenumfängen enorm anwächst. Bei zeilen- oder spaltenweiser Aufsummierung ist eine der Variablen a, c konstant. Statt die Einzelwahrscheinlichkeiten der Binomialverteilung für die andere Variable zu berechnen und diese aufzusummieren, kann deren Summe mit Hilfe der Verteilungsfunktion der Binomialverteilung bestimmt werden. Das führt zu einer erheblichen Reduzierung des Rechenaufwandes, da sich die Dimension des Problems erniedrigt. Das ist auch nötig, da bei der iterativen Berechnung des Stichprobenumfangs in jedem Zwischenschritt erneut die Power bestimmt werden muß.

Da die Stichprobenumfänge ganzzahlig und die Verteilungen diskret sind, kann die vorgegebene Power nicht exakt erreicht werden. Die Power ist wegen der Sprünge der diskreten Verteilungen keine streng monotone Funktion des Stichprobenumfangs. Dagegen ist die Power eine stetige und monotone Funktion der nachweisbaren Differenz, wenn eine der beiden Wahrscheinlichkeiten – sagen wir p_1 – festgehalten wird ($p_1 = p_0$).

Statt die Stichprobenumfänge zu vorgegebenem α, vorgegebener Power und Differenz Δ zu bestimmen, kann man auch zu vorgegebenen Stichprobenumfängen $n_1 = n_2 = n$ die nachweisbaren Differenzen $\Delta = p_2 - p_0$ iterativ errechnen. Dabei muß zwar auch in jedem Zwischenschritt der oben angegebene Algorithmus für die Power durchlaufen werden, aber es ergibt sich schließlich eine eindeutige Lösung mit festgelegter numerischer Genauigkeit. (Wir verwenden den Begriff "nachweisbare Differenz" anstelle von

"zu entdeckende Differenz", weil wir hier den Stichprobenumfang vorgegeben haben
und dazu die Differenz berechnen.)

Die auf diese Weise bestimmten nachweisbaren Differenzen für die nominelle Irrtumswahrscheinlichkeit $\alpha = 0.05$ und die Power 0.80 sind für den einseitigen Fall in Tabelle
T8 und den zweiseitigen Fall in Tabelle T9 zu finden. Im Falle der zweiseitigen Frage-
stellung gibt es ein $p_2 > p_0$ und ein $p_2 < p_0$, bei dem die vorgegebene Power erreicht
wird. Deshalb sind in Tabelle T9 zu jedem p_0 beide Differenzen aufgeführt. Tabelle
T8 wurde für die einseitige Fragestellung (4.45) berechnet, d.h., es wurden nur positive
Differenzen betrachtet. Das ist keine Einschränkung, sondern kann durch eventuelle
Umbennung der Wahrscheinlichkeiten p_1 und p_2 immer erreicht werden.

Das gleiche Verfahren kann auch benutzt werden, um die exakten nachweisbaren Differenzen für irgendeinen anderen Test zum Vergleich von zwei Wahrscheinlichkeiten
zu berechnen. Dazu muß nur die entsprechende Regel verändert werden, nach der
entschieden wird, ob ein Paar a, c zum kritischen Bereich gehört oder nicht. Das gilt
speziell auch für die auf Normalapproximation basierenden Tests.

Tabelle T8 enthält die nachweisbaren Differenzen für den approximativen Test (4.44)
mit der dort beschriebenen Stetigkeitskorrektur von Schouten in den mit NV gekenn-
zeichneten Zeilen, Tabelle T9 die Differenzen für den χ^2-Test (4.48) mit derselben
Stetigkeitskorrektur. In der ersten Spalte der Zeilen für den exakten Test ist der
Gruppenumfang n angegeben. Dieser ist auch für die darunterstehende Zeile für den
approximativen Test gültig.

Die Tabellen können auf die gleiche Weise wie beim Binomialtest zur Bestimmung des
exakten Umfangs zu vorgegebener Differenz und vorgegebenem Nullhypothesenwert p_0
genutzt werden. Man sucht in der zu $p0 = 100 \cdot p_0$ gehörigen Spalte zwei benachbarte
Werte auf, die die vorgegebene Differenz einschließen und liest den größeren der beiden
Gruppenumfänge am Rande ab. Bei den einseitigen Fragestellungen ist der jeweilige
Wert auf dem Rande des Nullhypothesenbereiches für p_0 einzusetzen.

Beim Binomialtest war der Nullhypothesenwert durch die Nullhypothese vorgegeben
(zumindest im Falle der zweiseitigen Fragestellung). Hier ist aber selbst im Falle
$p_1 = p_2$ der spezielle Wert noch nicht festgelegt. Es wird ja nur verlangt, daß die beiden Wahrscheinlichkeiten gleich sind. *Der Nullhypothesenwert p_0 ist ein zusätzlicher
Planungsparameter.* Wir berechnen das aktuelle *alpha* an der Stelle p_0 und die aktuelle Power an der Stelle $p_0 - \Delta_u$ bzw. $p_0 + \Delta_o$ für vorgegebene Abweichungen Δ_u,
Δ_o nach unten bzw. oben. Mathematisch gesprochen rührt das Problem daher, daß es
beim Zweistichprobenvergleich von zwei Wahrscheinlichkeiten keinen gleichmäßig besten Test gibt. Die kritischen Bereiche des exakten und der approximativen Tests sind
zwar unabhängig von p_0, die Irrtumswahrscheinlichkeit α und die Power aber nicht.

Die aktuelle Irrtumswahrscheinlichkeit des exakten Tests von Fisher überschreitet nie
das vorgegebene nominelle α. Es ist aber bekannt, daß der Test sehr konservativ ist,
d.h., das aktuelle α kann viel kleiner sein als das nominelle. Andererseits muß beim
χ^2-Test eine Stetigkeitskorrektur vorgenommen werden, damit die aktuelle Irrtumswahrscheinlichkeit das vorgegebene α nicht übersteigt.

Bei der Berechnung der Tabellen T8 und T9 bot sich gleichzeitig die Möglichkeit, das aktuelle α zu bestimmen. Das war eine günstige Gelegenheit zu überprüfen, ob die Stetigkeitskorrektur von Schouten ausreicht, das nominelle Niveau α einzuhalten. Die Ergebnisse gelten streng genommen nur im Bereich der berechneten Werte, d.h. für das nominelle $\alpha = 0.05$, die vorgegebene Power von 0.80, für gleiche Gruppenumfänge $n_1 = n_2 = n = 5(1)300$ und $p_0 = 0.05(0.05)0.95$. In Abb. 4.3 sind die Häufigkeitsverteilungen der aktuellen Irrtumswahrscheinlichkeit α in diesem Bereich für den zweiseitigen exakten Test von Fisher und den χ^2-Test mit der Stetigkeitskorrektur von Schouten dargestellt.

Es zeigt sich, daß aufgrund der Stetigkeitskorrektur die vorgegebene Irrtumswahrscheinlichkeit auch bei den approximativen Tests eingehalten wird und daß diese etwas weniger konservativ sind als der exakte Test.

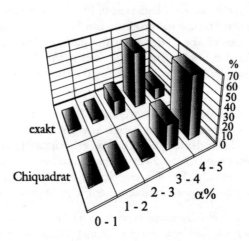

Abb. 4.3: Häufigkeitsverteilung der aktuellen Irrtumswahrscheinlichkeit des exakten Tests von Fisher (zweiseitig) und des χ^2-Tests mit der Stetigkeitskorrektur von SCHOUTEN et al. (1980) im Bereich $0.05 \leq p_1, p_2 \leq 0.95$

Die Berechnung des exakten Umfangs für andere α und eine andere Power ermöglicht das auf Diskette erhältliche Programm N_CHI_CS. Es berechnet allerdings nur den Gruppenumfang für den approximativen Test mit der Stetigkeitskorrektur nach Schouten. Einer der Gründe ist der, daß der oben beschriebene Algorithmus zu Powerberechnung für größere Stichprobenumfänge sehr aufwendig ist. Im Falle des approximativen Tests kann jedoch die Bestimmung des kritischen Bereiches auf die Lösung einer quadratischen Gleichung zurückgeführt werden, was einen schnellen Algorithmus ermöglicht. Eine weitere Beschleunigung wurde bei der iterativen Suche nach dem Stichprobenumfang durch ein Interpolationsverfahren erreicht. Die approximativen Stichprobenumfangsformeln zeigen nämlich, daß zwischen $\sqrt{n}$ und der Probittransformierten Power ein nahezu linearer Zusammenhang besteht, in diesem Bereich also linear interpoliert werden kann.

Wie ein Vergleich der nachweisbaren Differenzen in den Tabellen T8 und T9 zeigt, weist der approximative Test mit der Stetigkeitskorrektur eine geringfügig höhere Power auf als der (nichtrandomisierte) exakte Test, ist also diesem vorzuziehen, falls das nominelle α nicht überschritten wird. Um allen Eventualitäten vorzubeugen und die Einhaltung des Testniveaus außerhalb des Tabellenbereiches zu kontrollieren, wird im Programm auch das aktuelle α berechnet.

Die Handhabung des Programms gleicht der des entsprechenden Programms für den Binomialtest (siehe Abschnitt 4.4). Die Planungsparameter (ALPHA=α, PROB0=p_0, DELTA_U=Δ_u, DELTA_O=Δ_o und die vorgegebene Power POWER0) werden in einem DATA-Step eingegeben und zusammen mit den Ergebnissen ausgedruckt. Durch die Wahl der Macrovariablen dn wird der Bereich um den exakten Umfang gesteuert, für den die aktuelle Power ausgedruckt werden soll.

Fortsetzung von Beispiel 4.4: *Es ist der Stichprobenumfang gesucht, mit dem eine Abweichung der Größe 0.20 zwischen p_1 und p_2 mit der Power 0.80 entdeckt werden kann. Dabei sollen die Stichprobenumfänge gleich gewählt werden ($n_1 = n_2 = n = N/2$).*

Wir haben schon diskutiert, daß durch die Nullhypothese der Wert von p_0 nicht spezifiziert wird. Im Vorversuch haben wir die Schätzungen 0.64 und 0.74 erhalten. Wir wollen daher annehmen, daß für p_0 Werte zwischen 0.6 und 0.8 in Frage kommen, und bestimmen nacheinander die exakten Umfänge für $p_0 = 0.6, 0.7, 0.8$. Um Tabelle T9 verwenden zu können, müssen wir zu den komplementären Wahrscheinlichkeiten 0.4, 0.3 und 0.2 übergehen.

Aus Tabelle T9 liest man zu p0=40 in der Zeile n=101 die mit 100 multiplizierten nachweisbaren Differenzen -18.92 und 20.15 ab. Die obere Differenz ist noch größer als die gewünschte ($0.20 \cdot 100 = 20$). Für n=102 sind aber beide Differenzen (-18.81 und 19.99) betragsmäßig kleiner als 20. Damit ist der Gruppenumfang n=102 eine Lösung bei der Suche nach dem exakten Umfang für den exakten Test von Fisher. Für n=103 bis n=107 übersteigt die obere Differenz wieder 20. Erst ab n=108 bleiben beide Differenzen betragsmäßig unter dem geforderten Wert. Daher sollte eher n=108 als exakter Umfang im Falle $p_0 = 0.6$ angesehen werden. Für den χ^2-Test mit Stetigkeitskorrektur verfahren wir genauso. Hier sind die absoluten Differenzen schon ab n=102 kleiner als 20. Das ist der exakte Gruppenumfang für den approximativen Test im Falle $p_0 = 0.6$. Genauso gehen wir für $p_0 = 0.7$ und $p_0 = 0.8$ vor. Die exakten Umfänge sind in der folgenden Tabelle zusammengestellt.

p_0	exakter Test	approximativer Test
0.6	108	102
0.7	102	96
0.8	90	86

Das Programm N_CHI_CS liefert für dn = 1 den Ausdruck

Exakter Gruppenumfang zum Vergleich zweier Wahrscheinlichkeiten
approximativer Test mit Stetigkeitskorrektur nach Schouten

SEITIG	ALPHA	PROB0	DELTA_U	DELTA_O	POWER0	ACTALPHA	NEXAKT	POWER	N
2	0.05	0.6	-0.2	0.2	0.8	0.041246	102	0.79395	101
2	0.05	0.6	-0.2	0.2	0.8	0.040442	102	0.80081	102
2	0.05	0.6	-0.2	0.2	0.8	0.041032	102	0.80748	103
2	0.05	0.7	-0.2	0.2	0.8	0.040767	96	0.79739	95
2	0.05	0.7	-0.2	0.2	0.8	0.041158	96	0.80066	96
2	0.05	0.7	-0.2	0.2	0.8	0.041555	96	0.80371	97

Hier fehlt PROB0=0.8, weil das Programm für PROB0=0.8 und DELTA_O=0.2 die Power an der Stelle $p_0 + \Delta_o = 1.0$ berechnen müßte, was nicht möglich ist. Im LOG-File wird die Meldung "UN-ZULAESSIGE EINGABE" ausgedruckt. In der Tabelle ist wegen des Übergangs zu den Komplementärwahrscheinlichkeiten die untere Differenz -14.66 maßgebend, die absolut genommen kleiner als 20 ist. Daher ergeben sich keine Probleme.

Soll die Power von 0.80 auch im ungünstigsten Fall erreicht werden, so müssen wir den maximalen Umfang verwenden. Beim χ^2-Test sind $n = 102$ Samenkörner pro Gruppe, d.h. insgesamt $N = 204$, in den Keimversuch einzubeziehen, beim exakten Test $n = 108$, also insgesamt $N = 216$.

Nach (4.60) hatte sich nur ein Gesamtumfang von N=174 ergeben. Dort waren aber auch die Annahmen anders ($p_1 = 0.64$, $p_2 = 0.84$, ungleiche Gruppenumfänge). Um einen direkten Vergleich mit den approximativ berechneten Umfängen zu ermöglichen, müssen wir $k = 1$, $p_1 = p_0$ und $p_2 = p_0 \pm 0.2$ in (4.60) einsetzen. Dann ergeben sich die Umfänge

p_0	p_1	p_2	N
0.6	*0.6*	*0.4*	*194*
0.6	*0.6*	*0.8*	*163*
0.7	*0.7*	*0.5*	*186*
0.7	*0.7*	*0.9*	*124*

Da für gleiches p_0 jeweils der maximale Umfang zu wählen ist, erhalten wir $N = 194$ ($n = N/2 = 97$) und $N = 186$ ($n = 93$). Verglichen mit den exakten Umfängen sind diese sowohl für den exakten als auch für den approximativen Test zu klein.

Im Beispiel sind die Versuchskosten relativ gering. In klinischen Studien ist die Situation völlig anders. Daher wurde der Bestimmung des exakten Stichprobenumfangs viel Aufmerksamkeit geschenkt. Powerberechnungen für den exakten Test von Fisher wurden bereits von PATNAIK (1948), BENNET und HSU (1960) angestellt. Mit den Eigenschaften der Tests für kleine Stichproben befaßten sich DOZZI und RIEDWYL (1984). GAIL und GART (1973) bestimmten die minimalen Stichprobenumfänge zu vorgegebener Power und nutzten die "Arcus-Sinus-Formel" (4.66) für $n > 35$. Kritik an der "Arcus-Sinus-Formel" veranlaßte HASEMANN (1978) und CASAGRANDE, PIKE und SMITH (1978a) zur Herausgabe von Tabellen des exakten Stichprobenumfangs.

CASAGRANDE, PIKE und SMITH (1978b) leiteten die "verbesserte" Approximationsformel

$$n_1^* = \frac{n_1}{4} \left[1 + \sqrt{1 + \frac{2(1 + k)}{k n_1 \Delta}} \right]^2 \qquad (4.67)$$

ab, bei der für n_1 der Teilstichprobenumfang für den χ^2-Test nach (4.60), (4.61) einzusetzen ist. FAILING und VICTOR (1981) verglichen die nach den weiter oben angeführten Approximationsformeln berechneten Umfänge mit denen von HASEMANN
(1978). Sie kamen zu dem Schluß, daß (4.67) im Bereich $0.05 < p_1 < p_2 < 0.95$ nahezu
akkurate Stichprobenumfänge liefert, während andere Formeln erhebliche Abweichungen produzieren, so daß diese mehr von historischem Interesse seien. Das ist richtig,
wenn man nur den exakten Test im Auge hat. Generell muß der Stichprobenumfang
aus der Power des verwendeten Tests abgeleitet werden, so daß sich für verschiedene
Tests auch unterschiedliche Umfänge ergeben können.

Fortsetzung von Beispiel 4.4: *Für $k = 1$, $\Delta = 0.2$ ergibt sich zu $n = 97$ der nach CASAGRANDE,
PIKE und SMITH (1978b) korrigierte Umfang $n_{CPS} = 107$ und zu $n = 93$ $n_{CPS} = 103$. Das sind sehr
gute Näherungen für die exakten Gruppenumfänge des exakten Tests ($n = 108$ bzw. $n = 102$), für den
approximativen Test sind sie zu groß.*

FEIGL (1978) entwickelte Nomogramme zu Umfangsbestimmung. FLEISS (1973) ver-
glich die Stichprobenumfänge des χ^2-Tests ohne Stetigkeitskorrektur mit denen von
KRAMER und GREENHOUSE (1959) für den Test mit Stetigkeitskorrektur und entwickelte eine neue Approximation. Ein Powervergleich des χ^2-Tests, des exakten Tests
von Fisher und eines neuen "quasi-exakten" Tests von HIRJI et al. (1991) für kleine
Stichprobenumfänge stellte DAVIS (1993) an.

Als Schlußfolgerung aus dem bisher Gesagten und den genannten Vergleichen empfiehlt
es sich, bei der Planung von Experimenten die Tabellen oder das Programm für die
exakten Stichprobenumfängen zu benutzen. Der Umfang muß passend zu dem verwendeten Test bestimmt werden. Für nicht zu kleine Umfänge liefert die Formel (4.67) für
den exakten Test von Fisher gute Approximationen.

4.5.2 Unbedingte Tests – mehr Power?

Der Vergleich der aktuellen Irrtumswahrscheinlichkeiten des χ^2-Tests mit der Stetig-keitskorrektur von Schouten und des exakten Tests von Fisher in Abb. 4.3 zeigt, daß die des exakten Tests sehr klein sein können, während die des χ^2-Tests näher an dem nominellen Wert von $\alpha = 0.05$ liegen. Das hat zur Folge, daß die Power des exakten Tests kleiner als die des approximativen Tests ist. Beim χ^2-Test ohne Stetigkeitskor-rektur ist der Unterschied noch größer. Für BERKSON (1978) war das einer der Gründe, den exakten Test zugunsten des χ^2-Tests zu verwerfen. Beim exakten Test wird für jede mögliche Gesamtanzahl $a + c$ von Ereignissen ein spezieller kritischer Bereich so festgelegt, daß die bedingte Irrtumswahrscheinlichkeit dem nominellen α möglichst nahe kommt. Dagegen ist der χ^2-Test ein unbedingter Test. Es wird ein kritischer Bereich für alle Paare (a, c) anhand ihrer (unbedingten, approximativen) Verteilung unter der Nullhypothese ausgewählt. Der Powerverlust des exakten (bedingten) Tests gegenüber dem approximativen ist eine direkte Folge der strengeren Forderung des bedingten Tests. Die Kontroverse unter Statistikern über die Zweckdienlichkeit von bedingten bzw. unbedingten Tests ist noch immer nicht endgültig ausgefochten.

SUISSA und SHUSTER (1985) versuchten möglichst viel an Power zu gewinnen, indem sie den kritischen Wert für den Normalapproximationstest ohne Stetigkeitskorrektur maximieren. Dabei verwendeten sie der Einfachheit und der Popularität halber die Prüfgröße (4.63). Der Unterschied zu (4.44) ist der, daß die Varianzen nicht "gepoolt" werden. Bei ihren Betrachtungen setzten sie außerdem gleiche Teilstichprobenumfänge ($n_1 = n_2 = n$) und die einseitige Fragestellung (4.46) voraus.

Die von ihnen eingeführte **Nullpowerfunktion**

$$\pi(z, p) = \sum_C \binom{n}{a} \binom{n}{c} p^{a+c} (1-p)^{2n-a-c} \tag{4.68}$$

summiert die Wahrscheinlichkeiten unter der Nullhypothese $H_0 : p_1 = p_2 = p$ für das Auftreten der Paare (a, c) aus dem Bereich C, der durch

$$\frac{c - a}{\sqrt{a(n - a) + c(n - c)}} \sqrt{n} > z \tag{4.69}$$

definiert ist.

Im Spezialfall $z = u_{1-\alpha}$ ist das der kritische Bereich für den approximativen Test (4.63) mit $cc = 0$. Ausgehend von diesem Wert bestimmten die Autoren mit einem numeri-schen Suchverfahren den kleinsten Wert $z^*_{u,1-\alpha}$ von z, für den die Nullpowerfunktion (4.68) für alle $0 < p < 1$ kleiner oder gleich dem nominellen α ist. Anders ausgedrückt ist $z^*_{u,1-\alpha}$ der kleinste kritische Wert, der für beliebiges p die Einhaltung des nominellen Testniveaus garantiert. Sie berechneten die dabei eingehaltene obere Schranke α_{max} sowie die untere Schranke α_{min} des aktuellen α für $0.05 < p < 0.95$ und außerdem den kritischen Wert $z^*_{p,1-\alpha}$ für die Prüfgröße (4.44) mit gepoolter Varianz. Diese sind sind in der aus der Originalarbeit entnommenen Tabelle 4.1 aufgeführt. Um den Ver-gleich mit Tabelle T8 zu erleichtern, wurden die α-Schranken mit 100 multipliziert und gerundet.

Tabelle 4.1: Kritische Werte für den Test von Suissa und Shuster und Schranken für die aktuelle Irrtumswahrscheinlichkeit
$$\alpha = 0.05$$

n	$z^*_{u,0.95}$	$z^*_{p,0.95}$	$100\alpha_{min}$	$100\alpha_{max}$	n	$z^*_{u,0.95}$	$z^*_{p,0.95}$	$100\alpha_{min}$	$100\alpha_{max}$
10	1.96	1.80	0.7	4.8	30	1.77	1.73	4.0	4.7
11	1.92	1.78	0.9	4.6	31	1.77	1.73	4.0	4.9
12	1.86	1.74	1.1	4.7	32	1.80	1.76	3.9	4.6
13	1.81	1.71	1.3	4.8	33	1.77	1.73	4.0	4.8
14	1.77	1.68	1.5	5.0	34	1.75	1.72	4.0	4.9
15	1.94	1.83	1.3	4.2	35	1.75	1.72	3.8	4.8
16	1.92	1.82	1.9	4.2	36	1.75	1.72	3.8	4.7
17	1.90	1.81	2.1	4.3	37	1.74	1.71	4.0	4.7
18	1.88	1.80	2.3	4.3	38	1.74	1.71	4.1	4.8
19	1.86	1.78	2.5	4.4	39	1.74	1.71	4.1	4.7
20	1.85	1.78	2.7	4.4	40	1.73	1.70	4.1	4.7
21	1.84	1.77	2.9	4.5	50	1.71	1.69	4.2	4.9
22	1.83	1.77	3.1	4.8	60	1.71	1.69	4.1	5.0
23	1.84	1.78	3.3	4.5	70	1.72	1.71	3.9	4.9
24	1.81	1.76	3.4	4.6	80	1.70	1.69	4.2	4.9
25	1.80	1.75	3.4	4.5	90	1.70	1.69	4.2	4.9
26	1.79	1.74	3.6	4.5	100	1.72	1.71	4.1	4.8
27	1.79	1.74	3.7	4.5	150	1.70	1.69	4.1	5.0
28	1.78	1.74	3.9	4.6					
29	1.78	1.74	3.9	4.6					

Wie im Anhang der Arbeit gezeigt wird, erzeugen (4.44) und (4.46) im Falle gleicher Teilstichprobenumfänge und $cc = 0$ äquivalente Tests, d.h., es kann wahlweise einer der beiden Tests benutzt werden (natürlich mit dem zugehörigen kritischen Wert).

In der Arbeit wurden auch die Stichprobenumfänge n_{SS} berechnet, die nötig sind, um die Power 0.80 zu erreichen. Diese sind in Tabelle 4.2 den exakten Stichprobenumfängen für den exakten Test und den approximativen Test sowie den nach den Approximationsformeln (4.60) und (4.67) errechneten Umfängen pro Teilstichprobe (Gruppe) gegenübergestellt.

Die Umfänge für den Test von Suissa und Shuster weichen gar nicht oder nur wenig von denen des approximativen Tests mit der Stetigkeitskorrektur von Schouten ab. Der Powergewinn ist nicht mehr groß. Die Korrektur ist andererseits leichter zu handhaben als der Test von Suissa und Shuster, da keine speziellen Tabellen für die kritischen Werte erforderlich sind. Zu Planungszwecken reicht es aus, den χ^2-Test mit der Stetigkeitskorrektur von Schouten zu betrachten.

Tabelle 4.2: Umfänge für Tests in der Vierfeldertafel
n -*Gruppenumfang, $\alpha=0.05$ (einseitig), Power $1-\beta=0.80$*

p_1	Δ	p_2	n_{FTU}	n_{NV}	n_{SS}	n_{CPS}	n_{FET}
0.05	0.10	0.15	111	116	107	130	126
0.05	0.15	0.20	60	61	56	72	67
0.05	0.20	0.25	39	41	38	48	45
0.05	0.25	0.30	28	30	28	36	34
0.05	0.30	0.35	21	22	22	28	25
0.05	0.35	0.40	17	18	18	22	20
0.05	0.40	0.45	14	16	13	19	17
0.1	0.15	0.25	79	82	79	92	89
0.1	0.20	0.30	49	51	49	58	56
0.1	0.25	0.35	34	37	35	42	39
0.1	0.30	0.40	25	26	26	32	30
0.1	0.35	0.45	20	21	21	25	24
0.1	0.40	0.50	16	17	17	20	19
0.2	0.15	0.35	109	114	111	122	121
0.2	0.20	0.40	64	69	68	74	73
0.2	0.25	0.45	43	45	55?	51	49
0.2	0.30	0.50	31	32	32	37	36
0.2	0.35	0.55	23	26	26	29	27
0.2	0.40	0.60	18	20	20	23	23
0.3	0.15	0.45	128	134	132	141	142
0.3	0.20	0.50	74	78	77	83	84
0.3	0.25	0.55	48	51	50	55	55
0.3	0.30	0.60	33	37	37	40	41
0.3	0.35	0.65	25	27	27	30	31
0.3	0.40	0.70	19	20	20	23	23

Gruppenumfänge: n_{FTU} - (approximativ) nach Fleiss, Tutyn und Ury (4.60),

n_{NV} - (exakt) für den korrigierten approximativen Test,

n_{SS} - (exakt) für den Test von Suissa und Shuster,

n_{CPS} - (approximativ) nach Casagrande, Pike und Smith (4.67),

n_{FET} - (exakt) für exakten Test von Fisher.

HERRENDÖRFER und FEIGE (1985) verglichen die aktuellen Irrtumswahrscheinlichkeiten einer Reihe von approximativen Test. Dabei schnitten der auf der $arcsin\sqrt{p}$-Transformation basierende Normalverteilungstest und der von den logarithmisch transformierten relativen Häufigkeiten ausgehende χ^2-Test am schlechtesten ab.

Hauptanliegen der Arbeit war aber eine Verbesserung des nichtrandomisierten Tests von Fisher für den Vergleich zweier Wahrscheinlichkeiten. Sie konstruierten einen "nahezu besten" unbedingten Test, indem sie – ausgehend vom Ablehnungsbereich des nichtrandomisierten exakten Tests von Fisher – für jeweils vorgegebene Stichprobenumfänge Punkte des Stichprobenraumes hinzufügten, um mit der aus den beiden Binomialverteilungen berechneten α dem nominellen α möglichst nahezukommen. Es gelang ihnen, die von McDONALD, DAVIS und MILLIKEN (1977) angegebene Verbesserung des Fisher'schen Test noch zu übertreffen. Eine weitere Verbesserung ist möglich, wenn Vorinformation ausgenutzt werden kann – wie im nächsten Abschnitt geschildert.

Da sich für jedes Paar von Stichprobenumfängen ein spezieller Ablehnungsbereich ergibt, kann der offensichtliche Powergewinn kaum oder nur sehr schwer bei der Planung ausgenutzt werden.

4.5.3 Ausnutzung von Vorinformation

Angeregt durch den Powerverlust des (nichtrandomisierten) exakten Tests von Fisher und die Kontroverse über Vor- und Nachteile von bedingten Tests hat es nicht an Versuchen gefehlt, neue Tests zum Vergleich von Häufigkeiten zu konstruieren. UPTON (1982) hat 22 verschiedene Tests für dieses Problem zusammengestellt und diskutiert. Die kritischen Bereiche der bisher in diesem Buch besprochenen Tests sind unabhängig von den zu vergleichenden Wahrscheinlichkeiten. Vorinformation über p_1 und p_2 wird nicht ausgenutzt.

BUDDE und BAUER (1992) beschäftigten sich mit der Situation, daß die Erfolgsquote p_1 einer Standardbehandlung (oder von Placebo) aufgrund langjähriger Erfahrungen näherungsweise bekannt ist und eine wesentlich höhere Erfolgswahrscheinlichkeit p_2 für die neue zu prüfende Behandlung erwartet werden kann. Genauer gesprochen wird unterstellt, daß sowohl eine obere Schranke p_{o1} für die Erfolgswahrscheinlichkeit unter der Nullhypothese als auch eine untere Schranke p_{u2} für die Erfolgswahrscheinlichkeit unter der Alternativhypothese vorgegeben werden kann. Die zu prüfenden Hypothesen haben die Gestalt

$$H_0 : p_1 = p_2 \leq p_{o1} \quad vs. \quad H_A : p_1 \leq p_{o1} < p_{u2} \leq p_2. \tag{4.70}$$

Die Vorinformation besteht also in einer Restriktion des Parameterbereiches.

Bauer und Budde verwenden als Prüfgröße die Differenz $ED = a - c$ der gezählten Erfolge in den beiden Stichproben bzw. die Differenz $ERD = a/n_1 - c/n_2$ der relativen Erfolgshäufigkeiten. Dabei betrachten sie den Fall wenig unterschiedlicher Stichprobenumfänge n_1, n_2. Der kritische Bereich des Tests wird wie folgt konstruiert:

- Berechne für gegebene Stichprobenumfänge n_1, n_2 und $p_1 = p_2$ aus dem Bereich der Nullhypothese die Wahrscheinlichkeiten für das Auftreten aller möglichen Paare (a, c).

- Sortiere diese bezüglich ansteigender Differenzen $a - c$ (bzw. der Differenz der Erfolgsquoten) und für gleiche Differenzen bezüglich der Wahrscheinlichkeiten selber.

- In den kritischen Bereich werden entsprechend dieser Ordnung nacheinander die Paare mit den größten Differenzen und schließlich die mit den kleineren Wahrscheinlichkeiten aufgenommen, bis die Summe ihrer Wahrscheinlichkeiten der vorgegebenen (nominellen) Irrtumswahrscheinlichkeit α möglichst nahe kommt, aber nicht übersteigt.

Ein Vergleich der exakten Stichprobenumfänge, die notwendig sind, um bei nominellem $\alpha = 0.05$ die Power 0.80 für die kleinstmögliche Alternativwahrscheinlichkeit $p_2 = p_{u2}$ zu erreichen, gibt die folgende Tabelle (nach Tabelle T8 und BUDDE und BAUER (1992)). Dabei wurden gleiche Gruppenumfänge und die einseitige Fragestellung (4.70) vorausgesetzt. Der Gesamtumfang ist $N = 2n$.

Tabelle 4.3: Umfänge für spezielle Tests in der Vierfeldertafel
n -*Gruppenumfang* , $\alpha=0.05$ *(einseitig)*, *Power* $1 - \beta=0.80$

$p_1 = p_{o1}$	$p_2 = p_{u2}$	n_{FET}	n_{NV}	n_{ED}	n_{ERD}
0.10	0.50	19	17	9	9
0.20	0.40	73	69	53	56
0.20	0.60	23	20	13	15
0.20	0.80	10	9	5	7
0.40	0.80	23	20	17	18

n_{FET}, n_{NV} – wie in Tabelle 4.2,

n_{ED}, n_{ERD} – Test von Budde und Bauer mit $ED = a-c$ bzw. $ERD = a/n_1 - c/n_2$

Der Gewinn an Power, der sich in den kleineren Stichprobenumfängen für den Test von Budde und Bauer ausdrückt, ist erheblich. Der Preis, der dafür zu zahlen ist, besteht darin, daß der Test antikonservativ wird, d.h. das nominelle α überschritten wird, wenn die vorausgesetzten Restriktionen nicht erfüllt sind. Wie in der Arbeit an Beispielen gezeigt wird, kann die aktuelle Irrtumswahrscheinlichkeit sogar wesentlich größer als die vorgegebene werden, wenn die Restriktionen verletzt sind. Das erfordert Vorsicht bei der Planung der Studie. Die Schranke p_{o1} sollte nicht zu klein gewählt werden.

Ein anderes Problem ist das, daß die diskreten Wahrscheinlichkeitsfunktionen weder in den Erfolgswahrscheinlichkeiten noch in den Stichprobenumfängen monoton sind. Das hat zur Folge, daß auch die aktuelle Irrtumswahrscheinlichkeiten und die Power des nach dem obigen Prinzip konstruierten Tests weder in den p_1 noch in den Stichprobenumfängen streng monoton sind.

BUDDE und BAUER (1992) stellen folgende Forderungen an einen "vernünftig geplanten Test":

- Die vorgegebene Irrtumswahrscheinlichkeit sollte für alle p_1, p_2 aus dem Bereich der Nullhypothese eingehalten werden.

- Die vorgegebene Power sollte für alle $p_1 \leq p_{o1}$ und $p_2 \geq p_{u2}$ erreicht werden.

- Übertrifft der realisierte Umfang den geplanten, so sollte die vorgegebene Irrtumswahrscheinlichkeit und Power garantiert sein.

Wegen der fehlenden Monotonieeigenschaften erfordert das eventuell leichte Modifikationen der nach obigem Prinzip konstruierten Tests bzw. eine eher konservative Festlegung des Stichprobenumfangs. Die Abweichungen von der Monotonität sind aber nicht so stark, daß mit wesentlich größeren Stichprobenumfängen zu rechnen ist. Andererseits kann – wie gezeigt – die Verwendung der Vorinformation beträchtlichen Einsparungen an Ressourcen mit sich bringen.

4.5.4 Der Fall sehr kleiner Wahrscheinlichkeiten

Strebt die Wahrscheinlichkeit p gegen 0 oder 1, so sinkt die Varianz $np(1-p)$ der Binomialverteilung. Man sollte daher meinen, daß die Situation günstiger wird. Das ist auch der Fall. Ein Blick in die Tabellen T8 und T9 zeigt, daß bei kleinerem p_0 und gleichem Umfang n kleinere Differenzen aufgedeckt werden können. Die Schwierigkeiten kommen aus einer ganz anderen Richtung. Wenn z.B. ein Antibiotikum schon eine Heilungsquote von ca. 95% aufweist, bleibt wenig Spielraum für eine neues. Dann interessieren bereits geringe Verbesserungen oder sogar geringfügige Verschlechterungen, wenn z.B. gleichzeitig eine Verbesserung der Arzneimittelsicherheit zu verzeichnen ist. Zum Nachweis sehr kleiner Differenzen zwischen den Proportionen sind aber sehr große Stichprobenumfänge erforderlich. Natürlich gibt es keinen Trick, die großen Umfänge zu umgehen, wenn keine Zusatzinformation ausgenutzt werden kann. Die Verteilung der "rohen" Häufigkeiten läßt sich nicht ändern. Es ist aber in einigen Fällen möglich, zeitabhängige Raten – wie z.B. in der Survivalanalyse – zu beobachten, Kovariable einzubeziehen – wie in der logistischen Regression – oder den Erfolg der Behandlung durch andere Variable mit geringerer Varianz zu messen.

THOMAS und CONLON (1992) haben auf ähnliche Weise, wie im vorhergehenden Abschnitt beschrieben, die notwendigen Umfänge für den exakten Test von Fisher für p_1 und p_2 im Bereich 0.001 bis 0.1 berechnet. Diese dürften für die meisten praktischen Anwendungen ausreichend sein.

Flexibler als die Tabellen ist ein Computerprogramm. Wegen des sehr hohe Rechenaufwandes bei der exakten Berechnung erhebt sich aber die Frage, ob eventuell die bekannten Approximationsformeln hinreichend gute Näherungen produzieren. THOMAS und CONLON (1992) zeigten, daß die nach den Approximationsformeln (4.67) von CASAGRANDE, PIKE und SMITH (1978b) und DOBSOB und GEBSKI (1986) berechneten Umfänge bei kleinen Wahrscheinlichkeiten erheblich von den exakten abweichen.

Einen naheliegenden Gedanken verfolgte GAIL (1973, 1974): Für kleine p und große Umfänge kann die Binomialverteilung sehr gut durch die Poissonverteilung angenähert werden, d.h., a und c sind näherungweise Poisson-verteilt mit den Parametern $\lambda_a = n \cdot p_1$ und $\lambda_c = n \cdot p_2$. Für große n kann die Verteilung von $z = a - c$ wiederum durch die Normalverteilung mit dem Erwartungswert $\mu_0^* = 0$ unter der Nullhypothese und $\mu_1^* = n(p_1 - p_2)$ unter der Alternativhypothese approximiert werden. Die Varianz der Differenz $a - c$ ist gleich der Summe der Varianzen von a und b, d.h. gleich $\sigma_1^{*2} = \lambda_a + \lambda_c = n(p_1 + p_2)$. Da p_1 und p_2 beide als klein und n als groß vorausgesetzt werden, setzen wir die gleiche Varianz unter der Null- und Alternativhypothese an $(\sigma_0^{*2} = \sigma_1^{*2})$. Dann folgt aus der Grundgleichung (4.54) mit der hier auftretenden Differenz $\mu_0^* - \mu_1^* = n\Delta$ der Erwartungswerte

$$N = 2n = \frac{2}{\Delta^2}[u_Q + u_{1-\beta}]^2[p_1 + p_2] \tag{4.71}$$

mit denselben Bezeichnungen wie in (4.62). Viel gewonnen haben wir damit nicht. Der Unterschied zu (4.62) besteht nur darin, daß die nahe an 1 liegenden Werte $1 - p_1$ und $1 - p_2$ durch 1 genähert wurden.

Erfolgversprechender als die Näherung der Poissonverteilung durch die Normalverteilung erscheint die Idee, die Approximation durch die Poissonverteilung direkt zur Konstruktion eines Näherungstest für den exakten Test einzusetzen. Die bedingte Wahrscheinlichkeit für das Auftreten von a Ereignissen bei festgehaltener Gesamtsumme $a + c$ von Ereignissen ist

$$Pr(a|a+c) \approx \frac{\lambda_a^a \lambda_c^c (a+c)!}{a!c!(\lambda_a + \lambda_c)^{a+c}} \frac{e^{-\lambda_a} e^{-\lambda_c}}{e^{(-\lambda_a + \lambda_c)}} = \binom{a+c}{a} p^{*a} q^{*c} \tag{4.72}$$

mit

$$p^* = \frac{\lambda_a}{(\lambda_a + \lambda_c)} = \frac{p_1}{p_1 + p_2} \tag{4.73}$$

und $q^* = 1 - p^*$. Die rechte Seite von (4.72) ist nichts anderes als die Einzelwahrscheinlichkeit der Binomialverteilung mit den Parametern $a + c$ und p^*.

Bei Gültigkeit der Nullhypothese ist $p^* = 1/2$. Damit ergibt sich eine einfache Testvorschrift: "Führe - wie weiter oben beschrieben – den Vorzeichentest mit a positiven und c negativen Vorzeichen (d.h für den Stichprobenumfang $a + c$) durch."

Der Test ist dem exakten Test von Fisher sehr ähnlich. Wie bei letzterem wird für die Gesamtzahl $a+c$ von Ereignissen ein bedingter Test durchgeführt. Der Unterschied besteht nur darin, daß anstelle der hypergeometrischen Verteilung die Binomialverteilung mit $p = 1/2$ verwendet wird.

Die Power kann als Erwartungswert der bedingten Power bestimmt werden: Für jeden möglichen Wert von $a + c$ wird die bedingte Power berechnet. Diese wird mit der Wahrscheinlichkeit für das Auftreten von $a + c$ multipliziert, und schließlich wird aufsummiert. Dabei können die Wahrscheinlichkeiten für $a + c$ entweder approximativ

aus der Poissonverteilung oder exakt aus der Verteilung der Summe der beiden binomialverteilten Variablen a und c berechnet werden. Das zugehörige Unterprogramm
kann genutzt werden, um den Stichprobenumfang zu bestimmen, der eine vorgegebene
Power garantiert. Es ergeben sich in der Tat sehr gute Näherungen für den Stichprobenumfang des exakten Tests von Fisher. Der Rechenaufwand ist aber immer noch
sehr hoch, so daß sich die approximative Berechnung kaum lohnt.

In den Tabellen 4.4 und 4.5 sind die approximativen Umfänge n_{GAIL} (4.71), n_{FTU}
(4.60) und n_{CPS} (4.67) denen des exakten Tests von Fisher n_{FET} gegenübergestellt.
Außerdem ist der Umfang n_{POISS} des auf der Poissonverteilung basierenden Test angegeben.

Tabelle 4.4: Umfänge für Tests in der Vierfeldertafel (Extremfälle)
n -*Gruppenumfang, $\alpha=0.05$ (einseitig), Power $1-\beta=0.90$*

p_1	Δ	p_2	n_{GAIL}	n_{FTU}	n_{CPS}	n_{FET}	n_{POISS}
0.00001	0.00009	0.0001	116300	116291	137617	116576	116623
0.00001	0.00099	0.001	8826	8819	10745	8300	8344
0.00001	0.00999	0.01	859	853	1044	801	805
0.00001	0.01999	0.02	429	423	519	399	401
0.00001	0.03999	0.04	215	209	257	199	199
0.00001	0.05999	0.06	143	137	169	132	132
0.00001	0.07999	0.08	108	101	125	98	98
0.00001	0.09999	0.1	86	80	99	78	78
0.0001	0.0009	0.001	11630	11622	13755	11656	11662
0.0001	0.0099	0.01	883	877	1070	829	833
0.0001	0.0199	0.02	435	429	525	406	407
0.0001	0.0399	0.04	216	210	258	200	201
0.0001	0.0599	0.06	144	138	170	133	133
0.0001	0.0799	0.08	108	102	126	99	99
0.0001	0.0999	0.1	86	80	100	79	79

Gruppenumfänge: n_{Gail} - (approximativ) nach Gail (4.71),

n_{FTU} - (approximativ) nach Fleiss, Tutyn und Ury (4.60),

n_{CPS} - (approximativ) nach Casagrande, Pike und Smith (4.67),

n_{FET} - (exakt) für exakten Test von Fisher,

n_{POISS} - (exakt) für den auf der Poissonverteilung basierenden bedingten Test.

Zu beachten ist, daß dieses die Gruppenumfänge sind. Der Gesamtumfang N ist doppelt so groß. Während Tabelle 4.4 für extrem kleine p_1 und Power 0.9 berechnet wurde,
stellt Tabelle 4.5 moderate Fälle ($0.001 < p_1 < 0.07$) für die Power 0.8 vor.

Tabelle 4.5: Umfänge für Tests in der Vierfeldertafel (p_1 klein)
n -*Gruppenumfang, $\alpha=0.05$ (einseitig), Power $1-\beta=0.80$*

p_1	Δ	p_2	n_{GAIL}	n_{FTU}	n_{CPS}	n_{FET}	n_{POISS}
0.001	0.001	0.002	18548	18519	20471	19929	19970
0.001	0.004	0.005	2319	2311	2789	2518	2521
0.001	0.009	0.01	840	834	1045	922	932
0.005	0.001	0.006	68009	67634	69620	69490	69979
0.005	0.005	0.01	3710	3681	4072	3972	3992
0.01	0.005	0.015	6183	6105	6499	6442	6528
0.01	0.01	0.02	1855	1826	2022	1982	1995
0.01	0.04	0.05	232	224	272	250	254
0.01	0.09	0.1	84	79	100	87	92
0.02	0.01	0.03	3092	3013	3210	3183	3262
0.02	0.04	0.06	310	296	345	331	337
0.02	0.08	0.1	116	108	132	124	126
0.04	0.01	0.05	5565	5313	5512	5498	5749
0.04	0.04	0.08	464	435	484	476	501
0.04	0.06	0.1	241	223	256	244	260
0.05	0.01	0.06	6801	6426	6625	6612	6992
0.05	0.04	0.09	541	503	552	543	584
0.05	0.05	0.1	371	343	382	371	400
0.06	0.01	0.07	8038	7514	7713	7702	8227
0.06	0.04	0.1	619	568	617	607	662
0.07	0.01	0.08	9274	8578	8777	8767	9532
0.07	0.03	0.1	1168	1068	1134	1127	1231

Gruppenumfänge: n_{Gail} - (approximativ) nach Gail (4.71).

n_{FTU} - (approximativ) nach Fleiss, Tutyn und Ury (4.60).

n_{CPS} - (approximativ) nach Casagrande, Pike und Smith (4.67).

n_{FET} - (exakt) für exakten Test von Fisher,

n_{POISS} - (exakt) für den auf der Poissonverteilung basierenden bedingten Test.

Beispiel 4.5: *Bei Vitamin K_1-Mangel können bei Neugeborenen Blutungen auftreten. Ob eine Vitamingabe ausreichend ist, kann anhand eines Laborparameters (PIVKAII) festgestellt werden (siehe z.B. SCHUBIGER et al. (1993)). Treten meßbare Plasmaspiegel auf, so ist die Vitaminversorgung unzureichend. Nach bisherigen Erfahrungen aus Studien treten bei den üblicherweise verabreichten Dosen* *nach 14 Tagen meßbare Plasmaspiegel in etwa 1 von 1000 Fällen auf, während ohne Vitaminsupplementierung mit einer Häufigkeit von etwa 7% zu rechnen ist. Bei der Einführung einer neuen Formulierung soll getestet werden, ob bei dieser die Wahrscheinlichkeit meßbarer Plasmaspiegel größer als die der alten Formulierung ($p_1 = 0.001$) ist oder nicht.*

Ist die Häufigkeit der neuen Formulierung $p_2 \geq 0.01$, so soll das durch den exakten Test von Fisher mit der Mindestwahrscheinlichkeit 0.80 erkannt werden. Als nominale Irrtumswahrscheinlichkeit sei $\alpha = 0.05$ festgelegt. Wie groß muß der Stichprobenumfang sein?

Aus Tabelle 4.5 ist $n = 922$ zu entnehmen. Insgesamt müßten also $N = 1844$ Neugeborene in die Studie einbezogen werden, wobei jeweils 922 Neugeborene die alte bzw. neue Formulierung erhalten. Das ist praktisch kaum zu realisieren. Wir werden daher später noch andere Problemlösungen diskutieren.

Die approximativen Umfänge nach Gail (840) bzw. Fleiss, Tutuyn und Ury (834) sind zu klein, während die Formel von Casagrande, Pike und Smith den erheblich zu großen Umfang 1045 liefert. Die Approximationen erweisen sich also als zu grob. Der Umfang $n_{POISS} = 932$ aus der letzten Spalte liegt nahe an dem des exakten Test von Fisher. Der zugehörige Test wird im weiteren erläutert.

Der Grund, den approximativen Test so ausführlich zu besprechen, liegt darin, daß sich mit ihm eine Idee zu einem sequentiellen Test von SHUSTER (1993) verknüpft:

Werden zwei große unabhängige Stichproben aus Binomialverteilungen (zu zwei Behandlungen) mit kleinen Ereigniswahrscheinlichkeiten p_1 und p_2 gezogen, wobei die Behandlungen im Verhältnis 50:50 randomisiert sind, so ist die Wahrscheinlichkeit, daß das Zielereignis in der Behandlungsgruppe 1 auftritt, gleich $p^* = p_1/(p_1 + p_2)$. Unter der Nullhypothese $H_0 : p_1 = p_2$ ist $p^* = 1/2$. Shuster schlägt vor – wie oben beschrieben – den bedingten Vorzeichentest zu verwenden, aber erst dann, wenn die Gesamtzahl $a + c$ der aufgetretenen Zielereignisse eine vorgegebene Anzahl r erreicht hat. Dabei wird r so festgelegt, daß die bedingte Power einen vorgegebenen Wert erreicht.

Die einseitige Fragestellung $H_0 : p_1 \geq p_2$ vs. $H_A : p_1 < p_2$ ist äquivalent zur Fragestellung $H_0 : p^* \geq 1/2$ vs. $H_A : p^* < 1/2$. Der kritische Wert $krit^*$ ist die maximale Häufigkeit, für die die Irrtumswahrscheinlichkeit α eingehalten wird, oder genauer,

$$krit^* = max[k : PROBBNML(1/2, r, k) < \alpha], \qquad (4.74)$$

wobei $PROBBNML$ die Verteilungsfunktion der Binomialverteilung bezeichnet. Die Nullhypothese wird abgelehnt, wenn in der Behandlungsgruppe 1 höchstens $krit^*$ - mal das Zielereignis eingetreten ist, nachdem die Studie solange fortgesetzt wurde, bis insgesamt (d.h. in beiden Gruppen zusammen) r-mal das Zielereignis beobachtet wurde.

Zur Festlegung von r dient eine Tabelle der minimalen nachweisbaren Differenzen

$$\Delta = inf[\Delta > 0 : PROBBNML(1/2 - \Delta, r, krit^*) \geq power0], \qquad (4.75)$$

d.h. der Abweichung von 1/2, bei der mit vorgegebener Power $power0$ und bei festgehaltener Anzahl r ein signifikantes Testergebnis zu erwarten ist. Die Tabelle von Shuster entspricht der Spalte für p0=50 in Tabelle T6 (einseitige Fragestellung) bzw. T7 (zweiseitige Fragestellung) mit $r = N$.

Der Stichprobenumfang n ist nun eine Zufallsgröße. Wird im Verhältnis 50:50 randomisiert, so tritt das Zielereignis mit der Wahrscheinlichkeit $\tilde{p} = (p_1 + p_2)/2$ auf. Die Wahrscheinlichkeit, daß $N = 2n$ Beobachtungen nötig sind, um r-mal das Zielereignis zu beobachten ist

$$p_N = \binom{N-1}{N-r} \tilde{p}^r (1-\tilde{p})^{N-r} \quad (N = r, r+1, \ldots), \tag{4.76}$$

d.h., $j = N - r$ ist negativ binomialverteilt. Der Erwartungswert des Gesamtstichprobenumfangs ist $E(N) = r/\tilde{p}$.

Fortsetzung von Beispiel 4.5: *Mit $p_1 = 0.001$ und $p_2 = 0.01$ ergibt sich $p^* = (0.001/0.011) = 0.0909$ und $\Delta = 1/2 - 0.0909 = 0.409$ bzw. $100 \cdot \Delta = 40.9$. In Tabelle T6, Spalte p0=50, findet man zu $N = 10$ die nachweisbare Differenz 41.68, zu $N = 9$ die Differenz 40.74. Letztere liegt so nahe an 40.9, daß die Power von 0.80 nur geringfügig unterschritten wird. Wir wählen $r = 9$.*

Die Studie wird nun sequentiell durchgeführt. Jeder neu aufgenommene Säugling erhält mit Wahrscheinlichkeit 1/2 die neue oder alte Formulierung. Die Studie wird erst dann abgeschlossen, wenn bei 9 Säuglingen meßbare Plasmaspiegel von PIVKAII gefunden wurden.

Aus $\tilde{p} = (0.001 + 0.01)/2 = 0.0055$ ergibt sich bei einer 50:50 Randomisierung die erwartete (mittlere) Gesamtzahl $E(N) = 9/0.0055 = 1636$. Diese ist wesentlich geringer als die beim exakten Test von Fisher geforderte Anzahl von 1844 Neugeborenen. Wären wir konservativ vorgegangen und hätten $r = 10$ gewählt, so wäre der zu erwartende mittlere Umfang bereits $E(N) = 1818$. Die Ergebnisse sind extrem empfindlich gegenüber Änderungen der Annahmen. Der Erwartungswert des Gesamtumfangs hängt stark von den zugrundeliegenden Wahrscheinlichkeiten ab. Ist die Nullhypothese richtig ($p_1 = p_2 = 0.001$), so ist $E(N) = 9/0.001 = 9000$. Mit wachsendem p_2 fällt der mittlere Umfang. Für $p_2 = 0.02$ und $r = 9$ ist $E(N) = 857$.

Andererseits birgt die sequentielle Vorgehensweise die Gefahr in sich, zu weit höheren Gesamtumfängen zu gelangen. Die Wahrscheinlichkeiten dafür können aus (4.76) oder der Verteilungsfunktion der negativen Binomialverteilung von $k = N - r$ berechnet werden. Die Wahrscheinlichkeit, daß der Gesamtumfang N einen Wert M überschreitet ist $P(N > M) = P(N - r > M - r) = P(j > M - r) = 1 - PROBNEGB(\tilde{p}, r, M - r)$ mit der SAS-Funktion $PROBNEGB$. Ist wider Erwarten die Nullhypothese erfüllt, so wird bei der Wahl von $r = 9$ der Umfang $M = 1844$ der klassischen Studie mit Wahrscheinlichkeit 0.9999 überschritten und selbst ein Umfang von $M = 10000$ noch mit Wahrscheinlichkeit 0.3327. In dem für die Bestimmung von r angenommenen Falle $p_1 = 0.001$, $p_2 = 0.01$ übersteigt der Umfang $M = 1844$ mit Wahrscheinlichkeit 0.3164. Die Überschreitungswahrscheinlichkeit von $M = 3000$ ist 0.0165. Erst im Falle $p_1 = 0.001$, $p_2 = 0.02$, $r = 9$ wird die Situation günstig. Dann wird der klassische Umfang $M = 1844$ nur noch mit Wahrscheinlichkeit 0.003 überschritten.

Das Verfahren von Shuster ist nur von Vorteil, wenn die nachzuweisende Differenz kleiner gewählt wurde als die wahre Differenz.

4.5.5 Die Berücksichtigung von Ausfällen

In Experimenten mit Lebewesen gibt es vielfältige Gründe für Ausfälle: Erkrankungen, Unfälle, Nebenwirkungen der Behandlungen, toxische Wirkungen, Tod, Nichteinnahme von Arzneimitteln, Nichtbefolgung von Therapievorschriften oder anderen Vorschriften des Protokolls, mangelnde Konzentration oder Ablenkung bei psychometrischen Tests, Verletzung von Ein- oder Ausschlußkriterien, Verschlechterung des Zustands von Patienten, Verwechslung von Arzneimittelgaben, Schwangerschaft, fehlende Bestimmungen von Laborwerten, fehlende Blutproben, fehlende Untersuchungen und Messungen oder

Messungen außerhalb der vorgegebenen Zeitfenster, Abbruch oder Unterbrechung der Behandlung aufgrund nicht geplanter Umstände (Umzug, Veränderungen der Lebensumstände, Reisen) oder auf eigenen Wunsch, Veränderung der Haltungsbedingung von Tieren, Nichteinhaltung des Fütterungsregimes, Seuchen, Schädlingsbefall, Unwetter, Trockenperioden, Ausfälle von Geräten (z.B. Brutschrank), Temperaturschwankungen, Verunreinigungen von Chemikalien, falsches Veründnungsverhältnis u.v.a.m..

Von größter Wichtigkeit ist die Relation zu den Behandlungen. Treten Ausfälle aufgrund von Behandlungswirkungen oder aufgrund fehlender Wirksamkeit auf (z.B. Abbruch der Behandlung, weil keine Linderung zu verspüren ist), so ist die Ausfallhäufigkeit selbst ein Kriterium für die Wirksamkeit oder Sicherheit der Behandlungen. Dann ist nicht nur eine Adjustierung des Stichprobenumfangs erforderlich. Bei der statistischen Analyse muß die durch die Ausfälle hervorgerufene mögliche Verzerrung (Bias) abgeschätzt werden. Die im folgenden beschriebenen Hochrechnungen des Stichprobenumfangs setzen voraus, daß die Ausfälle vom Zufall gesteuert und nicht behandlungsabhängig sind.

Kann vorausgesetzt werden, daß die Ausfallwahrscheinlichkeit P_A in allen Behandlungsgruppen gleich ist, so kann der unkorrigierte Stichprobenumfang hochgerechnet werden, indem er durch $1 - P_A$ dividiert wird. Analoges gilt, wenn der Anteil nichtevaluierbarer Fälle vor einer Studie abgeschätzt werden kann. Das ist natürlich ein sehr primitives Verfahren.

Anders ist die Situation, wenn die Studie nicht abgebrochen, aber die Behandlung gewechselt wird oder nicht der geplanten entspricht. Ein einfacher Lösungsvorschlag für diesen Fall stammt von LACHIN (1981). Hat die Standardbehandlung (oder Placebo) die Erfolgswahrscheinlichkeit p_1 und die zu prüfende Behandlung die Erfolgswahrscheinlichkeit p_2, so ist die effektive Erfolgswahrscheinlichkeit der zu prüfenden Behandlung $\tilde{p}_2 = wp_1 + (1 - w)p_2$, falls der Anteil w von Patienten zur Standardbehandlung wechselt (und dies nicht bemerkt oder nicht berücksichtigt wird). Also sollte bei der Bestimmung des Stichprobenumfangs anstelle der nachzuweisenden Differenz Δ die effektive Differenz $\tilde{\Delta} = (1 - w)\Delta$ verwandt werden. Wie aus den weiter oben genannten Approximationsformeln hervorgeht, geht das Quadrat der Differenz ein. Daher läuft das Verfahren darauf hinaus, den Stichprobenumfang hochzurechnen, indem er durch $(1 - w)^2$ geteilt wird. Auch dieses Verfahren ist zu einfach. Es berücksichtigt weder mögliche Nachwirkungen beim Wechsel der Behandlung noch die sich ändernde Varianz.

Auf SCHORK und REMINGTON (1967) geht ein Vorschlag zur Adjustierung des Stichprobenumfangs zurück, der den zeitlichen Verlauf des Wechsels von der Behandlungsgruppe zur Placebogruppe in Betracht zieht. Angenommen, die Studie wird über eine Dauer von L Zeiteinheiten – sagen wir Jahre – durchgeführt und die Erfolgsraten p_1, p_2 für die Placebo- bzw. Behandlungsgruppe sind zeitlich konstant. Wechselt jeweils der Anteil w_i ($i = 1, 2, \ldots, L$) von der Behandlungsgruppe zur Placebogruppe, so ist die effektive L-Jahres-Erfolgsrate der Behandlung

$$\tilde{p}_2 = \sum_{i=1}^{L} w_i \left[1 - (1 - p_2)^{i-1/2}(1 - p_1)^{L-i+1/2}\right] + compl\left[1 - (1 - p_2)^2\right], \qquad (4.77)$$

wobei *compl* den erwarteten Anteil von Patienten der Behandlungsgruppe, die bis zum Ende der Studie in dieser Gruppe verbleiben, bezeichnet. Daher ist bei der Bestimmung des Stichprobenumfangs von der effektiv nachzuweisenden Differenz $\tilde{\Delta} = \tilde{p}_2 - p_1$ auszugehen.

Eine besondere Rolle spielt die Ausfallproblematik bei Langzeitstudien und Studien zu Überlebenszeiten. So stellten bereits HALPERIN, ROGOT, GURIAN und EDERER (1968) ein Modell für die Änderung der Erfolgsraten auf, das sowohl die Zeiten bis zum Eintritt des Erfolgs als auch die Zeiten bis zu Ausfällen einbezieht. Dabei wurden die Zeiten als exponentialverteilt vorausgesetzt. In der Folge beschäftigte sich eine Reihe von Veröffentlichungen mit der Bestimmung des Stichprobenumfangs bei unterschiedlichen Annahmen über den Rekrutierungsprozeß, die Zensierung, Ausfälle, Wechsel von Behandlungen, Noncompliance, (PASTERNACK (1972), GEORGE, DESU (1974), PALTA, McHUGH (1979, 1980), WU, FISHER, DeMETS (1980), RUBINSTEIN, GAIL, SANTNER (1981), DONNER (1984), LACHIN, FOULKES (1986), LAKATOS (1986, 1988)), auf die wir hier nicht nicht weiter eingehen wollen, weil sie im Rahmen der Analyse von Lebensdauern (*Kapitel 8*) besprochen werden.

Das Grundprinzip in all diesen Arbeiten ist dasselbe: Es werden – zum Teil komplexe – Modelle für die Abhängigkeit der Raten des Zielereignisses (Therapieerfolg, Tod) und ihrer asymptotischen Varianzen von den oben genannten Einfluß- und Störfaktoren unter der Null- und Alternativhypothese aufgestellt. Dann wird die Verteilung der Teststatistik durch die Normalverteilung approximiert. Der approximative Stichprobenumfang ergibt sich aus der Grundgleichung (4.54) durch Spezifikation der Erwartungswerte und der Standardabweichungen auf der Basis der Modelle.

Wie in den vorhergehenden Abschnitten gezeigt wurde, kann die Normalapproximation recht grob sein. Daher empfiehlt es sich, ihre Gültigkeit in Simulationsstudien zu untersuchen.

4.5.6 Berücksichtigung von Schichten

Schichten werden gebildet, um den Einfluß von Stör- oder Blockfaktoren auszuschalten (Geschlecht, Altersgruppen, Zentren, Ställe, Boxen, Parzellen). Wir wollen uns hier auf den Fall der Kombination von Vierfeldertafeln beschränken.

Anstelle einer einzigen liegt nun für jede Schicht eine Vierfeldertafel vor, die die Häufigkeiten für das Auftreten A bzw. Nichtauftreten $\overline{A}$ des Zielereignisses – Erfolg, Verbesserung, Mißerfolg, Tod – in der Schicht j beschreibt ($j = 1, 2, \ldots, J$)

	A	$\overline{A}$	Summe
Stichprobe 1	a_j	b_j	n_{1j}
Stichprobe 2	c_j	d_j	n_{2j}
Summe	$a_j + c_j$	$b_j + d_j$	$N_j = n_{1j} + n_{2j}$

N sei der Gesamtumfang der Studie (des Versuches). Dann ist $t_j = N_j/N$ der Anteil der j-ten Schicht am Gesamtumfang. Die Aufteilung innerhalb der Schichten wird durch $n_{1j} = s_j N_j = s_j t_j N$ bzw. $n_{2j} = (1 - s_j)N_j = (1 - s_j)t_j N$ beschrieben.

Bezeichnen p_{1j} und p_{2j} die Erfolgswahrscheinlichkeiten der beiden Behandlungen innerhalb der j-ten Schicht, so ist

$$\Theta_j = \frac{p_{1j}/(1 - p_{1j})}{p_{2j}/(1 - p_{2j})} \tag{4.78}$$

das zugehörige **Oddsratio**. Ist dieses für alle Schichten gleich, d.h., gilt

$$\Theta_1 = \Theta_2 = \ldots = \Theta_J = \Theta, \tag{4.79}$$

so kann nach COCHRAN (1954) zum Testen der Nullhypothese $H_0 : \Theta = 1$ gegen die Alternativhypothese $H_A : \Theta > 1$ die Prüfgröße

$$C_0 = \frac{\sum_{j=1}^{J} w_j(\hat{p}_{1j} - \hat{p}_{2j})}{\sqrt{\sum_{j=1}^{J} w_j \overline{p}_j(1 - \overline{p}_j)}} \tag{4.80}$$

mit den Gewichten

$$w_j = \frac{n_{1j}n_{2j}}{n_{1j} + n_{2j}} = t_j s_j (1 - s_j)N \tag{4.81}$$

und den geschätzten Erfolgswahrscheinlichkeiten

$$\hat{p}_{1j} = \frac{a_j}{n_{1j}}, \quad \hat{p}_{2j} = \frac{c_j}{n_{2j}} \tag{4.82}$$

sowie

$$\overline{p}_j = \frac{n_{1j}\hat{p}_{1j} + n_{2j}\hat{p}_{2j}}{n_{1j} + n_{2j}} = \frac{a_j + c_j}{N_j} \tag{4.83}$$

oder der **Mantel-Haenszel-Test** (vgl. FLEISS (1981)) verwendet werden. Als Software steht z.B. die SAS-Prozedur FREQ zur Verfügung.

Unter der Nullhypothese gilt nach (4.79) $p_{1j} = p_{2j}$ für alle Schichten. Die Nullhypothese wird abgelehnt, falls die berechnete Prüfzahl größer als das Quantil $u_{1-\alpha}$ der Standardnormalverteilung zu vorgegebener Irrtumswahrscheinlichkeit α ist. Dieses kann der letzten Zeile von Tabelle T2 entnommen werden.

Beispiel 4.6: *Im Beispiel 1.2 sind die Ergebnisse einer Studie zu Hörverlusten bei bakterieller Meningitis angegeben. Wir wollen annehmen, daß dies die Ergebnisse des ersten Zentrums sind und ein zweites Zentrum hinzugenommen wurde, um eine größere Anzahl von Patienten einbeziehen zu können. Die Ergebnisse sind in den beiden folgenden Vierfeldertafeln zusammengestellt (Zielereignis: Hörverlust HV).*

Zentrum 1:

	HV	kein HV	Summe
Placebo	14	46	60
Dexamethason	7	49	56
Summe	21	95	116

Zentrum 2:

	HV	kein HV	Summe
Placebo	27	69	96
Dexamethason	14	74	88
Summe	41	143	184

Die Hörverlustquoten, mittleren Quoten und Gewichte w_j sind:

	Zentrum 1	Zentrum 2
Placebo	$\hat{p}_{11} = 14/60 = 0.233$	$\hat{p}_{12} = 27/96 = 0.281$
Dexamethason	$\hat{p}_{21} = 7/56 = 0.125$	$\hat{p}_{22} = 14/88 = 0.159$
Mittel	$\bar{p}_1 = 0.181$	$\bar{p}_2 = 0.223$
Gewichte	$w_1 = 28.966$	$w_2 = 45.913.$

Die relativen Risiken für einen Hörverlust und die geschätzten Oddsratios (mit der Korrektur 0.5, um Nullen im Nenner zu vermeiden)

$$\hat{\Theta}_j = \frac{(a_j + 0.5)(d_j + 0.5)}{(b_j + 0.5)(c_j + 0.5)},$$

ergeben sich zu:

	Zentrum 1	Zentrum 2
Placebo	$14 : 46 = 1 : 3.3$	$27 : 69 = 1 : 2.6$
Dexamethason	$7 : 49 = 1 : 7.0$	$14 : 74 = 1 : 5.3$
Oddsratio	2.06	2.03

Die Nullhypothese $(\Theta = 1)$ besagt, daß die relativen Risiken für einen Hörverlust in beiden Behandlungsgruppen gleich sind. Dagegen ist das relative Risiko für einen Hörverlust bei Dexamethason-Behandlung kleiner, wenn die Alternativhypothese $(\Theta > 1)$ richtig ist. Die Prüfzahl errechnet sich zu

$$C_0 = \frac{28.966(0.233 - 0.125) + 45.913(0.281 - 0.159)}{\sqrt{28.966 \cdot 0.181 \cdot 0.819 + 45.913 \cdot 0.223 \cdot 0.777}} = 2.49.$$

Der kritische Wert zu $\alpha = 0.05$ ist nach Tabelle T2 $u_{0.95} = 1.6449$. Da die Prüfzahl größer als der kritische Wert ist, kann geschlossen werden, daß die Dexamethason-Behandlung das relative Risiko für einen Hörverlust bei Meningitis verringert.

Bei getrennter Auswertung der Zentren, werden nach (4.44) mit Stetigkeitskorrektur die Prüfzahlen $u_1 = (0.233 - 0.125 - 0.008)\sqrt{28.966}/\sqrt{0.181(1 - 0.181)} = 1.4$ und $u_2 = 1.9$ berechnet und ebenfalls mit dem kritischen Wert 1.6449 verglichen. Das zweite Zentrum liefert ein signifikantes Ergebnis, das erste nicht. Genügt ein Zentrum? Wäre ein kleinerer Gesamtumfang ausreichend, wenn beide Zentren einbezogen werden? Das sind Fragen, die wir im weiteren zu beantworten versuchen werden.

Approximationsformeln für den Stichprobenumfang beim COCHRAN-Test wurden von MUNOZ und ROSNER (1984 a,b) sowie WOOLSON, BEAN und ROJAS (1986) abgeleitet. Diejenige von Woolson et al. ergibt sich aus der Grundgleichung (4.54), wenn bei der Ableitung (siehe Abschnitt 4.5.1)

$$z = \sum_{j=1}^{J} w_j(\hat{p}_{1j} - \hat{p}_{2j}) \tag{4.84}$$

gewählt wird.

Unter der Nullhypothese hat z den Erwartungswert $\mu_0^* = 0$ und die Varianz

$$\sigma_0^{*2} = \sum_{j=1}^{J} w_j \tilde{p}_j(1 - \tilde{p}_j) = NA \tag{4.85}$$

mit

$$A = \sum_{j=1}^{J} t_j s_j(1 - s_j)\tilde{p}_j(1 - \tilde{p}_j), \tag{4.86}$$

wobei $\tilde{p}_j$ das analog zu (4.83) aus den Wahrscheinlichkeiten – nicht den Schätzwerten – berechnete gewichtete Mittel bezeichnet. Ist die Alternativhypothese richtig, so erhalten wir

$$E(z) = \mu_1^* = \sum_{j=1}^{J} w_j(p_{1j} - p_{2j}) = N\tilde{\Delta} \tag{4.87}$$

mit

$$\tilde{\Delta} = \sum_{j=1}^{J} t_j s_j(1 - s_j)(p_{1j} - p_{2j}) \tag{4.88}$$

und die Varianz

$$\sigma_1^{*2} = \sum_{j=1}^{J} w_j^2 \left[\frac{p_{1j}(1 - p_{1j})}{n_{1j}} + \frac{p_{2j}(1 - p_{2j})}{n_{2j}} \right] = NB \tag{4.89}$$

mit

$$B = \sum_{j=1}^{J} t_j s_j(1 - s_j)[(1 - s_j)p_{1j}(1 - p_{1j}) + s_j p_{2j}(1 - p_{2j})]. \tag{4.90}$$

Einsetzen in (4.54) und Auflösen nach N liefert die gesuchte Approximationsformel

$$N = \frac{[u_{1-\alpha}\sqrt{A} + u_{1-\beta}\sqrt{B}]^2}{\tilde{\Delta}^2}. \tag{4.91}$$

Dabei ist zu beachten, daß zwischen den Wahrscheinlichkeiten die Beziehung

$$p_{2j} = \frac{p_{1j}}{p_{1j} + \Theta(1 - p_{1j})} \tag{4.92}$$

besteht.

Wie man leicht nachrechnet, ergibt sich die Formel (4.60) von Fleiss, Tytun und Ury als Spezialfall für $J = 1$ oder $t_1 = 1, t_2 = \ldots = t_J = 0$ und $s_1 = 1/(1 + k)$.

Fortsetzung von Beispiel 4.6: *Angenommen, es soll eine Studie in den beiden Zentren durchgeführt werden, die den Nachweis der Wirksamkeit von Dexamethason mit der Power 0.8 erbringt, falls sich die relativen Risiken für einen Hörverlust gegenüber einer Placebobehandlung halbieren (d.h., falls $\Theta = 2$ ist). Wir legen die Placebo-Quoten ($p_{11} = 0.23$ und $p_{12} = 0.28$) aus der analysierten Studie und die Irrtumswahrscheinlichkeit $\alpha = 0.05$ zugrunde. Aus (4.92) ergeben sich für $\Theta = 2$ die Quoten $p_{21} = 0.13$ und $p_{22} = 0.163$. Die Stichprobenumfänge sollen für folgende Situationen berechnet werden:*

a) Die Studie wird ausschließlich im Zentrum 1 durchgeführt ($t_1 = 1, t_2 = 0$).

b) Nur das Zentrum 2 wird einbezogen ($t_1 = 0, t_2 = 1$).

c) Die Zentren rekrutieren gleich viele Patienten ($t_1 = 0.5, t_2 = 0.5$).

d) Die Rekrutierungsrate im zweiten Zentrum ist höher ($t_1 = 0.3, t_2 = 0.7$).

Man erhält folgende Zwischenergebnisse und Umfänge

t_1	t_2	A	B	$\tilde{\Delta}$	N	N_1	N_2
1.0	0.0	0.0369	0.0363	0.0250	363	363	0
0.0	1.0	0.0431	0.0422	0.0290	309	0	309
0.5	0.5	0.0400	0.0393	0.0272	334	167	167
0.3	0.7	0.0412	0.0404	0.0280	323	97	226

Wie die ersten beiden Zeilen zeigen, hängt der Umfang relativ stark vom Placeboeffekt ab. Man sollte bedenken, daß die Schätzungen aus der Vorstudie nicht exakt sind und daher verschiedene Varianten berechnen. Es kann viele Erklärungen für unterschiedliche Placeboeffekte in den Zentren geben, wie z.B. kulturelle, klimatische Unterschiede und Rassenunterschiede bei geographisch weit entfernten Zentren oder ganz einfach Unterschiede in der Pflege der Patienten.

Man könnte auf die Idee kommen, nur das zweite Zentrum zu verwenden, da dann der Gesamtumfang minimal wird. Dagegen sprechen nichtstatistische Gründe. Bei Durchführung der Studie in nur einem Zentrum stellt sich z.B. das Problem der Verallgemeinerungsfähigkeit. Unterschiedliche Rekrutierungsraten sind nicht ungewöhnlich. Sie sollten aber der Ausgewogenheit halber nicht zu stark differieren.

4.5.7 Nachweis eines Trends

Das einfachste Design zum Nachweis der Dosisabhängigkeit der Wirkung einer Substanz besteht darin, einen Versuch mit nur zwei Dosen durchzuführen und z.B. zu prüfen, ob die höhere Dosis stärker wirkt. Soll aber die Dosis-Wirkungs-Beziehung modelliert werden, genügen zwei Dosen nicht. Es ist aber nicht immer nötig, jede Dosis mit jeder anderen zu vergleichen. Kann eine monotone Beziehung vorausgesetzt werden - was wir im folgenden annehmen wollen - so ist es naheliegend, das Experiment so zu planen, daß ein vorgegebener Unterschied zwischen der niedrigsten und höchsten Dosis mit hinreichender Power nachgewiesen werden kann. Es erhebt sich die Frage, welchen Beitrag die anderen Dosen zum Trendtest leisten. Erhöht sich oder erniedrigt sich der Gesamtumfang, wenn mehr Dosen einbezogen werden?

Dieses Problem wurde von BENETT (1962), CHAPMAN und NAM (1968) sowie NAM (1987) behandelt. Wir besprechen hier die Approximation von NAM (1987). In einem Parallelgruppen-Experiment werden an jeweils n_i ($i = 0, 1, \ldots, k-1$ von insgesamt $N = \sum n_i$ Versuchseinheiten (Patienten, Tiere, Pflanzen) die Dosen d_i verabreicht und die Anzahlen x_i von Respondern gezählt. Dabei wird angenommen, daß die x_i binomialverteilt mit den wahren Response-Quoten p_i sind.

Der approximative **Trendtest** von COCHRAN (1954) und ARMITAGE (1955) benutzt als Prüfgröße das Quadrat von

$$u = \frac{\sum_i x_i (d_i - \overline{d})}{\sqrt{\hat{p}(1-\hat{p}) \sum_i n_i (d_i - \overline{d})^2}} \tag{4.93}$$

mit $\hat{p} = \sum x_i / N$ und $\overline{d} = \sum n_i d_i / N$. Im Falle gleicher Dosisabstände $d_{i+1} - d_i = \delta$ kann eine Stetigkeitskorrektur durchgeführt werden, indem im Zähler $\delta/2$ abgezogen wird. u kann auch zur Prüfung einseitiger Hypothesen verwandt werden. Wird die Dosis-Wirkungsbeziehung z.B. durch die logistische Funktion beschrieben, d.h., gilt

$$p_i = \frac{e^{\gamma + \lambda d_i}}{1 + e^{\gamma + \lambda d_i}}, \tag{4.94}$$

so wird die Nullhypothese $H_0 : \gamma = 0$ zugunsten der Alternativhypothese $H_A : \gamma > 0$ abgelehnt, falls u größer als der kritische Wert $u_{1-\alpha}$ aus Tabelle T2 (letzte Zeile) zu vorgegebener Irrtumswahrscheinlichkeit α ist. Für diesen Fall ist der Test sogar optimal. Das logistische Modell stellt den Idealfall dar, muß aber nicht vorausgesetzt werden.

Die Bestimmung des Stichprobenumfangs kann wieder auf die Grundgleichung (4.54) zurückgeführt werden, wenn man bei der in Abschnitt 4.5.1 beschriebenen Ableitung die Zufallsvariable

$$z = \sum_i x_i (d_i - \overline{d}) \tag{4.95}$$

betrachtet. Es gilt $\mu_0^* = 0$ und $\mu_1^* = n_0 \tilde{\Delta}$ mit

$$\tilde{\Delta} = \sum r_i p_i (d_i - \overline{d}), \tag{4.96}$$

$r_i = n_i / n_0$ sowie $\sigma_0^2 = n_0 A$ mit

$$A = \overline{p}(1 - \overline{p}) \sum_i r_i (d_i - \overline{d})^2, \tag{4.97}$$

$\bar{p} = \sum r_i p_i / \sum r_i$ und $\sigma_1^2 = n_0 B$ mit

$$B = \sum r_i p_i (1 - p_i)(d_i - \bar{d})^2. \tag{4.98}$$

Daraus folgt

$$n_0 = \frac{\left[u_{1-\alpha}\sqrt{A} + u_{1-\beta}\sqrt{B}\right]^2}{\tilde{\Delta}^2}, \quad n_i = r_i \cdot n_0, \tag{4.99}$$

falls die Power $1 - \beta$ erreicht werden soll.

Wird im Falle gleicher Dosisabstände die Stetigkeitskorrektur $\delta/2$ verwandt, so ergibt sich in Analogie zur Formel von Casagrande, Pike und Smith

$$n_0^* = \frac{n_0}{4}\left[1 + \sqrt{1 + \frac{2\delta}{\tilde{\Delta} n_0}}\right]^2. \tag{4.100}$$

Beispiel 4.7: *Karzinogenitätstests werden häufig mit einer Kontrolle (Dosis=0), einer mittleren und einer hohen Dosis durchgeführt. Um die Anzahl der einbezogenen Tiere möglichst klein zu halten, muß die Responsequote der hohen Dosis groß sein. Deshalb wird als hohe Dosis typischerweise die geschätzte maximal tolerierte Dosis verwandt und als mittlere Dosis die Hälfte der maximal tolerierten Dosis. Die Dosisabstände sind damit gleich.*

Die Prüfzahl u ändert sich nicht, wenn alle Dosen durch die gleiche Zahl geteilt werden. Teilen wir durch die mittlere Dosis, so erhalten wir $d_0 = 0, d_1 = 1, d_2 = 2$. Der Umfang soll so bestimmt werden, daß ein Trend mit der Power 0.8 nachgewiesen werden kann. Setzen wir gleiche Gruppenumfänge $(r_0 = r_1 = r_2 = 1)$, $\alpha = 0.05$, die spontane Tumorquote $p_0 = 0.05$ sowie jeweils ein Anwachsen der Tumorquote um 10%-Punkte bei steigender Dosis $(p_1 = 0.15, p_2 = 0.25)$ voraus, so ergibt sich $n_0 = n_1 = n_2 = 39$ nach (4.99) und $n_0^* = 44$ nach (4.100). In jeder Dosisgruppe sind 44 Tiere einzusetzen, d.h. insgesamt $N = 132$ Tiere.

Würde die höchste Dosis weglassen, ergäbe sich $n_0 = 111, n_0^* = 130$, also ein Gesamtumfang von 260 Tieren. Zum geringsten Gesamtumfang kommt man natürlich, wenn das Experiment nur die Kontrolle und die maximal tolerierte Dosis einbezieht. Dann ist $n_0 = 39, n_0^* = 48$ und damit der Gesamtumfang 96. Das ist aber nicht anzuraten, wenn wegen der hohen Dosis mit sehr viele Ausfälle zu rechnen ist. Unterstellt man z.B. eine Ausfallquote von 75% in der Gruppe mit der höchsten Dosis, so sind die Gruppenumfänge für $r_0 = r_1 = 1$ und $r_2 = 0.25$ zu bestimmen. Dann liefern (4.99) und (4.100) die Umfänge $n_0 = n_1 = 67, n_2 = 17$ bzw. $n_0^* = n_1^* = 77, n_2^* = 20$. Um am Ende 20 auswertbare Tiere in der letzten Gruppe vorzufinden, müßten aber 80 Tiere verwandt werden (Gesamtumfang 234). Das ist günstiger als jeweils 44 Tiere in die ersten beiden Gruppen einzubeziehen und die letzte Gruppe auf $4 \cdot 44 = 176$ Tiere aufzustocken (Gesamtumfang 264). Bei einer Ausfallquote von 50% kommt man bei beiden Varianten zum Gesamtumfang 176.

4.6 Schlußfolgerungen und Empfehlungen

- *Die Approximationsformeln (4.8) und (4.9) liefern für nicht zu kleine Stichprobenumfänge sehr gute Näherungen des exakten Umfangs des t-Testes* und können zur Anwendung empfohlen werden. Für Gesamtumfänge zwischen 3 und 120 bietet die Tabelle T5 eine einfache Möglichkeit zur Bestimmung des exakten Umfangs im Falle $\alpha = 0.05$ und *Power* = 0.80. Bei anderen Vorgaben steht das SAS-Programm N_TTEST zur Verfügung.

- Der *Binomialtest (Vorzeichentest) sollte immer exakt durchgeführt werden*, da der entsprechende Normalapproximationstest das vorgegebene α nicht einhält oder im Falle einer Stetigkeitskorrektur zu viel Power verliert. Für $\alpha = 0.05$ und Power=0.80 kann der *exakte Umfang* mit Hilfe von Tabelle T6 oder T7 bestimmt werden. Bei anderen Vorgaben ist das SAS-Programm N_VORZ zu empfehlen. Die Näherungsformel (4.40) liefert bessere Approximationen als (4.41).

- Beim Vergleich zweier Wahrscheinlichkeiten p_1, p_2 ist der *(nichtrandomisierte) exakte Test von Fisher sehr konservativ.* Der χ^2-*Test mit der Stetigkeitskorrektur von* SCHOUTEN *et al. (vgl. (4.44), (4.48)) hält für gleiche Gruppenumfänge und $0.05 \leq p_1, p_2 \leq 0.95$ das Niveau $\alpha = 0.05$ ein und ist etwas weniger konservativ als der exakte Test von Fisher.* Dagegen überschreitet der χ^2-Test ohne Stetigkeitskorrektur das vorgegebene Testniveau α häufig. Der Powergewinn des Testes von SUISSA und SHUSTER (1985) gegenüber dem χ^2-Test mit Stetigkeitskorrektur ist nur geringfügig. Für $\alpha = 0.05$ und Power=0.80 kann der exakte Umfang für die beiden erstgenannten Tests mit Hilfe der Tabellen T8 und T9 bestimmt werden. Im Bereich $0.05 \leq p_1, p_2 \leq 0.95$ *ist der χ^2-Test mit Stetigkeitskorrektur dem exakten Test vorzuziehen,* da er zu kleineren Gruppenumfängen führt. In diesem Bereich liefert auch die Approximationsformel (4.60) zusammen mit der Korrektur von CASAGRANDE, PIKE und SMITH (1978b), bzw. (4.67), eine gute Näherung für den Umfang des exakten Testes von Fisher. Diese überschätzen aber den exakten Umfang des approximativen Testes. Letzterer kann mit dem SAS-Programm N_CHI_CS berechnet werden.

- Durch die Konstruktion spezieller Ablehnungsbereiche für vorgegebene Gruppenumfänge und die Ausnutzung von Vorinformation kann erheblich an Power gewonnen werden (siehe Abschnitt 4.5.2 und 4.5.3). Es ist aber sehr schwierig, das bei der Planung auszunutzen.

- Für *sehr kleine und sehr große Wahrscheinlichkeiten* und kleine nachzuweisende Differenzen ergeben sich für den Anwender "schockierend" große Umfänge. Es sollte nach anderen Lösungen gesucht werden, die mehr Information ausnutzen als nur die über Erfolg oder Mißerfolg. Keine der bekannten Approximationsformeln liefert hinreichend genaue Näherungen des exakten Umfangs. *Zu empfehlen sind die Tabellen für den exakten Umfang von* THOMAS *und* CONLON *(1992).*

- Der sequentielle bedingte Test von SHUSTER (1993) kann zwar zu einem kleineren mittleren Umfang führen, birgt aber die Gefahr in sich, erst bei sehr großen Umfängen zum Abschluß zu gelangen.

- Mögliche *Ausfälle* von Versuchseinheiten müssen bei der Planung berücksichtigt werden. Hinweise gibt Abschnitt 4.5.5, bessere Verfahren werden in Kapitel 8 vorgestellt.

- Die Approximationsformel (4.91) von WOOLSON, BEAN und ROJAS (1986) erlaubt die Einbeziehung von *Schichten*.

- Der Stichprobenumfang für den approximativen *Trendtest* von COCHRAN (1954) und ARMITAGE (1955) kann approximativ nach (4.99), (4.100) bestimmt werden.

- Bezüglich r x c Tafeln siehe BENNET (1970), LACHIN (1977).

- Für den **McNemar-Test** liegen Ergebnisse von LACHENBRUCH (1992) und von LACHIN (1992) vor.

- Zu **Fall-Kontroll-Studien** siehe SCHLESSELMANN (1982), SUISSA und SHUSTER (1991), ROYSTONE (1993).

- Methoden und Tabellen zur **Logistischen Regression** findet man bei HSIEH (1989), BULL (1993), FLACK und EUDEY (1993).

- Den Stichprobenumfang für **"repeated measurements"** bestimmt LUI (1991).

- Den Fall **geordneter kategorialer Daten** behandelt WHITEHEAD (1993).

5. Der Stichprobenumfang für Äquivalenztests

Inhalt

5.1   Einseitige Äquivalenz – Therapeutische Äquivalenz

Bei der Beurteilung von neuen Behandlungen (im allgemeinsten Sinne, d.h. Verfahren, Sorten, Züchtungen, Therapien, Arzneimittel u.a.m.) spielen zumeist mehrere Kriterien eine Rolle. Eine Überlegenheit gegenüber eingeführten Standardbehandlungen in allen Kriterien ist häufig nicht zu erwarten. Die Zielstellung besteht dann oft darin, eine Verbesserung in einigen Kriterien zu erlangen, ohne daß eine wesentliche Verschlechterung bei den anderen eintritt. Beispiele dafür sind Arzneimittel mit etwa gleicher Effektivität, aber besserem Nebenwirkungsprofil, oder gegenüber bestimmten Erkrankungen resistente Sorten mit kaum geminderten Ertragsleistungen.

Das Problem der Multiplizität – der simultanen Entscheidung anhand mehrerer Kriterien – sprengt den Rahmen dieses Buches. Wir wollen uns hier nur damit beschäftigen, wie geprüft werden kann, ob keine wesentliche Verschlechterung bezüglich eines einzelnen Kriteriums eingetreten ist. Dabei setzen wir in diesem Abschnitt voraus, daß die Beurteilung anhand der Populationsmittel erfolgt.

Die klassischen statistischen Tests werden auch als **Differenztests** bezeichnet, weil sie für den Nachweis eines Unterschiedes konstruiert wurden, aber nicht dazu, die Gleichheit zweier Behandlungen zu zeigen. Absolute Gleichheit ist weder zu erwarten noch nachzuweisen und praktisch auch gar nicht gefordert. Man möchte nur sicher sein, daß der Unterschied zwischen den Behandlungen so gering ist, daß sie als ebenbürtig – äquivalent – angesehen werden können. Das Motto lautet:

> *"A difference that makes no difference is no difference"*
>
> – *Verfasser unbekannt* –

Das statistische Problem beim **Äquivalenztest** besteht darin, zu prüfen, ob das Populationsmittel μ_T der neuen Behandlung "nicht wesentlich kleiner" als das Populationsmittel μ_R der Referenzbehandlung ist. Stellen wir uns z.B. vor, es solle geprüft werden, ob die Wirksamkeit eines neuen blutdrucksenkenden Arzneimittels – gemessen als Abfall des systolischen Blutdrucks in sitzender Position 24 Stunden nach Einnahme (sogenannter Trogwert) – nicht erheblich schlechter ist, als die eines auf dem Markt eingeführten Standardarzneimittels. Zur Präzisierung der Aufgabenstellung muß festgelegt werden, was "nicht wesentlich kleiner" bedeuten soll. Das geschieht durch Vorgabe einer "zulässigen" Differenz $\delta > 0$. Weicht μ_T um mindestens δ nach unten von

μ_R ab, so wird die neue Behandlung nicht mehr als äquivalent zur Standardbehandlung angesehen. Ist z.B. die mittlere Blutdrucksenkung, die das neue Arzneimittel bewirkt, um mindestens $\delta=5$ mm Hg geringer als die des Standardpräparats, so ist das neue Präparat nicht als äquivalent anzusehen. Eine Abweichung um 3 oder 4 mm Hg wäre aber zulässig. Wenn das neue Arzneimittel sogar einen stärkeren Blutdruckabfall bewirkt, haben wir keinen Grund, es zu verwerfen. In der Medizin hat sich für diesen Fall der Begriff "therapeutische Äquivalenz" eingebürgert, der sowohl Äquivalenz im engeren Sinne als auch Überlegenheit umfaßt. Der Statistiker spricht von **einseitiger Äquivalenz**. *Die Spezifikation von* $\delta=5$ *mm Hg als* **Äquivalenzgrenze** *ist dabei eine Vorgabe des Mediziners, nicht des Statistikers.*

Als Nullhypothese ist diejenige zu wählen, die – nach Möglichkeit – abgelehnt werden sollte. Daher lauten die zu testenden Hypothesen:

$$H_0: \quad \mu_T \leq \mu_R - \delta \quad vs. \quad H_A: \quad \mu_T > \mu_R - \delta. \qquad (5.1)$$

Diese stimmen mit (4.12) überein, wenn $\mu_1 = \mu_T$ und $\mu_2 = \mu_R - \delta$ eingesetzt wird. Setzt man wie in Abschnitt 4.2 voraus, daß eine Experiment in parallelen (unabhängigen) Gruppen durchgeführt wird, und ist Varianzhomogenität anzunehmen, so kann der t-Test für unabhängige Stichproben verwandt werden. Der Stichprobenumfang wird wie in 4.2 für die einseitige Fragestellung beschrieben bestimmt.

Werden die beiden Behandlungen simultan auf die Versuchsobjekte angewandt, wie z.B. bei der Applikation zweier Augentropfen an jeweils dem linken und rechten Auge, so liegen gepaarte Beobachtungen vor. Dann kann man die Ergebnisse von Abschnitt 4.1 heranziehen.

Prinzipiell ist damit das Problem der Bestimmung des Stichprobenumfangs gelöst. Es bleibt jedoch die Frage offen, welcher Wert für Δ in die Formeln der Abschnitte 4.2 bzw. 4.1 einzusetzen ist. Dort war das die "zu entdeckende Differenz". Hier haben wir eine **zulässige** Differenz δ vorgegeben. *Kann einfach* $\Delta = \delta$ *gesetzt werden?*

Um diese Frage beantworten zu können, müssen wir uns klar machen, was die Power beim Äquivalenztest beschreibt. Sie ist definiert als die Wahrscheinlichkeit, die Nullhypothese (Nichtäquivalenz) abzulehnen, und sie hängt von der wahren Differenz der Populationsmittel ab. Ist die Äquivalenzgrenze erreicht, d.h., ist $\mu_T = \mu_R - \delta$, so ist die Power gleich der vorgegebenen Irrtumswahrscheinlichkeit α. Wäre in unserem Beispiel die mittlere Blutdrucksenkung des neuen Präparates um 5 mm Hg geringer, so würde der t-Test mit $\alpha = 0.05$ nur in 5% der Fälle fälschlich zu der Aussage führen, daß die Präparate äquivalent sind. Das dient dem Schutz der Patienten vor einer ineffektiven Behandlung. Im Falle $\mu_T = \mu_R$ bewirken beide Arzneimittel den gleichen mittleren Blutdruckabfall. Dann möchten wir natürlich mit großer Wahrscheinlichkeit – sagen wir 0.8 oder 0.9 – auf Äquivalenz schließen. Der dazu benötigte Stichprobenumfang kann wie in 4.2 bzw. 4.1 mit $\Delta = \delta$ bestimmt werden.

Die Sache hat aber einen Haken. Wir sind von der Vermutung ausgegangen, daß das neue Präparat unter Umständen gar nicht die Wirksamkeit des Standardpräparats erreicht. Die Power wächst zwischen $\mu_R - \delta$ und μ_R monoton an. Bei einer um 4 mm

Hg geringeren mittleren Blutdrucksenkung sind nach obiger Festlegung die Arzneimittel äquivalent. Die Chance, das zu erkennen, d.h. mit dem t-Test die Nullhypothese abzulehnen, ist zwar größer als 5%, aber erheblich kleiner als 80%, wenn der Stichprobenumfang mit $\Delta = \delta$ und Power 0.8 bestimmt wurde. Die gewünschte Power wird im Äquivalenzbereich im engeren Sinne (für $\mu_R - \delta < \mu_T < \mu_R$) gar nicht erreicht. Es empfiehlt sich daher, zur Bestimmung des Umfangs eine Differenz Δ aus dem Bereich

$$0 < \Delta < \delta \qquad (5.2)$$

zu verwenden. So könnten wir in unserem Beispiel verlangen, daß bei einer um nur 2.5 mm Hg verminderten Blutdrucksenkung mit Power 0.8 auf Äquivalenz geschlossen wird. Dann wäre $\Delta = 2.5$ zu wählen. Da Δ mit dem Quadrat in die Stichprobenumfangsformeln eingeht, bedeutet das eine Vervierfachung des Stichprobenumfangs gegenüber der Vorgabe von $\Delta = 5$. Der Aufwand zum Nachweis der Äquivalenz steigt mit kleiner werdendem Δ enorm an. Der Stichprobenumfang strebt gegen unendlich, wenn wir uns der Äquivalenzgrenze nähern.

Anders gelagert ist der Fall, daß zwar eine Überlegenheit der neuen Behandlung zu erwarten ist, daß diese aber vermutlich so gering ist, daß sie nur mit sehr großem Stichprobenumfang nachzuweisen wäre. Das tritt z.B. ein, wenn ein eingeführtes Präparat bereits eine hohe Wirksamkeit besitzt, die kaum übertroffen werden kann. Dann begnügt man sich häufig mit dem Nachweis einseitiger Äquivalenz. Offensichtlich kann in diesem Falle $\Delta = \delta$ gesetzt werden. Die Power wächst monoton mit der wahren Mittelwertdifferenz und wird so den vorgegebenen Wert eventuell sogar übersteigen.

Das Prüfen therapeutischer Äquivalenz wird allerdings problematisch, wenn der Abstand gegenüber der Wirkung eines Placebos für das Referenzpräparat gering ist, d.h., wenn bereits δ, und damit auch Δ, sehr klein gewählt werden muß. Dann sind oftmals Stichprobenumfänge erforderlich, die praktisch kaum zu realisieren sind. Ein zweites Problem kommt hinzu. Es ist nicht garantiert, daß das Standardpräparat seine in einer anderen Studie nachgewiesene Wirksamkeit bei den in die geplante Studie einbezogenen Patienten realisiert. Daher sollte in solchen Fällen – wenn nicht ethische Gründe dagegensprechen – ein Placebo-Arm in die Studie einbezogen werden.

Einseitige Äquivalenz schließt, wie der Formulierung der Alternativhypothese zu entnehmen ist, die Äquivalenz im engeren Sinne (eine geringfügige Verschlechterung) und auch die Überlegenheit ($\mu_T > \mu_R$) ein. Es liegt nahe, zu fragen, ob bei hoher Signifikanz (kleinen p-Werten) auf Überlegenheit geschlossen werden kann. Dieser Schluß kann aus dem Test allein nicht gezogen werden. Er liefert nur die Aussage, daß zumindest Äquivalenz vorliegt. Man könnte aber den Test auf einseitige Äquivalenz mit einem Test auf Überlegenheit kombinieren. Dann müßte allerdings auch die Power des kombinierten Entscheidungsverfahrens untersucht werden. Die Differenz in der Wirksamkeit beider Präparate kann mit Hilfe eines Konfidenzintervalls beurteilt werden.

5.2   Zweiseitige Äquivalenz - Bioäquivalenz

5.2.1   Approximationsformeln

Der entscheidende Anstoß für die Entwicklungen des vergangenen Jahrzehnts auf dem Gebiet der Äquivalenztests kam aus der Pharmakokinetik. Eines ihrer Ziele ist die Untersuchung der Verfügbarkeit von auf unterschiedlichen Wegen aufgenommenen Wirkstoffen an ihrem Wirkungsort. Da der Wirkungsort oftmals nicht bekannt ist, wird ersatzweise die Verfügbarkeit in einem System (z.B. im Blutplasma) analysiert.

Nach oraler Aufnahme eines Arzneimittels gelangt nur ein bestimmter Anteil des Wirkstoffes in das Blutplasma. Verantwortlich dafür sind z.B. die unvollständige Absorption im Verdauungstrakt, die teilweise Metabolisierung bei der ersten Leberpassage u.a.m.. Um den Anteil im Blut zu messen, werden in ausreichendem zeitlichen Abstand gleiche Dosen oral und in die Vene (i.v.) appliziert. Aus Blutproben, die zu vorgegebenem Zeitraster genommen werden, wird der Zeitverlauf der Konzentration des Wirkstoffes im Plasma bestimmt. Die mittlere Fläche unter der Konzentrations-Zeit-Kurve (AUC - area under the curve) bei oraler oder anderweitiger Gabe, ausgedrückt in Prozent der mittleren Fläche unter der Konzentrations-Zeit-Kurve bei i.v. Applikation, wird als **absolute Bioverfügbarkeit** der verabreichten Formulierung bezeichnet. Der Quotient der mittleren AUC zweier verschiedener Formulierungen, die den gleichen Wirkstoff enthalten, heißt **relative Bioverfügbarkeit**.

Im Verlaufe der Entwicklung eines Arzneimittels werden zumeist verschiedene Formulierungen (Darreichungsformen) hergestellt und getestet, z.B. um die Bioverfügbarkeit zu erhöhen, ihre Eigenschaften (Stabilität, Löslichkeit u.a.m.) zu verbessern oder eine für die spätere Großproduktion geeignete Form zu entwickeln. Da die finale Formulierung zumeist erst am Ende der Entwicklung feststeht, muß geprüft werden, ob die mit den vorher benutzten Formulierungen durchgeführten Studien aussagekräftig für die finale Formulierung sind. Auch nach der Zulassung kann es zu Änderungen der Formulierung kommen, z.B. zum Zwecke einer vereinfachten oder effektiveren Synthese.

Für die Zulassung durch die Behörden muß nachgewiesen werden, daß diese Formulierungen (in entsprechend gewählten Dosen) als äquivalent in ihrer Wirksamkeit und Verträglichkeit angesehen werden können. Sind die chemische Zusammensetzung und Struktur der Formulierungen sowie deren technische Parameter (z.B. die Stabilität) gleich, so reicht es nach den heutigen Richtlinien zumeist aus zu zeigen, daß sich die Populationsmittel der AUC und der maximalen Serumspiegel (Cmax) nur unwesentlich unterscheiden.

Metzler (1974) führte als **Äquivalenzbereich** für Bioäquivalenzprüfungen das Intervall von 80% bis 120% des Referenzmittelwertes ein. Heute wird dieser für normalverteilte Merkmale bzw. der Bereich von 80% bis 125im Falle der Lognormalverteilung allgemein akzeptiert. Ein derartiger Standard existiert für andere Anwendungsgebiete, wie z.B. die Therapieforschung, nicht. Die Äquivalenzgrenze muß dann durch einen Fachwissenschaftler aufgrund der praktischen Erfahrungen bezüglich der Relevanz der Abweichungen vom Referenzmittel festgelegt werden. Das ist leichter gesagt als getan.

Das Testproblem kann mathematisch so formuliert werden, daß zu vorgebener Äquivalenzgrenze $\delta > 0$ die Hypothesen

$$H_0 : |\mu_T - \mu_R| \geq \delta \quad vs. \quad H_A : |\mu_T - \mu_R| < \delta \tag{5.3}$$

bei vorgegebener Irrtumswahrscheinlichkeit α zu prüfen sind. Dabei bezeichnet μ_R das Populationsmittel der Referenzbehandlung (Referenzformulierung) und μ_T das der zu testenden Behandlung (Formulierung) für die in der statistischen Analyse verwandte Variable. Es wird unterstellt, daß die in Frage stehende Variable normalverteilt ist.

Die Nullhypothese H_0 besagt, daß die Populationsmittel sich erheblich unterscheiden, also nicht äquivalent sind, während durch die Alternativhypothese der Äquivalenzbereich beschrieben wird. Die Irrtumswahrscheinlichkeit α ist die Wahrscheinlichkeit, fälschlich auf Äquivalenz zu schließen. Eine detaillierte Diskussion der Unterschiede von Differenztests und Äquivalenztests ist in Abschnitt 2.2.2 zu finden.

WESTLAKE (1972) schlug zunächst vor, das klassische $(1 - \alpha)$-Konfidenzintervall für $\mu_T - \mu_R$ zu berechnen und auf Äquivalenz zu schließen, falls dieses in den Äquivalenzbereich $(-\delta, \delta)$ eingeschlossen ist (**Inklusionsregel** oder genauer Intervallinklusionsregel). Dann führte WESTLAKE (1976) anstelle der klassischen Konfidenzintervalle zu Null symmetrische Konfidenzintervalle ein. Nach langen Diskussionen revidierte er seine Meinung (WESTLAKE (1979, 1981)) und empfahl die Inklusionsregel mit dem klassischen $(1 - 2\alpha)$-Konfidenzintervall, die wir im weiteren als 2α-**Westlake-Prozedur** bezeichnen wollen. Der Unterschied zu dem Vorschlag von 1972 besteht also darin, daß im Falle $\alpha = 0.05$ nicht das 95%-Konfidenzintervall, sondern das 90%-Konfidenzintervall zu berechnen ist. Wenn im folgenden von der Westlake-Prozedur die Rede ist, ist immer diese Prozedur gemeint.

ANDERSON und HAUCK (1983) diskutierten das Problem als Testproblem für Intervallhypothesen. Es zeigte sich, daß die tatsächliche Irrtumswahrscheinlichkeit der Westlake-Prozedur erheblich kleiner als das nominelle α sein kann. Das regte Anderson und Hauck zur Entwicklung einer neuen, auf der t-Verteilung basierenden Prozedur an, deren tatsächliche Irrtumswahrscheinlichkeit nahe bei α liegt und deren Power die der Westlake-Prozedur übertrifft. Allerdings ist der Powergewinn nur gering. Das nominelle α kann sogar leicht überschritten werden, d.h., das Testniveau wird nicht immer eingehalten. Da andererseits die Westlake-Prozedur durchsichtiger und leichter interpretierbar ist, hat sich die Prozedur von Anderson und Hauck in den Anwendungen nicht durchgesetzt.

Ein anderer, von SCHUIRMANN (1987) stammender Ansatz wird als **"two one-sided tests procedure"** bezeichnet: Die Hypothesen (5.3) werden geprüft, indem simultan zwei t-Tests (zum gleichen Niveau α) für die einseitigen Testprobleme

$$H_0 : \quad \mu_T \leq \mu_R - \delta \quad vs. \quad H_A : \quad \mu_T > \mu_R - \delta \tag{5.4}$$

und

$$H_0 : \quad \mu_T \geq \mu_R + \delta \quad vs. \quad H_A : \quad \mu_T < \mu_R + \delta \tag{5.5}$$

durchgeführt werden. Auf Äquivalenz wird geschlossen, wenn beide Tests signifikant ausgehen.

Wie man sich leicht überlegt, sind die Entscheidungsregeln der 2α-Westlake-Prozedur und der "two one-sided tests procedure" nur verschiedene Formulierungen derselben Entscheidungsregel. Die Nullhypothese aus (5.4) wird abgelehnt, wenn

$$t_u = \frac{\hat{\mu}_T - \hat{\mu}_R + \delta}{s^*} > t_{1-\alpha} \tag{5.6}$$

und damit

$$\hat{\mu}_T - \hat{\mu}_R - s^* t_{1-\alpha} > -\delta \tag{5.7}$$

ist, wobei $\hat{\mu}_T - \hat{\mu}_R$ die geschätzte Mittelwertdifferenz und s^* deren Standardabweichung bezeichnet. Analog muß die Ungleichung

$$\hat{\mu}_T - \hat{\mu}_R + s^* t_{1-\alpha} < \delta \tag{5.8}$$

erfüllt sein, um die Nullhypothese aus (5.5) ablehnen zu können. Nun besagt (5.7), daß die untere Grenze des klassischen $(1 - 2\alpha)$-Konfidenzintervalls für die Mittelwertdifferenz größer als $-\delta$ sein muß, während (5.8) verlangt, daß die obere Konfidenzintervallgrenze kleiner als δ ist. Genau das sind die Forderungen der Inklusionsregel.

Weitere interessante Lösungsansätze findet man bei MANDALLAZ und MAU (1981), MAU (1988), HAUSCHKE, STEINIJANS und DILETTI (1990) sowie WELLEK (1991). Wir wollen uns aber im Rahmen dieser Einführung auf die 2α-Westlake-Prozedur konzentrieren, die in der Praxis die weiteste Verbreitung gefunden hat.

Der Referenzbereich ist relativ als 80-120% des Referenzmittels festgelegt, d.h., die Äquivalenzgrenze ist $\delta = 0.2 \cdot \mu_R$. Sie kann nur vorgegeben werden, wenn das Populationsmittel der Referenzformulierung hinreichend genau bekannt ist. Eine Möglichkeit, das zu umgehen, besteht darin, das $(1 - 2\alpha)$-Konfidenzintervall nach FIELLER (1940) (siehe FINNEY (1964)) für den Quotienten der Populationsmittel zu bestimmen. Äquivalenz wird angenommen, wenn dieses in (0.80, 1.20) eingeschlossen ist. Wir wollen diesen Weg nicht weiter verfolgen, da die relative Vorgabe für andere Anwendungsgebiete nicht bindend ist und in der Bioäquivalenzprüfung das Problem häufig durch die logarithmische Transformation umgangen wird.

Viele in der Kinetik angwandte Modelle sind multiplikativ. Daher bietet es sich an, durch Logarithmieren zu linearen Modellen überzugehen. Andererseits zeigt sich häufig eine Stabilität der Variationskoeffizienten. Es liegt auf der Hand, in solchen Fällen als Verteilungsmodell für die Originalwerte eine Lognormalverteilung zu unterstellen. Das ist insbesondere für die wichtigsten Variablen in der Bioäquivalenzprüfung – die Fläche (AUC) unter der Konzentrations-Zeit-Kurve, die maximale Konzentration (Cmax) und daraus abgeleitete Variable – weit verbreitet, aber auch oft kritisiert (LIU und WENG (1994)). Wenn Zweifel bestehen, muß die Verteilung analysiert werden. Sind eher die Originalvariablen als normalverteilt anzusehen, so kann der weiter oben beschriebene Weg mit Hilfe der Fiellerschen Konfidenzintervalle beschritten werden (siehe auch SCHUIRMANN (1990)). Die weiter unten angeführten Approximationsformeln gelten immer für normalverteilte Variable, d.h. je nach Wahl des Verteilungsmodells für die Originalvariablen oder die transformierten Variablen. Wenn wir im weiteren vom Modell der Lognormalverteilung ausgehen, so nur, um die damit verbundenen Probleme zu behandeln. Die Wahl der Transformation ist dadurch nicht eingeschränkt. Verlangt ist nur, daß die Genauigkeitsforderungen für den Bereich gestellt werden, in dem Normalverteilung angenommen werden kann.

Wenn die Variablen transformiert werden, muß natürlich auch der Äquivalenzbereich transformiert werden. Aus $ln(0.8) = -0.223$ und und $ln(1.2) = 0.182$ ergibt sich ein zu $ln(1) = 0$ unsymmetrisches Intervall. Deshalb wurde als obere Grenze 125% statt 120% und damit $ln(1.25)=0.223$ eingeführt (d.h. $\delta = 0.223$).

Wird die Westlakeprozedur nach logarithmischer Transformation durchgeführt, dann können die aus den Differenzen der lnAUC berechneten Schätzungen bzw. Konfidenzintervallgrenzen durch Transformation mit der Exponentialfunktion auf den Bereich der Quotienten der AUC zurücktransformiert werden.

Beispiel 5.1: *In Beispiel 1.4 wurde eine Studie zur Bioäquivalenzprüfung beschrieben. Es sei die Irrtumswahrscheinlichkeit $\alpha = 0.05$ und der Äquivalenzbereich [80%, 125%] vorgegeben. Wir berechnen zunächst die natürlichen Logarithmen der Werte und dann die $N = 12$ paarweisen Differenzen d_i (d.h. die individuellen Differenzen der Probanden) der zu Test[T] und Referenz[R] gehörigen Logarithmen. Ihr arithmetisches Mittel ist $\bar{d} = -0.0446$, ihre Standardabweichung $s_d = 0.1719$. Unterstellen wir eine Normalverteilung $N(\mu, \sigma_d^2)$ für die d_i, so lautet das 0.90-Konfidenzintervall*

$$\left[\bar{d} - \frac{s_d}{\sqrt{12}} t_{11,0.95} \quad , \quad \bar{d} + \frac{s_d}{\sqrt{12}} t_{11,0.95} \right] = [-0.1337, 0.0445].$$

mit dem t-Quantil $t_{11,0.95} = 1.7959$ aus Tabelle T2. Da dieses Intervall in dem Äquivalenzintervall $[-0.223, 0.223]$ für die Logarithmen enthalten ist, schließen wir nach der Inklusionsregel, daß die Präparate als äquivalent anzusehen sind.

Exponentiation von $\bar{d}$ liefert das geometrische Mittel der individuellen Quotienten der Flächen ($Q_i = AUC_i^T/AUC_i^R$)

$$Geometr.Mittel(Q_i) = e^{\bar{d}} = e^{-0.0446} = 0.956 = 95.6\%.$$

Das rücktransformierte Konfidenzintervall

$$[e^{-0.1337}, e^{0.0445}] = [0.875, 1.046] = [87.5\%, 104.6\%]$$

ist wegen der Monotonie der Transformation in dem Originaläquivalenzbereich [80%, 125%] enthalten.

Der t-Test an der unteren Grenze (-0.223) des Äquivalenzbereiches liefert nach (5.6) den Prüfwert $t_u = (-0.0446 + 0.223)/0.1719\sqrt{12} = 3.4$. Dieser ist größer als der kritische Wert $t_{11,0.95} = 1.7959$ für den einseitigen Test. An der oberen Grenze ergibt sich der Prüfwert $t_o = (-0.0446 - 0.223)/0.1719\sqrt{12} = -5.39 < -1.7959$. Beide einseitigen Tests führen zu einem signifikanten Ergebnis. Also ist nach der "two one-sided tests procedure" auf Äquivalenz zu schließen.

Wir haben nicht beachtet, daß in einer Cross-over-Studie Periodeneffekte auftreten können, die die individuellen Behandlungsdifferenzen beeinflussen. Genauer gesagt, müssen wir für diese Analyse voraussetzen, daß keine Periodeneffekte auftreten und auch die Reihenfolge der Behandlung keine Rolle spielt. Dann ist die Situation vergleichbar mit der beim gepaarten t-Test.

Ist das im Beispiel berechnete Intervall nun ein Konfidenzintervall für den Quotienten der Erwartungswerte der AUC oder für den Erwartungswert der individuellen Quotienten der AUC? Die Frage ist wichtig, weil diese nicht übereinstimmen und der Äquivalenzbereich für die Quotienten der Erwartungswerte definiert wurde.

Ist u lognormalverteilt, d.h. $z = ln(u)$ normalverteilt gemäß $N(\mu_z, \sigma_z^2)$, so gilt

$$\mu_u = E(u) = E(e^z) = e^{\mu_z + \sigma_z^2/2}, \tag{5.9}$$

und e^{μ_z} ist der Median von u. Unterstellen wir für die zur Test- bzw. Referenzformulierung gehörigen Logarithmen der Flächen $lnAUC_T$ und $lnAUC_R$ Normalverteilungen mit den Erwartungswerten μ_T und μ_R und der gleichen Varianz σ^2, so ist auch $d = lnAUC_T - lnAUC_R$ normalverteilt mit dem Erwartungswert $\mu_d = \mu_T - \mu_R$ und der Varianz σ_d^2. Im Falle unabhängiger Gruppen von Beobachtungen ist $\sigma_d^2 = 2\sigma^2$, andernfalls hängt sie auch vom Korrelationskoeffizienten ab. Als Quotient der Erwartungswerte der Flächen ergibt sich

$$\frac{E(AUC_T)}{E(AUC_R)} = \frac{e^{\mu_T + \sigma^2/2}}{e^{\mu_R + \sigma^2/2}} = e^{\mu_T - \mu_R} = e^{\mu_d}. \tag{5.10}$$

Dieser stimmt mit dem Quotienten der Mediane überein. Dagegen ist der Erwartungswert der individuellen Quotienten

$$E\left(\frac{AUC_T}{AUC_R}\right) = E(e^d) = e^{\mu_d + \sigma_d^2/2}. \tag{5.11}$$

Treten keine Periodeneffekte auf, so ist in dem oben angeführten Beispiel der Erwartungswert des geometrischen Mittels der individuellen Quotienten

$$E[Geom.Mittel(Q_i)] = E[e^{\overline{d}}] = e^{\mu_d + \sigma_d^2/2N}. \tag{5.12}$$

Das geometrische Mittel ist eine asymptotisch erwartungstreue Schätzung für den Quotienten der Erwartungswerte, da $\sigma_d^2/2N$ für wachsenden Stichprobenumfang gegen Null strebt. Die durch Exponentiation berechneten Konfidenzgrenzen sind wegen der Monotonie der Exponentialfunktion exakte Konfidenzgrenzen für den Quotienten der Erwartungswerte der Flächen (AUC), da die aus den d_i berechneten Konfidenzgrenzen exakt für μ_d sind. Die Westlakeprozedur für die logarithmierten Flächen liefert also im Falle der Varianzhomogenität – wie gewünscht – eine Aussage über den Quotienten der Erwartungswerte. Es bleibt nur die Frage offen, wie wir im Falle von Periodeneffekten vorgehen müssen.

Die meisten Bioäquivalenzstudien werden im **Cross-over Design** (siehe z.B. SENN (1993)) an gesunden freiwilligen Probanden durchgeführt. Alle Probanden erhalten sowohl die Testformulierung (T) als auch die Referenzformulierung (R). Dazwischen liegt eine hinreichend lange Auswaschphase (mindestens 5 Halbwertszeiten), durch die sogenannte **Carry-over-Effekte** vermieden werden sollen. n_1 bzw. n_2 Probanden werden zufällig den Behandlungsfolgen T-R bzw. R-T zugeordnet. Die im obigen Beispiel vorgenommene Analyse anhand der Behandlungsdifferenzen kann verzerrt sein, da neben den direkten Behandlungseffekten (τ_1, τ_2 $\tau_1 + \tau_2 = 0$) auch mit festen **Periodeneffekten** ($\pi_1, \pi_2,$ $\pi_1 + \pi_2 = 0$) zu rechnen ist.

Die auftretenden festen Effekte sind in der folgenden Tafel zusammengestellt:

Gruppe	n	Sequenz	Periode 1	Periode 2
1	n_1	T-R	$\mu_{11} = \mu + \pi_1 + \tau_1$	$\mu_{12} = \mu + \pi_2 + \tau_2$
2	n_2	R-T	$\mu_{21} = \mu + \pi_1 + \tau_2$	$\mu_{22} = \mu + \pi_2 + \tau_1$

Für die k-te Beobachtung (z.B. von lnAUC) in Gruppe i und Periode j gilt das Modell

$$y_{ijk} = \mu_{ij} + s_k + e_{ijk} \quad (i,j = 1,2, k = 1,2,...,n_i, N = n_1 + n_2) \tag{5.13}$$

wobei mit s_k die zufälligen **Probandeneffekte** und mit e_{ijk} die von den Probandeneffekten unabhängigen Zufallsabweichungen bezeichnet werden. Die Zufallsabweichungen seien unabhängig voneinander mit dem Erwartungswert 0 und der Varianz σ^2 normalverteilt. Da σ^2 die Variabilität der Beobachtungen nach Abzug der Probandeneffekte beschreibt, wird sie als Restvarianz oder Varianz innerhalb der Probanden bezeichnet. Aus den paarweisen Behandlungsdifferenzen

$$td_{1k} = y_{11k} - y_{12k} = \pi_1 - \pi_2 + \tau_1 - \tau_2 + e_{11k} - e_{12k}, \tag{5.14}$$

$$td_{2k} = y_{22k} - y_{21k} = \pi_2 - \pi_1 + \tau_1 - \tau_2 + e_{22k} - e_{21k}, \tag{5.15}$$

die mit den Varianzen $\sigma_d^2 = V(td_{ik}) = 2\sigma^2$ streuen, kann die direkte Behandlungsdifferenz $\tau = \tau_1 - \tau_2$ durch

$$\hat{\tau}_t = \overline{td_{..}} = \frac{n_1(\pi_1 - \pi_2) + n_2(\pi_2 - \pi_1)}{N} + \tau_1 - \tau_2 + \frac{e_{11.} - e_{12.} + e_{22.} - e_{21.}}{N} \tag{5.16}$$

geschätzt werden. Diese Schätzung ist aber im Falle $n_1 \neq n_2$ verzerrt, der Bias ist gleich dem ersten Term auf der rechten Seite von (5.16).

Die Periodeneffekte (und damit der Bias) können ausgeschaltet werden, wenn die paarweisen Periodendifferenzen

$$pd_{1k} = y_{11k} - y_{12k} = \pi_1 - \pi_2 + \tau_1 - \tau_2 + e_{11k} - e_{12k}, \tag{5.17}$$

$$pd_{2k} = y_{21k} - y_{22k} = \pi_1 - \pi_2 + \tau_2 - \tau_1 + e_{21k} - e_{22k} \tag{5.18}$$

zugrundegelegt werden. Dabei ist $pd_{1k} = td_{1k}$ und $pd_{2k} = -td_{2k}$.

Eine erwartungstreue Schätzung für die Differenz der Behandlungseffekte $\tau = \tau_1 - \tau_2$ ist

$$\hat{\tau}_p = \frac{\overline{pd_{1.}} - \overline{pd_{2.}}}{2} = \tau_1 - \tau_2 - \frac{\overline{e_{11.}} - \overline{e_{12.}} + \overline{e_{21.}} - \overline{e_{22.}}}{2}. \qquad (5.19)$$

Sie streut mit der Varianz

$$V(\hat{\tau}_p) = \frac{\sigma^2}{2} \left(\frac{1}{n_1} + \frac{1}{n_2} \right). \qquad (5.20)$$

Die Varianz der Periodendifferenzen wird aus den zu den beiden Behandlungsfolgen T-R bzw. R-T gehörigen unabhängigen Gruppen von Probanden durch

$$s_{pd}^2 = \frac{\sum_i \sum_k (pd_{ik} - \overline{pd_{i.}})^2}{n_1 + n_2 - 2} \qquad (5.21)$$

mit $N - 2$ Freiheitsgraden geschätzt. Da die Periodendifferenzen mit der Varianz $2\sigma^2$ streuen, ist $s_R^2 = s_{pd}^2/2$ eine Schätzung der Restvarianz. Eine Schätzung s_τ^2 der Varianz von $\hat{\tau}$ ergibt sich ganz einfach, indem in (5.20) σ^2 durch s_R^2 ersetzt wird.

Zur Äquivalenzprüfung wird das $(1 - 2\alpha)$-Konfidenzintervall

$$[\hat{\tau}_p - s_\tau t_{1-\alpha, N-2}, \hat{\tau}_p + s_\tau t_{1-\alpha, N-2}] \qquad (5.22)$$

herangezogen. Ist dieses in $[-\delta, \delta]$ enthalten, so wird auf Äquivalenz der Behandlungseffekte geschlossen.

Fortsetzung von Beispiel 5.1: *Da wir die Lognormalverteilung für die Originalbeobachtungen unterstellt haben, gilt das Modell (5.13) für die logarithmierten Beobachtungen. Die Periodendifferenzen entsprechen den Logarithmen der pro Proband berechneten Quotienten der Werte in den Spalten Periode I und Periode II in Tabelle 1.1 aus Beispiel 1.4. Wir erhalten $\overline{pd_1} = -0.0298$ und $\overline{pd_2} = 0.0593$, woraus sich $\hat{\tau}_p = -0.0446$ ergibt. Wegen der gleichen Gruppenumfänge $n_1 = n_2 = 6$ stimmt dieser Wert mit dem weiter oben berechneten Schätzwert $\overline{d} = \overline{td_{..}} = -0.0446$ überein.*

Nach (5.21) ist $s_{pd}^2 = 0.03224$ und damit die geschätzte Standardabweichung der Periodendifferenzen $s_{pd} = 0.1795$. Letztere weicht von der ohne Beachtung der Periodeneffekte berechneten Standardabweichung $s_d = 0.1719$ nur wenig ab (wegen der gleichen Gruppenumfänge und nur kleinen Periodeneffekten). Als Schätzwert für die Varianz innerhalb der Probanden erhalten wir $s_R^2 = 0.03222/2 = 0.01612$ mit $N - 2 = 10$ Freiheitsgraden. Die geschätzte Reststandardabweichung ist $s_R = 0.127$.

Mit $s_\tau^2 = 0.01612/6 = 0.00269$, also $s_\tau = 0.0518$, und $t_{0.95,10} = 1.8125$ berechnet sich das 0.90-Konfidenzintervall für τ zu

$$[-0.0446 - 0.0518 \cdot 1.8125, -0.0446 + 0.0518 \cdot 1.8125] = [-0.1385, 0.0493].$$

Wegen $\tau = \tau_1 - \tau_2 = (\mu + \tau_1) - (\mu + \tau_2)$ ist dies ein Konfidenzintervall für die Differenz der von den Periodeneffekten bereinigten Mittel $\mu_T = \mu + \tau_1$ und $\mu_R = \mu + \tau_2$. Da dieses innerhalb von $[-0.223, 0.223]$ liegt, wird auf Äquivalenz geschlossen. Die gleiche Analyse kann z.B. auch mit PROC GLM aus SAS durchgeführt werden.

Analog zu den weiter oben angestellten Überlegungen (siehe (5.10)-(5.12)) können wir schließen, daß sich durch Exponentiation der Konfidenzgrenzen ein Konfidenzintervall für den Quotienten der von den Periodeneffekten bereinigten Mittel der AUC ergibt:

$$\left[e^{-0.1385}, e^{0.0493} \right] = [0.871, 1.051] = [87.1\%, 105.1\%].$$

Dieses ist etwas breiter als das weiter oben berechnete.

WESTLAKE (1988) untersuchte die Power bei einem Parallel-Gruppen-Design und normalverteilten Beobachtungen. Wenn die wahre Mittelwertdifferenz gleich Null ist, ergibt sich beim Testen der Äquivalenz eine ähnliche Situation wie beim t-Test für unabhängige Stichproben, wobei allerdings die Null- und Alternativhypothese und damit Irrtumswahrscheinlichkeit α und Power $1 - \beta$ vertauscht sind. Ausgehend von dieser Vorstellung leitete er die folgende Approximationsformel für den Gesamtumfang $N = 2n$ des Parallelgruppenversuches ab:

$$N \approx \frac{4\sigma^2}{\delta^2} \left[t_{1-\beta/2, N-2} + t_{1-\alpha, N-2} \right]^2. \tag{5.23}$$

Dabei sind gleiche Gruppenumfänge n vorausgesetzt. Gegenüber (4.9) sind α und β vertauscht.

Die Situation beim Cross-over-Versuch ist ähnlich wie beim t-Test für unabhängige Stichproben zum Vergleich zweier Populationsmittel. Es gibt zwei unabhängige Gruppen von Periodendifferenzen, und ihre Varianz wird als Varianz innerhalb der Gruppen geschätzt. Der Unterschied besteht nur darin, daß ihre Varianz nicht σ^2 sondern $\sigma^2/2$ ist und die Effektdifferenz nicht durch die Differenz, sondern die halbe Differenz ihrer arithmetischen Mittel geschätzt wird. Also müssen wir in (5.23) noch σ^2 durch $\sigma^2/2$ ersetzen, was zur Approximationsformel

$$N \approx \frac{2\sigma^2}{\delta^2} \left[t_{1-\beta/2, N-2} + t_{1-\alpha, N-2} \right]^2 \tag{5.24}$$

führt, die aber nur für balancierte Design (d.h. gleichgroße Sequenzgruppen) gilt.

Fortsetzung von Beispiel 5.1: *Ersetzen wir zur Planung einer neuen Studie σ^2 durch den Schätzwert $s_R^2 = 0.016$, so ergibt sich für $\alpha = 0.05$ und Power $= 1 - \beta = 0.8$ der approximative Gesamtumfang aus*

$$N \approx \frac{2 \cdot 0.016}{0.223^2} \left[t_{0.90, N-2} + t_{0.95, N-2} \right]^2.$$

Für N=7 liefert die rechte Seite den Wert 7.84 und für N=8 den Wert 7.36. Also ist N=8 der gesuchte Umfang. In der vorliegenden Studie wurden N=12 Probanden einbezogen. Abbildung 5.1 zeigt die Power für N=6, 8, 10, 12 und $\sigma^2 = 0.016$.

Wenn die Populationsmittel der AUC übereinstimmen, wird die Power maximal. Sie nimmt rapide ab und nähert sich 0.05, wenn die wahre prozentuale Differenz der Populationsmittel gegen eine der Grenzen (-20% oder 25%) des Äquivalenzbereiches strebt.

Werden N=8 Probanden in die Studie einbezogen, so übersteigt die maximale Power, d.h. die Power an der Stelle 0, den vorgegebenen Wert von 0.80 geringfügig. Sie sinkt aber bereits für relativ kleine Abweichungen der Populationsmittel unter 0.80. Obwohl – nach Definition des Äquivalenzbereiches – äquivalente Populationsmittel vorliegen, haben wir z.B. bei einer Abweichung von 9% nur noch die Chance von etwa 60%, Äquivalenz nachzuweisen. Am Rande des Äquivalenzbereiches liegt sie sogar nur bei 5%.

Für N=12 Probanden ist die maximale Power sogar 0.98. Bei einer Abweichung des Testpopulationsmittels vom Referenzpopulationsmittel zwischen -8% und +9% ist die Power größer als 0.80. Wir haben gute Chancen, Äquivalenz nachzuweisen, wenn keine größeren Abweichungen auftreten.

Wie vorher schon muß aber darauf hingewiesen werden, daß Stichprobenberechnungen Kalkulationen aufgrund vorgegebener Designparameter sind. Wenn die eingesetzte Varianzschätzung falsch ist, stimmen auch die Umfänge nicht. Es empfiehlt sich, die Berechnungen mit einem etwas größeren Wert für die Varianz zu wiederholen, um den Umfang nach oben abzuschätzen.

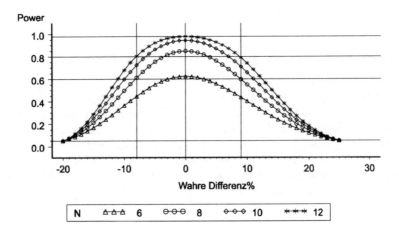

Abb. 5.1: Power der 2α-Westlake-Prozedur

Unser Ziel, bei kleinen Abweichungen mit hinreichender statistischer Sicherheit Äquivalenz nachzuweisen, können wir erreichen, wenn wir nicht die maximale Power vorgeben, sondern die Power an einer anderen Stelle des Äquivalenzbereiches – sagen wir bei einer Abweichung von $\epsilon > 0$. Für diesen Fall kann nach WESTLAKE (1988) die Formel

$$N \approx \frac{2\sigma^2}{\delta^2(1 - \epsilon/\delta)^2}\left[t_{1-\beta,N-2} + t_{1-\alpha,N-2}\right]^2 \qquad (5.25)$$

verwendet werden. Diese ist nach Westlake für $\epsilon/\delta < 0.25$ gültig. Bemerkenswert ist, daß nicht $t_{1-\beta/2,N-2}$ wie in (5.24), sondern $t_{1-\beta,N-2}$ in die Formel eingeht.

Fortsetzung von Beispiel 5.1: *Setzen wir wie oben $\sigma^2 = 0.016$ und $\delta = 0.223$, so ergeben sich für wahre Abweichungen von 5%, 10%, 15% bzw. 20%, d.h. für $\epsilon = ln(1.05) = 0.049$, $\epsilon = ln(1.10) = 0.095$, $\epsilon = ln(1.15) = 0.14$ bzw. $\epsilon = ln(1.20) = 0.182$, die approximativen Stichprobenumfänge $N = 11$, 19, 42 und 168.*

Ähnliche Formeln wurden auch von LIU und CHOW (1992) angegeben. Diese wurden von HAUSCHKE et al. (1992) auf das multiplikative Modell übertragen.

5.2.2 Exakter Stichprobenumfang – Westlake-Prozedur

FRICK (1987) und MÜLLER-COHRS (1990) bestimmten die Power für die Westlake-Prozedur durch direkte numerische Integration. PHILIPS (1990) entwickelte eine Methode zur exakten Bestimmung des Umfangs auf der Grundlage der doppelt nicht-zentralen t-Verteilung sowie Nomogramme und Tabellen. Entsprechende Tabellen für das multiplikative Modell sind bei DILETTI et al. (1991, 1992) zu finden. Die Power einer analogen "Mann-Whitney-Prozedur" wurde von HILGERS (1993) untersucht. Wir beschränken uns bei der Planung auf balancierte Design (mit gleichgroßen Gruppen).

Nach FRICK (1987) kann die Power berechnet werden, indem zunächst die bedingte Wahrscheinlichkeit für die Entscheidung zugunsten der Äquivalenz bei festgehaltenem

$$x = s^{*2}/\sigma^{*2} \tag{5.26}$$

bestimmt und dann der Erwartungswert bezüglich x gebildet wird. Dabei bezeichnet s^* die Schätzung der Standardabweichung σ^* für die Schätzung der Differenz der in Frage stehenden Populationsmittel bzw. Effekte, d.h. den Standardfehler entsprechend dem Design.

x hat die Verteilung einer χ^2-verteilten Größe, die durch ihre Freiheitsgrade geteilt wurde, besitzt also die Dichte

$$g(x) = \kappa^{\kappa} e^{-\kappa x} x^{\kappa-1}/\Gamma(\kappa) \tag{5.27}$$

mit $\kappa = df/2$. Dabei werden mit df die dem Design entsprechenden Freiheitsgrade bezeichnet.

Die Inklusionsregel ist äquivalent zu

$$|\bar{d}| < c(x) \tag{5.28}$$

mit

$$c(x) = \delta - t_{1-\alpha}\sigma^*\sqrt{x}. \tag{5.29}$$

Daher kann die Power aus

$$P(|\bar{d}| < c(x)) = \int_0^{\xi} \left[\Phi\left(\frac{\mu_T - \mu_R + c(x)}{\sigma^*}\right) - \Phi\left(\frac{\mu_T - \mu_R - c(x)}{\sigma^*}\right) \right] g(x) dx \tag{5.30}$$

mit der oberen Grenze

$$\xi = \delta^2/(\sigma^{*2} t_{1-\alpha,df}^2) \tag{5.31}$$

berechnet werden. Φ bezeichnet die Verteilungsfunktion der Standardnormalverteilung. Bei Design mit gleichgroßen Gruppen hängt die Power außer von α und N nur von der standardisierten Äquivalenzschranke δ/σ und der standardisierten wahren Mittelwertdifferenz $(\mu_T - \mu_R)/\sigma$ ab, andernfalls spielt auch das Verhältnis der Gruppenumfänge eine Rolle.

Das auf Diskette erhältliche SAS-Programm N_WL berechnet in einer iterativen Prozedur den Stichprobenumfang in Abhängigkeit von der Äquivalenzschranke EQ-DEL und der wahren Differenz TRUE-DEL der Populationsmittel. Umgekehrt kann eine einfache Tabelle zur Bestimmung des exakten Umfangs erzeugt werden, wenn zu vorgegebenem Umfang und festgehaltener wahrer Mittelwertdifferenz iterativ die zugehörige standardisierte Äquivalenzschranke errechnet wird, bei der die Power den gewünschten Wert annimmt. Tabelle T10 weist δ/σ in Abhängigkeit von N und der wahren Mittelwertdifferenz, ausgedrückt *in Prozenten der Äquivalenzgrenze* δ, für den Zweiweg-Cross-over-Versuch aus. Ihre Verwendung ist einfach: Berechne δ/σ aus den für die Planung der Studie vorgegeben Werten. Suche in der zu der vorgegebenen wahren Mittelwertdifferenz gehörigen Spalte die Zeilen auf, deren Werte δ/σ einschließen. Der größere der beiden am Rande abgelesenen Stichprobenumfänge ist der gesuchte.

Wird anstelle eines Cross-over Experiments ein Versuch mit zwei unabhängigen gleichgroßen Gruppen von n Probanden, d.h. mit insgesamt $N = 2n$ Subjekten, durchgeführt (Parallelgruppenversuch), so hat die geschätzte Restvarianz wie beim Cross-over- Design $N - 2$ Freiheitsgrade. Der Standardfehler ändert sich aber um den Faktor 2. Die Tabelle T10 kann daher auch zur Bestimmung des Gesamtumfangs beim Parallelgruppenversuch verwendet werden, wenn bei der Planung δ/σ durch $\delta/\sqrt{2}\sigma$ ersetzt wird.

Fortsetzung von Beispiel 5.1: *Das SAS-Programm N_WL ist für den Fall normalverteilter Variablen geschrieben. Da wir Lognormalverteilung angenommen haben, sind die logarithmierten Werte normalverteilt. Wir müssen die Genauigkeitsforderungen auf den Bereich der Logarithmen übertragen,*

Für $\delta = ln(1.25) = 0.223$ *und* $\sigma = \sqrt{0.016} = 0.1265$ *ergibt sich das standardisierte Äquivalenzdelta* $\delta/\sigma = 1.7628$. *Dieser Wert liegt in der ersten Spalte von Tabelle T10 zwischen den Werten 1.8296 und 1.6630. Also ist der exakte Umfang N=8, falls die Power 0.80 nur in dem Falle erreicht werden soll, daß die Populationsmittel gleich sind. Darf* μ_T *aber um bis zu 5% vom Referenzmittel* μ_R *abweichen, so entspricht das der Abweichung* $ln(1.05) = 0.049$ *in den Logarithmen. Wegen* $0.049/\delta = 0.049/0.223 = 0.219$ *sind das 22% von* δ. *(Beachte: In Tabelle T10 ist die Abweichung in Prozenten von* δ *angegeben. Sie wurde für den Fall einer normalverteilten Variablen berechnet und eignet sich gut für den Fall, daß keine Transformation vorgenommen wird. Wird eine Lognormalverteilung unterstellt, so gilt sie für die transformierten Variablen, die Logarithmen). In der Spalte zu 20% von Tabelle T10 liegt 1.7628 zwischen 1.8054 und 1.6683. Der gesuchte Umfang ist N=9.*

Einfacher ist es, die zu 5%, 10%, 15% und 20% Abweichung der Populationsmittel gehörigen wahren Differenzen in den Logarithmen $ln(1.05) = 0.049$, $ln(1.10) = 0.095$, $ln(1.15) = 0.140$, $ln(1.20) = 0.182$ *in das Programm N_WL einzugeben. Dieses liefert den Ausdruck*

```
        Stichprobenumfang fuer die Westlake-Prozedur
            bzw. two one-sided test procedure

  ALPHA    POWERO    EQ_DEL    TRUE_DEL    SIGMA     POWER     N_WL

   0.05      0.8      0.223      0.000     0.1265   0.85350      8
   0.05      0.8      0.223      0.049     0.1265   0.82789      9
   0.05      0.8      0.223      0.095     0.1265   0.80971     14
   0.05      0.8      0.223      0.140     0.1265   0.80984     31
   0.05      0.8      0.223      0.182     0.1265   0.80269    120
```

Bei 5% zugelassener Abweichung der Populationsmittel sind N=9 Probanden in die Studie einzubeziehen, bei 20% zugelassener Differenz sogar 120. Ein Vergleich mit Ergebnissen aus Abschnitt 5.2.1 zeigt, daß die Approximationsformel (5.25) zu große Umfänge liefert.

5.3 Äquivalenz von Erfolgsquoten – Therapeutische Äquivalenz

Wie in den vorhergehenden Abschnitten geht es um den Nachweis der Äquivalenz von Behandlungen im allgemeinsten Sinne (z.B. Therapien, Verfahren), nur mit dem Unterschied, daß diese nicht mit Hilfe eines gemessenen (stetigen) Merkmals, sondern anhand ihrer Erfolgsquoten beurteilt werden. (Im Falle von Mißerfolgsquoten geht man einfach zu den Komplementärwahrscheinlichkeiten über.) Dabei wollen wir uns nur mit dem in der Praxis häufig auftretenden Fall der einseitigen Äquivalenz befassen.

Die zu testende Behandlung T wird als äquivalent zur Referenzbehandlung R angesehen, wenn ihre Erfolgsquote p_T nicht wesentlich kleiner als die Erfolgsquote p_R ist. Genauer gesagt, sind zu einer vorgegebenen zulässigen Differenz $\delta > 0$ die Hypothesen

$$H_0: \quad p_T \leq p_R - \delta \quad vs. \quad H_A: \quad p_T > p_R - \delta \tag{5.32}$$

zu prüfen. Die Nullhypothese H_0 besagt, daß die Behandlungen sich erheblich unterscheiden. Bei Gültigkeit der Alternativhypothese H_A werden die Behandlungen als (einseitig) äquivalent bezeichnet. Diese Sprachregelung ist – wie bereits in Abschnitt 5.1 diskutiert – insofern irreführend, als der durch die Alternativhypothese beschriebene Äquivalenzbereich auch die Fälle einschließt, in denen die zu testende Behandlung der Referenzbehandlung überlegen ist. Sie ist aber aus praktischer Sicht verständlich. Im Englischen hat sich der genauere Ausdruck "at least equivalent" eingebürgert. Einen Äquivalenztest wird man nur dann ins Auge fassen, wenn vorauszusehen ist, daß die neue Behandlung eher eine geringere - allenfalls die gleiche oder nur eine geringfügig höhere Erfolgsquote bringen wird. Ist eine echte Überlegenheit zu erwarten, so empfiehlt sich ein Differenztest. Bezüglich der prinzipiellen praktischen Probleme bei der Verwendung von Äquivalenztest sei auf die Arbeit von GARBE, RÖHMEL und GUNDERT-REMY (1993) verwiesen.

Wir gehen davon aus, daß zwei Zufallsstichproben von Individuen (Probanden, Patienten, Tieren, Pflanzen etc.) gezogen werden, die jeweils die Behandlung T oder R erhalten, und, daß die entsprechenden Anzahlen k_T bzw. k_R von Behandlungserfolgen binomialverteilt mit den Wahrscheinlichkeiten p_T bzw. p_R sind. Für die Planung setzen wir gleiche Stichprobenumfänge $n_T = n_R = n$ voraus.

Analog zu der Vorgehensweise in Abschnitt 4.5.1 betrachten wir zur Ableitung einer approximativen Formel für den Stichprobenumfang stellvertretend den auf der näherungweise normalverteilten Zufallsvariablen

$$z = \frac{k_T - k_R + n\delta}{\sqrt{n}} = (\hat{p}_T - \hat{p}_R + \delta)\sqrt{n} \tag{5.33}$$

mit $\hat{p}_T = k_T/n$ und $\hat{p}_R = k_R/n$ beruhenden Test der Nullhypothese $H_0^* : p_T = p_R - \delta$ gegen die Alternativhypothese $H_A^* : p_T = p_R - \epsilon$ für $0 \leq \epsilon < \delta$.

Die Erwartungswerte und Varianzen von z unter der Null- und Alternativhypothese sind

$$\mu_0^* = 0 \qquad \sigma_0^{*2} = (p_R - \delta)(1 - p_R + \delta) + p_R(1 - p_R) \qquad (5.34)$$

bzw.

$$\mu_1^* = \frac{\epsilon}{\sqrt{n}} \qquad \sigma_1^{*2} = (p_R - \epsilon)(1 - p_R + \epsilon) + p_R(1 - p_R). \qquad (5.35)$$

Die Nullhypothese wird abgelehnt, wenn $z > u_{1-\alpha}\sigma_0^*$ ist.

Aus der Grundgleichung (4.54) folgt die Approximationsformel nach RODARY, COM-NOGUE und TOURNADE (1989)

$$n \approx n_{RCT} = \frac{[u_{1-\alpha}\sigma_0^* + u_{1-\beta}\sigma_1^*]^2}{[\delta - \epsilon]^2}. \qquad (5.36)$$

Dabei ist wie üblich α die vorgegebene Irrtumswahrscheinlichkeit und $1 - \beta$ die vorgegebene Power. Der Gesamtumfang ist $N = 2n$. Häufig wird $\epsilon = 0$ gesetzt.

Beim Vergleich mit der angegebenen Quelle ist zu beachten, daß dort "rupture rates", d.h. Mißerfolgsquoten, verglichen werden. Beim Übergang zu den Komplementär-wahrscheinlichkeiten und Wechsel der Bezeichnungen erweist sich die Quellformel als identisch zu (5.36).

Von MAKUCH und SIMON (1978) stammt die etwas einfachere Formel

$$n \approx n_{MS} = \frac{[u_{1-\alpha} + u_{1-\beta}]^2 \sigma_1^{*2}}{[\delta - \epsilon]^2} \qquad (5.37)$$

mit σ_1^{*2} aus (5.35). Sie wurde häufig zitiert, u.a. von BLACKWELDER (1982), BLACK-WELDER und CHANG (1984), HEISELBETZ und EDLER (1987), BOCK und TOUTEN-BURG (1991). Mit ihr berechnete Tabellen sind bei MACHIN und CAMPBELL (1987) zu finden. Wie FRICK (1994) gezeigt hat, liefert diese Formel stets zu kleine Umfänge.

Beispiel 5.2: *Greifen wir auf das Beispiel 1.2 zurück. In der dort angeführten Studie wurde in der Dexamethasongruppe bei 7 von 49 Patienten mit bakterieller Meningitis ein Hörverlust und damit ein Erfolg von 42/49 $\approx$ 86% beobachtet. Wegen der geringen Anzahl von Patienten wäre es leichtfertig, diesen Wert als Referenzquote zu verwenden. Es müssen zusätzlich die Ergebnisse größerer Studien gesichtet werden. Im allgemeinen wird eine Behandlung erst dann als Standardbehandlung angesehen, wenn gesicherte Ergebnisse vorliegen. Bei dieser Indikation kann in etwa von einer Erfolgsquote von $p_T = 0.90 = 90\%$ für Dexamethason ausgegangen werden.*

Von einem neuen in der Prüfung stehenden Antibiotikum werden bei der angegebenen Indikation aufgrund der Voruntersuchungen Gesamterfolgsquoten in der gleichen Größenordnung erwartet. Man verspricht sich jedoch auch Erfolge bei gegenüber Dexamethason resistenten Keimen.

Aus ethischer Sicht erscheint die Einbeziehung einer Placebogruppe in die zu planende Therapiestudie sehr fragwürdig. Schließlich ist die Wirksamkeit der Dexamethason-Behandlung nachgewiesen. Die Nichtbehandlung von Patienten könnte als unterlassene Hilfeleistung angesehen werden. Als Gegenargument kann angeführt werden, daß die Erfolgsquote in der Placebogruppe mit 32/46 $\approx$ 70% bereits *sehr hoch und damit die Wirksamkeit - die Differenz zwischen den Quoten der Behandlungs- und Placebogruppe - klein ist. Für den Fall, daß die Erfolgsquote von Dexamethason in der Studie wesentlich geringer ausfällt als erwartet, besteht das Risiko, daß mit der Äquivalenz noch nicht die Wirksamkeit des neuen Mittels nachgewiesen ist.*

Mehr Sicherheit könnte auch durch die Wahl eines sehr kleinen δ erreicht werden, was zu sehr großen Stichprobenumfängen führen kann. Der sicherste Weg zum Wirksamkeitsnachweis ist aber die Einbeziehung eines zusätzlichen Placeboarms. Die Abwägung des Für und Wider ist schwierig. Wir wollen die Diskussion nicht ausweiten und den Fall betrachten, daß eine Studie mit zwei parallelen (unabhängigen) Gruppen von Patienten zu planen ist, mit der die therapeutische Äquivalenz des neuen Antibiotikums zu Dexamethason demonstriert werden kann. Dabei soll das neue Antibiotikum als äquivalent angesehen werden, wenn es eine Erfolgsquote von mindestens 80% aufweist (δ = 0.10). Ist die Erfolgsquote gleich der von Dexamethason, d.h. 90(ε = 0), so soll das mit der Wahrscheinlichkeit 1 − β = 0.80 erkannt werden. Als Irrtumswahrscheinlichkeit sei wie üblich α = 0.05 vorgegeben. Einsetzen in (5.36) liefert den Umfang

$$n_{RCT} = \frac{[1.6449 \times \sqrt{0.8 \times 0.2 + 0.90 \times 0.10} + 0.842 \times \sqrt{2 \times 0.90 \times 0.10}]^2}{0.10^2} = 140.$$

Es sind also für jede Gruppe 140 Patienten und damit insgesamt N=280 Patienten zu rekrutieren. Nach Makuch und Simon wären nur $n_{MS} = 112$ pro Gruppe, also N=224 Patienten einzubeziehen.

Die Power von 80%, Äquivalenz nachzuweisen, ist aber nur vorhanden, wenn das neue Antibiotikum ein Erfolgsquote von 90% hat. Wenn es aber nur eine Quote von, sagen wir, 85% hat, ist die Power viel kleiner. Wie groß müßte der Umfang sein, um in diesem Falle mit einer Power von 80% auf Äquivalenz zu schließen?

Für ε = 0.05 ergibt sich aus (5.36) der Umfang 591, also ein Gesamtumfang 1182 Patienten, was praktisch kaum zu realisieren ist. Wir müssen einen kleineren Umfang wählen und damit leben, daß unsere Chancen zum Nachweis der Äquivalenz stark absinken, wenn das neue Antibiotikum nicht die Erfolgsquote von Dexamethason erreicht.

Ein anderer möglicher Fall ist der, daß wir die Referenzquote zu hoch angesetzt haben, z.B. kann sie aufgrund des Auftretens neuer resistenter Stämme kleiner sein. Setzen wir $p_R = 0.85$ ein, und verlangen wir die Power von 0.80 für den Fall, daß auch das neue Antibiotikum eine Erfolgsquote von 85% aufweist (d.h. ε = 0), so ergibt sich der Gruppenumfang von 182. Zu beachten ist, daß das neue Antibiotikum nun schon bei einer Erfolgsquote von mehr als 75% als äquivalent gilt.

FRICK (1994) stellte einen Vergleich der Formeln für ε = 0 an und berechnete die exakte Power des auf (5.33) basierenden Tests und die zugehörigen exakten Umfänge. Es stellte sich heraus, daß nicht nur die nach (5.37), sondern auch die nach (5.36) bestimmten Umfänge n_{RCT} zu klein sind. Er schlug vor, einerseits in (5.36) die Varianz σ_1^{*2} aus (5.35) durch die Varianz

$$\tilde{\sigma}_1^2 = 2\overline{p}(1 - \overline{p}) \tag{5.38}$$

mit $\overline{p} = p_R - \delta/2$ zu ersetzen,

$$n \approx n_{FR} = \frac{[u_{1-\alpha}\sigma_0^* + u_{1-\beta}\tilde{\sigma}_1]^2}{\delta^2}, \tag{5.39}$$

und andererseits die Korrektur

$$n_{FRCP} = \frac{n_{FR}}{4}\left[1 + \sqrt{1 + \frac{4}{\delta n_{FR}}}\right]^2 \tag{5.40}$$

nach CASAGRANDE, PIKE und SMITH (1978b) (vgl. (4.67)) zu verwenden. Setzt man $p_1 = p_R - \delta$, $p_2 = p_R$, $\delta = \Delta$ sowie $N = 2n_{FR}$, so ergibt sich aus (5.39) die Formel (4.60) von FLEISS, TUTYN und URY (1980) mit $k = 1$, falls auch noch α und β vertauscht werden. Die gleiche Korrektur kann auch für n_{MS} und n_{RCT} verwendet werden. Wir wollen die entsprechenden Umfänge mit n_{MSCP} und n_{RCTCP} bezeichnen.

Da der kritische Wert $u_{1-\alpha}\sigma_0^*$ von der nicht exakt bekannten Erfolgsquote p_R der Referenzbehandlung abhängt, kann der Test (5.33) praktisch so nicht durchgeführt werden. Es wird vielmehr die untere $(1 - \alpha)$-Konfidenzgrenze

$$\hat{p}_T - \hat{p}_R - c_{HA} - u_{1-\alpha}SE_0 \tag{5.41}$$

berechnet und auf (einseitige) Äquivalenz geschlossen, wenn diese $-\delta$ übersteigt. Dabei bezeichnet $c_{HA} = 1/(2min(n_R, n_T))$ die gegenüber der von Yates verbesserte Stetigkeitskorrektur von HAUCK und ANDERSON (1986). Im Falle gleicher Gruppenumfänge ist $c_{HA} = 1/(2n)$. Die Varianz von $\hat{p}_T - \hat{p}_R$ wird durch

$$SE_0^2 = \frac{\hat{p}_R(1 - \hat{p}_R)}{n_R - 1} + \frac{\hat{p}_T(1 - \hat{p}_T)}{n_T - 1} \tag{5.42}$$

geschätzt. Im Falle $n_R = n_T = n$ ist $SE_0^2 = s_0^{*2}/(n-1)$ und $s_0^{*2} = \hat{p}_R(1-\hat{p}_R) + \hat{p}_T(1-\hat{p}_T)$ eine Schätzung für σ_0^{*2} aus (5.34).

Diese Entscheidungsregel ist gleichbedeutend damit, daß die Prüfgröße

$$u^* = \frac{\hat{p}_T - \hat{p}_R + \delta - c_{HA}}{SE_0} \tag{5.43}$$

berechnet wird und auf Äquivalenz geschlossen wird, wenn $u^* > u_{1-\alpha}$ ist.

Die exakte Power dieses Tests für den Fall, daß die Erfolgsquoten gleich sind ($p_T = p_R$), kann aus den entsprechenden Binomialverteilungen – wie im Abschnitt 4.5.1 für den exakten Test von Fisher geschildert – berechnet werden. Damit kann der exakte Stichprobenumfang in einer iterativen Prozedur bestimmt werden. Diese Prozedur wurde in dem auf Diskette erhältlichen SAS-Programm N_EQP_CH (Gruppenumfang für den Äquivalenztest von Proportionen mit der Korrektur von Hauck-Anderson) implementiert. Das Programm berechnet einen Umfang, für den das vorgegebene α eingehalten und die vorgegebene Power erreicht wird. Da die Binomialverteilung diskret ist, wächst die Power nicht streng monoton mit dem Umfang, so daß die Lösung nicht eindeutig sein muß. Das Programm offeriert die Möglichkeit, die Power in der Nähe des berechneten exakten Umfangs zu inspizieren.

Tabelle 5.1 enthält die mit diesem Programm berechneten sowie die entsprechenden approximativen Umfänge. Wie sich zeigt, liegt der exakte Umfang zwischen n_{MS} und n_{MSCP}. Die anderen Approximationen sind für Erfolgsquoten von mehr als 50% konstruiert und liefern im Bereich kleiner Erfolgsquoten schlechtere Näherungen. Insgesamt gesehen sind die Approximationen aber so schlecht, daß der exakte Umfang berechnet werden sollte.

Fortsetzung von Beispiel 5.2: *Aus Tabelle 5.1 liest man für $p_R = 0.90$ und $\delta = 0.10$ den exakten Gruppenumfang $n = 122$ ab. Es sind also zwei Gruppen von 122 Patienten in die Studie einzubeziehen. Der Gesamtumfang ist N=244. Die Power von 0.80 wird erreicht, wenn die Erfolgsquote des neuen Antibiotikums mit der von Dexamethason übereinstimmt. Gehen wir vorsichtigerweise davon aus, daß Dexamethason nur eine Erfolgsquote von 85% hat, so liefert das Programm den Ausdruck*

```
        Exakter Gruppenumfang fuer den einseitigen
            Aequivalenztest fuer Erfolgsquoten

  ALPHA   PROB_REF  DELTA   POWERO   ACTALPHA   POWER    NEXAKT     N

  0.05     0.85      0.1     0.8    0.044261  0.80156   167       167
```

Ist die Erfolgsquote von beiden Behandlungen gleich 85%, so wird mit zwei Gruppen von 167 Patienten mit der Power 0.80156 Äquivalenz nachgewiesen. Die Approximationsformel hat für diesen Fall den zu großen Wert $n_{RCT} = 182$ geliefert.

Um sich ein Bild von der Power in der Umgebung zu machen, lassen wir von dem Programm die Power für 167 ± 3 ausdrucken:

```
        Exakter Gruppenumfang fuer den einseitigen
            Aequivalenztest fuer Erfolgsquoten
```

ALPHA	PROB_REF	DELTA	POWERO	ACTALPHA	POWER	NEXAKT	N
0.05	0.85	0.1	0.8	0.043994	0.79194	167	164
0.05	0.85	0.1	0.8	0.044671	0.79779	167	165
0.05	0.85	0.1	0.8	0.043533	0.79594	167	166
0.05	0.85	0.1	0.8	0.044261	0.80156	167	167
0.05	0.85	0.1	0.8	0.044129	0.80004	167	168
0.05	0.85	0.1	0.8	0.043840	0.80543	167	169
0.05	0.85	0.1	0.8	0.043557	0.80406	167	170

Die Powerkurve ist flach, aber die Lösung ist eindeutig.

Tabelle 5.1: Gruppenprobenumfang für den approx. Äquivalenz-Test, zwei parallele Gruppen, Stetigkeitskorrektur nach Hauck-Anderson
Irrtumswahrscheinlichkeit $\alpha = 0.05$, vorgeg. Power $1 - \beta = 0.80$

p_R	δ	n_{exakt}	α_{act}	Power	n_{MS}	n_{MSCP}	n_{RCT}	n_{RCTCP}	n_{FRCP}
0.30	0.20	70	0.0404	0.8021	65	75	53	62	57
0.40	0.20	79	0.0395	0.8080	75	84	66	76	73
0.50	0.20	80	0.0430	0.8077	78	87	74	83	82
0.60	0.20	79	0.0358	0.8080	75	84	75	84	85
0.70	0.20	70	0.0371	0.8021	65	75	69	79	82
0.80	0.20	55	0.0397	0.8079	50	60	58	68	73
0.90	0.20	32	0.0416	0.8124	28	38	40	50	57
0.95	0.20	23	0.0477	0.8371	15	24	28	38	47
0.20	0.15	96	0.0443	0.8056	88	101	67	80	71
0.30	0.15	123	0.0433	0.8009	116	129	101	114	107
0.40	0.15	140	0.0424	0.8031	132	145	123	136	132
0.50	0.15	143	0.0447	0.8124	138	151	134	147	146
0.60	0.15	140	0.0401	0.8031	132	145	134	147	149
0.70	0.15	123	0.0427	0.8009	116	129	123	136	140
0.80	0.15	96	0.0409	0.8056	88	101	101	113	121
0.90	0.15	56	0.0405	0.8059	50	63	67	80	91
0.95	0.15	32	0.0484	0.8172	27	39	46	58	71
0.20	0.10	209	0.0450	0.8013	198	218	169	189	176
0.30	0.10	271	0.0448	0.8019	260	280	239	259	250
0.40	0.10	306	0.0446	0.8032	297	317	285	305	299
0.50	0.10	325	0.0469	0.8165	310	329	306	325	324
0.60	0.10	306	0.0432	0.8032	297	317	301	321	324
0.70	0.10	271	0.0459	0.8019	260	280	272	292	299
0.80	0.10	209	0.0444	0.8013	198	218	219	238	250
0.90	0.10	122	0.0438	0.8073	112	131	140	159	176
0.95	0.10	71	0.0440	0.8153	59	78	90	109	129
0.10	0.05	466	0.0471	0.8005	446	485	375	414	381
0.20	0.05	812	0.0469	0.8002	792	831	738	778	752
0.30	0.05	1060	0.0474	0.8001	1039	1079	1002	1042	1024
0.40	0.05	1203	0.0476	0.8003	1188	1227	1167	1207	1197
0.50	0.05	1254	0.0496	0.8047	1237	1277	1233	1273	1272
0.60	0.05	1203	0.0469	0.8003	1188	1227	1200	1239	1247
0.70	0.05	1060	0.0476	0.8001	1039	1079	1068	1107	1123
0.80	0.05	812	0.0470	0.8002	792	831	837	876	900
0.90	0.05	466	0.0460	0.8005	446	485	506	545	579
0.95	0.05	254	0.0444	0.8047	235	274	303	342	381

5.4 Schlußfolgerungen und Empfehlungen

- Bei Äquivalenztests (für Populationsmittel oder Wahrscheinlichkeiten) muß *vor
  der Versuchsdurchführung ein Äquivalenzbereich durch die Vorgabe einer oberen
  Schranke δ für die Differenz (einseitige Äquivalenz) oder für die absolute Differenz
  (zweiseitige Äquivalenz) der Populationsmittel festgelegt werden.* Die Power ist
  die Wahrscheinlichkeit, auf Äquivalenz zu schließen. Diese hängt nicht nur von
  δ, sondern auch von der wahren Differenz der Populationsmittel ab.

- Der Stichprobenumfang für den Test auf einseitige Äquivalenz bei einem normalverteilten Merkmal kann wie beim t-Test bestimmt werden. *Zu beachten ist
  allerdings, daß δ nicht in der gleichen Weise wie beim Differenztest interpretiert
  werden kann.* Zur Fomulierung der Genauigkeitsforderung siehe Abschnitt 5.1.

- Im Falle der zweiseitigen Äquivalenz bei einem normalverteilten Merkmal liefern
  (5.24) und (5.25) nur dann eine gute Approximation für den benötigten Umfang,
  wenn die Populationsmittel sich nicht oder nur sehr wenig unterscheiden. *Die
  Berechnung des exakten Umfangs für die 2α-WESTLAKE-PROZEDUR (Inklusionsregel) erfordert die Berechnung der Power mittels numerischer Integration.*
  Das leistet das SAS-Programm N_WL. Für $\alpha = 0.05$ und Power=0.8 kann der
  exakte Stichprobenumfang auch mittels Tabelle T10 bestimmt werden.

- Es kann *keine generelle Empfehlung für oder gegen die Verwendung der logarith-
  mischen Transformation in der Bioäquivalenzprüfung* gegeben werden. Wichtig
  für die Planung ist, daß die in die Formeln und Tabellen eingehenden Planungsparameter sich immer auf den Bereich beziehen müssen, in dem Normalverteilung
  vorausgesetzt werden kann.

- Zur Prüfung auf *einseitige Äquivalenz von Wahrscheinlichkeiten* ist die Berechnung der approximativen Konfidenzintervallgrenze für die Differenz mit der Stetigkeitskorrektur von HAUCK und ANDERSON (1986), bzw. (5.41), zu empfehlen.
  Zur Bestimmung des exakten Umfangs stehen das Programm N_EQP_CH und
  Tabelle 5.1 zur Verfügung.

6. Der Stichprobenumfang für die Varianzanalyse

Inhalt

6.1 Einfache Varianzanalyse – Vergleich mehrerer Gruppen

Sollen global die Mittel μ_i ($i = 1,\ldots,a$) mehrerer Populationen (z.B. die mittleren Wirkungen verschiedener Dosen, die mittleren Erträge verschiedener Sorten, die mittleren Leistungen mehrerer Rassen) verglichen werden und kann Varianzhomogenität sowie Normalverteilung vorausgesetzt werden, so führt das zur einfachen **Varianzanalyse Modell I**. Zu den Stufen des zu untersuchenden Faktors A (z.B. Dosis, Sorte, Rasse) werden unabhängige Zufallsstichproben vom Umfang n_i (**parallele Gruppen von Beobachtungen**) gezogen. Die zu prüfenden (globalen) Hypothesen lauten:

Nullhypothese H_0 :   Alle Populationsmittel sind gleich. ($\mu_1 = \mu_2 = \ldots = \mu_a$)

Alternativhypothese H_A :   Mindestens zwei Mittel unterscheiden sich.

Als Test wird der F-Test mit der Prüfgröße

$$F = \frac{MQ_A}{MQ_R} = \frac{SQ_A/df_A}{SQ_R/df_R} \tag{6.1}$$

mit den entsprechenden Summen der Abweichungsquadrate

$$SQ_A = \sum_i n_i(\overline{y}_{i.} - \overline{y}_{..})^2, \quad SQ_R = \sum_{ij}(y_{ij} - \overline{y}_{i.})^2 \tag{6.2}$$

verwandt. Dabei bezeichnen die y_{ij} die Einzelbeobachtungen ($j = 1,\ldots,n_i$, $i = 1,\ldots,a$), die $\overline{y}_{i.}$ die Stichprobenmittel (Gruppenmittel), $\overline{y}_{..} = \sum n_i\overline{y}_{i.}/N$ das Gesamtmittel, $N = \sum n_i$ den Gesamtumfang sowie $df_A = a - 1$ und $df_R = N - a$ die Freiheitsgrade für den Zähler bzw. Nenner von (6.1). SQ_A mißt die Abweichungen zwischen den zu den Stufen des Faktors A gehörigen Mitteln, SQ_R die Restvariation um die Mittel. Die Ergebnisse werden in einer **Varianzanalysetabelle** zusammengestellt.

Beispiel 6.1: *In Beispiel 1.5 sind $a = 5$ Futtermittel bezüglich der durchschnittlichen täglichen Masttagszunahme [g/Tag] bei einem Signifikanzniveau von $\alpha = 0.05$ zu vergleichen. Die Beobachtungswerte, Gruppenumfänge und Gruppenmittel können Tabelle 1.2 entnommen werden. Die SAS-Prozedur GLM liefert eine Varianzanalysetabelle, die neben anderen die folgenden Zeilen enthält*

Source	DF	Sum of Squares	Mean Square	F Value	Pr > F
FM	4	8290.52537594	2072.63134398	2.45	0.0652
Error	33	27883.05357143	844.94101732		

Die Reststandardabweichung $s_R = \sqrt{MQ_R} = \sqrt{844.94} = 29.07$ ist ein Schätzwert für die in den fünf zu den Futtermitteln gehörigen Populationen als gleich angenommene Standardabweichung σ. Da der P-Wert 0.0652 größer als $\alpha = 0.05$ ist, hat der Test keinen Unterschied gefunden.

Bei welchen Gruppenumfängen würde sich mit einer vorgegebenen Wahrscheinlichkeit (Güte, Power) ein signifikanter Unterschied zeigen, falls nicht alle μ_i gleich sind und mithin H_A : wahr ist? Um das herauszufinden, müssen wir die Power aus der Verteilung unter der Alternativhypothese, d.h. aus einer nichtzentralen F-Verteilung, berechnen. Sie hängt von dem **Nichtzentralitätsparameter**

$$ nc_F = \frac{\sum n_i(\mu_i - \mu)^2}{\sigma^2} \tag{6.3} $$

und damit von den wahren Populationsmitteln μ_i, deren Mittelwert $\mu = \sum n_i\mu_i/N$ und der wahren Varianz σ^2 der Einzelbeobachtungen ab. Mit wachsendem Nichtzentralitätsparameter wächst auch die Power. Für Planungszwecke wollen wir im weiteren gleiche Gruppenumfänge $n = n_1 = \ldots = n_a$ voraussetzen. Dann wächst der Nichtzentralitätsparameter und damit die Power monoton mit dem Gruppenumfang n.

So, wie die Alternativhypothese formuliert ist, interessiert uns der Fall, daß sich mindestens zwei der Populationsmittel unterscheiden. Ist dieser Unterschied größer als eine vorgegebene praktisch interessierende Differenz $\Delta > 0$, so soll der Test das mit der vorgegebenen Power $1 - \beta$ herausfinden. Durch diese Forderungen sind die einzelnen Populationsmittel noch nicht eindeutig festgelegt. Die ungünstigste Konfiguration der Populationsmittel, d.h. diejenige, bei der der Nichtzentralitätsparameter am kleinsten wird, ist die, daß sich das maximale Populationsmittel μ_{max} und das minimale Populationsmittel μ_{min} um Δ unterscheiden und alle anderen mit dem Mittel $\mu = (\mu_{max} + \mu_{min})/2$ dieser beiden übereinstimmen. Hierür ergibt sich nach (6.3)

$$ nc_F = n\frac{(\mu_{max} - \mu_{min})^2}{2\sigma^2} = n\frac{\Delta^2}{2\sigma^2} = \frac{n}{2}c^2 \tag{6.4} $$

mit der **standardisierten Differenz**

$$ c = \frac{\Delta}{\sigma}. \tag{6.5} $$

Tabelle T11 enthält die Werte von c, die bei vorgegebenem $\alpha = 0.05$ und Gruppenumfang n zur Power $1 - \beta = 0.80$ führen, falls a Populationsmittel mit dem F-Test verglichen werden. Wie beim t-Test (mit Tabelle T5) kann nun zu vorgegebenem c im Tabellenfeld der erforderliche Mindestwert von n am Rande abgelesen werden. Im Unterschied zu Tabelle T5 wird hier der Gruppenumfang und nicht der Gesamtumfang abgelesen.

Fortsetzung von Beispiel 6.1: *Zunächst muß aufgrund praktischer Erwägungen die zu entdeckende Differenz Δ festgelegt werden. Das ist nicht so einfach. Dabei können z.B. die Produktionskosten und Marktanalysen in Betracht gezogen werden. Wir wollen hier davon ausgehen, daß die Differenz $\Delta = 50$ g/Tag bei der Power 0.80 mit dem F-Test zum Niveau $\alpha = 0.05$ herausgefunden werden soll. Für die*

Reststandardabweichung setzen wir den aus den vorliegenden Daten berechneten Schätzwert 29 ein. Dann ist $c = 50/29 = 1.724$. In der zu $a = 5$ gehörigen Spalte von Tabelle T11 lesen wir für $n = 9$ und $n = 10$ die benachbarten Werte 1.7276 bzw. 1.6283 ab. Der gesuchte Gruppenumfang ist $n = 10$. Insgesamt sind $N = 5 \times 10 = 50$ Tiere in den Fütterungsversuch einzubeziehen.

Vertraut man der Varianzschätzung aus dem Vorversuch nicht ganz, so kann man eine vermutliche Obergrenze – sagen wir $\sigma = 35$ – vorgeben. Dann ist $c = 1.429$ und der gesuchte Gruppenumfang $n = 13$.

Mit der Power des **F-Tests** befaßte sich bereits TANG (1938). Nomogramme für die Power des F-Tests publizierten PEARSON und HARTLEY (1951) sowie FOX (1956), Tabellen finden sich bei TIKU (1967, 1972). Tabellen der Gestalt T11 bzw. nach dem Gruppenumfang umgestellte Tabellen wurden von DASGUPTA (1968), BRATCHER et al. (1970), KASTENBAUM et al. (1970), BOWMAN (1972), MENCHACA (1974), ROTTON und SCHÖNEMANN (1978) angegeben und sind auch bei RASCH, HERRENDÖRFER, BOCK VICTOR und GUIARD (1996) zu finden.

Der Gruppenumfang kann auch zu einer anderen als der ungünstigsten Konfiguration der Populationsmittel mit Hilfe von Tabelle T11 bestimmt werden. Für gleiche Gruppenumfänge ($n = n_i$) ist $c^2/2$ der Faktor von n in (6.4), also ist wegen (6.3)

$$\frac{c^2}{2} = \frac{\sum(\mu_i - \mu)^2}{\sigma^2}.$$ (6.6)

Setzt man die vermuteten μ_i in (6.6) ein, so ergibt sich $c^2/2$ und daraus c. Der Gruppenumfang kann schließlich zu dem berechneten c aus Tabelle T11 abgelesen werden.

Allgemeiner kann wie folgt vorgegangen werden: Berechne $c^2/2$ nach (6.6) und daraus den Nichtzentralitätsparameter $nc_F = nc^2/2$ zu vorgegebenem Startwert von n. Verwende Tabellen oder eine Software (z.B. SAS) zur Bestimmung des kritischen Wertes F_{krit} des F-Testes mit den entsprechenden Freiheitsgraden sowie des Wertes der Verteilungsfunktion der nichtzentralen F-Verteilung an der Stelle F_{krit}. Weicht dieser von dem vorgegebenem Risiko 2.Art $\beta = 1 - Power$ ab, so erhöhe oder erniedrige den Umfang solange, bis der kleinste Umfang gefunden ist, für den das vorgegebene β gerade unterschritten und damit die vorgegeben Power gerade überschritten wird.

Fortsetzung von Beispiel 6.1: *Wir wollen aufgrund der Ergebnisse des Vorversuches $\sigma = 29$ sowie folgende vermutete Konfiguration zugrundelegen: $\mu_1 = 725$, $\mu_2 = 690$, $\mu_3 = \mu_4 = 700$ und $\mu_5 = 675$. Wie vorher sei $\alpha = 0.05$ und die Power 0.80, d.h. $\beta = 0.20$, vorgegeben. Wir erhalten nach (6.6) $c^2/2 = 1.5815$, also $c = \sqrt{2 \times 1.5815} = 1.778$. Aus Tabelle T11 entnimmt man den Gruppenumfang $n = 9$.*

Mit Hilfe von SAS wurde die folgende Tabelle berechnet.

$c^2/2$	c	n	F_{krit}	nc_F	β	Power
1.58145	1.77845	8	2.64147	12.6516	0.23521	0.76479
1.58145	1.77845	9	2.60597	14.2331	0.17458	0.82542
1.58145	1.77845	10	2.57874	15.8145	0.12742	0.87258

Bei n = 9 übersteigt die Power erstmals den vorgegebenen Wert von 0.80.

Ausgangspunkt für die Verallgemeinerungen im nächsten Abschnitt ist die Tatsache, daß (6.6) den Nichtzentralitätsparameter für den Fall $n = 1$ angibt. Der Zähler hat die gleiche Gestalt wie SQ_A aus (6.2). Man muß nur die Populationsmittel anstelle der beobachteten Werte einsetzen.

Betont werden muß, das wir uns hier auf den globalen Vergleich beschränken. Zumeist ist die Varianzanalyse nur der Ausgangspunkt für multiple Testprozeduren, bei denen nach einem bestimmten Schema Teilhypothesen der obigen Nullhypothese geprüft werden (z.B. die paarweise Gleichheit von Populationsmitteln). Die Vielfalt der multiplen Testprozeduren ist so groß, daß ihre Behandlung den Rahmen dieses Buches sprengen würde. Einige Ergebnisse findet der Leser bei LACHENBRUCH und BRANDIS(1972), RASCH HERRENDÖRFER und BOCK (1972), HERRENDÖRFER, BOCK und RASCH (1973), BOCK (1974), THÖNI (1983), HSU (1989), HOTHORN (1992), HORN und VOLLANDT (1996).

6.2   Mehrfaktorielle Varianzanalysen – Lineare Modelle

Mit dem Stichprobenumfang für univariate und multivariate Varianzanalysen befaßten sich u.a. HAGER und MÖLLER (1986). LÄUTER (1978) beschreibt die Bestimmung des Umfangs für den T^2-Test von Hotelling. Poweranalysen für das allgemeine multivariate Modell sind bei MULLER et al. (1992) zu finden. TAYLOR und MULLER (1995) berechnen *Konfidenzgrenzen für die Power und den Stichprobenumfang* beim allgemeinen linearen univariaten Modell.

Eine flexible und einfache Methode zur Bestimmung des Stichprobenumfanges für beliebige lineare Modelle und damit auch beliebige strukturierte Varianzanalysen stammt von O'BRIAN (1986) sowie WRIGHT und O'BRIAN (1988). Sie gehen von folgenden Tatsachen aus:

- In einem beliebigen linearen Modell, läßt sich der Nichtzentralitätsparameter des F-Testes für eine lineare Hypothese errechnen, indem in der im Zähler stehenden Summe der Abweichungsquadrate die Einzelbeobachtungen durch die zugehörigen Populationsmittel ersetzt werden und anschließend durch die vorgegebene Restvarianz (Varianz der Einzelbeobachtungen) geteilt wird.

- Werden die Anzahlen von Beobachtungen in allen Zellen (d.h. für alle in Frage stehenden Faktorstufenkombinationen) um den Faktor k erhöht, so wächst der Nichtzentralitätsparameter ebenfalls um den Faktor k an.

Die Idee von O'Brian ist die, den Nichtzentralitätsparameter für einen Grundplan (einfache Belegung der Zellen) mit Hilfe einer Computersoftware zur Varianz- bzw. Regressionsanalyse zu berechnen. Dann vervielfacht man diesen solange, bis die aus der nichtzentralen F-Verteilung berechnete Power den gewünschten Wert erreicht.

Daraus ergibt sich das folgende einfache Verfahren zu Bestimmung des Umfangs:

- Erzeuge einen Datensatz, der die gleiche Struktur wie der später zu analysierende Datensatz hat. Dabei werden anstelle der Beobachtungen die Populationsmittel eingegeben, die einen speziellen Fall der Alternativhypothese beschreiben, bei dem der Test mit der vorgegebenen Power zu einem signifikanten Ergebnis führen soll.

- Sollen bestimmte Zellen häufiger als andere beobachtet werden, so ist das Populationsmittel in der gewünschten Vielfachheit einzugeben. Die Menge der voneinander verschiedenen Faktorstufenkombinationen (**Spektrum**) zusammen mit ihren Vielfachheiten (**Basishäufigkeiten**) wird als **Basisplan** bezeichnet. Der Versuchsplan setzt sich aus Wiederholungen des Basisplans zusammen.

- Wähle ein primäres Prüfglied für die Planung aus. Der Begriff **Prüfglied** stammt aus dem Feldversuchswesen. Er bezeichnet den speziellen Effekt, der geprüft werden soll, z.B. den Haupteffekt eines Faktors, die Wechselwirkung von Faktoren, einen speziellen Kontrast.

- Verwende eine Software, die sowohl die Berechnung der Varianzanalyse (auch bei einfacher Zellenbelegung) als auch des kritischen Wertes des F-Testes sowie der Verteilungsfunktion der nichtzentralen F-Verteilung gestattet. Berechne die zum primären Prüfglied gehörige Summe der Abweichungsquadrate. Teile diese durch die vorgegebene Restvarianz. Das ergibt den Nichtzentralitätsparameter des Basisplans.

- Multipliziere den Nichtzentralitätsparameter für den Basisplan mit einem Wiederholungsfaktor. Berechne den kritischen Wert aus der zentralen F-Verteilung sowie die Power aus der nichtzentralen F-Verteilung.

- Erhöhe den Wiederholungsfaktor, bis die gewünschte Power erreicht ist.

Das Verfahren setzt hinreichende Softwarekenntnisse – insbesondere bezüglich der Formulierung der Befehle für die Varianzanalyse – voraus. Es soll an drei SAS-Beispielprogrammen demonstriert werden, die auf der beigefügten Diskette zu finden sind. In den folgenden Beispielen werden der jeweilige Programmkopf mit den Eingaben und der Programmausdruck vorgestellt. Das Hauptprogramm ist in allen Fällen dasselbe. Es ist im Programm-Anhang angegeben.

Fortsetzung von Beispiel 6.1: *Wir sprechen zwar in diesem Abschnitt über mehrfaktorielle Varianzanalysen, die geschilderte Methode kann aber auch für die einfache Varianzanalyse verwendet werden. Das Programm N_ANOVA1 kann zur Berechnung des Umfangs für das Beispiel 5.1 herangezogen werden. Die Eingaben erfolgen einerseits über Macrovariable (alpha, power, etc.) und andererseits in einem DATA-Step (BASEFREQ). Wichtig ist, daß die Bezeichnung des Prüfgliedes (FM) bei den VORGABEN und im Teil MODELL/PRUEFGLIEDER übereinstimmt.*

Obgleich nur der globale Vergleich der Futtermittel interessiert, also FM das primäre Prüfglied ist, wollen wir zum Vergleich auch die paarweisen Vergleiche von FM2 mit FM1 sowie FM5 mit FM1 (d.h. die entsprechenden Kontraste) miteinbeziehen.

```
** N_ANOVA1: Gruppenumfang fuer die einfache ANOVA **;
***************** VORGABEN ******************;
%let alpha=0.05;    *Irrtumswahrscheinlichkeit *;
%let power=0.80;    *gewuenschte Power          *;
%let sigma=29;      *Reststandardabweichung     *;
%let Test=FM;       *Primaeres Pruefglied       *;
%let maxwdh=100;    *Maximalzahl v.Wiederh.     *;
%let paramet=5;     *Anzahl verschied. Stufen   *;
*********************************************;
************** BASISPLAN ******************;
data w;
input
FM$ MEANS BASEFREQ;                          cards;
FM1   725    1
FM2   700    1
FM3   700    1
FM4   700    1
FM5   675    1
;
run;
************ MODELL/PRUEFGLIEDER ************;
proc glm data=w outstat=wlambda noprint;    *;
freq BASEFREQ;                              *;
class FM ;                                  *;
model MEANS=FM /ss3;                        *;
contrast 'FM2-FM1' FM -1 1 0 0 0;          *;
contrast 'FM5-FM1' FM -1 0 0 0 1;          *;
run;                                        *;
*********************************************;
```

Das Programm liefert den Ausdruck:

```
       Vorgaben und Versuchsplan zur Pruefung von FM
             alpha=0.05, power=0.80, sigma=29

        FM      MEANS    BASEFREQ    WDH    SIZE

        FM1      725        1        10     10
        FM2      700        1        10     10
        FM3      700        1        10     10
        FM4      700        1        10     10
        FM5      675        1        10     10

          Power-Tabelle zur Pruefung von FM
              alpha=0.05, sigma=29

_SOURCE_      DF    DF_ERR    LAMBDA    N_TOTAL    ACTPOWER

FM             4      45     14.8633      50       0.84873
FM2-FM1        1      45      3.7158      50       0.47076
FM5-FM1        1      45     14.8633      50       0.96499
```

Die Spalte BASEFREQ gibt die Ausgangsbelegung (1 Beobachtung pro Futtermittel) an. Diese muß 10 mal wiederholt werden, die Gruppenumfänge (SIZE) sind n = 10 – wie bereits im vorhergehenden Abschnitt berechnet. Die Power bei der in der Spalte MEANS vorgegebenen Konfiguration ist 0.84873.

Als primäres Prüfglied wurde FM, d.h. der Faktor Futtermittel, vorgegeben. Für die Planung steht also der globale Vergleich aller fünf Futtermittel im Vordergrund. Die aktuelle Power (ACTPOWER) für diesen Test ist 0.84873, falls unsere Vorgaben richtig sind.

So wie sich in der Varianzanalyse die Irrtumswahrscheinlichkeit α auf die einzelnen einbezogenen Tests bezieht – was ja gerade der Anlaß zur Entwicklung von multiplen Testprozeduren mit multiplem α war – ist die Power auch die Power für den einzelnen Test. Die Power von 0.47076 für den Kontrast FM2-FM1, d.h. für die Differenz der Futtermittel 1 und 2, ist die Wahrscheinlichkeit, für diesen Kontrast ein signifikantes Ergebnis zu erhalten, ohne zu beachten, wie die anderen Tests ausgehen. Für das Futtermittel 5 ist die Differenz zum Futtermittel 1 am größten. Folglich ergibt sich für den Kontrast FM5-FM1 die größte Power. Die Prüfzahlen der verschiedenen Tests sind miteinander korreliert, da alle als Nenner die Restvarianz verwenden. Das macht es schwierig, die Power für Testprozeduren zur simultanen Prüfung mehrerer Hypothesen zu berechnen.

Das folgende Beispiel demonstriert die Berechnungen für eine zweifache Varianzanalyse.

Beispiel 6.2: *Es sollen zwei Sorten Wintergerste anhand ihrer mittleren Erträge (dt/ha) verglichen werden. Für das Experiment stehen zwei Standorte zur Verfügung, an denen bereits Vorversuche durchgeführt wurden. Die aus den Vorversuchen berechnete Reststandardabweichung ist $\sigma_R = 4$. Wieviel Schläge (Felder) müssen in den Versuch einbezogen werden?*

Der Programmkopf hat nun die Gestalt:

```
** N_ANOVA2: Gruppenumfaenge fuer einen Sortenvergleich **;
****************** VORGABEN ******************;
%let alpha=0.05;      *Irrtumswahrscheinlichkeit *;
%let power=0.80;      *gewuenschte Power          *;
%let sigma=4;         *Reststandardabweichung     *;
%let Test=SORTE;      *Primaeres Pruefglied       *;
%let maxwdh=100;      *Maximalzahl v.Wiederh.     *;
%let paramet=4;       *Anzahl verschiedener       *;
**                    *Faktorstufenkombinationen  *;
*********************************************;
***********    BASISPLAN    ******************;
data w;
input
  ORT    SORTE$   MEANS    BASEFREQ;    cards;
   1       1       35        1
   1       2       49        1
   2       1       41        1
   2       2       47        1
;
run;


************ MODELL/PRUEFGLIEDER *************;
proc glm data=w outstat=wlambda noprint;    *;
freq BASEFREQ;                              *;
class ORT Sorte ;                           *;
model means=Ort Sorte Ort*Sorte /ss3;       *;
run;                                        *;
*********************************************;
```

Der Ausdruck lautet

```
Vorgaben und Versuchsplan zur Pruefung von SORTE
        alpha=0.05, power=0.80, sigma=4

ORT     SORTE    MEANS    BASEFREQ    WDH    SIZE

 1        1       35         1         3      3
 1        2       49         1         3      3
 2        1       41         1         3      3
 2        2       47         1         3      3

    Power-Tabelle zur Pruefung von SORTE
           alpha=0.05, sigma=4

_SOURCE_     DF     DF_ERR     LAMBDA    N_TOTAL    ACTPOWER

ORT           1       8         0.75        12      0.11949
SORTE         1       8        18.75        12      0.96486
ORT*SORTE     1       8         3.00        12      0.33261
```

Man benötigt an jedem Standort 6 Schläge, von denen jeweils 3 mit einer der Sorten zu bebauen sind.

Wie wichtig es ist, in einem Gespräch zwischen dem Fachwissenschaftler und dem Statistiker abzuklären, welches der zu prüfende Effekt ist, soll das folgende Beispiel zeigen.

Beispiel 6.3: *In einer Arzneimittelinteraktionsstudie soll geprüft werden, ob die zusätzliche Gabe des Arzneimittels B zu dem Arzneimittel A die Kinetik verändert.*

Die Studie soll in zwei Zentren durchgeführt werden. Das zweite Zentrum ist in der Lage, die doppelte Anzahl von Probanden aufzunehmen. Die Behandlungen (Faktor Drug) sollen mit A und AB bezeichnet werden. Das uns interessierende Prüfglied ist der Kontrast AB-A, d.h., wir wollen wissen, ob sich die Fläche unter der Plasmakonzentration-Zeit-Kurve (AUC) von A bei mit B kombinierter Verabreichung gegenüber der alleinigen Verabreichung von A verändert.

Interessant ist in diesem Zusammenhang, daß die Arzneimittelwechselwirkung nicht als statistische Wechselwirkung im Sinne der Wechselwirkung von zwei Faktoren A, B definiert ist, sondern als Differenz der Kombinationswirkung (AB) zur Einzelwirkung (A). Daher haben wir einen Faktor DRUG mit den zwei Stufen AB und A eingeführt.

Es sei bekannt, daß der Variationskoeffizient der AUC ungefähr 20% beträgt. Wir nehmen außerdem an, daß die Variationskoeffizienten unabhängig von der Dosis den gleichen Wert besitzen und für die Logarithmen der AUC (lnAUC) in guter Näherung eine Normalverteilung unterstellt werden kann. Nach den Erläuterungen zur Lognormalverteilung in Abschnitt 5.2 kann damit für die lnAUC mit der Standardabweichung $\sigma \approx 0.20$ gerechnet werden.

Wir setzen – wie üblich – die Irrtumswahrscheinlichkeit $\alpha = 0.05$ fest und möchten den Stichprobenumfang so bestimmen, daß eine Erhöhung der AUC um 20% mit der Power 0.80 durch den Test erkannt wird.

Zur Demonstration von möglichen Wechselwirkungen zwischen den Zentren und Behandlungen wollen wir annehmen, daß die Erhöhung der AUC in den Zentren unterschiedlich ist (20% in Zentrum 1 und 25% in Zentrum 2).

Wir können dasselbe Hauptprogramm wie im vorhergehenden Beispiel verwenden, lediglich der Kopf des Programmes ist zu modifizieren. Dieser nimmt nun die folgende Gestalt an.

```
** N_ANOVA3: Gruppenumfaenge fuer eine          **;
** Arzneimittel-Interaktionsstudie              **;
****************** VORGABEN ******************;
%let alpha=0.05;     *Irrtumswahrscheinlichkeit *;
%let power=0.80;     *gewuenschte Power          *;
%let sigma=0.2;      *Reststandardabweichung     *;
%let Test=AB-A;      *Primaeres Pruefglied       *;
%let maxwdh=100;     *Maximalzahl v.Wiederh.     *;
%let paramet=4;      *Anzahl verschiedener       *;
**                   *Faktorstufenkombinationen *;
*********************************************;

*********** BASISPLAN    ******************;
data w;
input
ZENTRUM    DRUG$    MEANS    BASEFREQ;    cards;
   1        AB       1.20       1
   1        A        1          1
   2        AB       1.25       2
   2        A        1          2
;
run;
data w; set w ; means=log(means);run;

************ MODELL/PRUEFGLIEDER ************;
proc glm data=w outstat=wlambda noprint;    *;
freq BASEFREQ;                              *;
class ZENTRUM DRUG ;                        *;
model MEANS=ZENTRUM DRUG ZENTRUM*DRUG /ss3; *;
contrast "&Test" DRUG 1 -1;                 *;
run;                                        *;
*********************************************;
```

Bei den Vorgaben haben wir sigma, Test und paramet verändert. Der Einleseteil enthält die Mittel für alle einbezogenen Stufenkombinationen der beiden Faktoren (Zentrum und Drug) sowie deren Basishäufigkeiten (1 für Zentrum 1 und 2 für Zentrum 2, da letzteres die doppelte Anzahl von Probanden aufnehmen soll). Wir haben die mittlere AUC bei alleiniger Gabe von A auf 1 gesetzt, da ein Faktor beim Logarithmieren in eine additive Konstante übergeht, die auf den F-Test für die Logarithmen keinen Einfluß hat. Die logarithmische Transformation wird in der zusätzlichen Zeile, die dem Einlesen der Daten folgt, vollzogen.

Im Abschnitt MODELL/PRUEFGLIEDER müssen beide Faktoren als "class"-Variable gekennzeichnet werden. ZENTRUM und DRUG bezeichnen im "model"-Befehl die Haupteffekte der beiden Faktoren, ZENTRUM*DRUG deren Wechselwirkung. Außerdem haben wir als neue Zeile einen "contrast"-Befehl eingefügt.

Das Programm liefert den folgenden Ausdruck.

```
Vorgaben und Versuchsplan zur Pruefung von AB-A
         alpha=0.05, power=0.80, sigma=0.2
```

ZENTRUM	DRUG	MEANS	BASEFREQ	WDH	SIZE
1	AB	0.18232	1	7	7
1	A	0.00000	1	7	7
2	AB	0.22314	2	7	14
2	A	0.00000	2	7	14

```
Power-Tabelle zur Pruefung von AB-A
        alpha=0.05, sigma=0.2
```

SOURCE	DF	DF_ERR	LAMBDA	N_TOTAL	ACTPOWER
ZENTRUM	1	38	0.09721	42	0.06065
DRUG	1	38	9.59011	42	0.85490
ZENTRUM*DRUG	1	38	0.09721	42	0.06065
AB-A	1	38	9.59011	42	0.85490

Es sind also in Zentrum 1 jeweils 7 Probanden mit A bzw. AB zu behandeln, in Zentrum 2 die doppelte Anzahl. Die Power ist 0.8549, falls unsere Vorgaben richtig sind. Der Kontrast AB-A ist gleichbedeutend mit dem Haupteffekt des Faktors Drug, da er die Differenz zwischen den beiden Behandlungsmitteln (in den Logarithmen) beschreibt. Daher sind diese beiden Zeilen gleich. Wir hätten eine weglassen können. Die Wahrscheinlichkeit, daß Wechselwirkungen zwischen Zentren und Behandlungen signifikant werden, ist gering (0.06065.)

6.3   Schlußfolgerungen und Empfehlungen

- Für die *einfache Varianzanalyse* kann der Gruppenumfang leicht mit Hilfe von Tabelle T11 bestimmt werden.

- Die Methode von O'BRIAN (1986) ist eine einfache und elegante Methode zur Bestimmung der Stichprobenumfänge für fast beliebige Varianzanalysen Modell I. Sie erfordert aber Erfahrungen im Umgang mit einem Software-Paket für Varianzanalysen. Beispielprogramme sind N_ANOVA1 – N_ANOVA3.

- Das praktische Problem bei der Methode von O'BRIAN (1986) besteht darin, die Mittelwerte sämtlicher eingehender Faktorstufenkombinationen festzulegen, bei denen der zum Zielkontrast gehörige F-Test mit vorgegebener Power zu einem signifikanten Ergebnis führt. Das erfordert eine eingehende Diskussion zwischen dem Statistiker und dem Fachwissenschaftler.

- Die Berechnung von Konfidenzgrenzen für den Stichprobenumfang nach TAYLOR und MULLER (1995) auf der Basis der Ergebnisse einer vorhergehenden Studie gibt eine Vorstellung von der Präzision der Bestimmung des Umfangs. Zu bedenken ist aber, daß wir uns hier in einer Situation befinden, die ähnlich zu der bei einer Metaanalyse (kombinierten Analyse) zweier Studien ist. Das Konfidenzniveau wird nur eingehalten, wenn die Populationen und Versuchsumstände übereinstimmen.

- *Die in diesem Kapitel vorgestellten Methoden beziehen sich auf eine Zielvariable und auf einen ausgewählten Vergleich.* Für multiple Prozeduren oder multivariate Verfahren sind einige Literaturhinweise im Text angegeben. Die Vielfalt der Prozeduren und der möglichen Hypothesen ist so groß, daß es sehr schwer ist, eine generell befriedigende Lösung zu finden. Beachtung verdient der Zugang von HSU (1989) über Konfidenzintervalle. Als praktische Vorgehensweise ist die Durchführung von Simulationen auf dem Computer zu empfehlen, worauf bereits JÖCKEL (1979) hingewiesen hat.

- Werden die Faktorstufen zufällig aus einer Grundgesamtheit ausgewählt (z.B. Probanden, Tiere, Pflanzen), so spricht man von dem Modell II der Varianzanalyse. Dann geht es nicht mehr um den Vergleich von Populationsmitteln, sondern die Prüfung von Hypothesen über Varianzkomponenten. Treten sowohl zufällige als auch feste Faktoren auf, so liegt ein gemischtes Modell der Varianzanalyse vor. Die damit verbundenen Probleme können im Rahmen dieser Einführung nicht behandelt werden. Lösungen dafür findet der Leser z.B. im Buch von RASCH, HERRENDÖRFER, BOCK und BUSCH (1978, 1980).

7 Der Stichprobenumfang für die Regressions- und Korrelationsanalyse

Inhalt

7.1 Regression Modell I – vorgegebene Meßstellen

7.1.1 Einfache lineare Regression – Test auf Abhängigkeit

Wie in Beispiel 1.6 wollen wir annehmen, daß an vorgegebenen Meßstellen x_i, d.h. für vorgegebene Werte einer Einflußvariablen x (z.B. Dosis, Düngermenge), die Werte y_i einer Zielvariablen y (z.B. ausgeschiedene Menge, Ertrag) beobachtet werden und für diese das lineare Modell

$$y_i = \gamma_0 + \gamma_1 x_i + e_i \quad (i = 1, 2, \ldots, N) \tag{7.1}$$

gültig ist. Dabei bezeichnen die e_i Zufallsabweichungen, die unabhängig voneinander normalverteilt mit dem Erwartungswert 0 und der Varianz σ^2 sind. Die zugehörige Funktion $y(x) = \gamma_0 + \gamma_1 x$ heißt **Regressionsfunktion**.

Allgemeiner darf für x auch eine Funktion von anderen Variablen eingesetzt werden, z.B. $x = w + z^2$. In einem solchen Falle verwendet man die Bezeichnung **quasilineare Regression**. In Anlehnung an die Klassifikation in der Varianzanalyse spricht man von einem **Modell I**, wenn die Einflußvariable x (**Regressor**) keine Beobachtungsgröße ist, sondern eine Variable, deren Werte vor dem Experiment festgelegt bzw. aus einem vorgegebenen **Versuchsbereich** ausgewählt werden.

Soll untersucht werden, ob überhaupt eine Abhängigkeit von x besteht, so ist die Nullhypothese $H_0 : \gamma_1 = 0$ gegen die Alternativhypothese $H_A : \gamma_1 \neq 0$ zu prüfen. Allgemeiner kann die Steigung γ_1 der Regressionsgeraden mit einer vorgegebenen Konstanten γ verglichen werden. Das führt entweder zu einer der einseitigen Fragestellungen

$$H_0 : \gamma_1 \leq \gamma \quad vs. \quad H_A : \gamma_1 > \gamma \tag{7.2}$$

und

$$H_0 : \gamma_1 \geq \gamma \quad vs. \quad H_A : \gamma_1 < \gamma \tag{7.3}$$

oder zu der zweiseitigen Fragestellung

$$H_0 : \gamma_1 = \gamma \quad vs. \quad H_A : \gamma_1 \neq \gamma. \tag{7.4}$$

Unter den genannten Voraussetzungen kann der t-Test mit der Prüfgröße

$$t = \frac{\hat{\gamma}_1 - \gamma}{s_R}\sqrt{SQ_x} \tag{7.5}$$

herangezogen werden. Dabei bezeichnen $\hat{\gamma}_1 = SP_{xy}/SQ_x$ die Schätzung der Steigung γ_1 und $s_R^2 = SQ_R/df$ mit $SQ_R = SQ_y - SP_{xy}^2/SQ_x$ die Schätzung der Restvarianz σ^2 mit $df = N-2$ Freiheitsgraden. Die Summen der Abweichungsquadrate und -produkte errechnen sich aus

$$SQ_x = \sum_i (x_i - \overline{x})^2, \quad SQ_y = \sum_i (y_i - \overline{y})^2, \quad SP_{xy} = \sum_i (x_i - \overline{x})(y_i - \overline{y}) \tag{7.6}$$

mit $\overline{x} = \sum x_i/N$ und $\overline{y} = \sum y_i/N$.

Die Bestimmung des Stichprobenumfangs verläuft auf die gleiche Weise wie in Abschnitt 4.1. Um die Ergebnisse nutzen zu können, müssen wir lediglich versuchen, den Nichtzentralitätsparameter der Verteilung von t unter der Alternativhypothese in der Gestalt $nc_t = c\sqrt{N}$ darzustellen.

Falls γ_1 von γ um Δ abweicht, lautet dieser

$$nc_t = \frac{\gamma_1 - \gamma}{\sigma}\sqrt{SQ_x} = \frac{\Delta}{\sigma}\sqrt{SQ_x}. \tag{7.7}$$

Der Gesamtstichprobenumfang N taucht in dieser Formel gar nicht explizit auf, sondern geht nur in SQ_x ein. Zu einer expliziten Darstellung gelangen wir nur, wenn nicht alle Meßpunkte verschieden sind, wenn also z.B. die gleiche Dosis an mehrere Patienten verabreicht oder die gleiche Düngermenge pro ha auf mehreren Schlägen ausgebracht wurde. Wir betrachten im weiteren spezielle Versuchspläne, die sich aus $k \geq 1$ Wiederholungen eines Basisplans zusammensetzen. Ein solche **Basisplan** kann in der Form

$$\begin{bmatrix} x_1^* & x_2^* & \cdots & x_a^* \\ f_1 & f_2 & \cdots & f_a \end{bmatrix} \tag{7.8}$$

beschrieben werden, wobei die x_j^* die a voneinander verschiedenen Meßpunkte (Dosen, Düngermengen) – das sogenannte **Spektrum** – und die f_j deren Häufigkeiten – die **Basishäufigkeiten** – beschreiben. Die relative Häufigkeit f_j/b mit $b = \sum f_j$ beschreibt das Gewicht des Punktes x_j^* im Versuchsplan.

An jeder Meßstelle x_j^* werden insgesamt kf_j Beobachtungen gewonnen. Der Gesamtumfang ist $N = k\sum f_j = kb$. Wenn

$$SQ_x^* = \sum_j f_j(x_j^* - \overline{x}^*)^2 \tag{7.9}$$

($\overline{x}^* = \sum_j f_j x_j^*/b$) die analog zu SQ_x aus (7.6) berechnete Summe der Abweichungsquadrate für den Basisplan bezeichnet, so gilt $SQ_x = kSQ_x^*$ und damit nach (7.7)

$$nc_t = \frac{\Delta}{\sigma}\sqrt{kSQ_x^*} = \frac{\Delta}{\sigma\sqrt{b}}\sqrt{SQ_x^*}\sqrt{N} = c\sqrt{N} \tag{7.10}$$

mit

$$c = \frac{\Delta}{\sigma\sqrt{b}}\sqrt{SQ_x^*} \quad \text{bzw.} \quad c^2 = \frac{\Delta^2 SQ_x^*}{\sigma^2 b}. \tag{7.11}$$

Mit diesem c kann bei festgelegtem Basisplan der approximative Gesamtumfang aus (4.8) oder (4.9) berechnet oder der exakte Gesamtumfang aus Tabelle T5 für $N-2$ Freiheitsgrade abgelesen werden. Derselbe Wert ist auch beim SAS-Programm N_TTEST einzugeben. Die approximative Berechnung des Stichprobenumfangs wurde bereits von HERRENDÖRFER und BOCK (1973) beschrieben und ist auch in der Arbeit von BOCK (1984) zu finden.

Beispiel 7.1: *Beispiel 1.6 beschreibt ein Fütterungsexperiment zur Bestimmung der Resorbierbarkeit der in Gerste enthaltenen Aminosäure Methionin. In diesem Versuch wurden Gersteportionen, die 0.08 bzw. 0.20 g/Tag/kg LM Methionin enthielten, an Schweine mit etwa der gleichen Lebendmasse (LM) verfüttert. Der Basisplan besteht nur aus den zwei Punkten $x_1^* = 0.08$ und $x_2^* = 0.20$ mit der Basishäufigkeit 1 (d.h., b = 2).*

Wir wollen für einen weiteren Versuch mit dem gleichen Basisplan den notwendigen Umfang bestimmen. Für die Varianz σ^2 setzen wir die Schätzung $s_R^2 = 0.00002$ aus dem abgelaufenen Experiment ein. Dann ergibt sich nach (7.9) $SQ_x^* = (0.08 - 0.14)^2 + (0.20 - 0.14)^2 = 0.0072$.

Die Resorbierbarkeit wurde in (1.3) definiert. Soll geprüft werden, ob die Resorbierbarkeit von Methionin größer als 70% ist, so läuft das auf die Fragestellung (7.3) mit der Konstanten $\gamma = 1 - 70/100 = 0.30$ hinaus.

Es sei weiterhin die Irrtumswahrscheinlichkeit $\alpha = 0.05$ vorgegeben. Ist die wahre Resorbierbarkeit mindestens 80%, so soll der t-Test diese mit der Power 0.80 finden, also ist $\Delta = 0.10$. Einsetzen in (7.11) liefert $c^2 = 0.1^2 \times 0.0072/(0.00002 \times 2) = 1.8$ bzw. $c = 1.342$. Dazu liest man aus Tabelle T5 für den einseitigen Fall und N-2 Freiheitsgrade den exakten Gesamtumfang $N = 6$ ab. Jede der beiden Portionen ist an jeweils 3 Schweine zu verfüttern.

Soll bereits eine Resorbierbarkeit von 75% ($\Delta = 0.05$) mit der Power von 0.80 entdeckt werden, so erhalten wir $c = 0.671$ und damit aus Tabelle T5 den Umfang $N = 16$.

Das Programm N_TTEST liefert den Ausdruck

Exakter Gesamtumfang fuer den t-Test

SEITIG	ALPHA	C	DF_	POWERO	DF	POWER	NEXAKT
1	0.05	1.342	2	0.8	4	0.85003	6
1	0.05	0.671	2	0.8	14	0.81754	16

Die Verwendung von nur 2 Meßpunkten gestattet es nicht, Abweichungen von der vorausgesetzten Linearität des Zusammenhanges zu erkennen. Soll diese zusätzlich überprüft werden, so muß noch mindestens ein weiterer Meßpunkt einbezogen werden. Wir wollen zu den zwei Punkten des Basisplans den Mittelpunkt des Versuchsbereiches (0.08 – 0.20), d.h. $x_3^* = 0.14$, hinzufügen. Dann erhöht sich SQ_x^* nicht, da der Summand $(0.14 - 0.14)^2 = 0$ keinen Beitrag leistet, aber die Anzahl der zum Basisplan gehörigen Punkte erhöht sich auf $b = 3$. Damit erhalten wir im Falle $\Delta = 0.05$ den Wert $c = 0.5477$. Der kleinste durch 3 teilbare Gesamtumfang aus Tabelle T5 zu diesem Wert ist $n = 24$. Da wir bei dem Zweipunkteplan $N = 16$ bestimmt hatten, zeigt sich, daß die zusätzlichen 8 Messungen nur wenig zur Erhöhung der Power des Tests für die Steigung beitragen (Sie übersteigt 0.80 im wesentlich wegen des Aufrundens auf eine durch 3 teilbare Zahl), falls der Zusammenhang wirklich linear ist. Andererseits kann nun diese Voraussetzung überprüft werden. Ist der Zusammenhang nicht linear, so kann die

Resorbierbarkeit nicht – wie oben – durch einen Prozentsatz charakterisiert werden. Dann muß auch die Fragestellung auf der Basis eines neuen Modells umformuliert werden.

Wie auch das Beispiel gezeigt hat, hängt der Gesamtumfang stark von der Wahl des Basisplans ab. Optimal für das Entscheidungsproblem ist ein Basisplan mit möglichst wenig Punkten, das SQ_x^* maximiert. Das ist der sogenannte C-optimale Plan, bei dem nur in den beiden Randpunkten gemessen wird. Dieser sollte aber nur dann verwendet werden, wenn die Linearität des Zusammenhanges hinreichend abgesichert ist.

7.1.2 Parallelitätstest für Regressionsgeraden

Im Beispiel des vorhergehenden Abschnitts haben wir die Resorbierbarkeit einer Aminosäure mit einem vorgegebenem Wert verglichen. Will man dagegen die Resorbierbarkeiten der Aminosäure aus zwei verschiedenen Futtermitteln vergleichen, so ist zu prüfen, ob die Steigungen zweier Regressionsgeraden übereinstimmen oder nicht. Sind sie gleich, so sind die Regressionsgeraden parallel. Deshalb bezeichnet man diesen Vergleich auch als **Parallelitätstest**.

Wir setzen also voraus, daß zwei lineare Beziehungen der Gestalt $y_1(x) = \gamma_{01} + \gamma_{11}x$ und $y_2(x) = \gamma_{02} + \gamma_{12}x$ vorliegen und ansonsten die gleichen Annahmen wie im vorhergehenden Abschnitt gültig sind. Die beiden Steigungen werden aus zwei unabhängigen Stichproben von Beobachtungspaaren vom Umfang n_1 bzw. n_2 durch $\hat{\gamma}_{11}$ und $\hat{\gamma}_{12}$ analog zu $\hat{\gamma}_1$ geschätzt. Zusätzlich verlangen wir Varianzhomogenität. Dann kann die gemeinsame Varianz σ^2 durch das mit den Freiheitsgraden $df_1 = n_1 - 2$ und $df_2 = n_2 - 2$ gewichtete Mittel $s_R^2 = (df_1 s_{1R}^2 + df_2 s_{2R}^2)/df$ der Restvarianzschätzungen aus den separaten Analysen der beiden Zusammenhänge mit $df = df_1 + df_2 = N - 4$ Freiheitsgraden geschätzt werden. $N = n_1 + n_2$ bezeichnet den Gesamtumfang.

Zum Vergleich der beiden Steigungen, d.h. zur Prüfung der Hypothesen $H_0 : \gamma_{11} = \gamma_{12}$ und $H_A : \gamma_{11} \neq \gamma_{12}$, wird ein t-Test mit der Prüfgröße

$$t = \frac{\hat{\gamma}_{11} - \hat{\gamma}_{12}}{s_{d\gamma}} \tag{7.12}$$

und $N - 4$ Freiheitsgraden durchgeführt. Dabei bezeichnet $s_{d\gamma}^2 = s_R^2 Q$ mit

$$Q = \frac{1}{SQ_x^{(1)}} + \frac{1}{SQ_x^{(2)}} \tag{7.13}$$

die Schätzung der Varianz von $\hat{\gamma}_{11} - \hat{\gamma}_{12}$. Die Summen der Abweichungsquadrate $SQ_x^{(1)}$ und $SQ_x^{(2)}$ werden wie SQ_x in (7.6), aber separat für die beiden Zusammenhänge, berechnet. Der Nichtzentralitätsparameter hat nun die Gestalt

$$nc_t = \frac{\gamma_{11} - \gamma_{12}}{\sigma\sqrt{Q}} = \frac{\Delta}{\sigma\sqrt{Q}}, \tag{7.14}$$

wenn die beiden Steigungen sich um Δ unterscheiden. Wird für jeden der beiden Zusammenhänge ein Basisplan der Gestalt (7.8) mit a_1 und a_2 verschiedenen Meßpunkten sowie den Gesamthäufigkeiten b_1 und b_2 festgelegt und werden diese k_1- bzw. k_2-mal wiederholt, so gilt $n_1 = k_1 b_1$, $n_2 = k_2 b_2$ und

$$N = k_1 b_1 + k_2 b_2. \tag{7.15}$$

Zu den Basisplänen können analog zu (7.9) die beiden Summen der Abweichungsquadrate $SQ_x^{(1*)}$ und $SQ_x^{(2*)}$ bestimmt werden.

Bevor wir zum Gesamtumfang kommen, wollen wir das optimale Verhältnis der Wiederholungszahlen herausfinden. Für ein gegebenes Verhältnis $q = k_2/k_1$ folgt durch Einsetzen von $k_2 = q k_1$ bzw. $k_1 = k_2/q$ in (7.15) und Auflösen

$$k_1 = \frac{N}{b_1 + q b_2}, \qquad k_2 = \frac{qN}{b_1 + q b_2}. \tag{7.16}$$

Damit ergibt sich wegen $SQ_x^{(1)} = k_1 SQ_x^{(1*)}$ und $SQ_x^{(2)} = k_2 SQ_x^{(2*)}$ aus (7.13)

$$Q = \frac{b_1 + q b_2}{N} \left(\frac{1}{SQ_x^{(1*)}} + \frac{1}{q SQ_x^{(2*)}} \right) \tag{7.17}$$

bzw. wegen (7.14) $nc_t = c\sqrt{N}$ mit

$$c = \frac{\Delta}{\sigma \sqrt{(b_1 + q b_2) \left(1/SQ_x^{(1*)} + 1/(q SQ_x^{(2*)}) \right)}}. \tag{7.18}$$

Faßt man Q bei festgehaltenem Gesamtumfang als Funktion von q auf, so folgt aus den bekannten Regeln der Differentialrechnung, daß Q an der Stelle

$$q = q^* = \sqrt{\frac{b_1 SQ_x^{(1*)}}{b_2 SQ_x^{(2*)}}} \tag{7.19}$$

ein relatives Minimum, also der Nichtzentralitätsparameter ein relatives Maximum, hat. Folglich gibt (7.19) das **optimale Verhältnis** an (BOCK (1984)). Falls beide Basispläne nur jeweils zwei Meßpunkte enthalten und alle Basishäufigkeiten gleich 1 sind, ergibt sich aus (7.19), daß die Wiederholungszahlen umgekehrt proportional zu den jeweiligen Abständen der Meßpunkte (d.h. den Längen der Meßbereiche) zu wählen sind.

Die Bestimmung des Gesamtumfangs N erfolgt wiederum approximativ nach (4.8) oder (4.9) bzw. exakt mit Hilfe von Tabelle T5 oder dem Programm N_TTEST mit c aus (7.18) und $N - 4$ Freiheitsgraden. Dabei kann ein bestimmtes Verhältnis q vorgegeben oder das optimale Verhältnis q^* berechnet werden. Der Gesamtumfang ist gemäß (7.16) in die Umfänge $n_1 = k_1 b_1$ und $n_2 = k_2 b_2$ aufzuteilen.

Fortsetzung von Beispiel 7.1: *Bisher wurde nur die Resorbierbarkeit von Methionin in Gerste untersucht. Wir wollen nun ein Experiment planen, bei dem an eine Gruppe (1) von Tieren die gleichen Portionen Gerste wie vorher verfüttert werden, während an eine zweite Gruppe (2) ein anderes Futtermittel verabreicht wird, das weniger Methionin enthält, so daß die Dosen sich halbieren. Die Einnahmen sind in der ersten Gruppe 0.08 oder 0.20 g/Tag/kg LM, in der zweiten 0.04 oder 0.10 g/Tag/kg LM. Wir nehmen an, daß die Restvarianz bei beiden Futtermitteln $\sigma^2 = 0.00002$ beträgt, und wollen die Resorbierbarkeiten zum Testniveau $\alpha = 0.05$ vergleichen. Wie groß müssen die beiden Gruppenumfänge gewählt werden, damit ein Unterschied in den Resorbierbarkeiten von 10% (d.h., $\Delta = 0.10$) mit mindestens der Power 0.80 vom Test erkannt wird?*

Aus den vorgegebenen Dosen berechnen wir $SQ_x^{(1*)} = 0.0072$, $b_1 = 2$ und $SQ_x^{(2*)} = 0.0018$, $b_2 = 2$ und daraus das optimale Verhältnis $q^* = \sqrt{0.0072/0.0018} = 2$. Bei Halbierung der Länge des Versuchsbereiches von Gruppe 2 gegenüber der bei Gruppe 1 ist die Verdopplung des Gruppenumfangs optimal, falls nur in den Randpunkten der Versuchsbereiche gemessen wird. Nach (7.18) ist

$$c = \frac{0.10}{0.004472\sqrt{(2 + 2 \times 2)(1/0.0072 + 1/(2 \times 0.0018))}} = 0.4472.$$

Aus Tabelle T5 lesen wir für die zweiseitige Fragestellung unter $N - 4$ Freiheitsgrade den Gesamtumfang $N = 42$ ab. Die Wiederholungszahlen sind nach (7.16) $k_1 = 42/6 = 7$ und $k_2 = 2 \times 7 = 14$. Daraus ergeben sich die Gruppenumfänge $n_1 = b_1 k_1 = 14$ und $n_2 = 28$. In Gruppe 1 sind jeweils 7 Tiere, in Gruppe 2 jeweils 14 Tiere mit einer der beiden Portionen zu füttern.

Würden wir gleiche Gruppenumfänge ($q = 1$) verlangen, ergäbe sich $c = 0.4243$ und nach Tabelle T5 der größere Gesamtumfang $N = 46$. Da dann die Gruppenumfänge $n_1 = n_2 = 23$ nicht balanciert auf die beiden Dosen aufteilbar wären, müßten zwei Tiere mehr einbezogen werden ($N = 48$).

Der Vergleich der Steigungen von mehr als zwei Regressionsgeraden wurde einschließlich einiger multipler Testprozeduren von BOCK (1984) behandelt. Ohne das hier näher erläutern zu können, sei festgestellt, daß sich, falls für alle einzelnen Regressionsansätze die oben genannten Voraussetzungen gelten, ein gemeinsames lineares Modell aufstellen läßt. Der sich ergebende F-Test zur simultanen Prüfung der Parallelität ist der F-Test für die Wechselwirkungen zwischen dem Faktor "Gruppe" und dem Einflußfaktor X, dessen Stufen die Meßpunkte sind.

Zur Bestimmung des Stichprobenumfangs können wir wieder auf die in Abschnitt 6.2 geschilderte Methode von O'Brian, die nicht nur für die Varianzanalyse, sondern für ein beliebiges lineares Modell gilt, zurückgreifen. Dabei ist nur der Programmkopf zu modifizieren, das Hauptprogramm bleibt dasselbe (siehe Programm-Anhang). Neben den Stufen des Faktors "Gruppe" sind die Meßpunkte in den einzelnen Gruppen und deren Basishäufigkeiten, d.h. die Basispläne der Gestalt (7.8) für die Gruppen, vorzugeben.

Fortsetzung von Beispiel 7.1: *Wir wollen annehmen, daß die Resorbierbarkeit von Methionin aus drei Futtermitteln zu vergleichen ist. Die Versuchsbereiche seien durch 0.08-0.20 (Gruppe 1), 0.04-0.10 (Gruppe 2) sowie 0.10-0.20 g/Tag/kg LM (Gruppe 3) vorgegeben. Es soll jeweils die niedrigste und höchste Dosis verfüttert werden. Um gleichzeitig die Linearität des Zusammenhangs kontrollieren zu können, soll in Gruppe 3 zusätzlich die mittlere Fütterungsstufe einbezogen werden.*

Ähnlich wie im Falle der Varianzanalyse müssen wir die Resorbierbarkeiten (Steigungen) vorgeben, bei denen mit der Power 0.80 ein signifikantes Testergebnis auftreten soll, wobei der F-Test zum Niveau $\alpha = 0.05$ durchgeführt wird. Unterstellen wir für die Gruppen die Resorbierbarkeiten 70%, 80% und 75%, d.h. die Steigungen 0.30, 0.20 und 0.25, so sind als Eingabewerte für das Programm die entsprechenden

Erwartungswerte der Zielvariablen (ausgeschiedene Mengen) zu berechnen. Da beim Vergleich der Steigungen die Absolutglieder der Regressionsgeraden ohne Belang sind, können wir einfach für die ausgeschiedenen Mengen bei der niedrigsten Dosis Null einsetzen. Dann erhalten wir in Gruppe 1 die Erwartungswerte $\mu_{11} = 0$, und $\mu_{12} = 0.3 \times 0.12 = 0.036$, in Gruppe 2 $\mu_{21} = 0$, $\mu_{22} = 0.2 \times 0.06 = 0.012$ sowie in Gruppe 3 $\mu_{31} = 0$, $\mu_{32} = 0.25 \times 0.05 = 0.0125$ und $\mu_{33} = 0.25 \times 0.10 = 0.025$. Es sind insgesamt 6 Parameter (3 Absolutglieder und 3 Steigungen) zu schätzen. Wir berechnen zunächst den Umfang für den Fall, daß in Gruppe 2 die Häufigkeiten 4 und in den anderen Gruppen eine 1 eingetragen wird. Dann hat der Programmkopf die Gestalt.

```
** N_REGR1: Umfang fuer den Parallelitaetstest **;
** von Regressionsgeraden                       **;
***************** VORGABEN ******************;
%let alpha=0.05;     *Irrtumswahrscheinlichkeit *;
%let power=0.80;     *gewuenschte Power          *;
%let sigma=0.0044721; *Reststandardabweichung    *;
%let Test=X*GROUP;   *Primares. Pruefglied       *;
%let maxwdh=100;     *Maximalzahl v.Wiederh.     *;
%let paramet=6;      *Anzahl der Parameter       *;
*********************************************;

**************** BASISPLAN    ***************;
data w;
input
GROUP  X      Y        BASEFREQ;              cards;
  1    0.08   0          1
  1    0.20   0.036      1
  2    0.04   0          4
  2    0.10   0.012      4
  3    0.10   0          1
  3    0.15   0.0125     1
  3    0.20   0.025      1
;
run;
************ MODELL/PRUEFGLIEDER ************;
proc glm data=w outstat=wlambda noprint;     *;
freq BASEFREQ;                               *;
class GROUP ;                                *;
model Y=GROUP X X*GROUP /ss1;                 *;
run;                                         *;
*********************************************;
```

Das Programm liefert den Ausdruck

Vorgaben und Versuchsplan zur Pruefung von X*GROUP
alpha=0.05, power=0.80, sigma=0.0044721

GROUP	X	Y	BASEFREQ	WDH	SIZE
1	0.08	0.0000	1	6	6
1	0.20	0.0360	1	6	6
2	0.04	0.0000	4	6	24
2	0.10	0.0120	4	6	24
3	0.10	0.0000	1	6	6
3	0.15	0.0125	1	6	6
3	0.20	0.0250	1	6	6

```
        Power-Tabelle zur Pruefung von X*GROUP
             alpha=0.05, sigma=0.0044721

    _SOURCE_    DF    DF_ERR    LAMBDA   N_TOTAL   ACTPOWER

    GROUP        2      72      80.759      78     1.00000
    X            1      72     363.756      78     1.00000
    X*GROUP      2      72      10.800      78     0.82950
```

Die Dosen sind also an je 24 Tiere in Gruppe 2 und an je 6 Tiere in den anderen Gruppe zu verfüttern. Würden wir anstelle der Basishäufigkeit (BASEFREQ) 4 eine 2 in Gruppe 2 einsetzen, ergäbe sich die Wiederholungszahl 9 und damit ein Gesamtumfang von 81. Wird überall die Basishäufigkeit 1 eingesetzt, d.h., sollen alle Dosen mit der gleichen Häufigkeit verfüttert werden, so ergibt sich die Wiederholungszahl 12, also der Gesamtumfang 84.

Das optimale Verhältnis (7.19) läßt sich nicht auf den Fall mehrerer Gruppen übertragen. Es hängt wie bei zwei Gruppen von dem Verhältnis der $SQ^{(i*)}$ bzw. deren Reziproken $w_i = 1/SQ^{(i*)}$ ab. Wenn die w_i der Basispläne relativ wenig voneinander abweichen, sind die Gruppenumfänge proportional zu den w_i zu wählen (siehe BOCK (1984)) und nicht, wie in (7.19), proportional zu den $\sqrt{w_i}$. Da Schätzungen der Steigungen die Varianzen $w_i\sigma^2$ besitzen, werden die Steigungen dann gerade mit gleicher Genauigkeit geschätzt. Sind die Basispläne Zweipunktepläne mit den Basishäufigkeiten 1, so müssen nun die Wiederholungszahlen umgekehrt proportional zu den Quadraten der Längen der Meßbereiche gewählt werden, bei zwei Gruppen aber umgekehrt proportional zu den Längen.

Je nach der Größe der "Variabilität" der Meßpunkte in den Basisplänen der Gruppen gewinnt die eine oder andere Gruppe ein größeres Gewicht beim Vergleich der Steigungen. Genauer gesagt spielen die Gewichte

$$\kappa_i = \frac{w_i}{\sum w_i} \tag{7.20}$$

die entscheidende Rolle. Wenn das Maximum der Gewichte kleiner oder gleich 1/2 ist, sind die Wiederholungszahlen proportional zu den w_i zu wählen, andernfalls ergibt sich eine kompliziertere Aufteilung, die bei BOCK (1984) zu finden ist. Wegen der Diskretheit der Stichprobenumfänge kann das optimale Verhältnis aber nur angenähert eingehalten werden.

Da die Summe der κ_i gleich 1 ist, ist diese Bedingung bei zwei Regressionsgeraden nur im Falle $w_1 = w_2$ und damit bei $q^* = 1$ erfüllt. Anderfalls ist eines der beiden Gewichte größer als 1/2 und (7.19) ist das optimale Verhältnis. Im letzten Teil des Beispiels ergibt sich $w_1 = 128.2$, $w_2 = 555.56$, $w_3 = 200$ und daraus $\kappa_1 = 0.146$, $\kappa_2 = 0.628$, $\kappa_3 = 0.226$, bzw. $\kappa_{max} = 0.628 > 0.50$, d.h. das maximale Gewicht ist größer als 1/2. Es wäre nicht optimal, die Wiederholungszahlen umgekehrt proportional zu den Quadraten der Längen der Meßbereiche zu wählen.

7.1.3 Multiple Regression – Vergleich von Modellen

Hat die Regressionsfunktion die Gestalt

$$y(x_1, \ldots, x_m) = \gamma_0 + \gamma_1 x_1 + \ldots + \gamma_m x_m, \qquad (7.21)$$

so wird der Zusammenhang als **multiple lineare Regression** bezeichnet. Genauer ist die Bezeichnung quasilineare Regression, weil nur die Linearität in den Koeffizienten verlangt ist, die x_i können wiederum Funktionen von anderen Variablen sein. So ergibt sich z.B. für $m = 2$, $x_1 = x$ und $x_2 = x^2$ die einfache **quadratische Regression**. Wie in den vorhergehenden Abschnitten setzen wir voraus, daß die Werte der Einflußvariablen (Meßstellen) vor dem Experiment festgelegt werden können. Kann angenommen werden, daß die Zufallsabweichungen e_i der Beobachtungen y_j ($j = 1, \ldots, N$) von den zugehörigen Werten der Regressionsfunktion an den einzelnen Meßstellen unabhängig voneinander normalverteilt mit dem Erwartungswert 0 und der Varianz σ^2 sind, d.h. gilt für die Beobachtungen ein zu (7.1) analoges Modell, so können wir wieder auf das im Abschnitt 6.2 geschilderte Verfahren zurückgreifen. Im Kopf des SAS-Programms sind die Meßstellen und die Werte der Regressionsfunktion einzugeben. Der "model"-Befehl von "PROC GLM" ist zu modifizieren. Als Hauptprogramm wird wieder das im Anhang angegebene Programm verwendet. Das soll anhand des sogenannten **Linearitätstests**, der den einfachen quadratischen Regressionsansatz mit dem linearen vergleicht, demonstriert werden.

Beispiel 7.2: *In einem Fütterungsversuch wurde die Abhängigkeit der N-Bilanz y vom Lysingehalt der gefütterten Ration x untersucht. Dabei ergaben sich die geschätzte Regressionsfunktion*

$$\hat{y}(x) = 4.07 + 1.19x - 0.05x^2 \qquad (7.22)$$

und die geschätzte Reststandardabweichung $s_R = 0.63$. Es erhebt sich die Frage, ob es überhaupt nötig ist, das quadratische Glied einzubeziehen. Zur Beantwortung dieser Frage wird häufig der F-Test für die Nullhypothese $H_0 : \gamma_2 = 0$ und die Alternativhypothese $H_A : \gamma_2 \neq 0$ herangezogen. Aber welche Power hat dieser Test?

Die Power hängt natürlich davon ab, wie weit das quadratische Modell von dem günstigsten linearen Modell abweicht. Wollen wir die Power berechnen, so müssen wir diese Abweichung quantifizieren. Wie wir in den vorhergehenden Abschnitten gesehen haben, hängt die Power auch von dem gewählten Basisplan der Meßpunkte ab. Zu Vereinfachung beschränken wir uns auf symmetrische Dreipunktepläne, d.h. auf Pläne mit einem Basisplan der Gestalt

$$\begin{bmatrix} x_0 - d & x_0 & x_0 + d \\ 1 & 1 & 1 \end{bmatrix}, \qquad (7.23)$$

das mehrfach wiederholt wird.

Gehen wir einmal davon aus, daß, wie in dem abgelaufenen Experiment, Rationen mit dem Lysingehalt 5, 10.5 oder 16 gleich häufig gefüttert werden sollen, d.h. das Basisplan

$$\begin{bmatrix} 5 & 10.5 & 16 \\ 1 & 1 & 1 \end{bmatrix}$$

($x_0 = 10.5$, $d = 5.5$), gewählt wird. Unterstellen wir einmal, daß die geschätzte Regressionsfunktion mit der wahren übereinstimmt und die wahre Reststandardabweichung $\sigma = 0.63$ ist.

Der F-Test für die genannten Hypothesen vergleicht den quadratischen Ansatz mit dem linearen Ansatz, der sich gemäß der Methode der kleinsten Quadrate am besten an die quadratische Funktion anpaßt. Um diese zu berechnen, muß man nach (7.22) die Werte der Regressionsfunktion an den Stellen 5, 10.5 und 16 berechnen und mit diesen in ein Regressionsprogramm gehen. Wir erhalten $y(5) = 8.77$, $y(10.5) = 11.0525$, $y(16) = 10.31$ und daraus die Anpassungsgerade $y_L(x) = 8.574167 + 0.14x$. Die Abweichungen zwischen der Anpassungsgerade und der quadratischen Regressionsfunktion an den drei Meßstellen betragen -0.504, -1.008 und 0.504. Die maximale Abweichung tritt beim mittleren Meßpunkt auf.

Das gilt allgemeiner für Pläne mit dem Basisplan (7.23). Die maximale Abweichung, d.h. die in der Mitte, beträgt $2\gamma_2 d^2/3$. Hier ist $2 \times (-0.05) \times 5.5^2/3 = -1.008$. Wir können also die Stelle, an der die Power berechnet werden soll, wahlweise durch die drei Werte der quadratischen Regressionsfunktion, durch die zu entdeckende maximale Abweichung der Anpassungsgeraden von der quadratischen Regressionsfunktion oder durch den zu entdeckenden Koeffizienten des quadratischen Gliedes vorgeben. Unsere Vorgabe entspricht der Vorgabe von $\gamma_2 = -0.05$ bzw. der Abweichung -1.008. Soll diese mit der Power 0.80 bei vorgegebener Irrtumswahrscheinlichkeit $\alpha = 0.05$ zu einem signifikanten Testergebnis führen, so kann der Stichprobenumfang mit dem modifizierten SAS-Programm mit dem folgenden Kopf berechnet werden:

```
** N_REGR2: Umfang fuer den Test auf Linearitaet **;
****************** VORGABEN ******************;
%let alpha=0.05;      *Irrtumswahrscheinlichkeit *;
%let power=0.80;      *gewuenschte Power          *;
%let sigma=0.63;      *Reststandardabweichung     *;
%let Test=XX;         *Primaeres Pruefglied       *;
%let maxwdh=1000;     *Maximalzahl v.Wiederh.     *;
%let paramet=3;       *Anzahl der Parameter       *;
*********************************************;
**************** BASIS   ******************;
data w;
input
   X    Y    BASEFREQ;                        cards;
   5    8.77       1
  10.5  11.0525    1
  16    10.31      1
;
data w; set w; XX=X*X; run;
run;
************ MODELL/PRUEFGLIEDER ************;
proc glm data=w outstat=wlambda noprint;     *;
freq BASEFREQ;                               *;
model Y=X XX /ss1;                           *;
run;                                         *;
*********************************************;
```

Es liefert den Ausdruck

Vorgaben und Versuchsplan zur Pruefung von XX
alpha=0.05, power=0.80, sigma=0.63

X	Y	BASEFREQ	XX	WDH	SIZE
5.0	8.7700	1	25.00	3	3
10.5	11.0525	1	110.25	3	3
16.0	10.3100	1	256.00	3	3

```
          Power-Tabelle zur Pruefung von XX
              alpha=0.05, sigma=0.63

_SOURCE_     DF    DF_ERR    LAMBDA   N_TOTAL  ACTPOWER

   X          1      6       8.9630      9     0.70498
   XX         1      6      11.5276      9     0.80636
```

Das Basisplan muß dreimal wiederholt werden. Der gesuchte Gesamtumfang ist N=9.

Befriedigend ist die Modellwahl anhand des beschriebenen Tests aber nicht. Geht der Test nicht signifikant aus, so kann nicht geschlossen werden, daß die maximale Abweichung der quadratischen Regressionsfunktion von der linearen kleiner als die vorgegebene ist, sondern nur, daß kein signifikanter Unterschied gefunden wurde. Die Bezeichnung Linearitätstest ist insofern irreführend, als er nicht Linearität nachweist, sondern gegebenenfalls Nichtlinearitäten aufdeckt. Besser sollte eine Auswahlregel definiert werden und die Wahrscheinlichkeit für die richtige Auswahl abgeschätzt werden. Das ist aber nicht Gegenstand dieses Buches.

7.2 Regression Modell II – Korrelationsanalyse

7.2.1 Einfache lineare Regression

Bisher haben wir Zusammenhänge betrachtet, bei denen die Werte der Einlußvariablen vor dem Experiment festgelegt werden konnten. Wenn alle Variablen zufällig sind und im Experiment beobachtet werden, so spricht man vom **Modell II** der Regression. Die Unterscheidung nach Ziel- und Einflußvariablen ist dann willkürlich. Sie leitet sich aus der Fragestellung des Versuches ab.

Der einfachste Fall ist der, daß zwei zufällige Variable x, y einer zweidimensionalen Normalverteilung mit den Erwartungswerten μ_x, μ_y, den Varianzen σ_x^2, σ_y^2 und dem Korrelationskoeffizienten ρ unterliegen. Wird y als Zielgröße ausgewählt, so ist die **Regressionsfunktion** als der bedingte Erwartungswert

$$E(y|x) = \gamma_0 + \gamma_1 x \qquad (7.24)$$

mit $\gamma_1 = \rho\sigma_y/\sigma_x$ und $\gamma_0 = \mu_y - \gamma_1\mu_x$ erklärt. Für die Beobachtungen kann wiederum ein Modell der Gestalt (7.1) unterstellt werden, wobei die e_i die Abweichungen von der Regressionsfunktion beschreiben. Ihre Varianz ist $\sigma^2 = \sigma_y^2(1 - \rho^2)$. Betrachtet man die bedingte Verteilung für festgehaltene x_i, so sind gerade die Voraussetzungen des in 7.1.1 behandelten Modells I erfüllt. Durch diesen Übergang zur bedingten Verteilung ist es begründet, daß die gleichen Konfidenzintervalle und Tests wie beim Modell I verwandt werden können. *Die numerische Auswertung beider Modelle ist gleich, die Versuchsplanung ist aber unterschiedlich –* wie wir gleich sehen werden.

Für beliebige beobachtete x_i hat der bedingte Test (7.5) das gleiche vorgegebene (bedingte) Niveau α. Damit ergibt sich auch im Mittel der bedingten Verteilungen das (unbedingte) Niveau α. Anders sieht das für die Power aus. Die bedingte Power hängt über den Nichtzentralitätsparameter von den x_i ab, nimmt also in Abhängigkeit von den x_i unterschiedliche Werte an. Die unbedingte Power berechnet sich als Erwartungswert über die bedingte Power bezüglich der Verteilung von x, während die Power beim Modell I von den ausgewählten Meßpunkten x_i abhängt. Daher können die Ergebnisse zum Stichprobenumfang für das Modell I nicht ohne weiteres auf das Modell II übertragen werden.

Ein weiterer Unterschied ist der, daß die Stärke des Zusammenhangs durch den Korrelationskoeffizienten ρ bestimmt ist. Unabhängigkeit (Unkorreliertheit) ist gleichbedeutend mit $\gamma_1 = 0$ und $\rho = 0$. *Für die Regression Modell I ist kein Korrelationskoefffizient definiert und die formale Berechnung des Pearsonschen Korrelationskoeffizienten führt allenfalls zu einem vom Basisplan abhängigen Anpassungsmaß* (siehe BOCK und HERRENDÖRFER (1976)).

Die Hypothesen $H_0 : \rho = \rho_0$ vs. $H_A : \rho \neq \rho_0$ zu vorgegebenem ρ_0 werden mit Hilfe der approximativ normalverteilten Prüfgröße

$$u = \left[z(r) - z(\rho_0) - \frac{\rho_0}{2(N-1)} \right] \sqrt{N-3} \tag{7.25}$$

getestet. Dabei bezeichnet $r = SP_{xy}/\sqrt{SQ_x SQ_y}$ den **Pearsonschen Korrelationskoeffizienten** und $z(x) = 1/2[ln(1+x) - ln(1-x)]$, $z(0) = 0$ die **Fishersche z-Transformation**. Soll bei vorgegebener Irrtumswahrscheinlichkeit α eine Differenz $c = z(\rho) - z(\rho_0)$ mit der Power $1 - \beta$ entdeckt werden, so ergibt sich der benötigte Stichprobenumfang approximativ aus

$$N \approx \frac{[u_{1-\alpha/2} + u_{1-\beta}]^2}{c^2} + 3. \tag{7.26}$$

Die u-Quantile können aus Tabelle T2 für $df = \infty$ abgelesen werden. Im Falle einer einseitigen Fragestellung wäre α anstelle von $\alpha/2$ einzusetzen. Das ist die von BOCK (1984) geringfügig modifizierte Approximationsformel von COHEN (1969).

Wenn nur geprüft werden soll, ob überhaupt eine Abhängigkeit besteht, wird der t-Test mit der unter $H_0 : \rho = 0$ mit $df = N - 2$ Freiheitsgraden t-verteilten Prüfgröße

$$t = \frac{r\sqrt{N-2}}{\sqrt{1-r^2}} \tag{7.27}$$

verwandt. Der Stichprobenumfang kann wiederum approximativ aus (7.26) mit $\rho_0 = 0$ berechnet werden.

Beispiel 7.3: *Es soll geprüft werden, ob zwischen der Widerristhöhe und dem Brustumfang von einjährigen Rindern der Rasse DSR ein Zusammenhang besteht ($\rho_0 = 0$). Als Irrtumswahrscheinlichkeit sei $\alpha = 0.05$ vorgegeben. Dabei interessieren wir uns nur für einen hinreichend starken Zusammenhang. Genauer gesagt, soll der zweiseitige t-Test (7.27) den Zusammenhang mit der Power 0.80 entdecken,* *falls der Korrelationskoeffizient ρ betragsmäßig mindestens 0.5 ist. Wir erhalten nach (7.26) mit c = z(0.5) = 0.5493 den approximativen Umfang N ≈ [1.96 + 0.8416]²/0.5493² + 3 = 26 + 3 = 29.*

Bei signifikantem Ausgang des t-Tests wird die Nullhypothese $H_0 : \rho = 0$ zugunsten der Alternativhypothese $H_A : \rho \neq 0$ abgelehnt. Daher können wir nur schließen, daß ein Zusammenhang besteht, nicht aber, daß $|\rho| \geq 0.5$ ist.

Wollen wir wissen, ob ρ größer als $\rho_0 = 0.5$ ist, so müssen wir mit Hilfe der Prüfgröße (7.25) zwischen den Hypothesen $H_0 : \rho = 0.5$ und $H_A : \rho > 0.5$ entscheiden. Verlangen wir die Mindestpower von 0.80 für $\rho \geq 0.6$, so ergibt sich der Stichprobenumfang mit c = z(0.6) − z(0.5) = 0.6931 − 0.5493 = 0.1438 zu N ≈ [1.6449 + 0.8416]²/0.1438² + 3 = 305. Dabei wurde das 0.95-Quantil 1.6449 eingesetzt, weil nun eine einseitige Fragestellung vorliegt. Daß der berechnete Stichprobenumfang soviel größer als im obigen Fall ist, liegt daran, daß die zu entdeckende Differenz c = 0.1438 viel kleiner gewählt wurde als die für den t-Test festgelegte, c = 0.5493.

Der Vergleich der Steigung γ_1 mit einer vorgegebenen Konstanten γ erfolgt – wie für das Modell I – anhand der Prüfgröße (7.5). Diese ist unter der Nullhypothese mit $df = N − 2$ Freiheitsgraden t-verteilt. Die Verteilung unter der Alternativhypothese ist aber keine nichtzentrale t-Verteilung. Vielmehr unterliegt nach BOCK (1977) die transformierte Zufallsvariable $r(t) = t/\sqrt{df + t^2}$ der gleichen Verteilung wie der Pearsonsche Korrelationskoeffizient aus normalverteilten Beobachtungspaaren mit dem Korrelationskoeffizienten

$$\rho^* = \frac{\lambda}{\sqrt{\lambda^2 + 1}}, \qquad \lambda = \frac{\gamma_1 - \gamma}{\sigma}\sigma_x. \tag{7.28}$$

Unter der Nullhypothese gilt $\rho^* = 0$. Die Verteilungen sind also die gleichen wie beim Vergleich eines Korrelationskoeffizienten mit Null. Der Stichprobenumfang kann approximativ nach (7.26) mit $c = z(\rho^*)$ berechnet werden. Die Rückführung des Testes für den Vergleich der Steigung mit einer Konstanten auf den Test zum Vergleich eines Korrelationskoeffizienten mit Null erlaubt die Bestimmung des exakten Umfangs auf die im nächsten Abschnitt beschriebene Weise.

Anzumerken wäre noch, daß im Falle $\gamma = 0$ die Testgrößen (7.5) und (7.27) übereinstimmen. Die Tests für den Vergleich der Steigung mit Null oder des Korrelationskoeffizienten mit Null sind identisch.

Beispiel 7.4: *Zum Vergleich eines automatischen Blutdruckgerätes mit dem Sphygmanometer werden simultan Messungen des diastolischen Blutdruckes am linken und rechten Arm von Patienten durchgeführt. Dabei werden die Meßgeräte randomisiert dem linken oder rechten Arm zugeordnet. Eine Eichung der beiden Geräte ist zwar erfolgt, dennoch sind unterschiedliche Meßergebnisse unter Praxisbedingungen (z.B. aufgrund der unterschiedlichen Einwirkung auf den Patienten) nicht auszuschließen. Im Idealfall müßte sich ein Zusammenhang mit $\gamma_0 = 0$ und $\gamma_1 = 1$ ergeben. Mit Hilfe der Prüfzahl (7.5) mit $\gamma = 1$ soll geprüft werden, ob die Steigung der Regressionsgeraden von 1 verschieden ist. Wenn die Steigung um mehr als 0.05 von 1 abweicht, sollen die Werte korrigiert werden. Wieviele Meßwertpaare müssen erhoben werden, um diesen Unterschied mit der Power von 0.80 herauszufinden, falls $\alpha = 0.05$ vorgegeben ist?*

Aus vorhergehenden Studien sei bekannt, daß für den diastolischen Blutdruck etwa mit der Standardabweichung $\sigma_x = 7$ mm Hg zu rechnen ist. Als Reststandardabweichung ergab sich $\sigma = 4$ mm Hg. Dann *ist* $\lambda = 0.05 \times 7/4 = 0.0875$, $\rho^* = 0.0875/\sqrt{0.0875^2 + 1} = 0.0872$, $c = z(0.0872) = 0.0876$ *und damit* $N \approx [1.96 + 0.8416]^2/0.0876^2 + 3 = 1026$. *Mithin sind 1026 parallele Messungen mit beiden Geräten durchzuführen.*

7.2.2 Multiple lineare Regression – Abhängigkeitstest

Sind die Zufallsvariablen y, $x_1, x_2, \ldots, x_m$ mehrdimensional normalverteilt, so ergibt sich anstelle von (7.24) die Regressionsfunktion

$$E(y|x_1, x_2, \ldots, x_k) = \gamma_0 + \gamma_1 x_1 + \ldots + \gamma_m x_m. \tag{7.29}$$

Die Abhängigkeitsstruktur wird durch die von Null verschiedenen Regressionskoeffizienten unter $\gamma_1, \ldots, \gamma_m$ charakterisiert (γ_0 ist ein Lageparameter). Deshalb bezeichnet man die F-Tests, die die Nullhypothese, daß k (festgelegte) dieser Regressionskoeffizienten verschwinden, prüfen, als **Abhängigkeitstests**. Die Alternativhypothese besagt dann, daß mindestens einer dieser Koeffizienten von Null verschieden ist.

Bezüglich der Details muß auf die einschlägigen Lehrbücher zur Regressionsanalyse verwiesen werden. Von Bedeutung ist im Augenblick nur die Tatsache, daß die oben genannte Nullhypothese genau dann wahr ist, wenn der entsprechende **partiellmultiple Korrelationskoeffizient** verschwindet. Wird nur ein bestimmter Regressionskoeffizient herausgegriffen, so testet man, ob der entsprechende **partielle Korrelationskoeffizient** von Null verschieden ist oder nicht. Soll geprüft werden, ob überhaupt eine Abhängigkeit von den Regressoren x_i besteht, so ist die Nullhypothese $H_0 : \gamma_1 = \gamma_2 = \ldots = \gamma_m$ äquivalent zu der Nullhypothese, daß der **multiple Korrelationskoeffizient** $R = 0$ ist. Die Quadrate dieser Korrelationskoeffizienten werden als **Bestimmtheitsmaße** bezeichnet. Speziell ist

$$B = R^2 = 1 - \frac{\sigma^2}{\sigma_y^2} \tag{7.30}$$

das **multiple Bestimmtheitsmaß**. Da σ^2/σ_y^2 den Anteil der **Restvarianz** σ^2 an der Gesamtvarianz σ_y^2 von y beschreibt, ist B der Anteil, der auf die Variation der Regressoren x_i zurückgeführt werden kann. Ist die Reststreuung (die Streuung um die Regressionsfunktion) klein, so ist die Bestimmtheit groß. Im Falle $B = 0$ ist y von den Regressoren unabhängig. Dann ist die Restvarianz gleich der "Ausgangsvarianz".

Der F-Test zur Prüfung der Nullhypothese, daß k (festgelegte) Regressionskoeffizienten verschwinden, besitzt $df_z = k$ Freiheitsgrade für den Zähler und $df = N - k - 1$ Freiheitsgrade für den Nenner. BOCK (1978) hat gezeigt, daß sich das Risiko zweiter Art β aus einer Reihe der Gestalt

$$\beta = \sum_{j=0}^{\infty} w_j I_z(k/2 + j, df/2) \tag{7.31}$$

berechnen läßt. Dabei bezeichnen die $I_z(.,.)$ Verteilungsfunktionen von Betaverteilungen an der Stelle

$$z = \frac{kF_{1-\alpha}}{(df + kF_{1-\alpha})} \tag{7.32}$$

($F_{1-\alpha}$ ist der kritische Wert des F-Testes) und die w_j die Einzelwahrscheinlichkeiten einer negativen Binomialverteilung. Da in SAS die Verteilungsfunktionen beider Verteilungen verfügbar sind, und die Reihe (7.31) relativ schnell konvergiert, kann β leicht berechnet werden. Aber auch wenn diese Funktionen nicht zur Verfügung stehen, ist es relativ einfach ein Programm zu erstellen, daß die Power $1 - \beta$ aus der Reihe

$$1 - \beta = \alpha + \sum_{j=1}^{\infty} w_j(A_1 + A_2 + \ldots + A_j) \tag{7.33}$$

bestimmt. Für die Glieder gelten mit $p = k/2$, $q = df/2$ und dem entspechenden Bestimmtheitsmaß B_k die Rekursionsbeziehungen

$$w_0 = (1 - B_k)^{p+q}, \quad w_j = \frac{p+q+j-1}{j}B_kw_{j-1} \quad (j = 1, 2, \ldots), \tag{7.34}$$

$$A_1 = \frac{z^p(1-z)^q}{pB(p,q)}, \quad A_j = \frac{p+q+j-2}{p+j-1}zA_{j-1} \quad (j = 2, 3, \ldots). \tag{7.35}$$

$B(p,q)$ ist die vollständige Betafunktion. Aus diesen Beziehungen ist sofort ersichtlich, daß die Power außer von der Irrtumswahrscheinlichkeit α und den Freiheitsgraden nur von dem Bestimmtheitsmaß abhängt. Zur Bestimmung des Stichprobenumfangs wird keinerlei Varianzschätzung benötigt. Es muß nur die Stärke des Zusammenhangs (das Bestimmtheitsmaß) festgelegt werden, bei der mit vorgegebener Power ein signifikantes Testergebnis auftreten soll.

In dem auf Diskette erhältlichen SAS-Programm N_CORR wird die Power auf die gerade beschriebene Weise berechnet. Der Stichprobenumfang zu vorgegebenem Bestimmtheitsmaß ergibt sich aus einer iterativen Prozedur. Für $\alpha = 0.05$ und die Power von 0.80 können die Freiheitsgrade $df = N - k - 1$ aus Tabelle T12 abgelesen werden. Der benötigte Stichprobenumfang ist $N = df + k + 1$.

Fortsetzung von Beispiel 7.3: *Da es nur eine Einflußvariable gibt, ist $k = 1$. Wir wollten den Zusammenhang mit der Power 0.80 aufdecken, falls $\rho = 0.5$ also $B = 0.5^2 = 0.25$ ist. Aus der ersten Spalte von Tabelle T12 lesen wir für $B = 0.25$ die Restfreiheitsgrade $N - 2 = 27$ ab. Der exakte Stichprobenumfang $N = 29$ stimmt mit dem vorher approximativ berechneten Umfang überein.*

Fortsetzung von Beispiel 7.4: *Tabelle T12 reicht nicht aus, zu $\rho^* = 0.0872$ bzw. $B = 0.0872^2 = 0.0076$ den Umfang zu bestimmen. Das Programm N_CORR liefert den Ausdruck*

```
Exakte Freiheitsgrade DF_N des Nenners (Rest) des F-Testes
H0:B=0, HA:B>0, Bestimmtheit: B=R*R, R-multipler, partieller
Korrelationskoeffizient, DF_Z - Freiheitsgrade des Zaehlers
```

ALPHA	DF_Z	B	POWER0	POWER	DF_N
0.05	1	.0076	0.8	0.80019	1028

Der approximativ berechnete Umfang weicht nur geringfügig von dem exakten Umfang $N = 1028 + 2 = 1030$ ab.

7.3 Schlußfolgerungen und Empfehlungen

• *In der Regressionsanalyse Modell I (feste Einflußvariable) setzt die Bestimmung des Stichprobenumfangs die Modellwahl und die Wahl der Meßstellen voraus.*

• Für Probleme der Regression Modell I, die auf einen *t-Test* führen (Test auf Abhängigkeit, Parallelitätstest für zwei Regressionsgeraden), können die Approximationsformeln (4.8), (4.9) und Tabelle T5 genutzt werden. Es muß lediglich der Nichtzentralitätsparameter spezifiziert werden.

• Der Nichtzentralitätsparameter eines (beliebigen) *F-Tests* zum Prüfen einer linearen Hypothese im Modell I kann, wie in der Varianzanalyse, mit Hilfe der üblichen Statistiksoftware berechnet werden (Abschnitte 7.1.2 und 7.1.3). Durch Vervielfachung eines Basisplans wird der Umfang soweit erhöht, daß die vorgegebene Power erreicht wird. Beispielprogramme dafür sind N_REGR1 und N_REGR2.

• *Während die Auswertung für Modell I und Modell II (zufällige Einflußvariable) gleich ist, unterscheidet sich die Versuchsplanung erheblich.* Einerseits sind im Modell II keine Meßstellen vorzugeben, andererseits treten als nichtzentrale Verteilungen im allgemeinen keine F-Verteilungen auf.

• Für die einfache lineare Regression *Modell II* gestattet die Zurückführung auf Tests für den Korrelationskoeffizienten und die Verwendung der Fisherschen z-Transformation die Ableitung einfacher Approximationsformeln (z.B. (7.26)).

• Für den Vergleich von beliebigen *partiellen und multiplen Korrelationskoeffizienten* kann der Stichprobenumfang mit dem SAS-Programm N_CORR berechnet oder mit Hilfe von Tabelle T12 bestimmt werden.

8. Der Stichprobenumfang für Überlebenszeitanalysen

Inhalt

8.1   Einfache Approximationsformeln

Wie bereits in Kapitel 1, Beispiel 1.7 bemerkt, beschränkt sich der Begriff der **Überlebenszeit** nicht auf echte Überlebenszeiten oder **Lebensdauern** – wie sie z.B. in
Krebsstudien, nach einer Herztransplantation oder bei technischen Bauelementen beobachtet werden. Allgemeiner ist darunter der zufällige zeitliche Abstand zwischen einem
Starterereignis und einem Zielereignis (Eintritt in eine Studie – Genesung, erster Infarkt
– zweiter Infarkt, Serokonversion nach HIV-Infektion – Ausbruch von AIDS, Organ-
transplantation – erste Abstoßungsreaktion) zu verstehen. Zum leichteren Verständnis
wollen wir Studien, bei denen der Tod das Zielereignis ist, vor Augen haben. Wir sprechen im weiteren von **Sterbe- und Überlebenswahrscheinlichkeiten**, auch wenn
das Zielereignis nicht immer der Tod ist.

Die Verteilungsfunktion $F(t)$ der Überlebenszeit gibt die Wahrscheinlichkeit an, daß
die Überlebenszeit kleiner als die vorgegebene Zeit t ist. Die Komplementärwahrscheinlichkeit

$$S(t) = 1 - F(t) \tag{8.1}$$

ist die Wahrscheinlichkeit, mindestens bis zum Zeitpunkt t zu "überleben". Sie wird
als **Survivalfunktion bzw. Überlebenszeitfunktion** bezeichnet. Das einfachste
verwendete Verteilungsmodell ist die **Exponentialverteilung** mit der Verteilungsfunktion $F(t) = 1 - exp(-\lambda t)$ bzw. der Survivalfunktion $S(t) = exp(-\lambda t)$. Ein anderes
Modell ist z.B. die Weibullverteilung.

Eine stetige Überlebenszeitverteilung kann auch durch die sogenannte **Hazardrate**

$$\lambda(t) = \frac{-dS(t)/dt}{S(t)} \tag{8.2}$$

charakterisiert werden. Im diskreten Fall tritt an die Stelle des Differentialquotienten
ein Differenzenquotient. Die bedingte Wahrscheinlichkeit, daß ein Patient, der bis zum
Zeitpunkt t überlebt hat, in einem kurzen darauffolgenden Zeitintervall der Länge Δt
stirbt, ist $\lambda(t)\Delta t$. Ein Beispiel wäre die Wahrscheinlichkeit, daß ein Krebspatient, der 2
Jahre überlebt hat, am nächsten Tag stirbt (falls Tage als Zeiteinheit gewählt wurden,
also $\Delta t = 1$ ist).

Im allgemeinen ist die Hazardrate zeitabhängig. Im Falle der Exponentialverteilung
ist sie aber konstant, $\lambda(t) = \lambda$. Die Exponentialverteilung ist daher in den meisten
Situationen ein eher unrealistisches oder nur für kürzere Zeiträume gültiges Modell.
Es hat sich z.B. als Verteilungsmodell für die Lebensdauer elektronischer Bauelemen-
te, bei denen kaum eine Alterung zu verzeichnen ist, bewährt. Dennoch basieren

die anfänglichen Betrachtungen zum erforderlichen Stichprobenumfang für Survival-studien hauptsächlich auf diesem Modell und auf asymptotischen Normalverteilungs-tests (PASTERNACK und GILBERT (1971), GEORGE und DESU (1974), BERNSTEIN und LAGAKOS (1978), RUBINSTEIN, GAIL und SANTNER (1981), LACHIN (1981) und LACHIN und FOULKES (1986)).

Die Arbeiten von FREEDMAN (1982) und SCHOENFELD (1981) beziehen sich bereits auf den nichtparametrischen **Logrank-Test** von TARON und WARE (1977). GAIL (1985) diskutierte die Anwendbarkeit der für den Vergleich von Wahrscheinlichkeiten entwickelten approximativen Stichprobenumfangsformeln für den Logrank-Test. Über die Effizienz der Test gibt die Arbeit von CUSICK (1982) Auskunft.

ARMITAGE (1959, 1975) entwickelte einen nichtparametrischen Test, bei dem als Prüf-größe die Häufigkeit der Präferenz einer der beiden zu vergleichenden Behandlungen verwendet wird. SCHUMACHER (1981) berechnete die Power bzw. den Stichproben-umfang für diesen Test auf der Grundlage der Ergebnisse von MIETTINEN (1968) zur Power des McNemar-Tests.

GEORGE und DESU (1974) unterstellen als Patienteneingangsstrom einen Poissonpro-zeß, eine Randomisierung im Verhältnis 1:1 zu den Behandlungen E (**Prüfbehand-lung**) und C (**Kontrollbehandlung**), exponentialverteilte Überlebenszeiten mit den Hazardraten λ_E bzw. λ_C sowie eine Beobachtung aller Patienten bis zum Eintritt des Zielereignisses. Zu testen sind die Hypothesen

$$H_0 : \Delta = 1 \quad vs. \quad H_A : \Delta \neq 1 \tag{8.3}$$

bei vorgegebener Irrtumswahrscheinlichkeit α (zweiseitig), wobei

$$\Delta = \frac{\lambda_C}{\lambda_E} \tag{8.4}$$

den **Hazardquotienten** der beiden Behandlungen bezeichnet. Da der Median $\tilde{t}$ der Überlebenszeit im Falle einer Exponentialverteilung mit der Hazardrate λ über die Beziehung $\tilde{t} = ln(2)/\lambda$ verknüpft ist, ist $1/\Delta = \tilde{t}_C/\tilde{t}_E$ der Quotient der Mediane der Überlebenszeitverteilungen.

Der approximative Gesamtumfang $N = 2n$ (n = Gruppenumfang) für den Maximum-Likelihood Test ergibt sich aus

$$N = \frac{4[u_{1-\alpha/2} + u_{1-\beta}]^2}{ln^2(\Delta)}, \tag{8.5}$$

wenn der Test für den vorgegebenen wahren Hazardquotienten $\Delta \neq 1$ die Power $1 - \beta$ erreichen soll. Die u-Quantile können aus der letzten Zeile von Tabelle T2 abgelesen werden.

Im allgemeinen können aber Studien nicht solange fortgesetzt werden, bis bei allen Patienten das Zielereignis eingetreten ist. Vielmehr werden die Patienten über einen vorgegebenen Zeitraum T rekrutiert, an den sich ein festgelegter Beobachtungszeitraum

τ (follow-up) anschließt. Bei Abbruch der Studie zum Zeitpunkt $T + \tau$ ist bei einem Teil der Patienten das Zielereignis noch nicht aufgetreten. Von diesen ist die wirkliche Überlebenszeit nicht bekannt, nur ihre Verweildauer in der Studie (siehe auch Beispiel 1.7). Diese wird als **zensierte Überlebenszeit** bezeichnet. Man spricht von **rechtsseitiger Zensierung** bzw. **administrativer Zensierung** (Zensierung aufgrund des Abbruchs der Studie). Andere Gründe für eine Zensierung sind z.B. der Rückzug von Patienten aus der Studie, ein Ausfall aufgrund einer anderweitigen Erkrankung u.a.m.. Bei den in diesem Abschnitt angeführten Approximationsformeln wird – wenn nicht ausdrücklich anders vermerkt – stets eine gleichmäßige **Rekrutierung** über den Zeitraum T vorausgesetzt (Dichtefunktion $f(t) = 1/T$ über $[0, T]$, 0 sonst).

SCHOENFELD (1981) verallgemeinerte (8.5) einerseits hinsichtlich ihrer Anwendung bei Zensierung, indem er zeigte, daß die Power durch die erwartete Anzahl N_D der Zielereignisse (z.B. Todesfälle) bestimmt ist. Zu vorgegebener Power $1 - \beta$ kann diese approximativ aus

$$N_D = \frac{[u_{1-\alpha/2} + u_{1-\beta}]^2}{\vartheta(1 - \vartheta)ln^2(\Delta)}, \tag{8.6}$$

berechnet werden. Dabei bezeichnet ϑ den Anteil der Patienten, die bei der Randomisierung der Kontroll-Behandlung C zugeordnet werden. Da die erwartete Anzahl von Todesfällen $N_D = N \cdot P(D)$ ist, wobei

$$P(D) = \vartheta P_C + (1 - \vartheta)P_E \tag{8.7}$$

die Wahrscheinlichkeit für das Auftreten des Zielereignisses (Todesfälle in beiden Gruppen) bezeichnet, ergibt sich der Umfang der Studie näherungsweise aus

$$N = \frac{N_D}{P(D)}. \tag{8.8}$$

(8.5) ist der Spezialfall mit 1:1-Randomisierung (d.h. $\vartheta = 0.5$), bei dem die Studie solange fortgesetzt wird, bis bei allen Patienten das Zielereignis eingetreten ist (d.h. ohne Zensierung, $P(D) = 1$).

Wird eine Exponentialverteilung vorausgesetzt, so können die Wahrscheinlichkeiten für Todesfälle in den beiden Gruppen ($i = E, C$) explizit aus

$$P_i(D) = \int_0^T \frac{1 - e^{-\lambda_i(T+\tau-t)}}{T}dt = 1 - \frac{e^{-\lambda_i\tau}}{\lambda_i T}[1 - e^{-\lambda_i T}] \tag{8.9}$$

bestimmt werden. Nomogramme sind bei SCHOENFELD und RICHTER (1982) zu finden.

RUBINSTEIN, GAIL und SANTNER (1981) bestimmten (im Falle $\vartheta = 1/2$) den Umfang aus

$$N = \frac{[u_{1-\alpha/2} + u_{1-\beta}]^2}{ln^2(\Delta)}[1/P_E + 1/P_C] \tag{8.10}$$

mit P_i aus (8.9).

SCHOENFELD (1981) konnte andererseits auch zeigen, daß die Approximation (8.8) gültig bleibt, wenn die Annahme der Exponentialverteilung fallen gelassen wird und statt dessen das **"proportional hazard model"** von COX (1972) unterstellt wird. Bei diesem dürfen die Hazardraten $\lambda_E(t)$ und $\lambda_C(t)$ mit der Verweildauer t in der Studie variieren. Es wird aber verlangt, daß ihr Verhältnis konstant bleibt:

$$\frac{\lambda_C(t)}{\lambda_E(t)} = \Delta = const \quad (t \geq 0). \tag{8.11}$$

Daraus folgt

$$S_E(t) = S_C^{1/\Delta}(t). \tag{8.12}$$

Zum Vergleich der Survivalfunktionen bzw. Hazardraten wird der **Logrank-Test** herangezogen. Dieser lehnt die Nullhypothese $H_0 : \Delta = 1$ ab, wenn

$$\frac{[\sum_i z(t_i) - r(t_i)]^2}{\sum_i r(t_i)[1 - r(t_i)]} > u_{1-\alpha/2}^2 \tag{8.13}$$

ist. Dabei erstreckt sich die Summation über die $m = N_D$ Zeitpunkte $t_1 < t_2 < \ldots < t_m$, an denen das Zielereignis (Tod) aufgetreten ist. $r(t_i)$ bezeichnet den Prüfgruppenanteil unmittelbar vor t_i noch lebender und nichtzensierter Patienten (**Patienten unter Risiko**) und $z(t_i)$ ist gleich 1 oder 0, je nachdem, ob die zum Zeitpunkt t_i verstorbene Person zur Prüfgruppe (E) gehört oder nicht.

Die Sterbewahrscheinlichkeiten können nach der Simpsonschen Regel näherungsweise aus

$$P_i(D) = 1 - \int_\tau^{\tau+T} \frac{S_i(t)}{T}dt \approx 1 - \frac{S_i(\tau) + 4S_i(\tau + T/2) + S_i(\tau + T)}{6} \tag{8.14}$$

mit

$$S_E = S_C^{1/\Delta} \tag{8.15}$$

($i = C, E$) berechnet werden (siehe (8.12), SCHOENFELD (1983)). Das auf Diskette erhältliche SAS-Programm N_SCHOEN verwendet diese Formeln.

Sehr ähnlich zu (8.6) ist die ebenfalls für den Logrank-Test abgeleitete Approximationsformel von FREEDMAN (1982)

$$N_D = \frac{[u_{1-\alpha/2} + u_{1-\beta}]^2}{\vartheta(1-\vartheta)} \frac{[(1-\vartheta) + \vartheta\Delta]^2}{[1-\Delta]^2},$$

(8.16)

zur Berechnung der Anzahl der Todesfälle. Der Studienumfang wird wiederum nach (8.8) bestimmt. Dabei empfiehlt er, die Ereigniswahrscheinlichkeiten P_E und P_C für die mittlere Gesamtdauer der Beobachtung der Patienten zu berechnen. Diese kann wegen der gleichmäßigen Rekrutierung approximativ als $t_B = T/2 + \tau$ angesetzt werden, woraus sich

$$P_C \approx 1 - S_C(t_B), \quad P_E \approx 1 - S_C^{1/\Delta}(t_B)$$

(8.17)

ergibt. Das ist natürlich eine gröbere Approximation als (8.14) und (8.15). Als SAS-Programm steht N_FREED zur Verfügung.

Beispiel 8.1: *Wir gehen von Beispiel 1.7 aus und vernachlässigen zunächst die Unterteilung in Risikogruppen. Die Patienten werden in den ersten zwei Jahren rekrutiert ($T = 2$) und weitere zwei Jahre beobachtet ($\tau = 2$). Bei der Randomisierung werden 40% der Patienten der Kontrollbehandlung (C) zugeordnet ($\vartheta = 0.4$). Als Irrtumswahrscheinlichkeit sei wie üblich $\alpha = 0.05$ (zweiseitig) vorgegeben. Soll ein Hazardquotient $\Delta = 1.5$ mit der Power $1 - \beta = 0.80$ entdeckt werden, so ergibt sich nach (8.6) die benötigte Anzahl von Ereignissen*

$$N_D = \frac{[1.96 + 0.8416]^2}{0.4 \times 0.6 \times ln^2(1.5)} \approx 198.9,$$

nach Freedman (8.16) dagegen

$$N_D = \frac{[1.96 + 0.8416]^2}{0.4 \times 0.6} \frac{[0.6 + 0.4 \times 1.5]^2}{[1 - 1.5]^2} \approx 188.4.$$

Zur Berechnung der Sterbewahrscheinlichkeiten benötigen wir eine Vorgabe für die Hazardrate in der Kontrollgruppe. Da wir Exponentialverteilung unterstellt haben, sind die Hazardraten die Reziproken der mittleren Überlebenszeiten. Bei einem aggressiven Verlauf der Erkrankung mit der mittleren Überlebensdauer von 1.25 Jahren in der Kontrollgruppe, ist somit $\lambda_C = 1/1.25 = 0.8$ und $\lambda_E = \lambda_C/\Delta = 0.8/1.5 = 0.5333$. Wir erhalten nach (8.9)

$$P_C = 1 - e^{-0.8 \times 2}(1 - e^{-0.8 \times 2})/1.6 = 0.8993$$

und

$$P_E = 1 - e^{-0.5333 \times 2}[1 - e^{-0.5333 \times 2}]/(0.5333 \times 2) = 0.7884,$$

also $P(D) = 0.4 \times 0.8993 + 0.6 \times 0.7884 = 0.8328$. In (8.8) eingesetzt führt das zu den Gesamtumfängen $N = 239$ nach Schoenfeld bzw. $N = 227$ nach Freedman.

Im Falle der Exponentialverteilung mit $\lambda_C = 0.80$ nimmt die Survivalfunktionen die Werte $S_C(\tau) = e^{-1.6} = 0.2019$, $S_C(\tau + T/2) = e^{-2.4} = 0.0907$ und $S_C(\tau + T) = e^{-3.2} = 0.0408$ an. Daraus ergeben sich nach (8.14), (8.15) die Sterbewahrscheinlichkeiten

$$P_C(D) \approx 1 - (0.1353 + 4 \times 0.049 + 0.018)/6 = 0.8991$$

bzw. $P_E \approx 0.7883$. Diese Werte stimmen fast mit den exakten Werten überein. Mit $P(D) = 0.8326$ errechnen sich nach Schoenfeld die Gruppenumfänge 96 und 144 und damit der Gesamtumfang 240.

Das Programm N_SCHOEN liefert den Ausdruck

```
        N_TOTAL - Gesamtumfang nach Schoenfeld
          Gesamtdauer 4 Jahre, Rekrutierung 2 Jahre
      Kontrollanteil Theta=0.4,  Hazardquotient DELTA=1.5
     PD=Wahrscheinlichkeit,ND=Anzahl kritischer Ereignisse

SEITIG ALPHA POWERO P_C     P_E      PD       ND     N_C N_E  N_TOTAL

  2    0.05   0.8  0.89908 0.78830 0.83261 198.925  96  144    240
```

Die von Freedman vorgeschlagenen Näherungen (für $t_B = 2 + 2/2 = 3$) $P_C \approx 1 - S_C(3) = 1 - e^{-2.4} = 1 - 0.0907 = 0.9093$ und $P_E \approx 1 - 0.0907^{1/1.5} = 0.7981$ liefern $P(D) = 0.8426$ und damit die Gruppenumfänge 90 und 135 sowie den Gesamtumfang 225.

Der Vorteil der Approximationen ist, daß sie auch dann verwendet werden können, wenn keine Exponentialverteilung vorliegt. Es müssen nur die entsprechenden Werte der Survivalfunktion der Kontrolle aus einem vorhergehenden Experiment bekannt sein.

Das Programm N_FREED liefert

```
             N_TOTAL - Gesamtumfang nach Freedman
    Gesamtdauer 4 Jahre, Rekrutierung 2 Jahre,Kontrollanteil Theta=0.4
    SURV_C- vorgeg. Survivalrate in der Kontrolle, DELTA-Hazardquotient
    PD-Ereignisrate, ND - Anzahl Ereignisse, N_C, N_E - Gruppenumfaenge

       SEITIG     ALPHA     POWERO    DELTA    SURV_C

         2        0.05       0.8       1.5      0.0907


   P_C    P_E       PD        ND      N_C   N_E   N_TOTAL

 0.9093 0.79813 0.84260  188.373     90    135      225
```

Für den Fall einer ausgewogenen Randomisierung erhalten wir nach Schoenfeld $N_D = 191$ und $N = 228$ bzw. nach Freedman $N_D = 196.2$ und $N = 230$.

GROSS und CLARK (1975), LACHIN (1981) und LACHIN und FOULKES (1986) gingen von exponentialverteilten Überlebenszeiten aus. Sie verwenden einen asymptotischen Test, bei dem nicht die Verteilung des Logarithmus des Hazardquotienten, sondern die Verteilung der Differenz der Maximum-Likelihood-Schätzungen durch eine Normalverteilung approximiert wird. Aus der Grundgleichung (4.54) kann dann die Approximationsformel

$$N = \frac{\left[u_{1-\alpha/2}\sqrt{\Psi_{C0}/\vartheta + \Psi_{E0}/(1-\vartheta)} + u_{1-\beta}\sqrt{\Psi_C/\vartheta + \Psi_E/(1-\vartheta)}\right]^2}{(\lambda_C - \lambda_E)^2}, \qquad (8.18)$$

mit $\Psi_{C0} = \Psi(\overline{\lambda}, \gamma, \eta_C)$, $\Psi_{E0} = \Psi(\overline{\lambda}, \gamma, \eta_E)$, $\overline{\lambda} = \vartheta\lambda_C + (1-\vartheta)\lambda_E$, $\Psi_C = \Psi(\lambda_C, \gamma, \eta_C)$, $\Psi_E = \Psi(\lambda_E, \gamma, \eta_E)$ sowie

$$\Psi(\lambda, \gamma, \eta) = \lambda^2 \left[\frac{\lambda}{\lambda + \eta} + \frac{\lambda \gamma e^{-(\lambda+\eta)(T+\tau)}[1 - e^{(\lambda+\eta-\gamma)T}]}{(1 - e^{-\gamma T})(\lambda + \eta)(\lambda + \eta - \gamma)} \right]^{-1} \tag{8.19}$$

abgeleitet werden. Diese ist z.B. im Programm NCSS-PASS von HINTZE (1991) (als SOLO übernommen in BMDP) und in dem auf Diskette erhältlichen SAS-Programm N_LACHF implementiert.

Der Parameter γ charakterisiert den Rekrutierungsverlauf. Als Verteilung der Eintrittszeiten in die Studie wird die **gestutzte Exponentialverteilung** mit der Dichte

$$g(t) = \frac{\gamma e^{-\gamma t}}{1 - e^{-\gamma T}} \quad 0 \le t \le T \tag{8.20}$$

unterstellt. Für $\gamma \to 0$ und damit $(1 - exp(-\gamma T))/\gamma \to T$ ergibt sich die Gleichverteilung. Ist $\gamma > 0$, so nimmt die Anzahl der pro Zeiteinheit rekrutierten Patienten ab, bei negativem γ nimmt sie zu. Ob praktische Rekrutierungsverläufe wirklich diese Gestalt haben, ist fraglich. Die Annahme eines gleichmäßigen Rekrutierungsverlaufes ist aber weit weniger realistisch.

Neben der administrativen Zensierung wird eine zufällige Zensierung aus anderweitigen Gründen zugelassen. Als Verteilungen dieser Zensierungszeiten werden Exponentialverteilungen mit den Ausfallraten η_C und η_E unterstellt, wobei vorausgesetzt wird, daß die Zensierungszeiten unabhängig von den Überlebenszeiten sind.

Eine ausführliche Diskussion der Eigenschaften der Approximationsformel (8.18) findet man bei FRICK (1991).

Fortsetzung von Beispiel 8.1: *Das Programm N_LACHF liefert den Ausdruck*

```
        N_TOTAL - Gesamtumfang nach Lachin und Foulkes
    Gesamtdauer 4 Jahre, Rekrutierung 2 Jahre,Kontrollanteil Theta=0.4
        Hazardraten: LAMBDA_C, LAMBDA_E, Gruppenumfaenge: N_C, N_E
    Rekrutierungsrate: GAMMA, Hazardraten fuer Ausfaelle: ETA_C, ETA_E

SEITIG ALPHA POWERO LAMBDA_C LAMBDA_E GAMMA ETA_C ETA_E N_C N_E N_TOTAL

  2    0.05  0.8    0.8      0.53333   0    0.00  0.00   94 141   235
  2    0.05  0.8    0.8      0.53333  -2    0.00  0.00  101 151   252
  2    0.05  0.8    0.8      0.53333   0    0.05  0.15  103 154   257
```

Unter den gleichen Annahmen wie vorher, d.h. für gleichmäßige Rekrutierung ($\gamma = 0$) und rein administrative Zensierung ($\eta_C = \eta_E = 0$), ist der geforderte Gesamtumfang $N = 235$, bei ausgewogener Randomisierung ($\vartheta = 0.5$) ergäbe sich $N = 232$. Die zweite Zeile zeigt den Einfluß einer konkaven Eintrittsverteilung ($\gamma < 0$) auf den Umfang. In der dritten Zeile wurden unterschiedliche Ausfallraten in den beiden Gruppen unterstellt.

BERNSTEIN und LAGAKOS (1978) leiteten für den Fall exponentialverteilter Überlebenszeiten und eines gleichförmigen Patienteneingangsstroms die Approximationsformel

$$N = \frac{\left[u_{1-\alpha/2}/\sqrt{\gamma(1)} + u_{1-\beta}/\sqrt{\gamma(\Delta)}\right]^2}{T\vartheta(1-\vartheta)ln^2(\Delta)} \tag{8.21}$$

ab. Diese unterscheidet sich von der von Schoenfeld einerseits dadurch, daß unter der Null- und Alternativhypothese unterschiedliche asymptotische Varianzen in die Grundgleichung (4.54) eingesetzt werden, und andererseits durch die Erweiterung auf geschichtete Populationen. In den a Schichten, die jeweils den Anteil p_j ($j = 1, 2, \ldots, a$, $\sum p_j = 1$) an der Population besitzen, dürfen die Hazardraten λ_{Cj} der Kontrolle unterschiedlich sein. Es wird lediglich ein konstanter Hazardquotient $\Delta = \lambda_{Cj}/\lambda_{Ej}$ unterstellt. Als Test wird ein asymptotischer stratifizierter Normalverteilungstest mit optimalen Gewichten für die Schichten konstruiert.

Die Koeffizienten der u-Quantile in (8.21) werden aus

$$\gamma(\Delta) = \sum_{j=1}^{a} \frac{p_j P_{Cj} P_{Ej}}{(1-\vartheta)P_{Cj} + \vartheta P_{Ej}} \tag{8.22}$$

berechnet. Die Sterbewahrscheinlichkeiten P_{Cj} und P_{Ej} ergeben sich nach (8.9), wenn die entsprechenden Hazardraten der Schichten eingesetzt werden. Für $\Delta = 1$ gilt $P_{Ej} = P_{Cj}$.

Das auf Diskette erhältliche SAS-Programm N_BERNST stellt eine Implementation dieser Formeln dar.

Fortsetzung von Beispiel 8.1: *Gehen wir von der in Beispiel 1.7 beschriebenen Schichtung aus und soll wie vorher ein Hazardquotient von 1.5 mit der Power 0.80 erkannt werden, so liefert das Programm N_BERNST den Ausdruck*

```
            Gesamtumfang nach Bernstein und Lagakos
            Gesamtdauer 4 Jahre, Rekrutierung 2 Jahre
        Hazardquotient Delta=1.5,  Kontrollanteil Theta=0.4
   N_C, N_E - Umfaenge, P_C, P_E - Ereignisraten in den Gruppen

SEITIG  ALPHA  POWERO    P_C       P_E       N_C    N_E    N_TOTAL

  2     0.05    0.8    0.88558   0.77558     92    138      230


              Schichtenspezifische Werte
          SP_C, SP_E - Ereignisraten in den Schichten
    LAMBDA_C, LAMBDA_E - Hazardraten, DELTA=LAMBDA_C/ LAMBDA_E

SCHICHT  ANTEIL  LAMBDA_C  LAMBDA_E   DELTA     SP_C      SP_E

   1      0.3      1.0      0.66667    1.5     0.94149   0.85441
   2      0.5      0.8      0.53333    1.5     0.89929   0.78840
   3      0.2      0.5      0.33333    1.5     0.76746   0.62527
```

dem die Zwischenergebnisse der Berechnung zu entnehmen sind. Der Gesamtumfang ist $N = 230$. Bei ausgewogener Randomisierung ergäbe sich $N = 222$.

SCHOENFELD (1983) schlug für den Fall der Stratifizierung vor, die Sterbewahrscheinlichkeiten nach (8.14), (8.15) getrennt für die Schichten zu berechnen und dann das
mit den Anteilen der Schichten gewichtete Mittel zu bilden.

Fortsetzung von Beispiel 8.1: *Das Programm N_SCHOE1 produziert den Ausdruck*

```
        N_TOTAL - Gesamtumfang nach Schoenfeld
           Gesamtdauer 4 Jahre, Rekrutierung 2 Jahre
        Kontrollanteil Theta=0.4, Hazardquotient DELTA=1.5
       PD=Wahrscheinlichkeit,ND=Anzahl kritischer Ereignisse

SEITIG ALPHA POWERO   P_C     P_E      PD       ND    N_C  N_E  N_TOTAL

  2    0.05   0.8  0.88538 0.77548 0.81944 198.925   98  146    244
```

```
   Ueber Schichten gemittelte Ueberlebenswahrscheinlichkeiten
              SDELTA=log(MSURV_C)/log(MSURV_E)

        YEAR     MSURV_C    MSURV_E    SDELTA

         2       0.21513    0.35384    1.47899
         3       0.10492    0.21512    1.46729
         4       0.05294    0.13279    1.45544
```

*Es ergibt sich ein größerer Umfang als nach Bernstein und Lagakos. Die aus den mittleren Survivalraten
berechneten Hazardquotienten liegen nahe an 1.5, d.h., auch für die Mischpopulation gilt noch in guter
Näherung die Annahme eines konstanten Hazardquotienten.*

Anders als im Beispiel 8.1 ist die Situation in dem folgenden von SCHOENFELD (1983)
zitierten Beispiel:

Beispiel 8.2: *Aus einer Studie zur Chemo- und Strahlentherapie von Gehirntumoren liegen folgende
Ergebnisse zu prognostischen Untergruppen (Schichten) für den Kontrollarm (Bestrahlung) vor*

Schicht	Alter (Jahre)	Nekrose	Anzahl	Median der Überlebensdauer (Monate)
1	$\leq$ 40	nein	21	29.1
2	$\leq$ 40	ja	22	15.7
3	40 − 60	nein	24	26.5
4	40 − 60	ja	125	9.3
5	> 60	nein	5	7.9
6	> 60	ja	75	5.0

*Aus den Anzahlen von Patienten ergeben sich die Anteile der Schichten. Unterstellt man in den einzel-
nen Schichten Exponentialverteilungen, so können aus dem jeweiligen Median die jährliche Hazardrate
der Schicht gemäß der Beziehung $\lambda_{Cj} = 12 * ln(2)/Median$ berechnet werden, und aus dieser die
schichtenspezifischen Survivalraten*

$$SURVC\_1 = S_{Cj}(\tau) = exp(-\lambda_{Cj}\tau) = exp(-\lambda_{Cj}),$$

$$SURVC\_2 = S_{Cj}(\tau + T/2) = exp(-\lambda_{Cj}(\tau + T/2)) = exp(-\lambda_{Cj} * 2),$$

$$SURVC\_3 = S_{Cj}(\tau + T) = exp(-\lambda_{Cj}(\tau + T)) = exp(-\lambda_{Cj} * 3).$$

SCHICHT	ANTEIL	SURVC_1	SURVC_2	SURVC_3
1	0.07721	0.75139	0.56458	0.42422
2	0.08088	0.58873	0.34660	0.20405
3	0.08824	0.73061	0.53379	0.38999
4	0.45956	0.40886	0.16717	0.06835
5	0.01838	0.34893	0.12175	0.04248
6	0.27574	0.18946	0.03590	0.00680

Das Programm N_SCHOE2 bestimmt die gewichteten Mittel und daraus die Sterbewahrscheinlichkeiten und den Umfang.

```
        N_TOTAL - Gesamtumfang nach Schoenfeld
        Gesamtdauer 3 Jahre, Rekrutierung 2 Jahre
     Kontrollanteil Theta=0.5,  Hazardquotient DELTA=1.5
     PD=Wahrscheinlichkeit,ND=Anzahl kritischer Ereignisse

SEITIG ALPHA POWERO   P_C     P_E      PD       ND     N_C N_E N_TOTAL

  2    0.05   0.8  0.77248 0.65802 0.71525 190.968  134 134   268
```

```
Ueber Schichten gemittelte  Ueberlebenswahrscheinlichkeiten
        SDELTA=log(MSURV_C)/log(MSURV_E)
```

YEAR	MSURV_C	MSURV_E	SDELTA
1	0.41665	0.54543	1.44432
2	0.20769	0.32470	1.39726
3	0.11774	0.20769	1.36111

Der Gesamtumfang von N = 268 Patienten ist entsprechend den Anteilen der Schichten aufzuteilen. Die aus den mittleren Survivalraten bestimmten Hazardquotienten sind nicht konstant über die Zeit. Das war aber eine der Voraussetzungen für die Anwendbarkeit der Approximationsformel. Wie wir im nächsten Abschnitt sehen werden, ist der berechnete Umfang der Studie zu klein.

8.2   Modellierung komplexer Studien

Die im vorhergehenden Abschnitt geschilderten Methoden basieren teilweise auf sehr restriktiven Annahmen, die bei Langzeitstudien nur selten erfüllt sein dürften. Konstante Hazardraten sind eher die Ausnahme oder nur für kürzere Zeitabschnitte anzunehmen. Es gibt aber auch Studien, bei denen nicht einmal ein konstanter Hazardquotient unterstellt werden kann. Das ist z.B. naheliegend, wenn eine Arzneimitteltherapie mit einer operativen Therapie verglichen wird, bei der nach Überleben der kritischen postoperativen Phase höhere Überlebenschancen zu erwarten sind. Dann sind Tests, die die Überlebenswahrscheinlichkeiten anders wichten als der Logrank-Test (z.B. der Test von GEHAN (1965)), angebracht.

Andere Faktoren, die die Power des Testes beeinflussen können, sind ungleichmäßige Rekrutierung, Nichtbefolgung der Therapieanweisungen (**Noncompliance**), Ausfälle von Patienten aufgrund von anderweitigen Erkrankungen oder unvorhersehbaren Ereignissen, Unbalanciertheit bezüglich prognostischer Variablen oder Risikofaktoren, Schichtungen in der Population, Zentrumseffekte in multizentrischen Studien u.a.m.. Methoden zur Einbeziehung dieser Faktoren wurden bereits von SCHORK und REMINGTON (1967) sowie HALPERIN, ROGOT, GURIAN und EDERER (1968) beschrieben. Die Ansätze von BERNSTEIN und LAGAKOS (1978), SCHOENFELD (1983), LACHIN und FOULKES (1986) haben wir zum Teil schon im vorhergehenden Abschnitt besprochen. In diesem Abschnitt sollen ein allgemeiner Ansatz zur Herleitung von Approximationsformeln und eine Modellierung des komplexen Studiengeschehens durch Markoffprozesse vorgestellt werden.

GAIL (1994) stellt die generelle Vorgehensweise zur Ableitung einer Formel für den Stichprobenumfang beim Vergleich zweier Behandlungen in einer Studie wie folgt dar. Die Basisformel für den Stichprobenumfang lautet

$$N = [u_{1-\alpha/2} + u_{1-\beta}]^2 \left[\frac{noise}{signal} \right],$$ (8.23)

wobei $u_{1-\alpha/2}$ und $u_{1-\beta}$ die entsprechenden Quantile der Standardnormalverteilung, α die Irrtumswahrscheinlichkeit des zweiseitigen Tests und $1 - \beta$ die gewünschte Power bezeichnen (beim einseitigen Test ist α anstelle von $\alpha/2$ einzusetzen). "$signal$" ist der Term in der Prüfgröße, der den Unterschied der beiden Behandlungen mißt; durch "$noise$" wird der Einfluß der zufälligen Variation der Beobachtungen auf die Prüfgröße beschrieben.

Sollen zwei Überlebenszeitfunktionen $S_C(t)$ und $S_E(t)$ an einem festen Zeitpunkt t (z.B. am Ende der Studie) miteinander verglichen werden, so kann als Prüfgröße

$$u^2(t) = \frac{\left[\hat{S}_C(t) - \hat{S}_E(t) \right]^2}{\hat{V}\left(\hat{S}_C(t) - \hat{S}_E(t) \right)}$$ (8.24)

verwendet werden. Dabei bezeichnen $\hat{S}_C(t)$ und $\hat{S}_E(t)$ die Kaplan-Meier-Schätzungen der Überlebenswahrscheinlichkeiten und der Nenner eine Varianzschätzung ihrer Differenz. Letztere kann als Summe der Varianzschätzungen

$$\hat{S}_i^2(t) \sum_j \frac{1}{R_j(R_j - 1)} \qquad (i = C, E)$$ (8.25)

nach GREENWOOD (1926) (siehe z.B. TOUTENBURG (1992)) berechnet werden. Dabei durchläuft j die Zeitpunkte vor t, an denen Todesfälle aufgetreten sind. R_j ist die Anzahl von Personen, die gerade vor dem j-ten Todesfall noch leben, d.h. jene Personen, die kurz zuvor unter Risiko standen. Die Nullhypothese, daß die Überlebenswahrscheinlichkeiten zu dem vorgegebenem Zeitpunkt gleich sind, wird abgelehnt, wenn

$u^2 > u^2_{1-\alpha/2}$ ist.

"signal" und **"noise"** sind die asymptotischen Erwartungswerte von Zähler und Nenner der Prüfgröße, also – etwas unscharf formuliert – die Größen, gegen welche Zähler und Nenner für wachsenden Stichprobenumfang streben. Es gilt

$$signal = [S_C(t) - S_E(t)]^2 \tag{8.26}$$

und

$$noise = \frac{S_C^2(t)}{\vartheta} \int_0^t \frac{\lambda_C(u)}{S_C(u)C_C(u)} du + \frac{S_E^2(t)}{(1-\vartheta)} \int_0^t \frac{\lambda_E(u)}{S_E(u)C_E(u)} du. \tag{8.27}$$

Wie vorher ist ϑ der Anteil der Patienten, die bei der Randomisierung der Kontrollgruppe zugeordnet werden. $\lambda_C(t)$, $\lambda_E(t)$ sind die Hazardraten. $C_C(t)$ und $C_E(t)$ bezeichnen die Wahrscheinlichkeiten, mit denen die Zensierungszeiten in der Kontroll- bzw. Prüfgruppe den Wert t überschreiten, d.h. $1 - C_C(t)$ und $1 - C_E(t)$ sind die Verteilungsfunktionen der Zensierungszeiten.

Diese Gleichungen gelten für beliebige Überlebenszeitfunktionen und Zensierungsverteilungen und ermöglichen so die Herleitung von approximativen Stichprobenumfangsformeln für unterschiedliche Verteilungsannahmen und Zensierungsmechanismen.

Aus den Ergebnissen von SCHOENFELD (1981) folgt für den Logrank-Test (8.13)

$$signal = \left[\int_0^{T+\tau} \pi(t)(1 - \pi(u)) ln(\Delta(u)) f(u) du \right]^2 \tag{8.28}$$

mit

$$\Delta(t) = \frac{\lambda_C(t)}{\lambda_E(t)}, \tag{8.29}$$

$$\pi(t) = \frac{\vartheta S_E(t) C_E(t)}{\vartheta S_C(t) C_C(t) + (1-\vartheta) S_E(t) C_E(t)} \tag{8.30}$$

und

$$f(t) = \vartheta S_C(t) C_C(t) \lambda_C(t) + (1-\vartheta) S_E(t) C_E(t) \lambda_E(t) \tag{8.31}$$

sowie

$$noise = \int_0^{T+\tau} \pi(u)(1 - \pi(u)) f(u) du. \tag{8.32}$$

Der Logrank-Test vergleicht die Survivalkurven nicht zu einem festen Zeitpunkt, sondern über den gesamten Verlauf. Ist der Hazardquotient konstant und bleiben die Anzahlen von Patienten unter Risiko in beiden Gruppen im Verlaufe der Studie in etwa gleich (was für $\vartheta = 0.5$, gleiche Zensierung und kleine oder näherungsweise gleiche Anzahlen von Todesfällen in beiden Gruppen erfüllt ist), d.h., gilt $p(t)(1 - p(t)) \approx 1/4$, so folgt

$$\frac{signal}{noise} \approx \frac{1}{4} P(D) ln^2(\Delta). \tag{8.33}$$

Eingesetzt in (8.23) führt das zu der in vorhergehenden Abschnitt zitierten Formeln von Schoenfeld ((8.6), (8.8)).

Die Formeln (8.26)-(8.32) bilden die Basis, den Einfluß verschiedener Faktoren auf den Umfang zu untersuchen. GAIL (1994) zeigt an Beispielen, daß Faktoren, die den Behandlungseffekt "verwässern", d.h. den Hazardquotienten näher an 1 und damit $ln(\Delta)$ näher an 0 heranbringen, wie Noncompliance oder verzögerte Behandlungswirkung, den Stichprobenumfang dramatisch erhöhen können. Eine ungenügende Prüfung der Ein- und Ausschlußkriterien kann ebenfalls zu einer Verwässerung des Effekts führen, z.B. die unbeabsichtigte Aufnahme von infizierten Patienten in eine Studie zur Untersuchung von präventativen Maßnahmen zur Vermeidung von Infektionen. Wie im Beispiel 8.2 gezeigt, hat eine Stratifizierung gegebenenfalls einen erheblichen Einfluß auf den Hazardquotienten. Faktoren, die den Zensierungsmechanismus verändern, beeinflussen die Todesraten und dadurch den Stichprobenumfang.

Die Schwierigkeit bei der praktischen Anwendung obiger Formeln liegt darin, daß die eingehenden Funktionen explizit spezifiziert werden müssen. Die Ergebnisse sind in mehr oder minder starkem Maße durch die gewählten Modelle bestimmt. Numerische Schwierigkeiten können auftreten, wenn die angegebenen Integrale nicht explizit lösbar sind.

Einen völlig anderen Weg gehen WU, FISHER und DeMETS (1980). Sie zerlegen den Gesamtzeitabschnitt, in dem die Studie durchgeführt wird, in kleinere Teilintervalle und unterstellen nur in diesen jeweils konstante Hazardraten und "Dropout"-Raten. Zusätzlich wird angenommen, daß die aus der neuen Therapie ausscheidenden Patienten weiterhin bis zum Ende der Studie unter Beobachtung stehen, wobei eine lineare Annäherung ihrer Sterbewahrscheinlichkeiten an die in der Kontrollgruppe modelliert wird. Außerdem wird eine verzögerte Wirkung der Therapie durch einen gleich großen linearen Abfall der Sterbewahrscheinlichkeiten beschrieben. Das Modell kann als diskrete Approximation eines Wartezeitenprozesses aufgefaßt werden.

Aus den für alle Teilintervalle vorgegebenen Hazardraten und den Koeffizienten der linearen Funktionen können dann die zu erwartenden Ereignisraten P_C und P_E berechnet werden. Diese werden – wie bei HALPERIN, ROGOT, GURIAN und EDERER (1968) – in (4.60) eingesetzt, um den Umfang zu bestimmen.

Einen ähnlichen Ansatz macht LAKATOS (1986). Er modelliert den Studienverlauf durch einen diskreten nichtstationären Markoffprozeß, indem er die Zustände

L - ausgeschieden, keine weitere Information erhältlich,

E - Ereignis (Tod) eingetreten,

A_E - aktiv in der Prüfgruppe,

A_C - aktiv in der Kontrollgruppe oder Nichtbefolgen der Prüftherapie

betrachtet und deren Übergangswahrscheinlichkeiten von Teilintervall zu Teilintervall festlegt.

Als Beispiel verwendet er eine über fünf Jahr laufende Studie zur Behandlung der systolischen Hypertension bei Älteren mit fatalem oder nichtfatalem Schlaganfall als primären Endpunkt (Ereignis). Er nimmt an, daß im ersten Jahr 3% der Patienten aufgrund konkurrierender Risiken ausscheiden und diese Rate ($LOSS$) aufgrund der Alterung im Verlaufe der nächsten 6 Jahre linear auf 4% ansteigt. Patienten in der Kontrollgruppe und solche, die die Prüftherapie nicht befolgen, haben eine konstante jährliche (bedingte) Ereignisrate (E_C) von 1.6% (nicht zu verwechseln mit der Gesamtereignisrate P_C). Die neue Therapie bewirke eine Reduzierung der Schlaganfallsrate um 40%, so daß die (bedingte) Ereignisrate (E_E) in der Prüfgruppe 0.96% beträgt. Die Noncompliance-Raten (NONCMPL) wurden aufgrund der Erfahrungen in ähnlichen Studien festgesetzt. Außerdem wurde unterstellt, daß Patienten aus der Kontrollgruppe mit steigender Rate (DROPIN) von ihren Hausärzten mit der Prüfarznei behandelt werden und damit in die Prüfgruppe "einsteigen". Die entsprechenden Raten sind in der folgenden Tabelle zusammengestellt.

JAHR	LOSS	NONCMPL	DROPIN	E_C	E_E
1	0.030	0.070	0.090	0.016	0.0096
2	0.032	0.035	0.045	0.016	0.0096
3	0.034	0.035	0.050	0.016	0.0096
4	0.036	0.035	0.055	0.016	0.0096
5	0.038	0.035	0.060	0.016	0.0096
6	0.400	0.035	0.065	0.016	0.0096
7	0.420	0.035	0.070	0.016	0.0096

Der Prozeßverlauf kann durch die Verteilungen $D_{ij} = (D_{ij1}, D_{ij2}, D_{ij3}, D_{ij4})'$ der Patienten der Kontroll- und der Prüfgruppe ($i = C, E$) auf die obengenannten Zustände am Ende der einzelnen Studienjahre ($j = 0, 1, \ldots$) beschrieben werden, d.h. durch die vier Wahrscheinlichkeiten, mit denen sich die Patienten am Ende des jeweiligen Jahres in jeweils einem der Zustände befinden. Dabei bezeichnet $j = 0$ den Beginn der Studie. Die Ausgangsverteilung in der Prüfgruppe ist $D_{E0} = (0, 0, 1, 0)'$ und die in der Kontrollgruppe $D_{C0} = (0, 0, 0, 1)'$, d.h., alle Patienten sind aktive Teilnehmer der jeweiligen Gruppe.

Die Wahrscheinlichkeiten, mit denen die Patienten im Verlaufe eines Jahres in einen anderen Zustand überwechseln oder in ihrem Zustand verbleiben, können aus den in der Tabelle angegeben Raten berechnet werden. Sie werden in einer Matrix zusammengefaßt. So lautet z.B. die Matrix $T_{0,1}$ der Übergangswahrscheinlichkeiten von Studienbeginn zum (Ende von) Jahr 1

	L	E	A_E	A_C
L	1	0	0.03	0.03
E	0	1	0.0096	0.016·
A_E	0	0	pee	0.09
A_C	0	0	0.07	pcc

Ein Teilnehmer der Prüfgruppe scheidet im ersten Jahr mit Wahrscheinlichkeit 0.03 aus. Er erleidet mit Wahrscheinlichkeit 0.0096 einen Schlaganfall, befolgt mit Wahrscheinlichkeit 0.07 nicht die Therapievorschriften oder verbleibt mit Komplementärwahrscheinlichkeit $pee = 1 - 0.03 - 0.0096 - 0.07 = 0.8904$ in der Prüfgruppe. Analoges gilt für die Kontrollgruppe. Dabei ist $pcc = 1 - 0.03 - 0.016 - 0.09 = 0.864$ die Wahrscheinlichkeit für den Verbleib in der Gruppe. Auf die gleiche Weise ergeben sich die Übergangsmatrizen $T_{j-1,j}$ vom Anfang zum Ende des Jahres $j = 1, 2, \ldots$. Die Verteilungen am Ende der jeweiligen Jahr lassen sich durch Matrizen-Multiplikation ermitteln:

$$D_{ij} = T_{j-1,j} D_{i,j-1} \quad (i = C, E). \tag{8.34}$$

Die bedingten Ereignisraten E_C und E_E können entweder näherungsweise durch die in einer vorhergehenden Studie geschätzten Raten festgelegt werden oder aus vorgegeben (theoretischen) Survivalkurven nach

$$E_i = 1 - S_i(j)/S_i(j-1) \quad (i = C, E) \tag{8.35}$$

berechnet werden.

Die Modellierung zielt darauf ab, eine Näherung für den von FREEDMAN (1982) angegebenen asymptotischen Erwartungswert der Logrank-Prüfzahl zu erhalten. Dieser wird aber als Summe über die beobachteten Sterbezeitpunkte berechnet und nicht über die Jahre. Zum Zwecke einer besseren Näherung werden die Jahre noch einmal in K gleichlange Teilintervalle zerlegt. Dementsprechend müssen die Übergangsmatrizen in ein Produkt von Teilübergangsmatrizen für die einzelnen Teilintervalle zerlegt werden. Einfach wird das, wenn innerhalb der Jahre eine konstante Hazardrate (d.h. Exponentialverteilung) vorausgesetzt wird. Dann können die außerhalb der Diagonale befindlichen Elemente der Teilübergangsmatrizen aus den entsprechenden Elementen x der T-Matrizen gemäß der Formel $1 - (1 - x)^{1/K}$ berechnet werden.

Die Einschränkung auf eine konstante Hazardrate pro Jahr ist nicht so restriktiv, wie sie auf den ersten Blick erscheint. Die Wahl der Zeiteinheit "Jahr" ist rein willkürlich und dient nur dem einfacheren Verständnis. Man kann genausogut von einer anderen Zeiteinheit mit konstanter Hazardrate, z.B. einem Monat, ausgehen, und diese in Teilintervalle zerlegen.

Aus den durch Matrizenmultiplikation berechneten Verteilungen wird eine Näherung für den *signal/noise*-Quotienten und damit nach (8.23) der Umfang für den Logrank-Test bestimmt. Außerdem wird mit den sich ergebenden Ereignisraten am Ende der Studie der Umfang für den Vergleich dieser beiden Wahrscheinlichkeiten nach (4.60) berechnet, d.h. so wie für den Vergleich zweier Binomialverteilungen.

Bezüglich der Details müssen wir auf die Originalarbeit verweisen. Auf Diskette ist das SAS-Programm N_LAKAT1 zu finden, das in Anlehnung an das von LAKATOS (1986) als einfache DATA-Step Applikation entwickelt wurde. Dieses enthält auch die ergänzenden Programmzeilen für den Logrank-Test aus dem Appendix der Arbeit von LAKATOS (1988), aber nicht den Teil für eine verzögerte Wirkung oder Stratifizierung.

Der **Zensierungsmechanismus** wird durch die vorgegebenen Verlustraten und administrative Zensierung modelliert. Zusätzlich kann in dem File ACCRUAL eine vorläufige ungleichmäßige Rekrutierung in Anzahlen von Patienten pro Woche vorgesehen werden. Eingabe von WEEK=6 13 39 104 und RECRUIT=25 40 50 50 bedeutet, daß in den ersten 6 Wochen 25 Patienten pro Woche rekrutiert werden, dann 40 pro Woche bis einschließlich zur 13. Woche und schließlich 50 pro Woche bis zur Woche 104, insgesamt also 4980 Patienten. Das Programm teilt den berechneten Gesamtumfang entsprechend den Rekrutierungsanteilen $6 \times 25/4980$, $7 \times 40/4980$, $26 \times 50/4980$ und $65 \times 50/4980$ auf. Da durch die Gesamtzahl geteilt wird, spielt nur die relative Größe der Vorgaben eine Rolle. Bei praktischen Anwendungen werden aber zumeist die absoluten Anzahlen von zu rekrutierenden Patienten abgeschätzt. Deren direkte Übernahme in das Programm soll die Anwendung erleichtern. Bei gleichmäßiger Rekrutierung gibt man nur die Endwoche und die erwartete oder eine beliebige Anzahl ein.

Da sich der Prozeßablauf nicht auf die Kalenderzeit, sondern auf die Verweildauer der Patienten in der Studie bezieht, die administrative Zensierung (Abschluß der Studie) aber zu einem festen Kalenderdatum erfolgt, kann ein späterer Eintrittszeitpunkt dadurch berücksichtigt werden, daß eine frühere Zensierung angesetzt wird. Im Programm wird daher die Rekrutierungsverteilung in eine Zensierungsverteilung umgeschrieben. Die in der ersten Woche rekrutierten Patienten werden bei der administrativen Zensierung in der letzten Woche zensiert, die aus der zweiten in der vorletzten usw..

Das Programm druckt sowohl die Eingabeparameter als auch die Ergebnisse aus. Für das angeführte Beispiel liefert es den Ausdruck

```
Gesamtdauer: 6 Jahre, alpha=0.05 (2 -seitig), power=0.80
    LOGRANK-TEST: Gesamtzahl von Ereignissen: 208
       LOGRANK-TEST: Gesamtumfang: 3670
    BINOMIALTEST nach 6 Jahren: Gesamtumfang: 3697
Kumulative Anzahl zu rekrutierender Patienten bis zur WOCHE
```

WOCHE	PROZENT	LOGRANK	BINOMIAL
6	3.012	111	111
13	8.635	317	319
39	34.739	1275	1284
104	100.000	3670	3697 .

Außerdem werden auch die hier nicht angegebenen Verteilungen auf die Zustände innerhalb der Gruppen ausgedruckt.

Für den Logrank-Test werden 3670 Patienten benötigt. Werden nur die Überlebenswahrscheinlichkeiten am Ende der Studie verglichen, so müssen 3697 Patienten rekrutiert werden.

Würden LOSS, NONCMPL und DROPIN sämtlich auf Null gesetzt, d.h. diese Einflußfaktoren nicht berücksichtigt, so ergäbe sich der viel zu kleine Umfang von $N = 1992$ Patienten.

Fortsetzung von Beispiel 8.1: *Für dieses Beispiel sind für alle 4 Jahr die Parameter LOSS = NONCOMPL = DROPIN = 0, $E_C = 1 - e^{-0.8} = 0.55067$ und $E_E = 1 - e^{-0.8/1.5} = 0.41335$ einzugeben. Daraus errechnet sich mit dem Programm N_LAKAT2 der Umfang $N = 234$ für den Logrank-Test.*

Fortsetzung von Beispiel 8.2: *Nach (8.35) erhält man für das erste Jahr $E_C = 0.5833$, $E_E = 0.4546$, für das zweite Jahr $E_C = 0.5015$, $E_E = 0.4047$ sowie für das dritte Jahr $E_C = 0.4331$, $E_E = 0.3604$. Daraus ergibt sich mit dem Programm N_LAKAT3 der gegenüber der Berechnung nach Schoenfeld $N = 268$ wesentlich höhere Umfang von $N = 382$ Patienten für den Logrank-Test.*

N_LAKAT1, N_LAKAT2 und N_LAKAT3 sind nur verschiedene Varianten desselben Programms, bei denen die Eingangsparameter der entsprechenden Beispiele eingegeben wurden.

LAKATOS und LAN (1992) untersuchten in einer Simulationsstudie die Gültigkeit verschiedener Stichprobenumfangsberechnungen bei unterschiedlichen Survivalkurven. Sie kamen zu dem Schluß, daß die Methode von RUBINSTEIN et al. (1981) nur unter der Annahme von Exponentialverteilungen brauchbare Ergebnisse liefert, während die Formel von FREEDMAN (1982) auch bei nicht konstanten, proportionalen Hazards noch vernünftig erscheint. Das Modell von LAKATOS (1988) erwies sich selbst bei nichtproportionalen Hazards als gute Näherung.

Zum Schluß sei noch auf die Arbeiten von HALPERN und BROWN (1987) und CANTOR (1991) verwiesen, die sich nicht nur mit dem Logrank-Test, sondern auch mit anderen Rangtests beschäftigen.

8.3   Schlußfolgerungen und Empfehlungen

• Approximationsformeln, die auf der strikten Voraussetzung von Exponentialverteilungen basieren ((8.5), (8.10), (8.18), (8.21)), können zu *erheblichen Unterschätzungen* des Stichprobenumfangs führen.

• Von den in diesem Kapitel besprochenen Formeln können die von SCHOENFELD (1981) [(8.6), (8.8)] und FREEDMAN (1982) [(8.16), (8.8)] für den Logrank-Test *bedingt* empfohlen werden, *falls proportionale Hazards unterstellt werden können und weder anderweitige Verluste, Noncompliance und Wechsel der Behandlungen auftreten.* Die Methode von LAKATOS (1986) ist diesen überlegen und auch im Falle nichtproportionaler Hazards verwendbar.

• Die von SCHOENFELD (1981) abgeleiteten *Formeln (8.26)-(8.32) bilden die theoretische Basis für die Modellierung komplexer Studien.* Das Hauptproblem bei der praktischen Anwendung besteht in der Spezifizierung der geeigneten Modellfunktionen.

• Die Methoden von WU, FISHER und DeMETS (1980) sowie LAKATOS (1986) bieten die Möglichkeit, das komplexe Studiengeschehen aufgrund der Erfahrungen aus vorhergehenden Studien zu modellieren und damit zu *realistischen* Schätzungen der benötigten Fallzahlen zu kommen.

Verzeichnis der SAS-Programme

Die Beispiel-Programme zu diesem Buch sind relativ einfach geschrieben und nicht unter einer Oberfläche zusammengefaßt, um einerseits den Algorithmus vorzustellen und andererseits eine Einbindung in eigene Programme zu erleichtern. Sie wurden zwar in SAS[1] geschrieben, der Code ist aber hauptsächlich als eine kompakte und einfache Darstellungsform des Algorithmus anzusehen. Eine Übertragung in andere Programmiersprachen ist möglich, falls Unterprogramme für die verwendeten Funktionen zur Verfügung stehen.

Die aufgeführten SAS-Programme sind auf Diskette erhältlich und auf folgenden Seiten zitiert:

[1] SAS-System, SAS Institute Inc., Cary, NC, USA

Programm-Anhang

Hauptprogramm für die in den Kapiteln 6 und 7 beschriebenen SAS-Programme (Methode von O'BRIAN):

```
************* HAUPTPROGRAMM *******************;
proc means data=w noprint;var basefreq;
output out=wn  sum=n0;run;
data wn ;set wn ; parm=&paramet; keep n0 parm;
run;
data wlambda; set wlambda;
if _source_='ERROR' then delete;
lambda0=ss/&sigma/&sigma;hilf=1;
keep _source_ df lambda0 hilf;
run;
data ww; set wlambda; if _source_="&Test";run;
data ww; merge ww wn;run;
data ww; set ww;wdh=0;actpower=0;
do while (actpower<&power and wdh<&maxwdh);
  wdh=wdh+1; n=wdh*n0; df_err=n-parm;
  if df_err>0 then do;
    fkrit=finv(1-&alpha, df,df_err);
    lambda=wdh*lambda0;
    actpower=1-probf(fkrit, df, df_err,lambda);
  end;
end;
run;
data wdh; set ww; hilf=1;keep wdh hilf df_err; run;
data w; set w;hilf=1;run; data w; merge w wdh;by hilf; run;
data w; set w(drop=hilf df_err); size=wdh*basefreq;run;
title1 "Vorgaben und Versuchsplan zur Pruefung von &Test";
title2 "alpha=&alpha, power=&power, sigma=&sigma";
proc print data=w noobs;run;
title1 "Power-Tabelle zur Pruefung von &Test";
title2 "alpha=&alpha, sigma=&sigma";
data wlambda; merge wlambda wdh; by hilf; run;
data wlambda; set wlambda;
fkrit=finv(1-&alpha, df,df_err);
lambda=wdh*lambda0;
actpower=1-probf(fkrit, df, df_err,lambda);
n_total=df_err+&paramet;
run;
proc print data=wlambda noobs;
var _source_ df df_err lambda n_total actpower;
run;
```

Tabellen im Text

Tabellen im Anhang

T1: Verteilungsfunktion $\Phi(u)$ der Standardnormalverteilung

u	0.00	0.01	0.02	0.03	0.04	0.05	0.06	0.07	0.08	0.09
0.0	0.5000	0.5040	0.5080	0.5120	0.5160	0.5199	0.5239	0.5279	0.5319	0.5359
0.1	0.5398	0.5438	0.5478	0.5517	0.5557	0.5596	0.5636	0.5675	0.5714	0.5753
0.2	0.5793	0.5832	0.5871	0.5910	0.5948	0.5987	0.6026	0.6064	0.6103	0.6141
0.3	0.6179	0.6217	0.6255	0.6293	0.6331	0.6368	0.6406	0.6443	0.6480	0.6517
0.4	0.6554	0.6591	0.6628	0.6664	0.6700	0.6736	0.6772	0.6808	0.6844	0.6879
0.5	0.6915	0.6950	0.6985	0.7019	0.7054	0.7088	0.7123	0.7157	0.7190	0.7224
0.6	0.7257	0.7291	0.7324	0.7357	0.7389	0.7422	0.7454	0.7486	0.7517	0.7549
0.7	0.7580	0.7611	0.7642	0.7673	0.7704	0.7734	0.7764	0.7794	0.7823	0.7852
0.8	0.7881	0.7910	0.7939	0.7967	0.7995	0.8023	0.8051	0.8078	0.8106	0.8133
0.9	0.8159	0.8186	0.8212	0.8238	0.8264	0.8289	0.8315	0.8340	0.8365	0.8389
1.0	0.8413	0.8438	0.8461	0.8485	0.8508	0.8531	0.8554	0.8577	0.8599	0.8621
1.1	0.8643	0.8665	0.8686	0.8708	0.8729	0.8749	0.8770	0.8790	0.8810	0.8830
1.2	0.8849	0.8869	0.8888	0.8907	0.8925	0.8944	0.8962	0.8980	0.8997	0.9015
1.3	0.9032	0.9049	0.9066	0.9082	0.9099	0.9115	0.9131	0.9147	0.9162	0.9177
1.4	0.9192	0.9207	0.9222	0.9236	0.9251	0.9265	0.9279	0.9292	0.9306	0.9319
1.5	0.9332	0.9345	0.9357	0.9370	0.9382	0.9394	0.9406	0.9418	0.9429	0.9441
1.6	0.9452	0.9463	0.9474	0.9484	0.9495	0.9505	0.9515	0.9525	0.9535	0.9545
1.7	0.9554	0.9564	0.9573	0.9582	0.9591	0.9599	0.9608	0.9616	0.9625	0.9633
1.8	0.9641	0.9649	0.9656	0.9664	0.9671	0.9678	0.9686	0.9693	0.9699	0.9706
1.9	0.9713	0.9719	0.9726	0.9732	0.9738	0.9744	0.9750	0.9756	0.9761	0.9767
2.0	0.9772	0.9778	0.9783	0.9788	0.9793	0.9798	0.9803	0.9808	0.9812	0.9817
2.1	0.9821	0.9826	0.9830	0.9834	0.9838	0.9842	0.9846	0.9850	0.9854	0.9857
2.2	0.9861	0.9864	0.9868	0.9871	0.9875	0.9878	0.9881	0.9884	0.9887	0.9890
2.3	0.9893	0.9896	0.9898	0.9901	0.9904	0.9906	0.9909	0.9911	0.9913	0.9916
2.4	0.9918	0.9920	0.9922	0.9925	0.9927	0.9929	0.9931	0.9932	0.9934	0.9936
2.5	0.9938	0.9940	0.9941	0.9943	0.9945	0.9946	0.9948	0.9949	0.9951	0.9952
2.6	0.9953	0.9955	0.9956	0.9957	0.9959	0.9960	0.9961	0.9962	0.9963	0.9964
2.7	0.9965	0.9966	0.9967	0.9968	0.9969	0.9970	0.9971	0.9972	0.9973	0.9974
2.8	0.9974	0.9975	0.9976	0.9977	0.9977	0.9978	0.9979	0.9979	0.9980	0.9981
2.9	0.9981	0.9982	0.9982	0.9983	0.9984	0.9984	0.9985	0.9985	0.9986	0.9986
3.0	0.9987	0.9987	0.9987	0.9988	0.9988	0.9989	0.9989	0.9989	0.9990	0.9990

Die Verteilungsfunktion der Standardnormalverteilung lautet

$$\Phi(u) = \frac{1}{\sqrt{2\pi}} \int_{-\infty}^{u} e^{-t^2/2} dt.$$

Eine Zufallsvariable y besitzt eine Normalverteilung $N(\mu, \sigma^2)$ mit dem Erwartungswert μ und der Varianz σ^2, wenn $u = (y - \mu)/\sigma$ standardnormalverteilt ist.

T2: Quantile der t- und Normalverteilung
df: Freiheitsgrade, P: vorgegebene Wahrscheinlichkeit

df \ P	0.80	0.90	0.95	0.975	0.99	0.995
t-Verteilung						
1	1.3764	3.0777	6.3138	12.7062	31.8205	63.656
2	1.0607	1.8856	2.9200	4.3027	6.9646	9.9248
3	0.9785	1.6377	2.3534	3.1824	4.5407	5.8409
4	0.9410	1.5332	2.1318	2.7764	3.7469	4.6041
5	0.9195	1.4759	2.0150	2.5706	3.3649	4.0321
6	0.9057	1.4398	1.9432	2.4469	3.1427	3.7074
7	0.8960	1.4149	1.8946	2.3646	2.9980	3.4995
8	0.8889	1.3968	1.8595	2.3060	2.8965	3.3554
9	0.8834	1.3830	1.8331	2.2622	2.8214	3.2498
10	0.8791	1.3722	1.8125	2.2281	2.7638	3.1693
11	0.8755	1.3634	1.7959	2.2010	2.7181	3.1058
12	0.8726	1.3562	1.7823	2.1788	2.6810	3.0545
13	0.8702	1.3502	1.7709	2.1604	2.6503	3.0123
14	0.8681	1.3450	1.7613	2.1448	2.6245	2.9768
15	0.8662	1.3406	1.7531	2.1314	2.6025	2.9467
16	0.8647	1.3368	1.7459	2.1199	2.5835	2.9208
17	0.8633	1.3334	1.7396	2.1098	2.5669	2.8982
18	0.8620	1.3304	1.7341	2.1009	2.5524	2.8784
19	0.8610	1.3277	1.7291	2.0930	2.5395	2.8609
20	0.8600	1.3253	1.7247	2.0860	2.5280	2.8453
21	0.8591	1.3232	1.7207	2.0796	2.5176	2.8314
22	0.8583	1.3212	1.7171	2.0739	2.5083	2.8188
23	0.8575	1.3195	1.7139	2.0687	2.4999	2.8073
24	0.8569	1.3178	1.7109	2.0639	2.4922	2.7969
25	0.8562	1.3163	1.7081	2.0595	2.4851	2.7874
26	0.8557	1.3150	1.7056	2.0555	2.4786	2.7787
27	0.8551	1.3137	1.7033	2.0518	2.4727	2.7707
28	0.8546	1.3125	1.7011	2.0484	2.4671	2.7633
29	0.8542	1.3114	1.6991	2.0452	2.4620	2.7564
30	0.8538	1.3104	1.6973	2.0423	2.4573	2.7500
35	0.8520	1.3062	1.6896	2.0301	2.4377	2.7238
40	0.8507	1.3031	1.6839	2.0211	2.4233	2.7045
45	0.8497	1.3006	1.6794	2.0141	2.4121	2.6896
50	0.8489	1.2987	1.6759	2.0086	2.4033	2.6778
60	0.8477	1.2958	1.6706	2.0003	2.3901	2.6603
70	0.8468	1.2938	1.6669	1.9944	2.3808	2.6479
80	0.8461	1.2922	1.6641	1.9901	2.3739	2.6387
90	0.8456	1.2910	1.6620	1.9867	2.3685	2.6316
100	0.8452	1.2901	1.6602	1.9840	2.3642	2.6259
110	0.8449	1.2893	1.6588	1.9818	2.3607	2.6213
120	0.8446	1.2886	1.6577	1.9799	2.3578	2.6174
Normalverteilung						
∞	0.8416	1.2816	1.6449	1.9600	2.3263	2.5758

T3: Schätzung von Lageparametern: $c = \Delta / (Standardfehler * \sqrt{N})$
df: Freiheitsgrade, Power = 0.80 (siehe Abschn. 3.2.2)

N \ df	Konfidenzniveau = 0.95				Konfidenzniveau = 0.99			
	N-1	N-2	N-3	N-4	N-1	N-2	N-3	N-4
3	3.6533	.	.	.	7.7491	.	.	.
4	2.4321	3.1639	.	.	4.0582	6.7109	.	.
5	1.9393	2.1753	2.8299	.	2.9171	3.6298	6.0024	.
6	1.6590	1.7703	1.9858	2.5833	2.3596	2.6629	3.3136	5.4795
7	1.4733	1.5359	1.6390	1.8385	2.0242	2.1845	2.4654	3.0678
8	1.3390	1.3782	1.4367	1.5331	1.7972	1.8935	2.0435	2.3062
9	1.2360	1.2624	1.2994	1.3546	1.6312	1.6944	1.7852	1.9266
10	1.1538	1.1726	1.1976	1.2327	1.5034	1.5475	1.6075	1.6936
11	1.0861	1.1001	1.1180	1.1419	1.4012	1.4334	1.4755	1.5327
12	1.0292	1.0399	1.0533	1.0704	1.3172	1.3416	1.3724	1.4127
13	0.9805	0.9889	0.9991	1.0119	1.2466	1.2656	1.2890	1.3186
14	0.9381	0.9448	0.9529	0.9628	1.1862	1.2013	1.2195	1.2421
15	0.9009	0.9063	0.9128	0.9206	1.1337	1.1460	1.1605	1.1782
16	0.8677	0.8723	0.8776	0.8838	1.0876	1.0977	1.1096	1.1237
17	0.8380	0.8418	0.8462	0.8514	1.0467	1.0552	1.0650	1.0764
18	0.8112	0.8144	0.8181	0.8224	1.0101	1.0173	1.0254	1.0350
19	0.7868	0.7896	0.7927	0.7963	0.9771	0.9832	0.9901	0.9981
20	0.7645	0.7669	0.7696	0.7726	0.9471	0.9524	0.9583	0.9651
21	0.7440	0.7461	0.7484	0.7510	0.9197	0.9243	0.9294	0.9352
22	0.7251	0.7269	0.7289	0.7312	0.8946	0.8986	0.9030	0.9080
23	0.7075	0.7091	0.7109	0.7129	0.8714	0.8749	0.8788	0.8832
24	0.6912	0.6926	0.6942	0.6960	0.8499	0.8531	0.8565	0.8603
25	0.6760	0.6772	0.6786	0.6802	0.8300	0.8328	0.8358	0.8392
26	0.6617	0.6628	0.6641	0.6655	0.8114	0.8139	0.8166	0.8196
27	0.6483	0.6493	0.6504	0.6517	0.7940	0.7962	0.7987	0.8013
28	0.6357	0.6366	0.6376	0.6387	0.7776	0.7797	0.7819	0.7843
29	0.6238	0.6246	0.6255	0.6265	0.7623	0.7641	0.7661	0.7683
30	0.6125	0.6133	0.6141	0.6150	0.7478	0.7495	0.7513	0.7532
31	0.6018	0.6025	0.6033	0.6041	0.7341	0.7356	0.7373	0.7391
32	0.5917	0.5923	0.5930	0.5938	0.7211	0.7225	0.7240	0.7257
33	0.5821	0.5827	0.5833	0.5840	0.7088	0.7101	0.7115	0.7130
34	0.5729	0.5734	0.5740	0.5747	0.6971	0.6983	0.6996	0.7010
35	0.5641	0.5646	0.5652	0.5658	0.6860	0.6871	0.6883	0.6895
36	0.5558	0.5562	0.5567	0.5573	0.6754	0.6764	0.6775	0.6787
37	0.5478	0.5482	0.5487	0.5492	0.6653	0.6662	0.6672	0.6683
38	0.5401	0.5405	0.5409	0.5414	0.6556	0.6565	0.6574	0.6584
39	0.5327	0.5331	0.5335	0.5340	0.6463	0.6471	0.6480	0.6489
40	0.5257	0.5260	0.5264	0.5268	0.6374	0.6382	0.6390	0.6398

T3: Schätzung von Lageparametern: $c = \Delta/(Standardfehler * \sqrt{N})$
df: Freiheitsgrade, Power = 0.80 (siehe Abschn. 3.2.2)

	Konfidenzniveau = 0.95				Konfidenzniveau = 0.99			
N \ df	N-1	N-2	N-3	N-4	N-1	N-2	N-3	N-4
41	0.5189	0.5192	0.5196	0.5200	0.6289	0.6296	0.6303	0.6311
42	0.5124	0.5127	0.5130	0.5134	0.6207	0.6213	0.6220	0.6228
43	0.5061	0.5064	0.5067	0.5070	0.6128	0.6134	0.6141	0.6148
44	0.5000	0.5003	0.5006	0.5009	0.6052	0.6058	0.6064	0.6071
45	0.4942	0.4944	0.4947	0.4950	0.5979	0.5984	0.5990	0.5996
46	0.4885	0.4888	0.4890	0.4893	0.5908	0.5913	0.5919	0.5925
47	0.4831	0.4833	0.4835	0.4838	0.5840	0.5845	0.5850	0.5856
48	0.4778	0.4780	0.4782	0.4785	0.5774	0.5779	0.5784	0.5789
49	0.4727	0.4729	0.4731	0.4733	0.5710	0.5715	0.5720	0.5724
50	0.4677	0.4679	0.4681	0.4684	0.5649	0.5653	0.5657	0.5662
51	0.4629	0.4631	0.4633	0.4635	0.5589	0.5593	0.5597	0.5602
52	0.4583	0.4585	0.4586	0.4588	0.5531	0.5535	0.5539	0.5543
53	0.4538	0.4539	0.4541	0.4543	0.5475	0.5479	0.5483	0.5487
54	0.4494	0.4495	0.4497	0.4499	0.5421	0.5424	0.5428	0.5432
55	0.4451	0.4453	0.4454	0.4456	0.5368	0.5371	0.5375	0.5378
56	0.4410	0.4411	0.4413	0.4414	0.5317	0.5320	0.5323	0.5327
57	0.4370	0.4371	0.4372	0.4374	0.5267	0.5270	0.5273	0.5276
58	0.4330	0.4332	0.4333	0.4335	0.5219	0.5222	0.5224	0.5228
59	0.4292	0.4294	0.4295	0.4296	0.5172	0.5174	0.5177	0.5180
60	0.4255	0.4256	0.4258	0.4259	0.5126	0.5128	0.5131	0.5134
61	0.4219	0.4220	0.4221	0.4223	0.5081	0.5083	0.5086	0.5089
62	0.4184	0.4185	0.4186	0.4187	0.5037	0.5040	0.5042	0.5045
63	0.4149	0.4150	0.4151	0.4153	0.4995	0.4997	0.5000	0.5002
64	0.4116	0.4117	0.4118	0.4119	0.4954	0.4956	0.4958	0.4961
65	0.4083	0.4084	0.4085	0.4086	0.4913	0.4915	0.4918	0.4920
66	0.4051	0.4052	0.4053	0.4054	0.4874	0.4876	0.4878	0.4880
67	0.4020	0.4021	0.4021	0.4022	0.4835	0.4837	0.4839	0.4842
68	0.3989	0.3990	0.3991	0.3992	0.4798	0.4800	0.4802	0.4804
69	0.3959	0.3960	0.3961	0.3962	0.4761	0.4763	0.4765	0.4767
70	0.3930	0.3931	0.3932	0.3933	0.4725	0.4727	0.4729	0.4731
71	0.3901	0.3902	0.3903	0.3904	0.4690	0.4692	0.4694	0.4695
72	0.3873	0.3874	0.3875	0.3876	0.4656	0.4658	0.4659	0.4661
73	0.3846	0.3847	0.3848	0.3848	0.4622	0.4624	0.4626	0.4627
74	0.3819	0.3820	0.3821	0.3821	0.4590	0.4591	0.4593	0.4594
75	0.3793	0.3794	0.3794	0.3795	0.4557	0.4559	0.4560	0.4562
76	0.3767	0.3768	0.3769	0.3769	0.4526	0.4527	0.4529	0.4530
77	0.3742	0.3743	0.3743	0.3744	0.4495	0.4497	0.4498	0.4499
78	0.3717	0.3718	0.3719	0.3719	0.4465	0.4466	0.4468	0.4469
79	0.3693	0.3694	0.3694	0.3695	0.4435	0.4437	0.4438	0.4439
80	0.3670	0.3670	0.3671	0.3671	0.4406	0.4408	0.4409	0.4410

T3: Schätzung von Lageparametern: $c = \Delta/(Standardfehler * \sqrt{N})$
df-Freiheitsgrade, Power = 0.80 (siehe Abschn. 3.2.2)

N \ df	Konfidenzniveau = 0.95				Konfidenzniveau = 0.99			
	N-1	N-2	N-3	N-4	N-1	N-2	N-3	N-4
81	0.3646	0.3647	0.3647	0.3648	0.4378	0.4379	0.4380	0.4381
82	0.3623	0.3624	0.3624	0.3625	0.4350	0.4351	0.4352	0.4353
83	0.3601	0.3601	0.3602	0.3603	0.4323	0.4324	0.4325	0.4326
84	0.3579	0.3579	0.3580	0.3581	0.4296	0.4297	0.4298	0.4299
85	0.3557	0.3558	0.3558	0.3559	0.4269	0.4270	0.4271	0.4272
86	0.3536	0.3537	0.3537	0.3538	0.4243	0.4244	0.4245	0.4246
87	0.3515	0.3516	0.3516	0.3517	0.4218	0.4219	0.4220	0.4221
88	0.3495	0.3495	0.3496	0.3496	0.4193	0.4194	0.4195	0.4196
89	0.3475	0.3475	0.3476	0.3476	0.4168	0.4169	0.4170	0.4171
90	0.3455	0.3455	0.3456	0.3456	0.4144	0.4145	0.4146	0.4147
91	0.3435	0.3436	0.3436	0.3437	0.4121	0.4121	0.4122	0.4123
92	0.3416	0.3417	0.3417	0.3418	0.4097	0.4098	0.4099	0.4100
93	0.3397	0.3398	0.3398	0.3399	0.4074	0.4075	0.4076	0.4077
94	0.3379	0.3379	0.3380	0.3380	0.4052	0.4053	0.4053	0.4054
95	0.3361	0.3361	0.3362	0.3362	0.4030	0.4030	0.4031	0.4032
96	0.3343	0.3343	0.3344	0.3344	0.4008	0.4009	0.4009	0.4010
97	0.3325	0.3326	0.3326	0.3326	0.3986	0.3987	0.3988	0.3989
98	0.3308	0.3308	0.3309	0.3309	0.3965	0.3966	0.3967	0.3967
99	0.3291	0.3291	0.3291	0.3292	0.3944	0.3945	0.3946	0.3947
100	0.3274	0.3274	0.3275	0.3275	0.3924	0.3925	0.3925	0.3926
101	0.3257	0.3258	0.3258	0.3258	0.3904	0.3904	0.3905	0.3906
102	0.3241	0.3241	0.3242	0.3242	0.3884	0.3885	0.3885	0.3886
103	0.3225	0.3225	0.3226	0.3226	0.3864	0.3865	0.3866	0.3866
104	0.3209	0.3209	0.3210	0.3210	0.3845	0.3846	0.3846	0.3847
105	0.3194	0.3194	0.3194	0.3194	0.3826	0.3827	0.3827	0.3828
106	0.3178	0.3178	0.3179	0.3179	0.3808	0.3808	0.3809	0.3809
107	0.3163	0.3163	0.3164	0.3164	0.3789	0.3790	0.3790	0.3791
108	0.3148	0.3148	0.3149	0.3149	0.3771	0.3772	0.3772	0.3773
109	0.3133	0.3134	0.3134	0.3134	0.3753	0.3754	0.3754	0.3755
110	0.3119	0.3119	0.3119	0.3120	0.3735	0.3736	0.3737	0.3737
111	0.3104	0.3105	0.3105	0.3105	0.3718	0.3719	0.3719	0.3720
112	0.3090	0.3091	0.3091	0.3091	0.3701	0.3701	0.3702	0.3703
113	0.3076	0.3077	0.3077	0.3077	0.3684	0.3685	0.3685	0.3686
114	0.3063	0.3063	0.3063	0.3063	0.3667	0.3668	0.3668	0.3669
115	0.3049	0.3049	0.3049	0.3050	0.3651	0.3651	0.3652	0.3652
116	0.3036	0.3036	0.3036	0.3036	0.3635	0.3635	0.3636	0.3636
117	0.3022	0.3023	0.3023	0.3023	0.3619	0.3619	0.3620	0.3620
118	0.3009	0.3010	0.3010	0.3010	0.3603	0.3603	0.3604	0.3604
119	0.2996	0.2997	0.2997	0.2997	0.3587	0.3588	0.3588	0.3589
120	0.2984	0.2984	0.2984	0.2984	0.3572	0.3572	0.3573	0.3573

T4: Stichprobenumfang zur Schätzung einer Wahrscheinlichkeit p
Δ: *Genauigkeitsschranke, Konfidenzniveau = 0.95, Power = 0.80 (siehe Abschn. 3.3.2)*

p \ Δ	0.01		0.02		0.03		0.04		0.05	
	min	max	min	max	min	max	min	max	min	max
0.01	1233	1295	386	432	217	217	142	142	118	118
0.02	2152	2228	583	645	312	338	192	215	144	144
0.03	3112	3194	804	874	387	428	240	259	177	177
0.04	4088	4216	1053	1110	488	522	289	320	201	215
0.05	5018	5141	1270	1334	573	616	338	365	231	255
0.06	5998	6058	1523	1551	674	712	399	411	254	287
0.07	6904	7021	1739	1787	775	809	436	467	292	312
0.08	7785	7912	1973	1994	886	916	504	523	323	341
0.09	8669	8721	2180	2238	976	1012	551	569	358	374
0.10	9471	9593	2377	2439	1067	1109	607	631	386	402
0.11	10333	10461	2574	2639	1160	1198	654	676	425	439
0.12	11113	11239	2809	2831	1246	1282	709	736	459	479
0.13	11954	12013	3004	3032	1334	1368	749	775	488	507
0.14	12714	12776	3199	3219	1418	1455	803	833	514	537
0.15	13466	13537	3383	3407	1503	1544	845	874	543	565
0.16	14146	14278	3568	3597	1584	1622	899	910	568	594
0.17	14884	15009	3722	3782	1667	1709	937	962	596	621
0.18	15543	15666	3901	3958	1746	1761	971	1000	621	645
0.19	16180	16307	4083	4107	1804	1842	1025	1039	653	671
0.20	16896	16949	4223	4284	1883	1919	1061	1092	678	699
0.21	17448	17573	4400	4423	1960	1973	1098	1123	701	721
0.22	18066	18190	4532	4592	2014	2051	1132	1160	725	749
0.23	18674	18729	4665	4727	2087	2103	1167	1194	752	775
0.24	19204	19334	4804	4863	2139	2182	1218	1230	777	795
0.25	19727	19840	4969	4988	2217	2228	1251	1259	799	807
0.26	20230	20358	5097	5116	2261	2304	1282	1289	824	831
0.27	20725	20863	5184	5241	2312	2350	1314	1324	831	854
0.28	21224	21350	5306	5368	2356	2400	1324	1357	856	875
0.29	21709	21767	5430	5486	2430	2443	1356	1384	873	886
0.30	22107	22238	5542	5568	2474	2486	1382	1413	899	908
0.31	22505	22622	5626	5685	2518	2530	1413	1443	905	925
0.32	22878	23007	5744	5804	2559	2601	1442	1454	925	934
0.33	23259	23387	5822	5878	2601	2619	1453	1484	930	955
0.34	23623	23745	5931	5945	2641	2658	1479	1507	951	959
0.35	23978	24032	6002	6055	2678	2695	1510	1515	958	982

Power: Wahrscheinlichkeit dafür, daß die Pearson-Clopper-Grenzen zwischen $p-\Delta$ und $p+\Delta$ liegen, **min:** minimaler Umfang, für den die Power erreicht wird, **max:** Umfang, von dem ab die Power nicht mehr unter 0.80 absinkt, zwischen min und max variiert die Power um 0.80.

T4: Stichprobenumfang zur Schätzung einer Wahrscheinlichkeit p
Δ: *Genauigkeitsschranke, Konfidenzniveau = 0.95, Power = 0.80 (siehe Abschn. 3.3.2)*

p \ Δ	0.01 min	0.01 max	0.02 min	0.02 max	0.03 min	0.03 max	0.04 min	0.04 max	0.05 min	0.05 max
0.36	24259	24385	6070	6124	2695	2735	1517	1546	977	988
0.37	24522	24645	6129	6192	2737	2773	1545	1568	983	1003
0.38	24782	24904	6195	6254	2769	2787	1549	1579	1003	1008
0.39	25026	25155	6258	6318	2785	2819	1572	1601	1008	1027
0.40	25265	25391	6315	6376	2814	2855	1580	1606	1010	1031
0.41	25495	25551	6372	6434	2851	2868	1604	1613	1028	1035
0.42	25644	25771	6426	6452	2857	2896	1608	1633	1032	1052
0.43	25788	25917	6451	6510	2865	2903	1630	1639	1036	1055
0.44	25919	26045	6501	6521	2894	2912	1636	1645	1037	1056
0.45	26035	26165	6514	6575	2903	2937	1635	1665	1053	1059
0.46	26155	26271	6556	6584	2907	2947	1641	1670	1056	1060
0.47	26179	26312	6561	6628	2909	2948	1642	1666	1057	1079
0.48	26270	26398	6568	6627	2939	2951	1643	1673	1060	1077
0.49	26291	26406	6579	6627	2938	2952	1642	1667	1058	1078
0.50	26287	26430	6569	6640	2935	2957	1643	1676	1055	1082

T4: Stichprobenumfang zur Schätzung einer Wahrscheinlichkeit p
Δ: *Genauigkeitsschranke, Konfidenzniveau = 0.95, Power = 0.80 (siehe Abschn. 3.3.2)*

p \ Δ	0.10 min	0.10 max	0.15 min	0.15 max	0.20 min	0.20 max	0.25 min	0.25 max	0.30 min	0.30 max
0.01	49	49	22	33	16	16	13	13	10	10
0.02	58	58	31	31	23	23	19	19	10	15
0.03	65	65	38	38	22	22	18	18	15	15
0.04	70	70	36	36	28	28	17	17	14	14
0.05	75	84	41	41	27	27	22	22	14	14
0.06	78	87	46	46	31	31	21	21	18	18
0.07	89	97	44	50	30	30	20	25	17	17
0.08	91	105	48	54	29	34	24	24	17	17
0.09	100	113	51	57	32	37	23	27	16	20
0.10	107	113	54	59	31	36	22	26	19	19
0.11	107	125	57	62	35	39	26	26	19	19
0.12	119	130	59	64	33	42	25	28	18	21
0.13	124	134	62	66	36	40	24	28	18	21
0.14	133	143	59	68	39	43	27	30	20	20
0.15	137	146	61	70	41	45	26	29	20	23

T4: Stichprobenumfang zur Schätzung einer Wahrscheinlichkeit p

Δ: *Genauigkeitsschranke, Konfidenzniveau = 0.95, Power = 0.80 (siehe Abschn. 3.3.2)*

p \ Δ	0.10 min	max	0.15 min	max	0.20 min	max	0.25 min	max	0.30 min	max
0.16	145	154	67	71	40	44	28	32	19	22
0.17	152	161	69	73	42	46	28	31	22	22
0.18	159	163	70	77	41	48	30	33	21	24
0.19	165	177	75	78	43	46	29	32	21	23
0.20	170	178	76	83	45	48	28	34	20	23
0.21	179	187	80	84	47	50	30	33	22	25
0.22	184	191	84	84	48	48	30	32	22	24
0.23	192	195	85	91	47	53	32	34	21	23
0.24	195	205	86	91	49	51	31	33	23	23
0.25	199	209	89	92	50	53	33	35	22	25
0.26	209	209	92	95	51	54	34	34	24	24
0.27	209	218	95	95	53	55	33	36	24	26
0.28	214	220	96	101	54	56	35	35	25	25
0.29	220	223	98	101	55	57	36	36	25	25
0.30	222	233	101	103	56	56	36	38	24	24
0.31	227	235	103	103	57	57	37	37	26	26
0.32	234	237	103	106	58	58	36	36	25	25
0.33	236	239	106	106	59	59	35	35	27	27
0.34	238	248	106	108	60	60	39	39	26	26
0.35	244	249	108	112	61	63	40	40	26	26
0.36	248	250	108	112	59	59	39	41	27	27
0.37	249	249	112	114	62	62	40	40	26	26
0.38	248	259	111	116	63	65	41	41	28	28
0.39	252	260	113	115	65	65	39	39	27	27
0.40	259	261	113	115	64	66	41	41	27	27
0.41	260	262	115	117	65	67	41	41	28	28
0.42	261	263	114	116	65	65	42	42	27	27
0.43	259	263	116	122	66	66	41	41	27	27
0.44	262	264	116	116	67	67	42	42	28	28
0.45	263	273	117	121	67	67	43	43	27	27
0.46	264	273	117	122	66	68	42	42	27	27
0.47	262	272	116	122	66	66	43	43	28	28
0.48	263	274	118	123	67	67	42	42	27	27
0.49	265	272	117	121	67	67	43	43	27	27
0.50	264	275	117	124	66	68	44	44	31	31

T5: t-Test: $c = nct/\sqrt{N}$,   nct: Nichtzentralitätsparameter, N: Gesamtumfang
df: Freiheitsgrade, $\alpha = 0.05$, Power: $1 - \beta = 0.80$ (s. Abschn.4.1, 4.2, 7.1)

N \ df	einseitig				zweiseitig			
	N-1	N-2	N-3	N-4	N-1	N-2	N-3	N-4
3	2.2973	.	.	.	3.2641	.	.	.
4	1.6498	1.9895	.	.	2.1280	2.8268	.	.
5	1.3595	1.4756	1.7795	.	1.6820	1.9033	2.5284	.
6	1.1858	1.2410	1.3470	1.6245	1.4346	1.5355	1.7375	2.3081
7	1.0667	1.0979	1.1490	1.2471	1.2726	1.3282	1.4216	1.6086
8	0.9782	0.9978	1.0270	1.0748	1.1561	1.1904	1.2424	1.3298
9	0.9090	0.9223	0.9407	0.9682	1.0670	1.0900	1.1223	1.1714
10	0.8529	0.8624	0.8749	0.8925	0.9961	1.0123	1.0340	1.0648
11	0.8062	0.8132	0.8222	0.8342	0.9377	0.9497	0.9652	0.9859
12	0.7665	0.7718	0.7786	0.7872	0.8887	0.8978	0.9093	0.9241
13	0.7321	0.7364	0.7416	0.7480	0.8467	0.8538	0.8626	0.8736
14	0.7021	0.7055	0.7096	0.7146	0.8102	0.8159	0.8228	0.8312
15	0.6755	0.6783	0.6816	0.6855	0.7781	0.7827	0.7882	0.7949
16	0.6517	0.6541	0.6568	0.6600	0.7495	0.7534	0.7579	0.7632
17	0.6303	0.6323	0.6345	0.6372	0.7239	0.7271	0.7309	0.7352
18	0.6109	0.6126	0.6145	0.6167	0.7008	0.7035	0.7067	0.7103
19	0.5932	0.5946	0.5963	0.5981	0.6797	0.6821	0.6848	0.6878
20	0.5770	0.5782	0.5796	0.5812	0.6605	0.6625	0.6648	0.6674
21	0.5620	0.5631	0.5643	0.5656	0.6428	0.6446	0.6466	0.6488
22	0.5481	0.5491	0.5501	0.5513	0.6265	0.6280	0.6298	0.6317
23	0.5352	0.5361	0.5370	0.5380	0.6113	0.6127	0.6142	0.6159
24	0.5232	0.5240	0.5248	0.5257	0.5972	0.5985	0.5998	0.6013
25	0.5120	0.5127	0.5134	0.5142	0.5841	0.5852	0.5864	0.5877
26	0.5014	0.5020	0.5027	0.5034	0.5718	0.5727	0.5738	0.5750
27	0.4915	0.4921	0.4927	0.4933	0.5602	0.5611	0.5620	0.5631
28	0.4822	0.4827	0.4832	0.4838	0.5493	0.5501	0.5510	0.5519
29	0.4734	0.4738	0.4743	0.4748	0.5390	0.5397	0.5405	0.5414
30	0.4650	0.4654	0.4658	0.4663	0.5293	0.5299	0.5307	0.5314
31	0.4571	0.4574	0.4578	0.4583	0.5201	0.5207	0.5213	0.5220
32	0.4495	0.4499	0.4502	0.4506	0.5113	0.5119	0.5125	0.5131
33	0.4423	0.4427	0.4430	0.4434	0.5030	0.5035	0.5041	0.5047
34	0.4355	0.4358	0.4361	0.4364	0.4951	0.4956	0.4961	0.4966
35	0.4290	0.4292	0.4295	0.4298	0.4875	0.4880	0.4884	0.4889
36	0.4227	0.4230	0.4232	0.4235	0.4803	0.4807	0.4811	0.4816
37	0.4167	0.4170	0.4172	0.4175	0.4734	0.4738	0.4742	0.4746
38	0.4110	0.4112	0.4114	0.4117	0.4668	0.4671	0.4675	0.4679
39	0.4055	0.4057	0.4059	0.4061	0.4604	0.4607	0.4611	0.4615
40	0.4002	0.4004	0.4006	0.4008	0.4543	0.4546	0.4549	0.4553

T5: t-Test: $c = nct/\sqrt{N}$,   *nct: Nichtzentralitätsparameter, N: Gesamtumfang*
df: Freiheitsgrade, $\alpha = 0.05$, Power: $1 - \beta = 0.80$ (s. Abschn.4.1, 4.2, 7.1)

| N \ df | einseitig | | | | zweiseitig | | | |
	N-1	N-2	N-3	N-4	N-1	N-2	N-3	N-4
41	0.3951	0.3953	0.3955	0.3957	0.4484	0.4487	0.4490	0.4494
42	0.3902	0.3904	0.3906	0.3907	0.4428	0.4431	0.4434	0.4437
43	0.3855	0.3857	0.3858	0.3860	0.4374	0.4376	0.4379	0.4382
44	0.3809	0.3811	0.3812	0.3814	0.4321	0.4324	0.4326	0.4329
45	0.3765	0.3767	0.3768	0.3770	0.4271	0.4273	0.4275	0.4278
46	0.3723	0.3724	0.3726	0.3727	0.4222	0.4224	0.4226	0.4229
47	0.3682	0.3683	0.3684	0.3686	0.4175	0.4177	0.4179	0.4181
48	0.3642	0.3643	0.3645	0.3646	0.4129	0.4131	0.4133	0.4135
49	0.3604	0.3605	0.3606	0.3607	0.4085	0.4087	0.4089	0.4091
50	0.3566	0.3568	0.3569	0.3570	0.4042	0.4044	0.4046	0.4048
51	0.3530	0.3531	0.3532	0.3533	0.4001	0.4003	0.4004	0.4006
52	0.3495	0.3496	0.3497	0.3498	0.3961	0.3962	0.3964	0.3966
53	0.3461	0.3462	0.3463	0.3464	0.3922	0.3923	0.3925	0.3926
54	0.3428	0.3429	0.3430	0.3431	0.3884	0.3885	0.3887	0.3888
55	0.3396	0.3397	0.3398	0.3399	0.3847	0.3848	0.3850	0.3851
56	0.3365	0.3366	0.3366	0.3367	0.3811	0.3813	0.3814	0.3815
57	0.3334	0.3335	0.3336	0.3337	0.3776	0.3778	0.3779	0.3780
58	0.3305	0.3306	0.3306	0.3307	0.3743	0.3744	0.3745	0.3746
59	0.3276	0.3277	0.3277	0.3278	0.3710	0.3711	0.3712	0.3713
60	0.3248	0.3249	0.3249	0.3250	0.3678	0.3679	0.3680	0.3681
61	0.3221	0.3221	0.3222	0.3223	0.3646	0.3647	0.3648	0.3649
62	0.3194	0.3195	0.3195	0.3196	0.3616	0.3617	0.3618	0.3619
63	0.3168	0.3169	0.3169	0.3170	0.3586	0.3587	0.3588	0.3589
64	0.3143	0.3143	0.3144	0.3144	0.3557	0.3558	0.3559	0.3560
65	0.3118	0.3118	0.3119	0.3119	0.3529	0.3530	0.3530	0.3531
66	0.3094	0.3094	0.3095	0.3095	0.3501	0.3502	0.3503	0.3504
67	0.3070	0.3070	0.3071	0.3071	0.3474	0.3475	0.3476	0.3476
68	0.3047	0.3047	0.3048	0.3048	0.3448	0.3448	0.3449	0.3450
69	0.3024	0.3025	0.3025	0.3026	0.3422	0.3423	0.3423	0.3424
70	0.3002	0.3002	0.3003	0.3003	0.3397	0.3397	0.3398	0.3399
71	0.2980	0.2981	0.2981	0.2982	0.3372	0.3373	0.3373	0.3374
72	0.2959	0.2960	0.2960	0.2960	0.3348	0.3348	0.3349	0.3350
73	0.2938	0.2939	0.2939	0.2940	0.3324	0.3325	0.3325	0.3326
74	0.2918	0.2919	0.2919	0.2919	0.3301	0.3302	0.3302	0.3303
75	0.2898	0.2899	0.2899	0.2899	0.3278	0.3279	0.3279	0.3280
76	0.2879	0.2879	0.2879	0.2880	0.3256	0.3257	0.3257	0.3258
77	0.2860	0.2860	0.2860	0.2861	0.3234	0.3235	0.3235	0.3236
78	0.2841	0.2841	0.2842	0.2842	0.3213	0.3213	0.3214	0.3215
79	0.2823	0.2823	0.2823	0.2824	0.3192	0.3193	0.3193	0.3194
80	0.2805	0.2805	0.2805	0.2806	0.3171	0.3172	0.3173	0.3173

T5: t-Test: $c = nct/\sqrt{N}$,   nct: *Nichtzentralitätsparameter, N: Gesamtumfang*
df: Freiheitsgrade, $\alpha = 0.05$, *Power:* $1 - \beta = 0.80$ *(s. Abschn.4.1, 4.2, 7.1)*

N \ df	einseitig				zweiseitig			
	N-1	N-2	N-3	N-4	N-1	N-2	N-3	N-4
81	0.2787	0.2787	0.2788	0.2788	0.3151	0.3152	0.3152	0.3153
82	0.2770	0.2770	0.2770	0.2770	0.3132	0.3132	0.3133	0.3133
83	0.2753	0.2753	0.2753	0.2753	0.3112	0.3113	0.3113	0.3114
84	0.2736	0.2736	0.2736	0.2737	0.3093	0.3094	0.3094	0.3095
85	0.2719	0.2720	0.2720	0.2720	0.3075	0.3075	0.3075	0.3076
86	0.2703	0.2704	0.2704	0.2704	0.3056	0.3057	0.3057	0.3057
87	0.2688	0.2688	0.2688	0.2688	0.3038	0.3039	0.3039	0.3039
88	0.2672	0.2672	0.2672	0.2673	0.3020	0.3021	0.3021	0.3022
89	0.2657	0.2657	0.2657	0.2657	0.3003	0.3003	0.3004	0.3004
90	0.2642	0.2642	0.2642	0.2642	0.2986	0.2986	0.2987	0.2987
91	0.2627	0.2627	0.2627	0.2628	0.2969	0.2970	0.2970	0.2970
92	0.2612	0.2613	0.2613	0.2613	0.2953	0.2953	0.2953	0.2954
93	0.2598	0.2598	0.2598	0.2599	0.2936	0.2937	0.2937	0.2937
94	0.2584	0.2584	0.2584	0.2585	0.2920	0.2921	0.2921	0.2921
95	0.2570	0.2570	0.2571	0.2571	0.2905	0.2905	0.2905	0.2906
96	0.2557	0.2557	0.2557	0.2557	0.2889	0.2889	0.2890	0.2890
97	0.2543	0.2543	0.2544	0.2544	0.2874	0.2874	0.2875	0.2875
98	0.2530	0.2530	0.2530	0.2530	0.2859	0.2859	0.2860	0.2860
99	0.2517	0.2517	0.2517	0.2517	0.2844	0.2844	0.2845	0.2845
100	0.2504	0.2504	0.2505	0.2505	0.2830	0.2830	0.2830	0.2830
101	0.2492	0.2492	0.2492	0.2492	0.2815	0.2816	0.2816	0.2816
102	0.2479	0.2479	0.2479	0.2480	0.2801	0.2801	0.2802	0.2802
103	0.2467	0.2467	0.2467	0.2467	0.2787	0.2788	0.2788	0.2788
104	0.2455	0.2455	0.2455	0.2455	0.2774	0.2774	0.2774	0.2774
105	0.2443	0.2443	0.2443	0.2443	0.2760	0.2760	0.2761	0.2761
106	0.2431	0.2431	0.2432	0.2432	0.2747	0.2747	0.2747	0.2748
107	0.2420	0.2420	0.2420	0.2420	0.2734	0.2734	0.2734	0.2734
108	0.2408	0.2409	0.2409	0.2409	0.2721	0.2721	0.2721	0.2722
109	0.2397	0.2397	0.2397	0.2398	0.2708	0.2708	0.2709	0.2709
110	0.2386	0.2386	0.2386	0.2387	0.2696	0.2696	0.2696	0.2696
111	0.2375	0.2375	0.2375	0.2376	0.2683	0.2683	0.2684	0.2684
112	0.2364	0.2365	0.2365	0.2365	0.2671	0.2671	0.2671	0.2672
113	0.2354	0.2354	0.2354	0.2354	0.2659	0.2659	0.2659	0.2660
114	0.2343	0.2343	0.2344	0.2344	0.2647	0.2647	0.2647	0.2648
115	0.2333	0.2333	0.2333	0.2333	0.2635	0.2635	0.2636	0.2636
116	0.2323	0.2323	0.2323	0.2323	0.2624	0.2624	0.2624	0.2624
117	0.2313	0.2313	0.2313	0.2313	0.2612	0.2612	0.2613	0.2613
118	0.2303	0.2303	0.2303	0.2303	0.2601	0.2601	0.2601	0.2602
119	0.2293	0.2293	0.2293	0.2293	0.2590	0.2590	0.2590	0.2590
120	0.2283	0.2283	0.2284	0.2284	0.2579	0.2579	0.2579	0.2579

T6: Exakter Binomialtest: nachweisbare Differenzen, N: *Stichprobenumfang*, $p0 = 100p_0$, $\alpha = 0.05$ *(einseitig)*, *Power:* $1 - \beta = 0.80$ *(siehe Abschn. 4.4)*

N \ p0	5	10	20	30	40	50	60	70	80	90	95
5	44.02	57.35	63.14	53.14	55.64	45.64	.	.	.	.	.
6	37.25	48.54	53.14	56.02	46.02	46.35	36.35	.	.	.	.
7	32.09	41.68	45.00	47.17	48.05	46.87	36.87	.	.	.	.
8	41.22	36.22	49.68	50.15	40.15	39.57	37.25	.	.	.	.
9	36.77	42.92	43.40	43.25	42.43	40.74	37.56	27.56	.	.	.
10	33.10	38.37	38.09	37.32	44.24	41.68	31.68	27.80	.	.	.
11	30.01	34.53	42.22	40.48	38.33	35.71	32.44	28.00	.	.	.
12	27.38	31.24	37.80	35.59	40.21	36.93	33.08	28.16	.	.	.
13	25.12	28.40	33.94	38.41	35.25	31.79	33.62	28.30	.	.	.
14	23.15	25.92	30.56	34.26	37.09	33.13	28.84	24.08	18.42	.	.
15	21.42	30.77	34.16	36.80	32.84	34.29	29.60	24.47	18.53	.	.
16	19.89	28.46	31.16	33.20	34.62	30.06	30.26	24.82	18.62	.	.
17	25.08	26.39	28.47	29.96	30.91	31.28	26.18	25.13	18.70	.	.
18	23.53	24.54	31.59	32.34	32.61	27.55	26.97	25.40	18.77	.	.
19	22.14	22.86	29.15	29.45	29.33	28.78	27.67	21.82	18.84	.	.
20	20.87	21.34	26.93	26.81	30.94	29.88	28.30	22.23	18.90	.	.
21	19.71	25.04	24.89	29.00	28.01	26.68	24.94	22.61	18.95	.	.
22	18.66	23.56	27.63	26.61	29.54	27.78	25.64	22.95	16.24	.	.
23	17.69	22.20	25.73	28.62	26.89	24.89	26.28	23.26	16.41	.	.
24	16.79	20.95	23.98	26.42	28.34	25.98	23.33	20.28	16.56	.	.
25	15.97	19.79	22.36	24.38	25.92	26.97	24.01	20.68	16.70	.	.
26	15.20	18.71	24.78	26.25	27.30	24.41	24.64	21.04	16.82	.	.
27	14.49	17.71	23.25	24.36	25.08	25.40	22.01	21.38	16.94	.	.
28	13.83	20.62	21.82	22.59	23.00	23.05	22.67	18.78	17.05	.	.
29	17.10	19.63	20.47	24.33	24.34	24.01	23.29	19.17	17.15	9.24	.
30	16.40	18.69	22.64	22.68	22.41	21.84	20.93	19.54	14.85	9.26	.
31	15.74	17.82	21.35	24.30	23.69	22.79	21.56	19.88	15.01	9.29	.
32	15.12	16.99	20.15	22.74	21.89	23.67	22.15	20.20	15.17	9.31	.
33	14.54	16.22	22.12	21.27	23.10	21.69	20.01	17.96	15.32	9.33	.
34	13.98	15.48	20.96	22.80	21.41	22.55	20.61	18.32	15.46	9.35	.
35	13.46	17.87	19.86	21.40	22.57	20.71	21.18	18.66	15.59	9.37	.
36	12.97	17.14	18.82	20.08	20.99	21.55	19.22	18.98	15.71	9.39	.
37	12.50	16.44	20.61	21.52	22.09	19.82	19.80	16.97	13.74	9.40	.
38	12.06	15.78	19.61	20.26	20.60	20.64	20.34	17.32	13.90	9.42	.
39	11.64	15.14	18.65	19.06	21.66	21.42	18.54	17.66	14.06	9.43	.
40	11.24	14.54	17.74	20.41	20.25	19.81	19.09	17.97	14.21	9.45	.

$H_0 : p \leq p_0$, $H_A : p > p_0$. Die Wahrscheinlichkeiten p_0 und die nachweisbaren Differenzen $p - p_0$ wurden mit 100 multipliziert. Ein Punkt bezeichnet die Fälle, in denen die Power: 0.80 nicht erreicht werden kann.

T6: Exakter Binomialtest: nachweisbare Differenzen, N: *Stichprobenumfang*, p0 = 100p_0, $\alpha = 0.05$ *(einseitig), Power:* $1 - \beta = 0.80$ *(siehe Abschn. 4.4)*

N \ p0	5	10	20	30	40	50	60	70	80	90	95
41	13.60	13.97	19.38	19.27	21.26	20.58	19.61	16.15	14.35	9.46	.
42	13.18	15.99	18.50	20.55	19.92	19.06	17.94	16.49	14.49	9.48	.
43	12.77	15.42	17.65	19.45	20.90	19.81	18.47	16.81	14.62	9.49	.
44	12.38	14.86	16.84	18.40	19.62	18.36	18.97	17.11	12.91	9.50	.
45	12.01	14.33	18.36	19.62	18.40	19.09	17.41	15.45	13.07	9.51	.
46	11.65	13.82	17.57	18.61	19.34	19.79	17.91	15.77	13.22	8.21	.
47	11.31	13.34	16.81	17.63	18.17	18.44	18.40	16.08	13.36	8.25	.
48	10.98	12.87	16.08	18.79	19.09	19.12	16.94	16.38	13.50	8.28	.
49	10.66	14.62	17.49	17.86	17.97	17.83	17.42	14.85	13.64	8.32	.
50	10.36	14.15	16.77	16.95	18.85	18.50	17.89	15.16	12.11	8.35	.
51	10.07	13.69	16.09	18.06	17.77	17.27	16.51	15.45	12.26	8.39	.
52	9.78	13.25	15.42	17.19	18.62	17.92	16.98	15.74	12.42	8.42	.
53	9.51	12.83	16.74	16.35	17.59	16.74	17.43	14.32	12.56	8.45	.
54	11.33	12.42	16.09	17.40	18.41	17.38	16.13	14.62	12.70	8.48	.
55	11.04	12.03	15.46	16.58	17.42	17.99	16.58	14.91	12.83	8.50	.
56	10.76	11.65	14.86	17.59	16.47	16.88	17.01	15.18	12.96	8.53	.
57	10.50	13.17	16.09	16.80	17.26	17.48	15.79	13.86	11.60	8.56	.
58	10.24	12.79	15.49	16.04	16.34	16.40	16.21	14.15	11.75	8.58	.
59	9.98	12.41	14.92	17.01	17.11	16.99	16.63	14.42	11.89	8.61	4.63
60	9.74	12.05	14.36	16.26	16.22	15.96	15.47	14.69	12.03	8.63	4.63
61	9.51	11.70	13.82	15.54	16.97	16.54	15.88	13.46	12.16	7.48	4.64
62	9.28	11.36	14.97	16.47	16.11	15.54	14.77	13.73	12.29	7.52	4.65
63	9.06	11.04	14.43	15.77	16.84	16.11	15.18	13.99	11.05	7.56	4.65
64	8.84	12.40	13.92	15.09	16.00	16.66	15.58	14.25	11.19	7.60	4.66
65	8.64	12.07	13.42	15.98	16.71	15.71	14.52	13.09	11.33	7.63	4.66
66	8.43	11.74	14.50	15.32	15.90	16.24	14.91	13.35	11.46	7.67	4.67
67	8.24	11.43	14.00	14.68	15.11	15.32	15.30	13.61	11.59	7.71	4.67
68	9.69	11.12	13.52	15.54	15.80	15.85	14.28	13.85	11.71	7.74	4.68
69	9.49	10.82	13.06	14.91	15.04	14.96	14.67	12.77	10.58	7.77	4.68
70	9.28	10.54	14.08	14.30	15.71	15.48	15.04	13.02	10.71	7.80	4.69
71	9.09	10.25	13.62	15.12	14.97	14.62	14.07	13.26	10.85	7.84	4.69
72	8.90	11.48	13.17	14.53	15.62	15.13	14.44	13.50	10.97	7.87	4.70
73	8.71	11.19	12.73	13.94	14.90	15.62	14.80	12.47	11.10	7.90	4.70
74	8.53	10.91	13.71	14.74	15.54	14.79	13.87	12.71	11.22	7.92	4.70
75	8.35	10.64	13.27	14.17	14.84	15.28	14.22	12.95	11.34	7.95	4.71
76	8.18	10.38	12.85	13.62	14.15	14.48	14.57	13.17	10.30	6.97	4.71
77	8.01	10.12	12.44	14.39	14.77	14.95	13.68	12.20	10.43	7.01	4.72
78	7.85	9.87	13.37	13.85	14.11	14.17	14.02	12.43	10.55	7.05	4.72
79	7.69	9.62	12.96	13.31	14.71	14.64	13.16	12.66	10.67	7.08	4.72
80	7.54	10.73	12.56	14.06	14.07	13.88	13.50	12.88	10.79	7.12	4.73

T6: Exakter Binomialtest: nachweisbare Differenzen, N: *Stichprobenumfang*, $p0 = 100p_0$, $\alpha = 0.05$ *(einseitig)*, Power: $1 - \beta = 0.80$ *(siehe Abschn. 4.4)*

N \ p0	5	10	20	30	40	50	60	70	80	90	95
81	7.38	10.48	12.17	13.54	14.66	14.34	13.84	11.95	10.91	7.16	4.73
82	8.59	10.24	13.06	14.26	14.02	13.61	13.01	12.18	9.94	7.19	4.73
83	8.43	10.00	12.67	13.75	14.60	14.06	13.34	12.40	10.06	7.23	4.74
84	8.28	9.77	12.30	13.25	13.98	14.50	13.66	12.61	10.18	7.26	4.74
85	8.13	9.54	11.93	13.96	13.38	13.79	12.86	11.73	10.30	7.29	4.74
86	7.98	9.32	11.57	13.47	13.94	14.22	13.18	11.94	10.41	7.32	4.75
87	7.83	10.33	12.41	12.99	13.35	13.53	13.50	12.16	10.52	7.35	4.75
88	7.69	10.11	12.05	13.67	13.91	13.96	12.72	12.36	9.62	7.38	4.75
89	7.55	9.89	11.70	13.20	13.33	13.28	13.04	11.52	9.74	6.52	4.75
90	7.41	9.67	11.36	12.74	13.87	13.70	13.35	11.73	9.86	6.55	4.76
91	7.28	9.46	12.17	13.40	13.31	13.04	12.60	11.93	9.97	6.59	4.76
92	7.15	9.26	11.83	12.94	13.83	13.46	12.90	12.13	10.08	6.63	4.76
93	7.02	9.05	11.50	12.50	13.28	12.81	13.20	11.33	10.19	6.67	4.12
94	6.89	8.86	11.17	13.14	12.74	13.22	12.48	11.53	9.34	6.70	4.13
95	6.77	9.79	11.94	12.71	13.26	13.62	12.77	11.73	9.45	6.74	4.14
96	7.80	9.59	11.62	12.28	12.73	12.99	12.07	10.95	9.56	6.77	4.15
97	7.68	9.39	11.31	12.90	13.24	13.39	12.36	11.15	9.67	6.80	4.15
98	7.55	9.20	11.00	12.48	12.72	12.78	12.65	11.34	9.78	6.84	4.16
99	7.42	9.01	10.69	12.07	13.21	13.16	11.96	11.54	9.88	6.87	4.17
100	7.30	8.82	11.43	12.68	12.71	12.57	12.25	10.79	9.09	6.90	4.18
101	7.18	8.64	11.13	12.27	13.19	12.95	12.53	10.98	9.20	6.93	4.19
102	7.07	8.46	10.83	11.87	12.69	12.36	11.87	11.17	9.30	6.96	4.20
103	6.95	9.33	10.54	12.46	12.20	12.74	12.15	11.36	9.41	6.19	4.20
104	6.84	9.14	11.25	12.07	12.68	12.17	12.42	10.64	9.51	6.23	4.21
105	6.73	8.97	10.96	11.68	12.20	12.54	11.78	10.83	9.61	6.27	4.22
106	6.62	8.79	10.68	12.26	12.67	11.98	12.05	11.01	8.86	6.30	4.23
107	6.51	8.62	10.40	11.88	12.20	12.35	11.42	11.19	8.96	6.34	4.23
108	6.41	8.45	11.09	11.50	12.66	12.71	11.69	10.50	9.07	6.37	4.24
109	6.30	8.29	10.81	12.07	12.20	12.16	11.95	10.68	9.17	6.41	4.25
110	6.20	8.12	10.54	11.70	11.74	12.52	11.34	10.86	9.27	6.44	4.25
111	7.10	8.93	10.27	11.33	12.19	11.98	11.61	11.04	9.37	6.47	4.26
112	6.99	8.76	10.93	11.88	11.75	12.33	11.87	10.37	8.65	6.50	4.27
113	6.89	8.60	10.66	11.53	12.19	11.81	11.27	10.54	8.75	6.53	4.27
114	6.79	8.44	10.40	11.17	11.75	12.15	11.53	10.72	8.85	6.56	4.28
115	6.69	8.28	10.14	11.71	12.19	11.64	11.78	10.07	8.95	6.59	4.29
116	6.59	8.13	9.89	11.36	11.75	11.98	11.20	10.24	9.05	5.90	4.29
117	6.49	7.97	10.53	11.02	12.18	11.47	11.45	10.42	9.14	5.94	4.30
118	6.39	7.83	10.28	11.54	11.76	11.81	10.88	10.59	8.46	5.97	4.31
119	6.30	7.68	10.03	11.21	11.34	11.32	11.13	9.96	8.56	6.01	4.31
120	6.21	8.42	9.78	10.87	11.76	11.65	11.38	10.13	8.66	6.04	4.32

T6: Exakter Binomialtest: nachweisbare Differenzen, N: *Stichprobenumfang*, $p0 = 100p_0$, $\alpha = 0.05$ *(einseitig)*, *Power:* $1 - \beta = 0.80$ *(siehe Abschn. 4.4)*

N \ p0	5	10	20	30	40	50	60	70	80	90	95
121	6.12	8.27	10.40	11.38	11.35	11.97	10.82	10.30	8.75	6.07	4.32
122	6.03	8.13	10.16	11.06	11.76	11.49	11.07	10.46	8.84	6.10	4.33
123	5.94	7.98	9.92	10.73	11.36	11.81	11.31	9.85	8.94	6.14	4.33
124	5.85	7.84	9.68	11.23	11.76	11.34	10.77	10.02	8.29	6.17	3.76
125	5.77	7.70	10.28	10.91	11.37	11.66	11.00	10.18	8.38	6.20	3.77
126	6.56	7.56	10.05	10.60	10.98	11.19	11.24	10.34	8.48	6.23	3.78
127	6.47	7.43	9.81	11.09	11.38	11.50	10.71	9.75	8.57	6.26	3.79
128	6.38	8.13	9.59	10.78	10.99	11.05	10.94	9.91	8.66	6.29	3.80
129	6.29	7.99	9.36	10.47	11.38	11.36	10.43	10.07	8.04	5.66	3.81
130	6.21	7.85	9.94	10.95	11.00	10.91	10.66	9.50	8.13	5.69	3.82
131	6.12	7.72	9.72	10.65	11.39	11.21	10.89	9.66	8.22	5.72	3.83
132	6.04	7.59	9.50	10.35	11.02	10.77	10.38	9.82	8.31	5.76	3.84
133	5.96	7.46	9.28	10.82	11.40	11.07	10.61	9.97	8.40	5.79	3.85
134	5.88	7.33	9.84	10.52	11.03	11.37	10.83	9.41	8.49	5.82	3.86
135	5.80	7.21	9.62	10.23	10.66	10.94	10.34	9.57	7.89	5.85	3.87
136	5.72	7.86	9.41	10.69	11.04	11.23	10.56	9.72	7.98	5.88	3.87
137	5.64	7.74	9.20	10.40	10.68	10.81	10.78	9.87	8.07	5.91	3.88
138	5.57	7.61	9.00	10.12	11.05	11.10	10.29	9.33	8.16	5.94	3.89
139	5.49	7.49	9.53	10.57	10.70	10.68	10.51	9.48	8.25	5.97	3.90
140	5.42	7.36	9.33	10.29	11.06	10.97	10.04	9.63	8.33	6.00	3.91
141	6.12	7.24	9.13	10.01	10.71	10.55	10.25	9.78	7.76	6.03	3.91
142	6.05	7.12	8.93	10.45	10.37	10.84	10.47	9.26	7.85	5.45	3.92
143	5.97	7.01	9.45	10.18	10.73	10.43	10.00	9.40	7.93	5.48	3.93
144	5.89	7.63	9.25	9.91	10.39	10.72	10.21	9.55	8.02	5.52	3.94
145	5.82	7.51	9.05	10.34	10.74	10.31	10.42	9.04	8.10	5.55	3.94
146	5.75	7.39	8.86	10.07	10.41	10.59	9.97	9.18	8.18	5.58	3.95
147	5.67	7.28	9.37	9.80	10.75	10.20	10.17	9.33	7.64	5.61	3.96
148	5.60	7.16	9.18	10.23	10.42	10.48	10.38	9.47	7.72	5.64	3.97
149	5.53	7.05	8.99	9.97	10.10	10.75	9.93	8.97	7.80	5.67	3.97
150	5.46	6.94	8.80	9.71	10.44	10.36	10.14	9.11	7.89	5.70	3.98
151	5.40	6.83	8.61	10.12	10.12	10.63	9.70	9.25	7.97	5.73	3.99
152	5.33	6.72	9.11	9.87	10.46	10.25	9.90	9.39	8.05	5.75	3.99
153	5.26	7.30	8.92	9.61	10.14	10.51	10.10	8.91	7.52	5.78	3.50
154	5.20	7.19	8.74	10.02	10.47	10.14	9.67	9.04	7.60	5.24	3.51
155	5.13	7.08	8.56	9.77	10.16	10.40	9.87	9.18	7.68	5.28	3.52
156	5.77	6.98	9.04	9.52	10.49	10.03	10.07	8.71	7.76	5.31	3.53
157	5.70	6.87	8.86	9.93	10.18	10.29	9.64	8.84	7.84	5.34	3.54
158	5.63	6.77	8.68	9.68	9.87	9.93	9.84	8.98	7.33	5.37	3.55
159	5.57	6.66	8.50	9.44	10.20	10.18	9.42	9.11	7.41	5.40	3.56
160	5.50	6.56	8.33	9.83	9.89	9.82	9.62	8.65	7.49	5.42	3.57

T6: Exakter Binomialtest: nachweisbare Differenzen, N: *Stichprobenumfang, p0 = 100p₀, α = 0.05 (einseitig), Power: 1 − β = 0.80 (siehe Abschn. 4.4)*

N \ p0	5	10	20	30	40	50	60	70	80	90	95
161	5.44	7.12	8.80	9.59	10.22	10.08	9.81	8.79	7.57	5.45	3.58
162	5.38	7.01	8.62	9.35	9.92	9.72	9.40	8.92	7.65	5.48	3.58
163	5.31	6.91	8.45	9.74	10.23	9.98	9.59	9.05	7.73	5.51	3.59
164	5.25	6.81	8.28	9.50	9.94	10.23	9.78	8.60	7.23	5.54	3.60
165	5.19	6.71	8.74	9.27	9.65	9.88	9.38	8.73	7.31	5.56	3.61
166	5.13	6.61	8.57	9.65	9.96	10.13	9.57	8.86	7.39	5.59	3.62
167	5.07	6.51	8.40	9.42	9.67	9.78	9.75	8.99	7.47	5.09	3.63
168	5.01	6.42	8.24	9.19	9.98	10.03	9.36	8.55	7.54	5.12	3.63
169	4.95	6.95	8.68	9.57	9.69	9.68	9.54	8.68	7.62	5.15	3.64
170	4.89	6.85	8.52	9.34	10.00	9.93	9.15	8.80	7.14	5.18	3.65
171	4.84	6.75	8.36	9.12	9.71	9.59	9.34	8.37	7.22	5.21	3.66
172	5.42	6.66	8.20	9.49	9.44	9.83	9.52	8.50	7.29	5.24	3.67
173	5.36	6.56	8.04	9.26	9.74	9.50	9.14	8.62	7.37	5.26	3.67
174	5.30	6.47	8.47	9.04	9.46	9.74	9.32	8.75	7.44	5.29	3.68
175	5.24	6.38	8.31	9.41	9.76	9.41	9.49	8.32	7.51	5.32	3.69
176	5.18	6.29	8.15	9.19	9.48	9.65	9.12	8.45	7.06	5.35	3.70
177	5.12	6.19	8.00	8.97	9.78	9.32	9.30	8.57	7.13	5.37	3.70
178	5.07	6.70	8.42	9.33	9.51	9.56	8.93	8.70	7.20	5.40	3.71
179	5.01	6.61	8.27	9.11	9.24	9.24	9.10	8.28	7.27	4.93	3.72
180	4.96	6.52	8.11	8.90	9.53	9.47	9.28	8.40	7.35	4.96	3.73
181	4.90	6.43	7.96	9.25	9.27	9.70	8.91	8.52	6.90	4.99	3.29
182	4.85	6.34	7.81	9.04	9.55	9.38	9.09	8.12	6.97	5.02	3.30
183	4.80	6.25	8.23	8.84	9.29	9.61	9.26	8.24	7.05	5.04	3.31
184	4.74	6.16	8.08	9.18	9.58	9.30	8.90	8.36	7.12	5.07	3.32
185	4.69	6.08	7.93	8.97	9.32	9.52	9.07	8.48	7.19	5.10	3.33
186	4.64	6.56	7.78	8.77	9.06	9.22	9.24	8.08	7.26	5.12	3.34
187	4.59	6.48	8.19	9.11	9.34	9.44	8.89	8.20	6.83	5.15	3.35
188	5.12	6.39	8.04	8.91	9.09	9.14	9.06	8.32	6.90	5.18	3.36
189	5.07	6.30	7.89	8.71	9.36	9.36	8.71	8.43	6.97	5.20	3.37
190	5.01	6.22	7.75	8.51	9.11	9.06	8.88	8.04	7.04	5.23	3.37
191	4.96	6.14	7.61	8.84	9.39	9.28	9.04	8.16	7.10	4.79	3.38
192	4.91	6.05	8.00	8.65	9.14	8.98	8.70	8.28	7.17	4.81	3.39
193	4.86	5.97	7.86	8.45	8.89	9.20	8.86	7.89	6.75	4.84	3.40
194	4.81	5.89	7.72	8.78	9.16	8.90	9.03	8.01	6.82	4.87	3.41
195	4.76	6.35	7.58	8.59	8.92	9.12	8.69	8.12	6.89	4.90	3.42
196	4.71	6.27	7.97	8.39	9.18	9.33	8.85	8.24	6.96	4.92	3.43
197	4.66	6.19	7.83	8.72	8.94	9.04	8.52	7.86	7.03	4.95	3.43
198	4.61	6.11	7.69	8.53	9.21	9.25	8.68	7.97	6.62	4.97	3.44
199	4.57	6.03	7.56	8.34	8.97	8.97	8.84	8.09	6.69	5.00	3.45
200	4.52	5.95	7.42	8.66	8.73	9.18	8.51	8.20	6.75	5.02	3.46

T7: Exakter Binomialtest: nachweisbare Differenzen, N: *Stichprobenumfang*, $p0 = 100p_0$, $\alpha = 0.05$ *(zweiseitig)*, *Power:* $1 - \beta = 0.80$ *(siehe Abschn. 4.4)*

N\p0	5	5	10	10	20	20	30	30	40	40	50	50
5	.	44.02	.	57.35	.	63.14	.	65.64	.	55.64	.	.
6	.	53.54	.	48.54	.	53.14	.	56.02	.	56.35	-46.35	46.35
7	.	46.68	.	55.00	.	57.17	.	58.05	.	48.05	-46.87	46.87
8	.	41.22	.	48.37	.	49.68	.	50.15	-37.25	49.57	-47.25	47.25
9	.	36.77	.	42.92	.	43.40	.	52.43	-37.56	50.74	-40.74	40.74
10	.	33.10	.	38.37	.	47.32	.	46.06	-37.80	44.24	-41.68	41.68
11	.	30.01	.	34.53	.	42.22	-28.00	40.48	-38.00	45.71	-42.44	42.44
12	.	27.38	.	39.69	.	37.80	-28.16	43.07	-33.08	40.21	-36.93	36.93
13	.	25.12	.	36.32	.	41.30	-28.30	38.41	-33.62	41.79	-37.96	37.96
14	.	30.92	.	33.37	.	37.52	-28.42	40.79	-34.08	37.09	-38.84	38.84
15	.	28.74	.	30.77	.	34.16	-28.53	36.80	-34.47	38.68	-34.29	34.29
16	.	26.81	.	28.46	.	37.26	-28.62	38.99	-30.26	34.62	-35.30	35.30
17	.	25.08	.	26.39	-18.70	34.28	-25.13	35.51	-30.84	36.18	-31.28	31.28
18	.	23.53	.	30.36	-18.77	31.59	-25.40	32.34	-31.36	32.61	-32.35	32.35
19	.	22.14	.	28.42	-18.84	29.15	-25.64	34.44	-27.67	34.11	-33.31	33.31
20	.	20.87	.	26.65	-18.90	31.91	-25.86	31.61	-28.30	30.94	-29.88	29.88
21	.	19.71	.	25.04	-18.95	29.68	-26.06	33.55	-28.87	32.39	-30.87	30.87
22	.	18.66	.	23.56	-19.00	27.63	-22.95	30.99	-29.38	29.54	-31.76	31.76
23	.	22.51	.	22.20	-19.04	30.09	-23.26	28.62	-26.28	30.92	-28.78	28.78
24	.	21.43	.	25.37	-19.08	28.19	-23.54	30.45	-26.86	28.34	-29.69	29.69
25	.	20.43	.	24.05	-19.12	26.42	-23.80	28.28	-27.40	29.66	-26.97	26.97
26	.	19.51	.	22.83	-16.82	24.78	-24.05	29.98	-24.64	27.30	-27.89	27.89
27	.	18.65	.	21.69	-16.94	27.00	-21.38	27.98	-25.22	28.57	-28.74	28.74
28	.	17.85	.	20.62	-17.05	25.45	-21.69	26.10	-25.76	26.39	-26.31	26.31
29	.	17.10	.	19.63	-17.15	24.00	-21.98	27.71	-23.29	27.60	-27.15	27.15
30	.	16.40	.	22.25	-17.25	26.02	-22.25	25.95	-23.86	25.59	-24.91	24.91
31	.	15.74	.	21.27	-17.34	24.64	-19.88	24.30	-24.39	26.75	-25.75	25.75
32	.	15.12	.	20.35	-17.42	23.34	-20.20	25.82	-22.15	24.88	-26.53	26.53
33	.	14.54	.	19.47	-17.50	22.12	-20.51	24.27	-22.70	25.99	-24.49	24.49
34	.	17.26	.	18.65	-15.46	23.96	-20.79	25.69	-23.23	24.24	-25.27	25.27
35	.	16.65	.	17.87	-15.59	22.78	-21.06	24.23	-23.72	25.31	-23.37	23.37
36	.	16.08	-9.39	17.14	-15.71	21.67	-18.98	22.84	-21.72	23.66	-24.13	24.13
37	.	15.53	-9.40	19.33	-15.83	20.61	-19.29	24.19	-22.22	24.69	-22.35	22.35
38	.	15.01	-9.42	18.60	-15.94	22.30	-19.57	22.87	-22.70	23.14	-23.10	23.10
39	.	14.52	-9.43	17.90	-16.04	21.28	-19.85	21.61	-20.86	24.13	-23.82	23.82
40	.	14.05	-9.45	17.23	-16.14	20.31	-17.97	22.89	-21.35	22.66	-22.16	22.16

$H_0 : p = p_0$, $H_A : p \neq p_0$. Die Wahrscheinlichkeiten p_0 und die nachweisbaren Differenzen $p - p_0$ wurden mit 100 multipliziert. Ein Punkt bezeichnet die Fälle, in denen die Power: 0.80 nicht erreicht werden kann.

T7: Exakter Binomialtest: nachweisbare Differenzen, N: *Stichprobenumfang, $p0 = 100p_0$, $\alpha = 0.05$ (zweiseitig), Power: $1 - \beta = 0.80$ (siehe Abschn. 4.4)*

N\p0	5	5	10	10	20	20	30	30	40	40	50	50
41	.	13.60	-9.46	16.60	-14.35	19.38	-18.27	21.70	-21.82	23.62	-22.87	22.87
42	.	13.18	-9.48	15.99	-14.49	20.94	-18.55	22.91	-20.11	22.23	-21.30	21.30
43	.	12.77	-9.49	15.42	-14.62	20.04	-18.82	21.77	-20.58	23.15	-22.00	22.00
44	.	12.38	-9.50	17.30	-14.74	19.18	-19.08	20.67	-21.04	21.83	-20.52	20.52
45	.	12.01	-9.51	16.72	-14.86	18.36	-17.40	21.83	-19.45	22.71	-21.19	21.19
46	.	14.07	-9.52	16.16	-14.97	19.80	-17.68	20.78	-19.91	21.46	-21.84	21.84
47	.	13.68	-9.53	15.63	-15.08	19.00	-17.95	19.76	-20.35	20.25	-20.46	20.46
48	.	13.30	-9.54	15.11	-13.50	18.23	-18.20	20.87	-18.86	21.11	-21.09	21.09
49	.	12.94	-9.55	14.62	-13.64	19.58	-16.66	19.90	-19.30	19.96	-19.77	19.77
50	.	12.60	-9.56	14.15	-13.77	18.83	-16.93	20.96	-19.73	20.80	-20.40	20.40
51	.	12.26	-9.57	15.79	-13.89	18.11	-17.19	20.02	-18.33	19.69	-19.14	19.14
52	.	11.94	-9.58	15.32	-14.01	17.41	-17.44	19.11	-18.76	20.50	-19.75	19.75
53	.	11.63	-9.58	14.86	-14.12	18.68	-16.01	20.13	-19.17	19.44	-20.34	20.34
54	.	11.33	-8.48	14.41	-14.23	18.00	-16.28	19.25	-17.85	20.22	-19.15	19.15
55	.	11.04	-8.50	13.99	-12.83	17.34	-16.53	18.41	-18.27	19.20	-19.73	19.73
56	.	10.76	-8.53	13.57	-12.96	16.70	-16.78	19.38	-18.67	19.96	-18.59	18.59
57	.	10.50	-8.56	13.17	-13.09	17.89	-15.44	18.56	-17.42	18.98	-19.16	19.16
58	.	12.15	-8.58	14.64	-13.21	17.27	-15.70	17.77	-17.82	19.72	-18.06	18.06
59	.	11.87	-8.61	14.23	-13.32	16.66	-15.95	18.71	-18.21	18.78	-18.62	18.62
60	.	11.60	-8.63	13.84	-13.44	16.08	-16.19	17.94	-17.03	19.49	-19.16	19.16
61	.	11.33	-8.65	13.46	-13.55	17.20	-14.94	17.19	-17.41	18.58	-18.11	18.11
62	.	11.08	-8.67	13.10	-12.29	16.63	-15.19	18.09	-17.79	17.69	-18.64	18.64
63	.	10.83	-8.69	12.74	-12.41	16.07	-15.43	17.37	-16.67	18.39	-17.64	17.64
64	.	10.59	-8.72	12.40	-12.53	15.53	-15.66	18.24	-17.04	17.54	-18.16	18.16
65	.	10.35	-8.73	13.71	-12.65	16.59	-15.89	17.53	-17.40	18.22	-17.19	17.19
66	.	10.13	-8.75	13.37	-12.76	16.06	-14.73	16.85	-16.34	17.39	-17.70	17.70
67	.	9.91	-8.77	13.03	-12.87	15.55	-14.97	17.68	-16.70	18.05	-16.76	16.76
68	.	9.69	-8.79	12.70	-12.98	15.04	-15.19	17.02	-17.05	17.25	-17.27	17.27
69	.	9.49	-8.81	12.38	-11.84	16.05	-15.41	16.37	-16.03	17.90	-17.76	17.76
70	.	9.28	-7.80	12.07	-11.95	15.56	-14.32	17.18	-16.38	17.12	-16.86	16.86
71	.	10.65	-7.84	11.77	-12.07	15.07	-14.55	16.54	-16.72	17.75	-17.34	17.34
72	-4.70	10.44	-7.87	12.96	-12.18	14.61	-14.77	15.93	-15.75	16.99	-16.47	16.47
73	-4.70	10.23	-7.90	12.66	-12.29	15.56	-14.98	16.71	-16.09	16.25	-16.95	16.95
74	-4.70	10.03	-7.92	12.36	-12.39	15.10	-13.95	16.10	-16.42	16.87	-16.10	16.10
75	-4.71	9.83	-7.95	12.07	-11.34	14.65	-14.17	15.52	-15.48	16.15	-16.57	16.57
76	-4.71	9.64	-7.98	11.79	-11.45	14.21	-14.38	16.27	-15.81	16.75	-17.02	17.02
77	-4.72	9.46	-8.01	11.51	-11.57	15.12	-14.59	15.70	-16.14	16.06	-16.21	16.21
78	-4.72	9.28	-8.03	11.24	-11.68	14.69	-13.61	15.14	-15.24	16.64	-16.66	16.66
79	-4.72	9.10	-8.06	10.98	-11.78	14.27	-13.82	15.87	-15.56	15.97	-15.87	15.87
80	-4.73	8.93	-8.08	12.06	-11.89	13.85	-14.03	15.32	-14.69	16.54	-16.31	16.31

T7: Exakter Binomialtest: nachweisbare Differenzen, N: *Stichprobenumfang, $p0 = 100p_0$, $\alpha = 0.05$ (zweiseitig), Power: $1 - \beta = 0.80$ (siehe Abschn. 4.4)*

N\p0	5	5	10	10	20	20	30	30	40	40	50	50
81	-4.73	8.76	-8.10	11.80	-11.99	14.72	-14.23	16.03	-15.01	15.88	-15.54	15.54
82	-4.73	8.59	-8.13	11.54	-11.02	14.31	-13.31	15.49	-15.32	16.44	-15.98	15.98
83	-4.74	8.43	-8.15	11.29	-11.13	13.92	-13.51	14.97	-14.48	15.79	-15.23	15.23
84	-4.74	8.28	-8.17	11.04	-11.23	13.53	-13.71	15.66	-14.80	15.16	-15.66	15.66
85	-4.74	9.43	-7.29	10.80	-11.34	13.15	-13.90	15.14	-15.10	15.71	-16.07	16.07
86	-4.75	9.26	-7.32	10.56	-11.44	13.97	-13.02	14.64	-14.29	15.10	-15.35	15.35
87	-4.75	9.10	-7.35	11.56	-11.54	13.60	-13.22	15.31	-14.59	15.63	-15.76	15.76
88	-4.75	8.94	-7.38	11.32	-10.63	13.23	-13.41	14.81	-14.89	15.03	-15.06	15.06
89	-4.75	8.79	-7.41	11.09	-10.74	12.87	-13.60	14.33	-14.11	15.56	-15.47	15.47
90	-4.76	8.64	-7.44	10.86	-10.84	13.66	-12.76	14.98	-14.40	14.97	-14.78	14.78
91	-4.76	8.49	-7.47	10.64	-10.95	13.30	-12.95	14.51	-14.69	15.48	-15.18	15.18
92	-4.76	8.35	-7.50	10.42	-11.05	12.95	-13.14	14.04	-13.94	14.91	-14.51	14.51
93	-4.77	8.21	-7.53	10.21	-11.14	12.61	-13.33	14.67	-14.23	15.41	-14.91	14.91
94	-4.77	8.07	-7.55	10.00	-10.29	13.37	-12.52	14.22	-14.51	14.85	-14.26	14.26
95	-4.77	7.94	-7.58	10.91	-10.40	13.03	-12.71	13.77	-13.78	14.30	-14.64	14.64
96	-4.77	7.80	-7.60	10.70	-10.50	12.70	-12.89	14.38	-14.06	14.80	-15.02	15.02
97	-4.78	7.68	-7.63	10.49	-10.60	12.37	-13.07	13.94	-14.33	14.26	-14.39	14.39
98	-4.78	7.55	-7.65	10.29	-10.69	13.10	-12.30	13.51	-13.63	14.74	-14.77	14.77
99	-4.78	8.54	-7.68	10.09	-10.79	12.78	-12.48	14.11	-13.90	14.22	-14.15	14.15
100	-4.78	8.40	-6.90	9.89	-10.88	12.46	-12.66	13.69	-13.21	14.69	-14.52	14.52
101	-4.78	8.27	-6.93	9.70	-10.09	12.15	-12.83	13.27	-13.48	14.17	-13.91	13.91
102	-4.79	8.15	-6.96	9.51	-10.18	12.86	-12.09	13.85	-13.75	14.64	-14.28	14.28
103	-4.79	8.02	-6.99	10.36	-10.28	12.55	-12.27	13.44	-13.08	14.13	-13.69	13.69
104	-4.79	7.90	-7.02	10.17	-10.38	12.24	-12.44	14.01	-13.34	13.64	-14.05	14.05
105	-4.79	7.78	-7.05	9.98	-10.47	11.95	-11.72	13.61	-13.60	14.10	-14.40	14.40
106	-4.79	7.66	-7.08	9.80	-10.56	12.63	-11.89	13.21	-12.95	13.61	-13.83	13.83
107	-4.80	7.54	-7.11	9.62	-9.81	12.33	-12.07	13.77	-13.21	14.06	-14.17	14.17
108	-4.80	7.43	-7.13	9.44	-9.90	12.04	-12.24	13.38	-13.47	13.58	-13.61	13.61
109	-4.80	7.32	-7.16	9.27	-10.00	11.76	-11.54	12.99	-12.84	14.02	-13.96	13.96
110	-4.25	7.21	-7.18	10.06	-10.09	11.48	-11.71	13.54	-13.09	13.55	-13.40	13.40
111	-4.26	7.10	-7.21	9.88	-10.18	12.13	-11.88	13.16	-13.34	13.98	-13.74	13.74
112	-4.27	6.99	-7.24	9.71	-10.27	11.85	-12.05	12.79	-12.72	13.52	-13.20	13.20
113	-4.27	7.86	-7.26	9.54	-9.56	11.58	-11.38	13.32	-12.97	13.07	-13.54	13.54
114	-4.28	7.75	-6.56	9.37	-9.65	11.31	-11.54	12.95	-13.21	13.50	-13.01	13.01
115	-4.29	7.64	-6.59	9.21	-9.74	11.94	-11.71	12.59	-12.62	13.05	-13.34	13.34
116	-4.29	7.53	-6.62	9.05	-9.83	11.67	-11.87	13.11	-12.86	13.47	-13.67	13.67
117	-4.30	7.43	-6.65	8.89	-9.92	11.41	-11.22	12.75	-12.27	13.03	-13.15	13.15
118	-4.31	7.33	-6.68	9.63	-10.00	11.15	-11.38	12.40	-12.51	13.44	-13.47	13.47
119	-4.31	7.22	-6.71	9.47	-9.33	11.76	-11.54	12.91	-12.75	13.01	-12.96	12.96
120	-4.32	7.12	-6.74	9.31	-9.42	11.51	-11.70	12.56	-12.18	13.42	-13.28	13.28

T7: Exakter Binomialtest: nachweisbare Differenzen, N: *Stichprobenumfang*, $p0 = 100p_0$, $\alpha = 0.05$ *(zweiseitig)*, *Power:* $1 - \beta = 0.80$ *(siehe Abschn. 4.4)*

N\p0	5	5	10	10	20	20	30	30	40	40	50	50
121	-4.32	7.02	-6.76	9.15	-9.50	11.25	-11.07	12.22	-12.41	13.00	-12.78	12.78
122	-4.33	6.93	-6.79	9.00	-9.59	11.00	-11.23	12.72	-12.65	12.58	-13.10	13.10
123	-4.33	6.83	-6.82	8.85	-9.68	11.60	-11.39	12.38	-12.09	12.98	-12.61	12.61
124	-4.34	6.74	-6.84	8.70	-9.76	11.35	-11.54	12.05	-12.32	12.57	-12.92	12.92
125	-4.35	6.65	-6.87	8.55	-9.12	11.10	-10.94	12.53	-12.55	12.96	-12.44	12.44
126	-4.35	6.56	-6.89	9.25	-9.20	10.86	-11.09	12.21	-12.00	12.56	-12.75	12.75
127	-4.36	7.33	-6.26	9.10	-9.29	10.63	-11.24	11.89	-12.23	12.94	-13.05	13.05
128	-4.36	7.23	-6.29	8.96	-9.37	11.20	-11.39	12.36	-12.45	12.55	-12.58	12.58
129	-4.37	7.14	-6.32	8.81	-9.46	10.96	-10.81	12.04	-11.92	12.93	-12.88	12.88
130	-4.37	7.05	-6.35	8.67	-9.54	10.73	-10.96	11.73	-12.14	12.54	-12.42	12.42
131	-4.38	6.96	-6.37	8.53	-8.92	10.50	-11.10	12.19	-11.62	12.15	-12.71	12.71
132	-4.38	6.87	-6.40	8.40	-9.01	11.06	-11.25	11.88	-11.84	12.53	-12.26	12.26
133	-4.38	6.78	-6.43	8.26	-9.09	10.83	-10.68	11.58	-12.06	12.15	-12.55	12.55
134	-4.39	6.69	-6.46	8.92	-9.17	10.61	-10.83	12.03	-11.55	12.52	-12.11	12.11
135	-4.39	6.61	-6.48	8.78	-9.25	10.39	-10.97	11.73	-11.77	12.14	-12.39	12.39
136	-4.40	6.53	-6.51	8.65	-9.33	10.93	-10.42	11.43	-11.98	12.50	-11.96	11.96
137	-4.40	6.44	-6.53	8.51	-8.74	10.71	-10.56	11.88	-11.48	12.14	-12.24	12.24
138	-4.41	6.36	-6.56	8.38	-8.83	10.49	-10.71	11.59	-11.70	12.49	-11.81	11.81
139	-4.41	6.28	-6.58	8.25	-8.91	10.28	-10.85	11.30	-11.90	12.13	-12.09	12.09
140	-4.42	6.20	-6.61	8.12	-8.99	10.80	-10.31	11.73	-11.42	11.77	-12.37	12.37
141	-4.42	6.12	-6.03	8.00	-9.07	10.59	-10.45	11.45	-11.62	12.13	-11.95	11.95
142	-3.92	6.82	-6.06	8.62	-9.14	10.38	-10.59	11.16	-11.83	11.77	-12.22	12.22
143	-3.93	6.73	-6.09	8.49	-8.58	10.17	-10.73	11.59	-11.35	12.12	-11.81	11.81
144	-3.94	6.65	-6.11	8.37	-8.66	9.97	-10.21	11.31	-11.56	11.77	-12.08	12.08
145	-3.94	6.57	-6.14	8.24	-8.74	10.48	-10.35	11.04	-11.09	12.12	-11.67	11.67
146	-3.95	6.50	-6.17	8.12	-8.82	10.27	-10.48	11.46	-11.29	11.77	-11.94	11.94
147	-3.96	6.42	-6.19	8.00	-8.89	10.07	-10.62	11.18	-11.49	12.11	-11.54	11.54
148	-3.97	6.34	-6.22	7.88	-8.97	9.87	-10.11	10.91	-11.03	11.77	-11.80	11.80
149	-3.97	6.27	-6.24	7.76	-8.42	10.37	-10.25	11.33	-11.23	11.44	-11.41	11.41
150	-3.98	6.19	-6.27	8.35	-8.50	10.17	-10.38	11.06	-11.43	11.77	-11.67	11.67
151	-3.99	6.12	-6.29	8.23	-8.58	9.98	-10.51	11.46	-10.98	11.44	-11.93	11.93
152	-3.99	6.05	-6.32	8.11	-8.66	9.78	-10.02	11.20	-11.18	11.77	-11.54	11.54
153	-4.00	5.98	-6.34	8.00	-8.73	10.27	-10.15	10.94	-11.37	11.44	-11.80	11.80
154	-4.01	5.91	-5.81	7.88	-8.80	10.08	-10.28	11.34	-10.93	11.77	-11.42	11.42
155	-4.01	5.84	-5.84	7.77	-8.28	9.89	-9.80	11.08	-11.12	11.45	-11.67	11.67
156	-4.02	6.47	-5.86	7.66	-8.36	9.70	-9.93	10.82	-10.69	11.13	-11.29	11.29
157	-4.03	6.40	-5.89	7.55	-8.43	9.51	-10.06	11.22	-10.88	11.45	-11.55	11.55
158	-4.03	6.33	-5.92	8.11	-8.51	9.98	-10.19	10.96	-11.07	11.14	-11.17	11.17
159	-4.04	6.26	-5.94	8.00	-8.58	9.80	-9.71	10.71	-10.64	11.45	-11.42	11.42
160	-4.04	6.19	-5.97	7.89	-8.65	9.62	-9.84	11.10	-10.83	11.14	-11.06	11.06

T7: Exakter Binomialtest: nachweisbare Differenzen, N: *Stichprobenumfang*, $p0 = 100p_0$, $\alpha = 0.05$ *(zweiseitig)*, *Power:* $1 - \beta = 0.80$ *(siehe Abschn. 4.4)*

N\p0	5	5	10	10	20	20	30	30	40	40	50	50
161	-4.05	6.12	-5.99	7.78	-8.15	9.44	-9.97	10.85	-11.01	11.46	-11.30	11.30
162	-4.06	6.05	-6.02	7.67	-8.22	9.90	-10.10	10.60	-10.60	11.15	-10.94	10.94
163	-4.06	5.98	-6.04	7.56	-8.30	9.72	-9.64	10.98	-10.78	11.46	-11.19	11.19
164	-4.07	5.92	-6.07	7.46	-8.37	9.54	-9.76	10.74	-10.96	11.16	-11.43	11.43
165	-4.07	5.85	-6.09	7.35	-8.44	9.36	-9.89	10.50	-10.55	10.86	-11.07	11.07
166	-4.08	5.79	-6.11	7.89	-8.51	9.81	-10.01	10.87	-10.74	11.16	-11.31	11.31
167	-4.08	5.72	-5.62	7.78	-8.02	9.64	-9.56	10.63	-10.33	10.87	-10.96	10.96
168	-4.09	5.66	-5.64	7.68	-8.10	9.47	-9.68	10.40	-10.51	11.17	-11.20	11.20
169	-4.10	5.60	-5.67	7.58	-8.17	9.29	-9.81	10.77	-10.69	10.87	-10.85	10.85
170	-4.10	5.54	-5.70	7.47	-8.24	9.13	-9.36	10.53	-10.30	11.17	-11.09	11.09
171	-4.11	6.11	-5.72	7.37	-8.31	9.56	-9.49	10.30	-10.47	10.88	-10.74	10.74
172	-4.11	6.05	-5.75	7.27	-8.38	9.39	-9.61	10.66	-10.65	10.60	-10.98	10.98
173	-3.67	5.98	-5.77	7.18	-7.91	9.23	-9.73	10.43	-10.26	10.89	-10.64	10.64
174	-3.68	5.92	-5.79	7.69	-7.98	9.06	-9.30	10.21	-10.43	10.61	-10.87	10.87
175	-3.69	5.86	-5.82	7.59	-8.05	9.49	-9.42	10.56	-10.61	10.90	-10.54	10.54
176	-3.70	5.80	-5.84	7.49	-8.11	9.32	-9.54	10.34	-10.22	10.62	-10.77	10.77
177	-3.70	5.74	-5.87	7.39	-8.18	9.16	-9.65	10.12	-10.40	10.91	-10.99	10.99
178	-3.71	5.68	-5.89	7.30	-8.25	9.00	-9.23	10.47	-10.02	10.63	-10.67	10.67
179	-3.72	5.62	-5.91	7.20	-7.80	9.42	-9.35	10.25	-10.19	10.92	-10.89	10.89
180	-3.73	5.56	-5.45	7.11	-7.86	9.26	-9.47	10.03	-10.36	10.64	-10.57	10.57
181	-3.73	5.51	-5.47	7.01	-7.93	9.10	-9.58	10.37	-9.99	10.37	-10.79	10.79
182	-3.74	5.45	-5.50	6.92	-8.00	8.94	-9.17	10.16	-10.16	10.65	-10.47	10.47
183	-3.75	5.39	-5.52	7.41	-8.07	8.79	-9.29	9.94	-10.32	10.38	-10.69	10.69
184	-3.75	5.34	-5.55	7.31	-8.13	9.20	-9.40	10.28	-9.96	10.66	-10.37	10.37
185	-3.76	5.28	-5.57	7.22	-7.69	9.04	-9.51	10.07	-10.12	10.40	-10.59	10.59
186	-3.77	5.81	-5.60	7.13	-7.76	8.89	-9.11	9.86	-10.29	10.67	-10.28	10.28
187	-3.77	5.75	-5.62	7.04	-7.83	8.74	-9.22	10.19	-9.93	10.41	-10.50	10.50
188	-3.78	5.70	-5.64	6.95	-7.89	9.13	-9.34	9.99	-10.09	10.15	-10.19	10.19
189	-3.79	5.64	-5.67	6.86	-7.96	8.98	-8.94	9.78	-9.74	10.42	-10.40	10.40
190	-3.79	5.59	-5.69	6.78	-7.53	8.83	-9.05	10.11	-9.90	10.16	-10.10	10.10
191	-3.80	5.53	-5.71	7.24	-7.59	8.69	-9.16	9.90	-10.06	10.43	-10.31	10.31
192	-3.81	5.48	-5.74	7.15	-7.66	9.08	-9.27	9.70	-9.71	10.18	-10.52	10.52
193	-3.81	5.42	-5.30	7.07	-7.72	8.93	-8.89	10.03	-9.87	10.44	-10.22	10.22
194	-3.82	5.37	-5.33	6.98	-7.79	8.78	-9.00	9.82	-10.03	10.19	-10.43	10.43
195	-3.83	5.32	-5.35	6.89	-7.85	8.64	-9.11	9.62	-9.69	9.94	-10.13	10.13
196	-3.83	5.27	-5.37	6.81	-7.44	8.49	-9.22	9.94	-9.85	10.20	-10.34	10.34
197	-3.84	5.21	-5.40	6.73	-7.50	8.87	-8.84	9.75	-10.00	9.96	-10.04	10.04
198	-3.84	5.16	-5.42	6.64	-7.56	8.73	-8.94	9.55	-9.66	10.22	-10.25	10.25
199	-3.85	5.11	-5.44	7.09	-7.63	8.59	-9.05	9.87	-9.82	9.97	-9.96	9.96
200	-3.85	5.06	-5.47	7.01	-7.69	8.45	-8.68	9.67	-9.49	10.23	-10.16	10.16

T8: Exakter Test von Fisher und approx. NV-Test: nachweisbare Differenzen
n: *Gruppenumfang, $\alpha = 0.05$ (einseitig), Power: $1 - \beta = 0.80$ (s.Abschn.4.5.1)*

n \ p0	5	10	20	30	40	50	60	70	80	90	95
5	83.32	83.34	.	.	.	.	.	.	.	.	.
NV	74.75	78.46	74.90	68.88	.	.	.	.	.	.	.
6	73.57	73.82	73.65	.	.	.	.	.	.	.	.
NV	66.40	71.26	70.81	65.56	59.41	.	.	.	.	.	.
7	72.35	75.89	73.74	68.00	.	.	.	.	.	.	.
NV	65.61	66.04	66.21	65.55	.	.	.	.	.	.	.
8	65.57	69.17	69.39	65.26	59.35	.	.	.	.	.	.
NV	59.13	59.69	60.12	59.71	58.60	.	.	.	.	.	.
9	59.98	63.32	64.41	62.24	57.21	.	.	.	.	.	.
NV	53.79	54.45	55.08	54.88	53.95	.	.	.	.	.	.
10	55.30	58.39	59.68	58.77	55.15	49.37	.	.	.	.	.
NV	50.58	54.55	58.75	56.80	52.49	48.72	.	.	.	.	.
11	51.34	54.19	55.50	55.17	52.90	47.87	.	.	.	.	.
NV	46.95	50.98	55.03	54.18	50.55	46.16	.	.	.	.	.
12	47.92	50.58	51.87	51.79	50.44	46.45	.	.	.	.	.
NV	43.85	47.89	51.57	51.39	48.74	44.36	.	.	.	.	.
13	45.18	49.14	54.37	53.32	49.50	45.09	39.40	.	.	.	.
NV	44.95	47.43	48.70	48.75	47.91	44.97	39.40	.	.	.	.
14	44.24	49.53	52.43	52.22	49.72	44.69	38.50	.	.	.	.
NV	42.34	44.67	45.92	46.06	45.48	43.39	38.44	.	.	.	.
15	42.04	47.02	49.64	49.66	48.04	43.71	37.72	.	.	.	.
NV	40.04	42.28	44.75	45.59	43.79	41.73	37.54	.	.	.	.
16	41.39	44.88	47.14	47.27	46.26	42.99	38.84	.	.	.	.
NV	38.02	40.65	45.51	46.43	43.79	40.45	36.62	.	.	.	.
17	39.43	42.80	44.88	45.08	44.42	41.81	37.52	.	.	.	.
NV	36.19	38.81	43.63	44.68	42.60	39.20	35.68	.	.	.	.
18	37.66	40.91	42.85	43.09	42.63	40.63	36.47	.	.	.	.
NV	34.95	38.86	42.63	43.07	42.25	39.32	34.98	29.46	.	.	.
19	36.06	39.23	42.36	43.86	41.79	39.45	35.58	.	.	.	.
NV	33.49	37.36	40.84	41.27	40.74	38.36	34.19	28.93	.	.	.
20	34.62	37.90	42.52	43.86	41.80	38.59	34.79	.	.	.	.
NV	32.16	35.98	39.19	39.62	39.27	37.40	33.46	28.43	.	.	.

$H_0 : p_2 \leq p_1$, $H_A : p_2 > p_1$. Unter der Nullhypothese wurde $p_0 = p_1 = p_2$ angenommen. Die Wahrscheinlichkeiten p_0 und die nachweisbaren Differenzen $p_2 - p_0$ wurden mit 100 multipliziert ($p0 = 100p_0$). Ein Punkt kennzeichnet die Fälle, in denen die Power: 0.80 nicht erreicht werden kann. NV bezeichnet die Zeilen für den approximativen Test mit Stetigkeitskorrektur nach Schouten für den jeweiligen darüberstehenden Umfang. Der Gesamtumfang ist $N = 2n$.

T8: Exakter Test von Fisher und approx. NV-Test: nachweisbare Differenzen
n: *Gruppenenumfang, α = 0.05 (einseitig), Power:* $1 - \beta = 0.80$ *(s.Abschn.4.5.1)*

n \ p0	5	10	20	30	40	50	60	70	80	90	95
21	33.37	37.42	41.95	42.56	41.61	38.47	34.14	.	.	.	.
NV	30.95	34.71	37.68	38.11	37.86	36.41	32.78	27.93	.	.	.
22	32.17	36.19	40.45	41.01	40.38	37.70	33.49	29.04	.	.	.
NV	29.84	33.54	36.29	36.72	36.53	35.41	32.13	27.45	.	.	.
23	31.07	35.06	39.04	39.57	39.15	36.93	32.88	28.31	.	.	.
NV	28.82	32.46	36.20	38.75	37.22	34.65	31.52	26.97	.	.	.
24	30.04	34.00	37.73	38.23	37.94	36.15	32.31	27.70	.	.	.
NV	27.88	31.55	36.33	38.10	37.21	34.41	30.96	26.51	.	.	.
25	29.10	33.01	36.50	36.98	36.78	35.36	31.76	27.17	.	.	.
NV	27.00	30.63	35.33	36.91	36.32	33.77	30.40	26.07	.	.	.
26	28.22	32.09	35.36	35.82	35.67	34.55	31.25	26.70	.	.	.
NV	26.19	29.76	34.38	35.78	35.40	33.16	29.85	25.64	.	.	.
27	28.64	31.39	34.67	36.93	35.76	33.80	30.90	27.20	.	.	.
NV	26.94	30.17	34.04	34.73	34.59	33.25	30.11	25.96	19.82	.	.
28	28.50	31.58	34.47	36.83	35.83	33.44	31.09	26.88	.	.	.
NV	26.20	29.36	33.08	33.72	33.62	32.56	29.59	25.61	19.59	.	.
29	27.71	30.78	34.50	36.05	35.58	33.29	30.54	26.47	.	.	.
NV	25.49	28.61	32.17	32.77	32.71	31.85	29.09	25.26	19.37	.	.
30	26.97	29.97	33.69	35.07	34.77	32.73	29.98	26.08	.	.	.
NV	24.83	27.91	31.30	31.88	31.84	31.14	28.63	24.91	19.16	.	.
31	26.28	29.21	32.91	34.15	33.96	32.19	29.44	25.71	.	.	.
NV	24.20	27.24	30.48	31.04	31.02	30.43	28.18	24.55	18.97	.	.
32	25.62	28.49	32.16	33.27	33.15	31.66	28.91	25.35	.	.	.
NV	23.61	26.62	29.87	32.11	31.74	29.89	27.74	24.20	18.79	.	.
33	25.02	28.17	31.82	32.45	32.40	31.54	28.79	25.01	19.83	.	.
NV	23.05	26.03	29.49	32.05	31.77	29.60	27.32	23.85	18.62	.	.
34	24.44	27.55	31.06	31.66	31.63	30.92	28.38	24.68	19.63	.	.
NV	22.51	25.48	29.48	31.55	31.45	29.61	26.94	23.51	18.45	.	.
35	23.88	26.96	30.35	30.91	30.89	30.31	27.98	24.36	19.42	.	.
NV	22.35	25.75	28.95	30.84	30.79	29.21	26.87	23.57	18.29	.	.
36	23.36	26.41	29.66	30.20	30.20	29.69	27.59	24.05	19.23	.	.
NV	21.89	25.26	29.00	30.19	30.18	29.21	26.64	23.29	18.13	.	.
37	22.86	25.88	29.06	30.93	30.77	29.18	27.21	23.75	19.03	.	.
NV	21.45	24.75	28.44	29.52	29.53	28.73	26.26	23.02	17.98	.	.
38	22.39	25.38	28.60	30.93	30.80	28.84	26.84	23.45	18.84	.	.
NV	21.03	24.26	27.89	28.88	28.90	28.25	25.90	22.76	17.83	.	.
39	21.93	24.90	28.39	30.61	30.56	28.75	26.48	23.16	18.65	.	.
NV	20.62	23.79	27.36	28.27	28.31	27.76	25.56	22.49	17.68	.	.
40	21.50	24.45	28.40	30.10	30.10	28.78	26.19	22.88	18.46	.	.
NV	20.24	23.34	26.85	27.69	27.73	27.27	25.24	22.23	17.54	.	.

T8: Exakter Test von Fisher und approx. NV-Test: nachweisbare Differenzen

n: Gruppenenumfang, α = 0.05 (einseitig), Power: 1 − β = 0.80 (s.Abschn.4.5.1)

n \ p0	5	10	20	30	40	50	60	70	80	90	95
41	21.24	24.67	27.95	29.50	29.51	28.41	26.10	22.90	18.27	.	.
NV	19.87	23.20	26.55	27.13	27.19	26.84	25.33	22.04	17.40	.	.
42	20.85	24.23	27.49	28.92	28.95	28.02	25.74	22.66	18.09	.	.
NV	19.52	22.80	26.06	27.70	28.08	26.49	25.01	21.80	17.25	.	.
43	20.49	23.81	27.05	28.36	28.40	27.63	25.38	22.44	17.91	.	.
NV	19.19	22.43	25.64	27.74	28.05	26.30	24.68	21.57	17.11	.	.
44	20.13	23.45	26.99	27.84	27.88	27.41	25.34	22.22	17.73	.	.
NV	18.86	22.07	25.36	27.58	27.77	26.28	24.37	21.34	16.98	.	.
45	19.80	23.07	26.53	27.32	27.37	26.97	25.05	22.00	17.56	.	.
NV	18.55	21.72	24.96	27.12	27.31	25.98	24.04	21.12	16.84	.	.
46	19.47	22.70	26.09	26.83	26.88	26.53	24.77	21.78	17.40	.	.
NV	18.25	21.39	24.92	26.77	26.87	26.00	23.82	20.91	16.70	.	.
47	19.16	22.34	25.66	26.36	26.42	26.09	24.49	21.56	17.24	.	.
NV	17.96	21.07	24.56	26.31	26.41	25.68	23.53	20.70	16.57	.	.
48	18.87	21.99	25.25	26.85	27.34	25.81	24.22	21.34	17.08	.	.
NV	17.69	20.76	24.22	25.86	25.96	25.35	23.26	20.50	16.44	.	.
49	18.58	21.66	24.88	26.86	27.25	25.64	23.95	21.13	16.93	.	.
NV	17.42	20.47	24.29	25.45	25.53	25.15	23.25	20.31	16.31	.	.
50	18.31	21.58	24.70	26.73	26.98	25.62	23.94	21.03	16.79	.	.
NV	17.16	20.18	23.95	25.03	25.12	24.78	23.02	20.12	16.18	.	.
51	18.04	21.28	24.33	26.34	26.57	25.35	23.65	20.84	16.65	.	.
NV	16.91	19.90	23.62	24.62	24.71	24.42	22.80	19.94	16.05	.	.
52	17.78	20.99	24.21	26.05	26.19	25.36	23.41	20.65	16.51	.	.
NV	16.67	19.64	23.29	24.23	24.33	24.06	22.57	19.76	15.93	.	.
53	17.54	20.72	23.89	25.66	25.79	25.08	23.14	20.47	16.38	.	.
NV	16.44	19.38	22.97	23.85	23.95	23.70	22.35	19.58	15.81	.	.
54	17.30	20.44	23.58	25.28	25.39	24.80	22.88	20.30	16.26	.	.
NV	16.32	19.56	22.67	24.02	24.88	23.50	22.15	19.69	15.71	.	.
55	17.06	20.18	23.61	24.92	25.02	24.64	22.80	20.12	16.14	.	.
NV	16.11	19.38	22.53	24.04	24.81	23.38	22.15	19.57	15.60	9.93	.
56	16.84	19.93	23.32	24.55	24.65	24.32	22.58	19.95	16.02	.	.
NV	15.91	19.13	22.24	24.05	24.58	23.37	21.91	19.40	15.50	9.87	.
57	16.62	19.68	23.04	24.19	24.29	24.00	22.37	19.79	15.90	.	.
NV	15.71	18.89	22.00	23.96	24.28	23.39	21.69	19.23	15.39	9.82	.
58	16.41	19.45	22.76	23.84	23.95	23.68	22.16	19.62	15.79	.	.
NV	15.52	18.66	21.72	23.66	23.94	23.17	21.45	19.06	15.29	9.76	.
59	16.21	19.23	22.73	23.51	23.61	23.39	22.21	19.48	15.68	.	.
NV	15.34	18.43	21.61	23.44	23.61	23.13	21.31	18.90	15.19	9.71	.
60	16.01	19.00	22.45	23.18	23.29	23.08	22.00	19.32	15.57	.	.
NV	15.16	18.21	21.36	23.13	23.29	22.88	21.10	18.74	15.09	9.66	.

T8: Exakter Test von Fisher und approx. NV-Test: nachweisbare Differenzen
n: *Gruppenumfang*, $\alpha = 0.05$ *(einseitig), Power:* $1 - \beta = 0.80$ *(s.Abschn.4.5.1)*

n \ p0	5	10	20	30	40	50	60	70	80	90	95
61	15.82	18.78	22.17	23.41	24.29	22.96	21.79	19.17	15.47	.	.
NV	14.98	18.00	21.12	22.82	22.97	22.62	20.90	18.58	14.99	9.61	.
62	15.64	18.57	21.90	23.42	24.15	22.87	21.59	19.02	15.36	.	.
NV	14.81	17.79	21.15	22.54	22.67	22.43	20.90	18.44	14.90	9.56	.
63	15.46	18.37	21.65	23.41	23.90	22.87	21.39	18.87	15.26	.	.
NV	14.65	17.59	20.93	22.25	22.37	22.15	20.73	18.29	14.81	9.51	.
64	15.28	18.17	21.39	23.16	23.60	22.68	21.18	18.73	15.16	.	.
NV	14.49	17.40	20.71	21.96	22.09	21.88	20.56	18.15	14.72	9.47	.
65	15.18	18.30	21.20	23.05	23.31	22.68	21.00	18.76	15.10	.	.
NV	14.34	17.47	20.51	21.68	21.81	21.62	20.41	18.24	14.63	9.42	.
66	15.02	18.09	20.96	22.78	23.02	22.48	20.81	18.60	15.01	.	.
NV	14.19	17.29	20.30	21.41	21.54	21.36	20.24	18.09	14.55	9.38	.
67	14.86	17.99	20.91	22.58	22.74	22.39	20.76	18.58	14.92	9.94	.
NV	14.04	17.12	20.32	21.23	22.04	21.15	20.26	17.98	14.46	9.33	.
68	14.71	17.80	20.69	22.31	22.46	22.16	20.57	18.44	14.84	9.89	.
NV	13.90	16.95	20.10	21.24	22.28	21.08	20.09	17.84	14.38	9.29	.
69	14.56	17.62	20.48	22.05	22.19	21.93	20.40	18.31	14.75	9.84	.
NV	13.76	16.78	19.89	21.24	22.13	21.05	19.91	17.71	14.30	9.25	.
70	14.41	17.44	20.48	21.80	21.93	21.73	20.38	18.17	14.67	9.79	.
NV	13.63	16.62	19.68	21.26	21.91	21.07	19.73	17.57	14.21	9.21	.
71	14.27	17.26	20.28	21.55	21.67	21.49	20.23	18.04	14.59	9.74	.
NV	13.50	16.46	19.49	21.24	21.67	21.08	19.57	17.44	14.14	9.17	.
72	14.13	17.09	20.09	21.30	21.42	21.25	20.07	17.91	14.51	9.69	.
NV	13.37	16.30	19.29	21.04	21.42	20.91	19.40	17.31	14.06	9.13	.
73	14.00	16.93	19.91	21.05	21.18	21.02	19.93	17.79	14.44	9.64	.
NV	13.24	16.15	19.14	20.93	21.18	20.85	19.29	17.19	13.98	9.09	.
74	13.87	16.77	19.93	20.82	20.95	20.79	19.94	17.67	14.36	9.59	.
NV	13.12	16.03	19.03	20.72	20.95	20.66	19.17	17.19	13.90	9.05	.
75	13.74	16.61	19.74	20.81	21.84	20.73	19.79	17.55	14.28	9.55	.
NV	13.00	15.89	18.85	20.50	20.71	20.47	19.01	17.07	13.83	9.02	.
76	13.96	16.46	19.56	20.77	21.72	20.67	19.63	17.43	14.37	9.50	.
NV	12.88	15.75	18.77	20.33	20.49	20.31	18.99	16.97	13.75	8.98	.
77	13.83	16.31	19.37	20.78	21.53	20.66	19.47	17.32	14.28	9.45	.
NV	12.77	15.61	18.60	20.11	20.27	20.11	18.85	16.86	13.68	8.94	.
78	13.70	16.16	19.20	20.78	21.31	20.67	19.32	17.20	14.20	9.40	.
NV	12.66	15.47	18.44	19.90	20.06	19.90	18.72	16.75	13.60	8.91	.
79	13.57	16.02	19.02	20.61	21.09	20.53	19.16	17.09	14.11	9.36	.
NV	12.55	15.34	18.45	19.70	19.85	19.71	18.75	16.65	13.53	8.87	.
80	13.45	15.88	18.86	20.56	20.87	20.50	19.03	16.97	14.03	9.31	.
NV	12.44	15.21	18.30	19.50	19.64	19.51	18.62	16.54	13.46	8.83	.

T8: Exakter Test von Fisher und approx. NV-Test: nachweisbare Differenzen
n: *Gruppenenumfang, $\alpha = 0.05$ (einseitig), Power: $1 - \beta = 0.80$ (s.Abschn.4.5.1)*

n \ p0	5	10	20	30	40	50	60	70	80	90	95
81	13.33	15.75	18.78	20.37	20.66	20.33	18.93	16.94	13.95	9.26	.
NV	12.34	15.09	18.15	19.30	19.44	19.32	18.49	16.44	13.39	8.80	.
82	13.22	15.85	18.65	20.25	20.45	20.23	18.84	16.94	13.89	9.22	.
NV	12.23	14.96	18.00	19.14	20.06	19.19	18.36	16.34	13.32	8.76	.
83	13.10	15.71	18.49	20.05	20.25	20.05	18.71	16.83	13.81	9.17	.
NV	12.13	14.84	17.86	19.08	20.15	19.18	18.24	16.24	13.25	8.73	.
84	12.98	15.58	18.32	19.86	20.05	19.87	18.57	16.72	13.74	9.13	.
NV	12.04	14.72	17.89	19.04	20.01	19.17	18.21	16.16	13.18	8.69	.
85	12.87	15.46	18.26	19.70	19.85	19.71	18.56	16.62	13.66	9.08	.
NV	11.94	14.61	17.74	19.05	19.84	19.18	18.07	16.07	13.11	8.66	.
86	12.76	15.33	18.11	19.51	19.66	19.52	18.44	16.52	13.59	9.04	.
NV	11.85	14.49	17.60	19.06	19.66	19.19	17.93	15.98	13.05	8.62	.
87	12.66	15.21	17.97	19.32	19.47	19.34	18.33	16.42	13.52	9.00	.
NV	11.75	14.53	17.46	18.93	19.47	19.06	17.79	15.99	12.99	8.59	.
88	12.55	15.09	17.83	19.14	19.29	19.17	18.21	16.32	13.45	8.95	.
NV	11.77	14.43	17.32	18.91	19.29	19.02	17.69	15.89	12.94	8.64	.
89	12.45	14.97	17.84	18.96	19.11	18.99	18.23	16.22	13.38	8.91	.
NV	11.67	14.32	17.18	18.76	19.11	18.87	17.56	15.79	12.87	8.61	.
90	12.35	14.85	17.71	18.82	19.72	18.88	18.11	16.13	13.31	8.87	.
NV	11.67	14.33	17.06	18.68	18.93	18.77	17.50	15.70	12.96	8.58	.
91	12.25	14.74	17.58	18.75	19.77	18.87	17.99	16.03	13.25	8.83	.
NV	11.58	14.23	17.01	18.53	18.76	18.61	17.40	15.70	12.90	8.55	.
92	12.15	14.69	17.46	18.69	19.64	18.85	17.87	16.08	13.18	8.79	.
NV	11.50	14.12	16.92	18.41	18.59	18.47	17.39	15.61	12.84	8.53	.
93	12.06	14.58	17.33	18.68	19.48	18.86	17.76	15.98	13.12	8.76	.
NV	11.41	14.02	16.79	18.25	18.43	18.31	17.29	15.52	12.78	8.50	.
94	11.97	14.48	17.35	18.69	19.31	18.86	17.71	15.91	13.05	8.72	.
NV	11.33	13.92	16.66	18.09	18.26	18.16	17.18	15.44	12.72	8.47	.
95	11.89	14.38	17.22	18.57	19.14	18.75	17.58	15.82	12.99	8.86	.
NV	11.25	13.82	16.53	17.94	18.11	18.00	17.09	15.35	12.66	8.44	.
96	11.80	14.27	17.10	18.56	18.98	18.71	17.47	15.72	12.93	8.82	.
NV	11.17	13.72	16.51	17.79	17.95	17.85	17.11	15.27	12.60	8.42	.
97	11.71	14.17	16.97	18.43	18.82	18.58	17.35	15.64	12.87	8.79	.
NV	11.09	13.62	16.39	17.64	17.80	17.70	17.01	15.19	12.55	8.39	.
98	11.62	14.08	16.85	18.38	18.66	18.49	17.27	15.55	12.81	8.76	.
NV	11.02	13.53	16.28	17.50	18.18	17.59	16.91	15.11	12.49	8.36	.
99	11.54	13.98	16.73	18.24	18.50	18.35	17.16	15.46	12.75	8.73	.
NV	10.94	13.44	16.17	17.40	18.41	17.61	16.81	15.03	12.43	8.33	.
100	11.45	13.89	16.63	18.15	18.35	18.23	17.13	15.37	12.69	8.69	.
NV	10.87	13.34	16.20	17.32	18.31	17.60	16.79	14.96	12.37	8.31	.

T8: Exakter Test von Fisher und approx. NV-Test: nachweisbare Differenzen
n: *Gruppenenumfang, α = 0.05 (einseitig), Power: 1 − β = 0.80 (s.Abschn.4.5.1)*

n \ p0	5	10	20	30	40	50	60	70	80	90	95
101	11.37	13.79	16.58	18.01	18.19	18.09	17.04	15.37	12.64	8.66	.
NV	10.80	13.25	16.09	17.28	18.18	17.62	16.68	14.88	12.31	8.28	.
102	11.29	13.70	16.46	17.86	18.05	17.94	16.95	15.30	12.58	8.63	.
NV	10.73	13.17	15.99	17.27	18.04	17.62	16.57	14.81	12.26	8.25	.
103	11.21	13.61	16.39	17.74	17.90	17.81	16.96	15.22	12.52	8.60	.
NV	10.66	13.12	15.90	17.28	17.90	17.61	16.47	14.83	12.20	8.23	.
104	11.14	13.53	16.28	17.60	17.76	17.67	16.87	15.14	12.47	8.57	.
NV	10.59	13.03	15.79	17.18	17.76	17.50	16.36	14.75	12.15	8.20	.
105	11.06	13.44	16.17	17.46	17.62	17.53	16.78	15.07	12.41	8.54	.
NV	10.70	12.95	15.69	17.19	17.62	17.45	16.28	14.67	12.10	8.19	.
106	10.98	13.35	16.06	17.32	17.48	17.39	16.69	14.99	12.36	8.50	.
NV	10.63	12.87	15.59	17.08	17.48	17.33	16.18	14.59	12.04	8.17	.
107	10.91	13.27	16.05	17.20	17.95	17.31	16.69	14.92	12.31	8.47	.
NV	10.56	12.80	15.61	17.05	17.34	17.23	16.14	14.57	11.99	8.14	.
108	10.84	13.19	15.95	17.09	18.03	17.28	16.60	14.85	12.25	8.44	.
NV	10.49	12.72	15.50	16.93	17.21	17.11	16.05	14.49	11.94	8.12	.
109	10.77	13.11	15.85	17.04	17.97	17.35	16.50	14.78	12.20	8.41	.
NV	10.42	12.64	15.40	16.82	17.08	16.98	15.96	14.42	11.88	8.09	.
110	10.70	13.18	15.76	17.00	17.84	17.35	16.40	14.72	12.20	8.38	.
NV	10.35	12.57	15.31	16.74	16.95	16.87	15.95	14.35	11.83	8.07	4.99
111	10.63	13.10	15.66	16.98	17.72	17.35	16.31	14.64	12.15	8.35	.
NV	10.29	12.49	15.22	16.63	16.82	16.74	15.87	14.28	11.78	8.04	4.97
112	10.56	13.04	15.70	16.89	17.59	17.26	16.26	14.68	12.10	8.32	.
NV	10.24	12.54	15.12	16.51	16.70	16.62	15.80	14.22	11.84	8.02	4.96
113	10.50	12.96	15.60	16.89	17.45	17.23	16.16	14.61	12.06	8.29	.
NV	10.18	12.46	15.06	16.41	16.58	16.50	15.81	14.15	11.79	7.99	4.94
114	10.43	12.89	15.51	16.90	17.33	17.18	16.08	14.54	12.01	8.26	.
NV	10.12	12.39	14.96	16.29	16.46	16.39	15.74	14.08	11.75	7.97	4.93
115	10.37	12.81	15.42	16.80	17.20	17.07	15.98	14.46	11.96	8.23	.
NV	10.05	12.31	14.92	16.17	16.34	16.27	15.66	14.12	11.70	7.95	4.92
116	10.41	12.77	15.33	16.70	17.08	16.96	15.89	14.39	12.00	8.20	.
NV	9.99	12.24	14.82	16.06	16.79	16.21	15.58	14.05	11.65	7.92	4.90
117	10.35	12.69	15.24	16.67	16.96	16.86	15.84	14.32	11.95	8.17	.
NV	9.93	12.17	14.80	15.96	16.86	16.22	15.58	13.99	11.60	7.90	4.89
118	10.29	12.62	15.15	16.57	16.84	16.75	15.76	14.25	11.90	8.14	.
NV	9.88	12.10	14.71	15.90	16.81	16.29	15.49	13.93	11.55	7.87	4.88
119	10.23	12.55	15.15	16.51	16.72	16.64	15.75	14.24	11.85	8.11	.
NV	9.82	12.03	14.63	15.84	16.71	16.30	15.41	13.87	11.50	7.85	4.86
120	10.33	12.48	15.06	16.40	16.60	16.53	15.68	14.18	11.81	8.10	.
NV	9.76	11.96	14.55	15.81	16.60	16.30	15.32	13.80	11.45	7.82	4.85

T8: Exakter Test von Fisher und approx. NV-Test: nachweisbare Differenzen
n: *Gruppenumfang, $\alpha = 0.05$ (einseitig), Power: $1 - \beta = 0.80$ (s.Abschn.4.5.1)*

n \ p0	5	10	20	30	40	50	60	70	80	90	95
121	10.27	12.41	14.97	16.29	16.49	16.42	15.60	14.11	11.76	8.07	.
NV	9.71	12.01	14.56	15.73	16.49	16.22	15.27	13.76	11.45	7.80	4.84
122	10.21	12.34	14.90	16.20	16.38	16.31	15.61	14.05	11.71	8.04	.
NV	9.65	11.95	14.49	15.73	16.38	16.19	15.19	13.70	11.41	7.78	4.82
123	10.15	12.27	14.81	16.10	16.27	16.20	15.54	13.99	11.67	8.02	.
NV	9.60	11.88	14.41	15.74	16.27	16.14	15.12	13.64	11.36	7.75	4.81
124	10.10	12.20	14.73	15.99	16.16	16.09	15.47	13.93	11.62	7.99	.
NV	9.55	11.82	14.33	15.66	16.16	16.04	15.03	13.58	11.32	7.73	4.80
125	10.04	12.13	14.65	15.88	16.05	15.99	15.40	13.87	11.57	7.97	.
NV	9.49	11.76	14.26	15.66	16.05	15.96	14.98	13.52	11.28	7.71	4.79
126	9.98	12.07	14.60	15.79	16.56	15.97	15.40	13.81	11.53	7.94	.
NV	9.44	11.69	14.19	15.58	15.94	15.86	14.90	13.46	11.24	7.68	4.78
127	9.93	12.00	14.52	15.70	16.56	16.00	15.32	13.75	11.48	7.92	.
NV	9.39	11.65	14.12	15.56	15.84	15.77	14.88	13.45	11.20	7.66	4.76
128	9.87	11.94	14.47	15.62	16.49	16.00	15.25	13.78	11.44	7.89	.
NV	9.34	11.59	14.14	15.47	15.74	15.67	14.82	13.43	11.16	7.64	4.75
129	9.82	11.96	14.40	15.56	16.39	16.00	15.17	13.73	11.41	7.87	.
NV	9.29	11.53	14.06	15.38	15.64	15.57	14.75	13.37	11.11	7.61	4.74
130	9.77	11.90	14.39	15.52	16.30	16.00	15.13	13.68	11.37	7.84	.
NV	9.24	11.47	13.99	15.33	15.54	15.48	14.76	13.32	11.07	7.59	4.73
131	9.71	11.84	14.31	15.50	16.19	15.99	15.05	13.62	11.33	7.82	.
NV	9.20	11.41	13.92	15.24	15.44	15.38	14.70	13.26	11.03	7.57	4.72
132	9.66	11.78	14.24	15.50	16.09	15.95	14.98	13.56	11.29	7.79	.
NV	9.15	11.36	13.84	15.15	15.34	15.28	14.63	13.21	10.99	7.54	4.71
133	9.61	11.72	14.17	15.42	15.99	15.86	14.90	13.50	11.25	7.77	.
NV	9.10	11.30	13.78	15.07	15.24	15.19	14.65	13.15	10.96	7.52	4.70
134	9.56	11.66	14.10	15.43	15.89	15.80	14.84	13.45	11.21	7.75	.
NV	9.06	11.24	13.71	14.98	15.15	15.10	14.58	13.10	10.92	7.50	4.69
135	9.51	11.60	14.03	15.36	15.79	15.71	14.76	13.39	11.17	7.72	4.98
NV	9.01	11.19	13.64	14.89	15.37	15.03	14.52	13.05	10.88	7.48	4.68
136	9.46	11.55	14.05	15.36	15.70	15.63	14.73	13.36	11.13	7.70	4.97
NV	8.97	11.14	13.62	14.80	15.55	15.04	14.46	13.07	10.84	7.45	4.67
137	9.41	11.49	13.98	15.28	15.60	15.54	14.66	13.30	11.09	7.68	4.95
NV	8.92	11.08	13.58	14.72	15.55	15.09	14.44	13.02	10.80	7.43	4.66
138	9.36	11.44	13.91	15.25	15.51	15.45	14.65	13.25	11.05	7.65	4.94
NV	8.88	11.03	13.51	14.65	15.48	15.10	14.38	12.97	10.76	7.41	4.65
139	9.32	11.38	13.85	15.17	15.42	15.36	14.58	13.20	11.01	7.63	4.93
NV	8.83	10.98	13.44	14.59	15.40	15.10	14.31	12.92	10.73	7.39	4.64
140	9.27	11.33	13.78	15.09	15.32	15.27	14.52	13.14	10.98	7.61	4.92
NV	8.79	10.93	13.38	14.54	15.32	15.10	14.24	12.87	10.69	7.37	4.63

T8: Exakter Test von Fisher und approx. NV-Test: nachweisbare Differenzen
n: *Gruppenenumfang,* $\alpha = 0.05$ *(einseitig), Power:* $1 - \beta = 0.80$ *(s.Abschn.4.5.1)*

n \ p0	5	10	20	30	40	50	60	70	80	90	95
141	9.22	11.29	13.72	15.04	15.23	15.18	14.53	13.12	10.94	7.59	4.91
NV	8.75	10.87	13.31	14.52	15.23	15.08	14.17	12.82	10.65	7.34	4.62
142	9.18	11.24	13.65	14.95	15.14	15.09	14.47	13.07	10.91	7.57	4.89
NV	8.71	10.82	13.30	14.51	15.14	15.03	14.13	12.77	10.62	7.32	4.61
143	9.13	11.18	13.65	14.87	15.05	15.00	14.41	13.07	10.87	7.55	4.88
NV	8.67	10.77	13.24	14.45	15.05	14.96	14.06	12.73	10.58	7.30	4.60
144	9.09	11.13	13.60	14.80	14.97	14.92	14.42	13.02	10.83	7.52	4.87
NV	8.63	10.73	13.18	14.46	14.97	14.90	14.01	12.68	10.54	7.28	4.59
145	9.04	11.08	13.53	14.72	14.88	14.83	14.36	12.97	10.80	7.50	4.86
NV	8.59	10.68	13.12	14.40	14.88	14.82	13.94	12.63	10.51	7.26	4.58
146	9.00	11.04	13.46	14.63	15.29	14.83	14.30	12.93	10.76	7.48	4.85
NV	8.55	10.70	13.06	14.40	14.80	14.74	13.90	12.58	10.51	7.24	4.57
147	8.96	10.99	13.40	14.55	15.31	14.85	14.24	12.88	10.73	7.46	4.84
NV	8.51	10.65	13.09	14.34	14.71	14.66	13.85	12.60	10.48	7.22	4.56
148	8.91	10.94	13.36	14.48	15.26	14.85	14.23	12.83	10.69	7.44	4.83
NV	8.47	10.61	13.03	14.33	14.63	14.58	13.83	12.56	10.45	7.19	4.55
149	8.87	10.89	13.29	14.43	15.20	14.92	14.17	12.78	10.66	7.42	4.82
NV	8.43	10.56	12.98	14.26	14.55	14.50	13.78	12.51	10.41	7.17	4.55
150	8.87	10.86	13.23	14.37	15.13	14.91	14.10	12.74	10.65	7.40	4.81
NV	8.40	10.52	12.92	14.20	14.47	14.42	13.73	12.46	10.38	7.15	4.54
151	8.83	10.81	13.17	14.30	15.04	14.85	14.04	12.69	10.62	7.38	4.80
NV	8.36	10.48	12.86	14.16	14.39	14.35	13.73	12.41	10.35	7.13	4.53
152	8.79	10.77	13.11	14.27	14.96	14.83	13.97	12.64	10.58	7.36	4.79
NV	8.32	10.43	12.81	14.09	14.31	14.27	13.68	12.37	10.32	7.11	4.52
153	8.75	10.72	13.12	14.26	14.88	14.79	13.93	12.66	10.55	7.34	4.78
NV	8.29	10.39	12.75	14.02	14.23	14.19	13.63	12.32	10.29	7.09	4.51
154	8.72	10.67	13.06	14.26	14.80	14.73	13.88	12.62	10.51	7.32	4.77
NV	8.25	10.35	12.70	13.97	14.16	14.12	13.64	12.28	10.26	7.07	4.50
155	8.68	10.63	13.01	14.21	14.72	14.66	13.82	12.57	10.48	7.30	4.76
NV	8.22	10.31	12.71	13.90	14.08	14.04	13.59	12.29	10.23	7.05	4.49
156	8.64	10.58	12.95	14.21	14.64	14.59	13.77	12.52	10.44	7.28	4.75
NV	8.19	10.31	12.66	13.83	14.35	14.02	13.54	12.24	10.23	7.03	4.49
157	8.60	10.54	12.89	14.15	14.57	14.52	13.71	12.48	10.41	7.26	4.74
NV	8.16	10.26	12.61	13.76	14.41	14.02	13.53	12.20	10.20	7.01	4.48
158	8.57	10.57	12.90	14.15	14.49	14.44	13.69	12.45	10.44	7.24	4.73
NV	8.12	10.22	12.55	13.70	14.42	14.07	13.48	12.16	10.17	6.99	4.47
159	8.53	10.52	12.85	14.09	14.41	14.37	13.64	12.40	10.41	7.22	4.72
NV	8.09	10.18	12.50	13.63	14.38	14.08	13.42	12.12	10.14	6.97	4.46
160	8.50	10.53	12.80	14.03	14.34	14.29	13.59	12.36	10.40	7.20	4.71
NV	8.06	10.13	12.44	13.58	14.33	14.13	13.37	12.08	10.10	6.95	4.45

T8: Exakter Test von Fisher und approx. NV-Test: nachweisbare Differenzen
n: *Gruppenumfang, $\alpha = 0.05$ (einseitig), Power: $1 - \beta = 0.80$ (s.Abschn.4.5.1)*

n \ p0	5	10	20	30	40	50	60	70	80	90	95
161	8.46	10.49	12.75	14.01	14.26	14.22	13.58	12.32	10.37	7.18	4.70
NV	8.03	10.09	12.41	13.52	14.25	14.08	13.34	12.04	10.07	6.93	4.45
162	8.43	10.44	12.69	13.95	14.19	14.15	13.53	12.28	10.34	7.17	4.69
NV	7.99	10.06	12.36	13.47	14.19	14.06	13.28	12.01	10.05	6.92	4.44
163	8.39	10.40	12.64	13.91	14.12	14.08	13.54	12.23	10.31	7.15	4.68
NV	7.96	10.03	12.31	13.44	14.12	14.03	13.22	11.96	10.02	6.90	4.43
164	8.36	10.36	12.59	13.85	14.05	14.01	13.49	12.19	10.28	7.13	4.67
NV	7.93	9.99	12.29	13.43	14.04	13.98	13.17	11.98	9.99	6.88	4.42
165	8.32	10.32	12.61	13.78	13.97	13.94	13.45	12.21	10.24	7.11	4.66
NV	7.90	9.95	12.24	13.38	13.97	13.92	13.11	11.94	9.96	6.86	4.42
166	8.29	10.28	12.56	13.72	13.90	13.87	13.40	12.17	10.21	7.09	4.65
NV	7.87	9.91	12.22	13.38	13.90	13.86	13.08	11.90	9.93	6.84	4.41
167	8.26	10.24	12.51	13.66	14.13	13.84	13.40	12.13	10.18	7.07	4.64
NV	7.84	9.87	12.17	13.33	13.83	13.79	13.02	11.86	9.90	6.82	4.40
168	8.22	10.20	12.46	13.60	14.24	13.87	13.35	12.09	10.15	7.06	4.63
NV	7.81	9.83	12.13	13.33	13.77	13.73	12.99	11.82	9.87	6.81	4.39
169	8.19	10.16	12.41	13.53	14.21	13.87	13.30	12.05	10.12	7.04	4.63
NV	7.78	9.79	12.08	13.29	13.70	13.66	12.94	11.78	9.85	6.79	4.39
170	8.16	10.12	12.36	13.48	14.19	13.92	13.29	12.01	10.09	7.02	4.62
NV	7.75	9.76	12.03	13.29	13.63	13.60	12.93	11.74	9.82	6.77	4.38
171	8.13	10.08	12.32	13.42	14.13	13.92	13.24	11.97	10.06	7.00	4.61
NV	7.72	9.72	11.98	13.24	13.57	13.53	12.88	11.70	9.79	6.75	4.37
172	8.09	10.04	12.27	13.37	14.07	13.91	13.19	11.93	10.03	6.98	4.60
NV	7.69	9.68	12.00	13.23	13.50	13.47	12.89	11.69	9.76	6.74	4.36
173	8.06	10.00	12.22	13.32	14.01	13.89	13.13	11.89	10.00	6.97	4.59
NV	7.67	9.65	11.95	13.18	13.43	13.40	12.84	11.65	9.73	6.72	4.36
174	8.03	9.96	12.21	13.29	13.94	13.86	13.08	11.91	9.97	6.95	4.58
NV	7.64	9.61	11.91	13.12	13.37	13.34	12.80	11.61	9.71	6.70	4.35
175	8.00	9.93	12.18	13.24	13.88	13.80	13.04	11.87	9.94	6.93	4.57
NV	7.61	9.58	11.87	13.09	13.31	13.28	12.81	11.60	9.68	6.68	4.34
176	7.97	9.89	12.13	13.22	13.81	13.76	12.99	11.83	9.92	6.91	4.56
NV	7.58	9.54	11.83	13.04	13.24	13.22	12.77	11.56	9.65	6.67	4.34
177	7.94	9.85	12.08	13.22	13.75	13.70	12.95	11.80	9.89	6.90	4.56
NV	7.56	9.58	11.78	12.98	13.18	13.15	12.73	11.52	9.67	6.65	4.33
178	7.91	9.82	12.03	13.17	13.68	13.64	12.90	11.76	9.86	6.88	4.55
NV	7.53	9.54	11.74	12.94	13.33	13.13	12.73	11.49	9.64	6.63	4.32
179	7.88	9.78	11.99	13.18	13.62	13.58	12.87	11.72	9.83	6.86	4.54
NV	7.50	9.50	11.75	12.88	13.44	13.15	12.69	11.49	9.61	6.62	4.32
180	7.85	9.74	11.97	13.13	13.55	13.52	12.82	11.69	9.80	6.85	4.53
NV	7.48	9.47	11.71	12.83	13.46	13.18	12.64	11.46	9.59	6.60	4.31

T8: Exakter Test von Fisher und approx. NV-Test: nachweisbare Differenzen
n: *Gruppenenumfang, α = 0.05 (einseitig), Power: 1 − β = 0.80 (s.Abschn.4.5.1)*

n \ p0	5	10	20	30	40	50	60	70	80	90	95
181	7.82	9.71	11.93	13.13	13.49	13.46	12.80	11.66	9.77	6.83	4.52
NV	7.45	9.43	11.67	12.78	13.44	13.19	12.63	11.43	9.56	6.59	4.30
182	7.80	9.69	11.89	13.09	13.43	13.40	12.76	11.62	9.76	6.81	4.51
NV	7.42	9.40	11.63	12.72	13.41	13.23	12.58	11.39	9.53	6.57	4.29
183	7.77	9.65	11.84	13.04	13.37	13.34	12.72	11.58	9.74	6.80	4.50
NV	7.40	9.37	11.59	12.67	13.36	13.23	12.53	11.36	9.50	6.55	4.29
184	7.74	9.62	11.81	13.03	13.31	13.28	12.72	11.58	9.71	6.78	4.50
NV	7.47	9.33	11.54	12.63	13.30	13.21	12.49	11.32	9.48	6.57	4.28
185	7.71	9.59	11.77	12.99	13.25	13.22	12.68	11.54	9.68	6.76	4.49
NV	7.45	9.35	11.50	12.59	13.25	13.18	12.44	11.29	9.50	6.56	4.27
186	7.68	9.55	11.78	12.97	13.19	13.16	12.68	11.52	9.66	6.75	4.48
NV	7.42	9.32	11.47	12.54	13.19	13.13	12.41	11.26	9.48	6.54	4.27
187	7.66	9.52	11.73	12.91	13.13	13.10	12.64	11.49	9.63	6.73	4.47
NV	7.39	9.29	11.43	12.52	13.13	13.08	12.36	11.23	9.45	6.53	4.26
188	7.63	9.49	11.69	12.86	13.07	13.05	12.61	11.45	9.61	6.72	4.46
NV	7.37	9.26	11.42	12.50	13.07	13.04	12.32	11.24	9.43	6.52	4.25
189	7.60	9.46	11.65	12.83	13.01	12.99	12.61	11.42	9.58	6.70	4.45
NV	7.34	9.22	11.38	12.46	13.01	12.98	12.28	11.20	9.40	6.50	4.25
190	7.58	9.42	11.61	12.78	13.15	12.96	12.57	11.38	9.56	6.69	4.45
NV	7.32	9.19	11.36	12.46	12.96	12.93	12.25	11.17	9.37	6.49	4.24
191	7.55	9.46	11.57	12.72	13.25	12.98	12.53	11.35	9.58	6.67	4.44
NV	7.29	9.17	11.32	12.41	12.90	12.87	12.21	11.14	9.36	6.48	4.23
192	7.52	9.42	11.53	12.67	13.27	13.01	12.49	11.32	9.55	6.65	4.43
NV	7.27	9.14	11.28	12.42	12.84	12.82	12.19	11.11	9.33	6.46	4.23
193	7.50	9.39	11.55	12.63	13.27	13.06	12.48	11.32	9.53	6.64	4.42
NV	7.24	9.11	11.24	12.38	12.79	12.76	12.14	11.08	9.31	6.45	4.22
194	7.47	9.36	11.51	12.57	13.23	13.06	12.44	11.29	9.50	6.62	4.41
NV	7.22	9.08	11.20	12.39	12.73	12.71	12.14	11.04	9.29	6.44	4.21
195	7.45	9.33	11.47	12.53	13.18	13.05	12.39	11.26	9.47	6.61	4.41
NV	7.19	9.05	11.16	12.35	12.68	12.66	12.10	11.01	9.26	6.42	4.21
196	7.42	9.30	11.43	12.48	13.13	13.04	12.37	11.23	9.45	6.59	4.40
NV	7.17	9.02	11.15	12.34	12.63	12.60	12.10	10.99	9.24	6.41	4.20
197	7.40	9.27	11.39	12.44	13.08	13.01	12.32	11.20	9.42	6.58	4.39
NV	7.15	8.99	11.12	12.30	12.57	12.55	12.07	10.96	9.21	6.40	4.20
198	7.37	9.24	11.36	12.41	13.02	12.97	12.28	11.17	9.40	6.56	4.38
NV	7.12	8.96	11.08	12.26	12.52	12.50	12.04	10.93	9.19	6.39	4.19
199	7.35	9.20	11.32	12.36	12.97	12.92	12.23	11.14	9.38	6.55	4.37
NV	7.10	8.93	11.06	12.24	12.47	12.45	12.04	10.92	9.17	6.37	4.18
200	7.32	9.17	11.28	12.34	12.91	12.88	12.19	11.11	9.35	6.54	4.37
NV	7.07	8.90	11.02	12.20	12.42	12.40	12.01	10.89	9.15	6.36	4.18

T9: Exakter Test von Fisher und χ^2-Test: nachweisbare Differenzen

n: *Gruppenenumfang*, $\alpha = 0.05$ *(zweiseitig)*, Power: $1 - \beta = 0.80$ *(s.Abschn.4.5.1)*

n \ p0	5	5	10	10	20	20	30	30	40	40	50	50
5	.	83.32	.	83.34	.	.	.	.	.	.	.	.
χ^2	.	83.31	.	83.34	.	.	.	.	.	.	.	.
6	.	86.14	.	86.12	.	.	.	.	.	.	.	.
χ^2	.	73.57	.	73.82	.	73.66	.	.	.	.	.	.
7	.	77.51	.	77.67	.	77.36	.	.	.	.	.	.
χ^2	.	72.35	.	75.89	.	73.74	.	68.00	.	.	.	.
8	.	70.18	.	70.50	.	70.47	.	.	.	.	.	.
χ^2	.	65.57	.	69.17	.	69.38	.	65.26	.	59.35	.	.
9	.	65.03	.	67.86	.	68.54	.	65.02	.	.	.	.
χ^2	.	59.98	.	63.32	.	64.41	.	62.24	.	57.21	.	.
10	.	64.66	.	67.41	.	67.86	.	64.82	.	59.24	.	.
χ^2	.	58.82	.	59.34	.	59.75	.	59.39	.	58.35	.	.
11	.	60.00	.	62.58	.	63.42	.	61.92	.	57.40	.	.
χ^2	.	55.76	.	59.56	.	62.53	.	59.75	.	55.46	.	.
12	.	55.99	.	58.41	.	59.35	.	58.70	.	55.54	.	.
χ^2	.	52.07	.	55.87	.	58.97	.	57.38	.	53.34	-49.74	49.74
13	.	52.50	.	54.77	.	55.75	.	55.47	.	53.48	-48.55	48.55
χ^2	.	48.86	.	52.62	.	55.54	.	54.84	.	51.55	-47.33	47.33
14	.	49.71	.	53.48	.	57.87	.	56.02	.	52.04	-47.30	47.30
χ^2	.	46.06	.	49.75	.	52.43	.	52.22	.	49.84	-45.60	45.60
15	.	48.69	.	53.45	.	55.77	.	55.21	.	52.01	-46.51	46.51
χ^2	.	46.71	.	48.72	.	49.73	.	49.74	.	48.93	-45.97	45.97
16	.	46.34	.	50.83	.	52.96	.	52.77	-39.42	50.53	-45.57	45.57
χ^2	.	44.33	.	46.80	.	51.25	.	50.96	-39.41	47.79	-44.60	44.60
17	.	44.23	.	48.46	.	50.42	.	50.41	-38.66	48.93	-44.66	44.66
χ^2	.	42.16	.	44.64	.	49.20	.	49.36	-38.59	46.40	-43.19	43.19
18	.	42.32	.	46.31	.	48.13	.	48.20	-37.97	47.24	-43.73	43.73
χ^2	.	40.63	.	44.38	.	47.92	.	48.09	-37.80	46.37	-42.56	42.56
19	.	40.59	.	44.37	.	46.99	.	47.43	-37.34	45.72	-42.76	42.76
χ^2	.	38.90	.	42.62	.	45.89	.	46.13	-37.01	44.96	-41.56	41.56
20	.	39.01	.	42.83	.	47.29	.	47.88	-36.73	45.12	-41.80	41.80
χ^2	.	37.33	.	41.00	.	44.02	.	44.29	-36.24	43.52	-40.61	40.61

$H_0 : p_2 = p_1$, $H_A : p_2 \neq p_1$. Unter der Nullhypothese wurde $p_0 = p_1 = p_2$ angenommen. Die Wahrscheinlichkeiten p_0 und die nachweisbaren Differenzen wurden mit 100 multipliziert ($p0 = 100p_0$). Ein Punkt kennzeichnet die Fälle, in denen die Power 0.80 nicht erreicht werden kann. χ^2 bezeichnet die Zeilen für den χ^2-Test mit der Stetigkeitskorrektur nach Schouten für den jeweils darüberstehenden Umfang. Der Gesamtumfang ist $N = 2n$.

T9: Exakter Test von Fisher und χ^2-Test: nachweisbare Differenzen

n: *Gruppenenumfang, $\alpha = 0.05$ (zweiseitig), Power: $1 - \beta = 0.80$ (s.Abschn.4.5.1)*

$n \setminus p_0$	5	5	10	10	20	20	30	30	40	40	50	50
21	.	37.64	.	42.14	.	46.53	.	46.88	-36.16	45.05	-41.23	41.23
χ^2	.	35.89	.	39.50	.	42.30	-29.98	42.59	-35.48	42.07	-39.69	39.69
22	.	36.32	.	40.71	.	44.83	-29.51	45.23	-35.60	43.92	-40.42	40.42
χ^2	.	34.57	.	38.12	.	40.71	-29.50	41.03	-34.77	40.66	-38.76	38.76
23	.	35.09	.	39.40	.	43.25	-29.09	43.65	-35.05	42.76	-39.65	39.65
χ^2	.	33.36	.	36.95	.	41.62	-29.05	43.20	-34.09	41.16	-38.03	38.03
24	.	33.96	.	38.18	.	41.79	-28.69	42.17	-34.50	41.57	-38.89	38.89
χ^2	.	33.79	.	36.75	.	40.43	-28.69	41.93	-34.37	40.32	-37.58	37.58
25	.	33.95	.	38.37	.	40.53	.	40.79	-34.51	40.50	-38.90	38.90
χ^2	.	32.74	.	36.01	.	40.04	-28.33	40.77	-33.78	40.04	-37.34	37.34
26	.	32.95	.	37.21	.	40.04	-29.07	41.84	-34.03	40.03	-38.04	38.04
χ^2	.	31.74	.	34.94	.	38.83	-27.98	39.49	-33.17	38.99	-36.63	36.63
27	.	33.19	.	36.30	.	39.89	-29.10	41.54	-33.97	39.92	-37.32	37.32
χ^2	.	30.80	.	33.94	.	37.68	-27.64	38.29	-32.56	37.95	-35.93	35.93
28	.	32.22	.	35.26	.	38.87	-28.70	40.42	-33.40	39.15	-36.54	36.54
χ^2	.	29.93	.	33.01	.	36.60	-27.31	37.16	-31.97	36.93	-35.25	35.25
29	.	31.32	.	34.53	.	38.58	-28.31	39.39	-32.86	38.81	-36.32	36.32
χ^2	.	29.34	.	33.14	.	35.73	-27.00	36.10	-31.92	35.96	-35.03	35.03
30	.	30.46	.	33.64	.	37.57	-27.91	38.30	-32.33	37.91	-35.71	35.71
χ^2	.	28.58	.	32.30	.	35.44	-26.69	37.77	-31.44	36.50	-34.35	34.35
31	.	29.66	.	32.80	.	36.61	-27.52	37.28	-31.82	37.00	-35.11	35.11
χ^2	.	27.86	.	31.53	.	35.34	-26.39	37.17	-30.97	36.40	-33.95	33.95
32	.	28.91	.	32.01	.	35.69	-27.14	36.31	-31.32	36.11	-34.52	34.52
χ^2	.	27.19	.	30.78	.	34.57	-26.08	36.24	-30.51	35.70	-33.38	33.38
33	.	28.27	.	31.97	.	34.99	-26.77	35.39	-31.19	35.27	-34.34	34.34
χ^2	.	26.55	.	30.19	-19.83	34.44	-25.78	35.38	-30.12	35.16	-33.37	33.37
34	.	27.61	.	31.28	.	34.38	-26.42	36.46	-30.78	35.40	-33.70	33.70
χ^2	.	25.94	.	29.53	-19.64	33.66	-25.49	34.51	-29.70	34.37	-32.85	32.85
35	.	26.98	.	30.61	.	34.02	-26.08	36.21	-30.38	35.35	-33.18	33.18
χ^2	.	25.37	.	28.90	-19.45	32.91	-25.19	33.69	-29.29	33.59	-32.33	32.33
36	.	26.38	.	29.99	.	33.93	-25.76	35.55	-30.00	35.12	-32.93	32.93
χ^2	.	24.82	.	28.31	-19.27	32.20	-24.91	32.91	-28.90	32.84	-31.80	31.80
37	.	25.82	.	29.39	.	33.27	-25.45	34.76	-29.61	34.46	-32.45	32.45
χ^2	.	24.30	.	27.74	-19.10	31.50	-24.63	32.17	-28.52	32.12	-31.26	31.26
38	.	25.28	.	28.81	.	32.64	-25.16	34.00	-29.22	33.80	-32.00	32.00
χ^2	.	23.83	.	27.69	-18.94	31.08	-24.38	32.94	-28.57	32.45	-30.95	30.95
39	.	24.77	.	28.35	-19.82	32.48	-24.88	33.28	-28.94	33.20	-31.97	31.97
χ^2	.	23.36	.	27.19	-18.78	30.61	-24.12	32.86	-28.22	32.45	-30.51	30.51
40	.	24.28	.	27.82	-19.64	31.84	-24.61	32.58	-28.60	32.52	-31.50	31.50
χ^2	.	22.92	.	26.71	-18.63	30.40	-23.87	32.45	-27.89	32.24	-30.31	30.31

T9: Exakter Test von Fisher und χ^2-Test: nachweisbare Differenzen
n: *Gruppenumfang, $\alpha = 0.05$ (zweiseitig), Power: $1 - \beta = 0.80$ (s.Abschn.4.5.1)*

n \ p0 5		5	10		10	20	20	30	30	40	40	50	50
41	.	23.82	.		27.33	-19.47	31.23	-24.35	31.91	-28.26	31.87	-31.02	31.02
χ^2	.	22.49	.		26.25	-18.49	29.87	-23.64	31.82	-27.54	31.69	-29.90	29.90
42	.	23.37	.		26.85	-19.29	30.63	-24.10	31.27	-27.94	31.25	-30.54	30.54
χ^2	.	22.08	.		25.81	-18.34	29.86	-23.40	31.25	-27.25	31.21	-29.89	29.89
43	.	23.41	.		26.86	-19.11	30.16	-24.19	32.27	-27.77	31.91	-30.14	30.14
χ^2	.	22.47	.		25.60	-18.25	29.36	-23.58	30.64	-26.95	30.63	-29.50	29.50
44	.	23.03	.		26.72	-18.94	29.93	-24.00	32.04	-27.79	31.80	-29.94	29.94
χ^2	.	22.09	.		25.16	-18.12	28.88	-23.33	30.06	-26.62	30.06	-29.11	29.11
45	.	22.65	.		26.28	-18.77	29.42	-23.79	31.49	-27.46	31.34	-29.53	29.53
χ^2	.	21.71	.		24.81	-18.00	28.75	-23.08	29.51	-26.53	29.52	-28.94	28.94
46	.	22.28	.		25.85	-18.60	29.29	-23.58	31.04	-27.15	30.99	-29.45	29.45
χ^2	.	21.35	.		24.41	-17.88	28.27	-22.84	28.97	-26.25	28.99	-28.49	28.49
47	.	22.47	.		25.47	-18.62	28.84	-23.52	30.49	-26.83	30.47	-29.10	29.10
χ^2	.	21.00	.		24.03	-17.77	27.79	-22.61	28.45	-25.98	28.48	-28.05	28.05
48	.	22.10	.		25.07	-18.49	28.82	-23.28	29.99	-26.59	29.99	-29.06	29.06
χ^2	.	20.67	.		23.67	-17.65	27.37	-22.38	29.27	-25.72	29.38	-27.74	27.74
49	.	21.74	.		24.69	-18.36	28.39	-23.05	29.47	-26.30	29.48	-28.70	28.70
χ^2	.	20.58	.		23.76	-17.55	27.03	-22.49	29.14	-25.51	29.23	-27.54	27.54
50	.	21.40	.		24.32	-18.23	27.97	-22.83	28.98	-26.01	28.99	-28.33	28.33
χ^2	.	20.27	.		23.40	-17.44	26.81	-22.28	28.85	-25.24	28.92	-27.49	27.49
51	.	21.07	.		23.97	-18.10	27.56	-22.61	28.50	-25.74	28.52	-27.96	27.96
χ^2	.	19.98	.		23.31	-17.33	26.51	-22.12	28.40	-25.26	28.48	-27.21	27.21
52	.	20.75	.		23.67	-17.97	27.40	-22.40	28.03	-25.72	28.06	-27.68	27.68
χ^2	.	19.70	.		22.98	-17.23	26.46	-21.93	28.00	-25.02	28.06	-27.19	27.19
53	.	20.45	.		23.35	-17.85	27.00	-22.19	28.64	-25.48	28.85	-27.37	27.37
χ^2	.	19.43	.		22.67	-17.12	26.11	-21.74	27.56	-24.75	27.62	-26.88	26.88
54	.	20.25	.		23.46	-17.72	26.65	-22.25	28.56	-25.30	28.72	-27.13	27.13
χ^2	.	19.16	.		22.36	-17.02	25.77	-21.55	27.13	-24.49	27.19	-26.57	26.57
55	.	19.97	.		23.14	-17.60	26.37	-22.06	28.35	-25.05	28.46	-27.03	27.03
χ^2	.	18.90	.		22.07	-16.92	25.44	-21.36	26.72	-24.23	26.78	-26.25	26.25
56	.	19.70	.		22.83	-17.48	26.02	-21.88	27.95	-24.80	28.06	-26.76	26.76
χ^2	.	18.65	.		21.79	-16.82	25.42	-21.18	26.33	-24.18	26.39	-26.03	26.03
57	.	19.44	.		22.52	-17.35	25.89	-21.69	27.62	-24.58	27.69	-26.74	26.74
χ^2	.	18.41	.		21.51	-16.72	25.09	-21.00	25.93	-23.95	26.00	-25.68	25.68
58	.	19.18	.		22.23	-17.23	25.58	-21.51	27.22	-24.34	27.30	-26.47	26.47
χ^2	.	18.18	.		21.24	-16.62	24.76	-20.83	26.13	-23.74	26.69	-25.40	25.40
59	.	18.94	.		22.16	-17.11	25.31	-21.40	26.84	-24.29	26.91	-26.20	26.20
χ^2	.	17.95	.		20.98	-16.52	24.45	-20.66	26.11	-23.52	26.63	-25.18	25.18
60	.	18.70	.		21.89	-17.00	25.30	-21.24	26.48	-24.14	26.54	-26.08	26.08
χ^2	.	17.73	.		20.73	-16.42	24.17	-20.49	26.06	-23.31	26.44	-25.07	25.07

T9: Exakter Test von Fisher und χ^2-Test: nachweisbare Differenzen

n: *Gruppenenumfang*, $\alpha = 0.05$ *(zweiseitig)*, Power: $1 - \beta = 0.80$ *(s.Abschn.4.5.1)*

n \ p0 5	5	10	10	20	20	30	30	40	40	50	50
61 .	18.47	.	21.63	-16.88	25.00	-21.08	26.11	-23.91	26.18	-25.78	25.78
χ^2 .	17.51	.	20.54	-16.32	24.06	-20.36	25.92	-23.33	26.15	-25.05	25.05
62 .	18.24	.	21.38	-16.77	24.71	-20.91	25.75	-23.69	25.82	-25.47	25.47
χ^2 .	17.30	.	20.31	-16.23	23.77	-20.20	25.60	-23.11	25.80	-24.82	24.82
63 .	18.03	.	21.13	-16.66	24.42	-20.76	25.41	-23.48	25.48	-25.17	25.17
χ^2 .	17.10	.	20.08	-16.13	23.62	-20.06	25.35	-22.92	25.48	-24.80	24.80
64 .	17.82	.	20.90	-16.55	24.36	-20.60	25.58	-23.47	26.20	-24.96	24.96
χ^2 .	16.97	.	20.19	-16.04	23.36	-20.13	25.02	-22.72	25.14	-24.56	24.56
65 .	17.61	.	20.67	-16.44	24.07	-20.45	25.55	-23.28	26.11	-24.76	24.76
χ^2 .	16.78	.	19.97	-15.95	23.32	-19.98	24.73	-22.60	24.82	-24.44	24.44
66 .	17.41	.	20.45	-16.33	23.80	-20.30	25.51	-23.08	25.91	-24.65	24.65
χ^2 .	16.60	-10.00	19.75	-15.86	23.08	-19.83	24.41	-22.41	24.51	-24.17	24.17
67 .	17.22	.	20.23	-16.23	23.57	-20.16	25.38	-22.89	25.64	-24.61	24.61
χ^2 .	16.42	-9.94	19.53	-15.77	22.84	-19.68	24.11	-22.23	24.20	-23.91	23.91
68 .	17.03	.	20.01	-16.13	23.30	-20.01	25.10	-22.70	25.33	-24.40	24.40
χ^2 .	16.24	-9.89	19.32	-15.68	22.61	-19.53	23.81	-22.05	23.90	-23.64	23.64
69 .	16.84	.	19.81	-16.03	23.14	-19.87	24.89	-22.53	25.03	-24.38	24.38
χ^2 .	16.07	-9.84	19.12	-15.59	22.61	-19.38	23.65	-22.06	24.28	-23.42	23.42
70 .	16.66	.	19.66	-15.94	22.97	-19.77	24.60	-22.48	24.73	-24.16	24.16
χ^2 .	15.91	-9.80	19.12	-15.50	22.39	-19.41	23.69	-21.92	24.49	-23.25	23.25
71 .	16.49	.	19.46	-15.84	22.89	-19.64	24.34	-22.34	24.44	-24.06	24.06
χ^2 .	15.75	-9.75	18.93	-15.41	22.16	-19.28	23.68	-21.75	24.34	-23.14	23.14
72 .	16.32	.	19.28	-15.75	22.67	-19.52	24.05	-22.16	24.15	-23.82	23.82
χ^2 .	15.59	-9.71	18.75	-15.33	21.94	-19.15	23.65	-21.58	24.12	-23.09	23.09
73 .	16.19	.	19.37	-15.67	22.45	-19.56	23.77	-21.98	23.87	-23.58	23.58
χ^2 .	15.44	-9.66	18.57	-15.25	21.74	-19.02	23.56	-21.41	23.86	-23.08	23.08
74 .	16.03	.	19.18	-15.58	22.44	-19.43	23.51	-21.94	23.60	-23.38	23.38
χ^2 .	15.29	-9.62	18.41	-15.17	21.65	-18.91	23.32	-21.39	23.60	-22.90	22.90
75 .	15.88	.	18.99	-15.49	22.23	-19.30	23.24	-21.77	23.34	-23.13	23.13
χ^2 .	15.15	-9.58	18.24	-15.08	21.48	-18.79	23.16	-21.24	23.33	-22.86	22.86
76 .	15.72	.	18.81	-15.41	22.02	-19.17	23.25	-21.62	24.07	-22.94	22.94
χ^2 .	15.01	-9.54	18.07	-15.01	21.27	-18.67	22.91	-21.06	23.08	-22.67	22.67
77 .	15.58	.	18.64	-15.33	21.82	-19.04	23.19	-21.46	23.97	-22.79	22.79
χ^2 .	14.87	-9.50	17.91	-14.93	21.19	-18.55	22.70	-20.96	22.83	-22.55	22.55
78 .	15.43	.	18.46	-15.25	21.61	-18.91	23.17	-21.31	23.79	-22.71	22.71
χ^2 .	14.73	-9.46	17.75	-14.85	21.00	-18.43	22.46	-20.81	22.58	-22.33	22.33
79 .	15.29	-9.94	18.30	-15.17	21.58	-18.79	23.13	-21.31	23.57	-22.68	22.68
χ^2 .	14.60	-9.42	17.59	-14.78	20.81	-18.31	22.22	-20.66	22.34	-22.12	22.12
80 .	15.15	-9.90	18.13	-15.09	21.39	-18.67	23.05	-21.15	23.33	-22.66	22.66
χ^2 .	14.47	-9.39	17.44	-14.70	20.63	-18.20	21.99	-20.51	22.10	-21.90	21.90

T9: Exakter Test von Fisher und χ^2-Test: nachweisbare Differenzen

n: *Gruppenenumfang, $\alpha = 0.05$ (zweiseitig), Power: $1 - \beta = 0.80$ (s.Abschn.4.5.1)*

n \ p0 5	5	10	10	20	20	30	30	40	40	50	50
81 .	15.02	-9.85	18.15	-15.01	21.19	-18.72	22.83	-21.00	23.09	-22.50	22.50
χ^2 .	14.35	-9.35	17.29	-14.63	20.63	-18.09	21.76	-20.50	21.88	-21.71	21.71
82 .	14.89	-9.81	18.00	-14.94	21.04	-18.60	22.68	-20.87	22.85	-22.45	22.45
χ^2 .	14.22	-9.32	17.14	-14.56	20.46	-17.98	21.68	-20.37	22.59	-21.55	21.55
83 .	14.76	-9.77	17.85	-14.87	20.85	-18.48	22.46	-20.71	22.62	-22.27	22.27
χ^2 .	14.10	-9.28	17.07	-14.48	20.30	-18.00	21.60	-20.25	22.51	-21.43	21.43
84 .	14.64	-9.73	17.70	-14.80	20.76	-18.37	22.27	-20.62	22.39	-22.14	22.14
χ^2 .	13.98	-9.25	16.93	-14.41	20.13	-17.89	21.57	-20.11	22.35	-21.36	21.36
85 .	14.52	-9.69	17.55	-14.73	20.59	-18.26	22.05	-20.48	22.17	-21.95	21.95
χ^2 .	13.87	-9.21	16.80	-14.34	20.13	-17.80	21.56	-20.11	22.16	-21.33	21.33
86 .	14.40	-9.66	17.43	-14.66	20.47	-18.20	21.83	-20.39	21.95	-21.75	21.75
χ^2 .	13.75	-9.18	16.67	-14.27	19.96	-17.70	21.53	-19.97	21.95	-21.32	21.32
87 .	14.28	-9.62	17.29	-14.59	20.30	-18.09	21.62	-20.25	21.74	-21.55	21.55
χ^2 .	13.67	-9.15	16.74	-14.25	19.81	-17.65	21.46	-19.84	21.74	-21.30	21.30
88 .	14.16	-9.58	17.15	-14.52	20.28	-17.99	21.42	-20.23	21.53	-21.37	21.37
χ^2 .	13.57	-9.12	16.60	-14.19	19.64	-17.55	21.27	-19.70	21.53	-21.15	21.15
89 .	14.05	-9.55	17.02	-14.46	20.12	-17.89	21.30	-20.10	22.17	-21.22	21.22
χ^2 .	13.46	-9.09	16.47	-14.12	19.51	-17.45	21.14	-19.59	21.33	-21.06	21.06
90 .	13.94	-9.51	16.88	-14.39	19.96	-17.79	21.30	-19.97	22.16	-21.16	21.16
χ^2 .	13.36	-9.06	16.34	-14.06	19.36	-17.34	20.95	-19.46	21.13	-20.89	20.89
91 .	14.11	-9.48	16.76	-14.46	19.81	-17.69	21.27	-19.84	21.99	-21.10	21.10
χ^2 .	13.26	-9.03	16.22	-14.00	19.20	-17.24	20.77	-19.34	20.93	-20.72	20.72
92 .	14.00	-9.44	16.63	-14.39	19.81	-17.59	21.26	-19.84	21.80	-21.09	21.09
χ^2 .	13.16	-9.00	16.10	-13.94	19.20	-17.19	20.60	-19.33	20.74	-20.58	20.58
93 .	13.89	-9.41	16.51	-14.32	19.66	-17.50	21.22	-19.72	21.61	-21.07	21.07
χ^2 .	13.06	-8.97	15.98	-13.89	19.05	-17.10	20.42	-19.21	20.55	-20.40	20.40
94 .	13.78	-9.37	16.39	-14.25	19.51	-17.40	21.06	-19.59	21.41	-20.94	20.94
χ^2 .	12.97	-8.94	15.86	-13.83	18.90	-17.01	20.23	-19.09	20.37	-20.23	20.23
95 .	13.67	-9.34	16.26	-14.18	19.37	-17.31	20.98	-19.47	21.22	-20.89	20.89
χ^2 .	13.04	-8.92	15.74	-13.81	18.88	-16.92	20.07	-19.09	20.66	-20.07	20.07
96 .	13.57	-9.31	16.15	-14.11	19.22	-17.21	20.81	-19.35	21.04	-20.74	20.74
χ^2 .	12.94	-8.89	15.63	-13.74	18.75	-16.84	19.99	-18.98	20.93	-19.99	19.99
97 .	13.46	-9.27	16.12	-14.04	19.11	-17.25	20.68	-19.26	20.85	-20.65	20.65
χ^2 .	12.84	-8.87	15.51	-13.68	18.61	-16.75	19.91	-18.87	20.81	-19.92	19.92
98 .	13.36	-9.24	16.01	-13.98	19.06	-17.18	20.51	-19.20	20.67	-20.49	20.49
χ^2 .	12.75	-8.84	15.58	-13.63	18.48	-16.73	19.87	-18.76	20.66	-19.89	19.89
99 .	13.26	-9.21	15.90	-13.91	18.92	-17.09	20.34	-19.07	20.50	-20.33	20.33
χ^2 .	12.66	-8.81	15.47	-13.58	18.36	-16.64	19.86	-18.65	20.49	-19.88	19.88
100 .	13.17	-9.18	15.80	-13.85	18.83	-17.00	20.19	-19.03	20.32	-20.18	20.18
χ^2 .	12.57	-8.79	15.36	-13.52	18.37	-16.55	19.85	-18.64	20.32	-19.87	19.87

T9: Exakter Test von Fisher und χ^2-Test: nachweisbare Differenzen

n: *Gruppenenumfang, $\alpha = 0.05$ (zweiseitig), Power: $1 - \beta = 0.80$ (s.Abschn.4.5.1)*

n \ p0 5		5	10	10	20	20	30	30	40	40	50	50
101	.	13.07	-9.14	15.69	-13.78	18.70	-16.92	20.02	-18.92	20.15	-20.02	20.02
χ^2	.	12.72	-8.76	15.26	-13.56	18.24	-16.47	19.71	-18.52	20.15	-19.75	19.75
102	.	12.98	-9.11	15.59	-13.72	18.57	-16.83	19.85	-18.81	19.99	-19.86	19.86
χ^2	.	12.63	-8.74	15.19	-13.50	18.13	-16.50	19.67	-18.41	19.99	-19.70	19.70
103	.	12.91	-9.08	15.61	-13.72	18.44	-16.75	19.73	-18.70	20.59	-19.75	19.75
χ^2	.	12.54	-8.72	15.09	-13.44	18.00	-16.41	19.53	-18.30	19.82	-19.57	19.57
104	.	12.82	-9.05	15.51	-13.67	18.42	-16.67	19.67	-18.70	20.57	-19.70	19.70
χ^2	.	12.45	-8.69	15.00	-13.38	17.89	-16.33	19.45	-18.22	19.66	-19.48	19.48
105	.	12.73	-9.02	15.40	-13.61	18.30	-16.58	19.61	-18.60	20.43	-19.66	19.66
χ^2	.	12.36	-8.67	14.90	-13.32	17.77	-16.24	19.30	-18.11	19.50	-19.34	19.34
106	.	12.65	-8.99	15.30	-13.56	18.18	-16.50	19.59	-18.50	20.27	-19.64	19.64
χ^2	.	12.28	-8.65	14.80	-13.26	17.76	-16.19	19.19	-18.10	19.35	-19.22	19.22
107	.	12.56	-8.96	15.21	-13.50	18.08	-16.50	19.58	-18.40	20.12	-19.63	19.63
χ^2	.	12.20	-8.62	14.71	-13.20	17.64	-16.11	19.04	-17.99	19.19	-19.07	19.07
108	.	12.48	-8.93	15.11	-13.45	18.09	-16.43	19.45	-18.39	19.96	-19.52	19.52
χ^2	.	12.11	-8.60	14.62	-13.15	17.52	-16.03	18.89	-17.89	19.04	-18.93	18.93
109	.	12.40	-8.90	15.02	-13.40	17.97	-16.35	19.43	-18.28	19.81	-19.49	19.49
χ^2	.	12.03	-8.58	14.52	-13.09	17.46	-15.96	18.76	-17.88	18.90	-18.79	18.79
110	.	12.32	-8.87	14.92	-13.34	17.86	-16.27	19.38	-18.19	19.65	-19.43	19.43
χ^2	.	11.95	-8.55	14.43	-13.04	17.35	-15.88	18.63	-17.79	19.41	-18.68	18.68
111	.	12.24	-8.84	14.83	-13.29	17.74	-16.20	19.25	-18.08	19.50	-19.31	19.31
χ^2	.	11.88	-8.53	14.35	-12.98	17.24	-15.81	18.53	-17.70	19.43	-18.63	18.63
112	.	12.36	-8.81	14.74	-13.32	17.63	-16.12	19.12	-17.98	19.35	-19.18	19.18
χ^2	.	11.80	-8.51	14.26	-12.93	17.13	-15.73	18.44	-17.61	19.33	-18.59	18.59
113	.	12.28	-8.78	14.65	-13.26	17.53	-16.04	19.03	-17.91	19.21	-19.07	19.07
χ^2	.	11.72	-8.49	14.17	-12.88	17.12	-15.66	18.39	-17.61	19.20	-18.57	18.57
114	.	12.20	-8.75	14.56	-13.21	17.51	-15.99	18.89	-17.84	19.07	-18.94	18.94
χ^2	.	11.65	-8.47	14.09	-12.82	17.05	-15.67	18.36	-17.52	19.06	-18.56	18.56
115	.	12.14	-8.80	14.47	-13.15	17.42	-15.92	18.78	-17.81	18.93	-18.82	18.82
χ^2	.	11.57	-8.45	14.01	-12.77	16.94	-15.60	18.35	-17.43	18.92	-18.55	18.55
116	.	12.07	-8.78	14.38	-13.09	17.31	-15.85	18.64	-17.71	18.79	-18.68	18.68
χ^2	.	11.50	-8.43	13.93	-12.72	16.84	-15.54	18.34	-17.34	18.79	-18.52	18.52
117	.	12.00	-8.75	14.44	-13.07	17.20	-15.79	18.51	-17.62	18.65	-18.55	18.55
χ^2	.	11.43	-8.41	13.96	-12.68	16.74	-15.50	18.24	-17.24	18.65	-18.42	18.42
118	.	11.92	-8.73	14.35	-13.02	17.10	-15.72	18.39	-17.53	19.16	-18.45	18.45
χ^2	.	11.36	-8.38	13.88	-12.63	16.76	-15.44	18.21	-17.22	18.52	-18.35	18.35
119	.	11.85	-8.70	14.27	-12.97	17.05	-15.65	18.29	-17.53	19.16	-18.41	18.41
χ^2	.	11.29	-8.36	13.81	-12.59	16.66	-15.37	18.10	-17.12	18.38	-18.24	18.24
120	.	11.78	-8.68	14.24	-12.92	16.95	-15.65	18.21	-17.45	19.06	-18.36	18.36
χ^2	.	11.23	-8.34	13.73	-12.54	16.56	-15.30	18.03	-17.06	18.26	-18.14	18.14

T9: Exakter Test von Fisher und χ^2-Test: nachweisbare Differenzen
n: *Gruppenenumfang, $\alpha = 0.05$ (zweiseitig), Power: $1 - \beta = 0.80$ (s.Abschn.4.5.1)*

n \ p0	5	5	10	10	20	20	30	30	40	40	50	50
121	.	11.71	-8.65	14.16	-12.87	16.85	-15.58	18.14	-17.36	18.94	-18.34	18.34
χ^2	.	11.16	-8.32	13.66	-12.49	16.47	-15.23	17.92	-16.97	18.13	-18.02	18.02
122	.	11.64	-8.63	14.08	-12.82	16.79	-15.57	18.11	-17.28	18.81	-18.33	18.33
χ^2	.	11.09	-8.30	13.58	-12.45	16.38	-15.16	17.83	-16.93	18.00	-17.91	17.91
123	.	11.57	-8.61	14.00	-12.77	16.77	-15.50	18.10	-17.27	18.68	-18.32	18.32
χ^2	.	11.03	-8.28	13.51	-12.40	16.29	-15.10	17.71	-16.85	17.88	-17.79	17.79
124	.	11.51	-8.58	13.93	-12.73	16.68	-15.44	18.09	-17.19	18.56	-18.29	18.29
χ^2	.	10.96	-8.26	13.44	-12.36	16.28	-15.06	17.59	-16.79	17.76	-17.67	17.67
125	.	11.44	-8.56	13.85	-12.68	16.59	-15.37	17.99	-17.10	18.43	-18.20	18.20
χ^2	.	10.90	-8.24	13.37	-12.31	16.21	-15.00	17.49	-16.78	17.64	-17.55	17.55
126	.	11.37	-8.53	13.78	-12.63	16.50	-15.30	17.97	-17.02	18.31	-18.14	18.14
χ^2	.	10.84	-8.22	13.32	-12.27	16.12	-15.01	17.38	-16.70	18.17	-17.49	17.49
127	.	11.31	-8.51	13.70	-12.59	16.41	-15.24	17.87	-16.93	18.18	-18.03	18.03
χ^2	.	10.81	-8.20	13.31	-12.33	16.03	-14.94	17.29	-16.63	18.14	-17.48	17.48
128	.	11.25	-8.49	13.63	-12.54	16.41	-15.18	17.82	-16.90	18.06	-17.95	17.95
χ^2	.	10.76	-8.18	13.24	-12.28	15.94	-14.88	17.21	-16.55	18.05	-17.46	17.46
129	.	11.18	-8.46	13.56	-12.50	16.33	-15.12	17.72	-16.82	17.94	-17.84	17.84
χ^2	.	10.70	-8.16	13.17	-12.24	15.90	-14.81	17.15	-16.55	17.94	-17.45	17.45
130	.	11.12	-8.44	13.48	-12.45	16.24	-15.05	17.64	-16.77	17.82	-17.73	17.73
χ^2	.	10.64	-8.14	13.10	-12.19	15.82	-14.75	17.12	-16.47	17.82	-17.45	17.45
131	.	11.06	-8.42	13.41	-12.41	16.15	-14.99	17.53	-16.69	17.71	-17.62	17.62
χ^2	.	10.58	-8.13	13.03	-12.15	15.74	-14.69	17.10	-16.39	17.71	-17.43	17.43
132	.	11.00	-8.39	13.34	-12.36	16.07	-14.93	17.43	-16.61	17.60	-17.51	17.51
χ^2	.	10.53	-8.11	12.96	-12.11	15.66	-14.63	17.10	-16.32	17.60	-17.40	17.40
133	.	10.94	-8.37	13.28	-12.32	16.00	-14.87	17.33	-16.60	17.48	-17.41	17.41
χ^2	.	10.48	-8.09	12.90	-12.07	15.61	-14.64	17.01	-16.24	17.48	-17.31	17.31
134	.	10.88	-8.35	13.22	-12.28	15.99	-14.91	17.23	-16.54	17.86	-17.32	17.32
χ^2	-4.99	10.42	-8.07	12.84	-12.02	15.60	-14.58	17.00	-16.22	17.37	-17.25	17.25
135	.	10.83	-8.32	13.15	-12.23	15.90	-14.85	17.13	-16.46	17.94	-17.29	17.29
χ^2	-4.98	10.52	-8.05	12.77	-11.99	15.52	-14.53	16.92	-16.14	17.26	-17.15	17.15
136	.	10.77	-8.30	13.09	-12.19	15.84	-14.79	17.05	-16.46	17.86	-17.26	17.26
χ^2	-4.97	10.47	-8.03	12.71	-11.95	15.45	-14.47	16.89	-16.08	17.16	-17.06	17.06
137	.	10.71	-8.28	13.02	-12.15	15.76	-14.73	16.97	-16.39	17.76	-17.24	17.24
χ^2	-4.95	10.42	-8.01	12.65	-11.91	15.37	-14.41	16.80	-16.00	17.05	-16.96	16.96
138	.	10.66	-8.26	12.96	-12.11	15.68	-14.67	16.92	-16.32	17.66	-17.23	17.23
χ^2	-4.94	10.37	-7.99	12.59	-11.87	15.30	-14.36	16.74	-15.97	16.95	-16.87	16.87
139	.	10.60	-8.23	12.90	-12.07	15.60	-14.61	16.88	-16.25	17.55	-17.22	17.22
χ^2	-4.93	10.31	-7.97	12.53	-11.82	15.30	-14.31	16.65	-15.91	16.84	-16.77	16.77
140	.	10.55	-8.21	12.95	-12.06	15.57	-14.56	16.86	-16.23	17.45	-17.20	17.20
χ^2	-4.92	10.26	-7.95	12.47	-11.78	15.23	-14.26	16.55	-15.84	16.74	-16.67	16.67

T9: Exakter Test von Fisher und χ^2-Test: nachweisbare Differenzen

n: *Gruppenumfang, $\alpha = 0.05$ (zweiseitig), Power: $1 - \beta = 0.80$ (s.Abschn.4.5.1)*

n \ p0	5	5	10	10	20	20	30	30	40	40	50	50
141	.	10.50	-8.19	12.88	-12.02	15.50	-14.50	16.85	-16.16	17.34	-17.17	17.17
χ^2	-4.91	10.21	-7.93	12.41	-11.74	15.16	-14.21	16.48	-15.83	16.64	-16.57	16.57
142	.	10.44	-8.17	12.82	-11.98	15.42	-14.45	16.78	-16.09	17.24	-17.08	17.08
χ^2	-4.90	10.16	-7.92	12.35	-11.70	15.09	-14.15	16.38	-15.77	16.88	-16.49	16.49
143	.	10.39	-8.14	12.76	-11.95	15.37	-14.45	16.77	-16.02	17.14	-17.02	17.02
χ^2	-4.88	10.11	-7.90	12.29	-11.66	15.01	-14.10	16.29	-15.70	17.02	-16.45	16.45
144	.	10.34	-8.12	12.70	-11.91	15.30	-14.40	16.69	-15.95	17.04	-16.93	16.93
χ^2	-4.87	10.07	-7.88	12.32	-11.70	14.96	-14.10	16.21	-15.70	17.00	-16.45	16.45
145	.	10.29	-8.10	12.64	-11.87	15.30	-14.35	16.66	-15.92	16.94	-16.85	16.85
χ^2	-4.86	10.02	-7.86	12.34	-11.68	14.89	-14.05	16.14	-15.64	16.92	-16.43	16.43
146	.	10.24	-8.08	12.58	-11.84	15.23	-14.30	16.58	-15.85	16.84	-16.76	16.76
χ^2	-4.85	9.98	-7.84	12.29	-11.64	14.87	-14.04	16.07	-15.58	16.83	-16.43	16.43
147	.	10.19	-8.06	12.53	-11.80	15.16	-14.25	16.53	-15.81	16.74	-16.67	16.67
χ^2	-4.84	9.93	-7.82	12.23	-11.61	14.80	-13.99	16.02	-15.51	16.74	-16.42	16.42
148	.	10.14	-8.03	12.47	-11.76	15.09	-14.19	16.44	-15.74	16.65	-16.58	16.58
χ^2	-4.83	9.88	-7.80	12.18	-11.57	14.76	-13.94	15.99	-15.50	16.64	-16.41	16.41
149	.	10.09	-8.01	12.41	-11.73	15.02	-14.14	16.36	-15.67	16.55	-16.48	16.48
χ^2	-4.82	9.84	-7.79	12.12	-11.53	14.69	-13.89	15.98	-15.43	16.55	-16.38	16.38
150	.	10.04	-7.99	12.41	-11.70	14.95	-14.10	16.29	-15.66	16.46	-16.39	16.39
χ^2	-4.81	9.79	-7.77	12.07	-11.50	14.62	-13.84	15.97	-15.37	16.46	-16.33	16.33
151	.	10.00	-7.97	12.36	-11.66	14.95	-14.07	16.20	-15.60	16.66	-16.31	16.31
χ^2	-4.80	9.75	-7.75	12.01	-11.46	14.56	-13.79	15.90	-15.30	16.36	-16.25	16.25
152	.	9.95	-7.95	12.30	-11.63	14.89	-14.02	16.12	-15.54	16.84	-16.29	16.29
χ^2	-4.79	9.70	-7.73	11.96	-11.43	14.49	-13.74	15.90	-15.25	16.27	-16.19	16.19
153	.	9.90	-7.93	12.25	-11.60	14.83	-13.97	16.04	-15.54	16.79	-16.26	16.26
χ^2	-4.78	9.66	-7.71	11.91	-11.39	14.48	-13.69	15.83	-15.21	16.18	-16.10	16.10
154	.	9.86	-7.91	12.20	-11.56	14.76	-13.97	15.98	-15.48	16.73	-16.29	16.29
χ^2	-4.77	9.62	-7.69	11.85	-11.35	14.42	-13.64	15.81	-15.16	16.09	-16.03	16.03
155	.	9.81	-7.89	12.15	-11.53	14.69	-13.92	15.91	-15.42	16.64	-16.28	16.28
χ^2	-4.76	9.57	-7.68	11.80	-11.32	14.38	-13.66	15.73	-15.10	16.01	-15.94	15.94
156	.	9.82	-7.87	12.11	-11.53	14.65	-13.87	15.87	-15.41	16.55	-16.28	16.28
χ^2	-4.75	9.53	-7.66	11.75	-11.28	14.31	-13.61	15.70	-15.07	15.92	-15.86	15.86
157	.	9.78	-7.85	12.06	-11.50	14.58	-13.82	15.84	-15.35	16.46	-16.26	16.26
χ^2	-4.74	9.49	-7.64	11.70	-11.25	14.25	-13.56	15.62	-15.01	15.83	-15.78	15.78
158	.	9.74	-7.83	12.01	-11.46	14.52	-13.77	15.77	-15.29	16.38	-16.19	16.19
χ^2	-4.73	9.45	-7.62	11.65	-11.21	14.26	-13.53	15.54	-14.96	15.75	-15.69	15.69
159	-4.98	9.70	-7.81	11.95	-11.43	14.50	-13.76	15.75	-15.23	16.29	-16.15	16.15
χ^2	-4.72	9.41	-7.60	11.60	-11.18	14.20	-13.48	15.49	-14.95	15.66	-15.61	15.61
160	-4.97	9.66	-7.79	11.91	-11.39	14.44	-13.71	15.75	-15.17	16.20	-16.10	16.10
χ^2	-4.71	9.37	-7.59	11.59	-11.15	14.14	-13.44	15.41	-14.90	15.94	-15.55	15.55

T9: Exakter Test von Fisher und χ^2-Test: nachweisbare Differenzen
n: *Gruppenenumfang*, $\alpha = 0.05$ *(zweiseitig)*, Power: $1 - \beta = 0.80$ *(s.Abschn.4.5.1)*

n \ p0	5	5	10	10	20	20	30	30	40	40	50	50
161	-4.96	9.62	-7.77	11.86	-11.36	14.41	-13.67	15.68	-15.14	16.12	-16.03	16.03
χ^2	-4.70	9.33	-7.57	11.54	-11.12	14.08	-13.40	15.33	-14.84	16.03	-15.54	15.54
162	-4.95	9.69	-7.75	11.81	-11.32	14.35	-13.62	15.68	-15.09	16.03	-15.96	15.96
χ^2	-4.69	9.29	-7.55	11.50	-11.09	14.02	-13.35	15.27	-14.84	16.00	-15.56	15.56
163	-4.94	9.65	-7.73	11.76	-11.29	14.29	-13.58	15.61	-15.02	15.95	-15.88	15.88
χ^2	-4.68	9.25	-7.53	11.45	-11.06	13.97	-13.30	15.20	-14.79	15.93	-15.55	15.55
164	-4.93	9.61	-7.71	11.71	-11.25	14.23	-13.53	15.59	-14.98	15.87	-15.81	15.81
χ^2	-4.68	9.21	-7.52	11.40	-11.02	13.91	-13.26	15.14	-14.73	15.86	-15.55	15.55
165	-4.91	9.57	-7.69	11.66	-11.22	14.17	-13.49	15.52	-14.92	15.78	-15.73	15.73
χ^2	-4.67	9.17	-7.50	11.36	-10.99	13.91	-13.25	15.09	-14.68	15.78	-15.54	15.54
166	-4.90	9.53	-7.67	11.62	-11.19	14.17	-13.45	15.49	-14.91	15.70	-15.65	15.65
χ^2	-4.66	9.13	-7.48	11.31	-10.96	13.86	-13.20	15.05	-14.67	15.70	-15.52	15.52
167	-4.89	9.49	-7.66	11.57	-11.15	14.11	-13.40	15.42	-14.85	15.62	-15.57	15.57
χ^2	-4.65	9.10	-7.47	11.27	-10.93	13.81	-13.19	15.03	-14.62	15.62	-15.49	15.49
168	-4.88	9.45	-7.64	11.52	-11.12	14.07	-13.41	15.35	-14.80	15.54	-15.49	15.49
χ^2	-4.64	9.06	-7.45	11.23	-10.90	13.75	-13.15	14.97	-14.56	15.54	-15.43	15.43
169	-4.88	9.41	-7.62	11.48	-11.09	14.01	-13.37	15.29	-14.79	15.58	-15.42	15.42
χ^2	-4.63	9.02	-7.43	11.19	-10.87	13.69	-13.11	14.96	-14.51	15.47	-15.38	15.38
170	-4.87	9.38	-7.60	11.45	-11.06	13.95	-13.33	15.22	-14.73	15.84	-15.39	15.39
χ^2	-4.62	8.99	-7.42	11.14	-10.84	13.66	-13.06	14.95	-14.48	15.39	-15.32	15.32
171	-4.86	9.34	-7.58	11.41	-11.03	13.90	-13.29	15.15	-14.68	15.84	-15.38	15.38
χ^2	-4.62	8.95	-7.40	11.10	-10.81	13.61	-13.02	14.90	-14.43	15.31	-15.25	15.25
172	-4.85	9.30	-7.57	11.37	-11.00	13.91	-13.26	15.09	-14.68	15.78	-15.36	15.36
χ^2	-4.61	8.92	-7.38	11.06	-10.78	13.55	-12.98	14.89	-14.38	15.24	-15.18	15.18
173	-4.84	9.26	-7.55	11.32	-10.97	13.85	-13.22	15.03	-14.63	15.73	-15.40	15.40
χ^2	-4.60	8.88	-7.37	11.02	-10.75	13.53	-12.99	14.83	-14.33	15.16	-15.11	15.11
174	-4.83	9.23	-7.53	11.28	-10.94	13.80	-13.18	14.97	-14.58	15.66	-15.40	15.40
χ^2	-4.59	8.85	-7.35	10.98	-10.72	13.48	-12.95	14.82	-14.30	15.09	-15.04	15.04
175	-4.82	9.19	-7.51	11.24	-10.91	13.75	-13.13	14.93	-14.58	15.58	-15.39	15.39
χ^2	-4.58	8.81	-7.33	10.99	-10.75	13.47	-12.91	14.76	-14.26	15.01	-14.97	14.97
176	-4.81	9.15	-7.50	11.28	-10.93	13.70	-13.09	14.90	-14.52	15.51	-15.36	15.36
χ^2	-4.58	8.78	-7.32	10.95	-10.72	13.42	-12.87	14.70	-14.20	14.94	-14.90	14.90
177	-4.80	9.12	-7.48	11.23	-10.91	13.64	-13.05	14.84	-14.47	15.43	-15.30	15.30
χ^2	-4.57	8.75	-7.30	10.91	-10.68	13.36	-12.83	14.66	-14.19	14.87	-14.83	14.83
178	-4.79	9.08	-7.46	11.19	-10.88	13.59	-13.01	14.82	-14.42	15.36	-15.26	15.26
χ^2	-4.56	8.71	-7.28	10.87	-10.65	13.31	-12.79	14.60	-14.14	14.80	-14.76	14.76
179	-4.78	9.06	-7.45	11.17	-10.88	13.60	-13.01	14.81	-14.40	15.29	-15.21	15.21
χ^2	-4.55	8.68	-7.27	10.83	-10.62	13.26	-12.75	14.56	-14.14	15.10	-14.73	14.73
180	-4.77	9.03	-7.43	11.13	-10.85	13.55	-12.97	14.75	-14.34	15.21	-15.15	15.15
χ^2	-4.55	8.65	-7.25	10.79	-10.59	13.21	-12.71	14.49	-14.09	15.12	-14.72	14.72

T9: Exakter Test von Fisher und χ^2-Test: nachweisbare Differenzen

n: *Gruppenenumfang, $\alpha = 0.05$ (zweiseitig), Power: $1 - \beta = 0.80$ (s.Abschn.4.5.1)*

n \ p0	5	5	10	10	20	20	30	30	40	40	50	50
181	-4.77	8.99	-7.41	11.09	-10.82	13.49	-12.95	14.75	-14.29	15.14	-15.09	15.09
χ^2	-4.54	8.62	-7.24	10.75	-10.57	13.22	-12.69	14.43	-14.05	15.11	-14.74	14.74
182	-4.76	8.96	-7.40	11.04	-10.79	13.44	-12.91	14.69	-14.24	15.07	-15.02	15.02
χ^2	-4.53	8.58	-7.22	10.71	-10.54	13.17	-12.65	14.38	-14.05	15.05	-14.73	14.73
183	-4.75	8.93	-7.38	11.00	-10.76	13.39	-12.87	14.69	-14.20	15.00	-14.95	14.95
χ^2	-4.52	8.55	-7.21	10.68	-10.51	13.13	-12.62	14.32	-14.00	14.99	-14.73	14.73
184	-4.74	8.89	-7.36	10.96	-10.73	13.37	-12.83	14.63	-14.16	14.93	-14.89	14.89
χ^2	-4.52	8.52	-7.19	10.72	-10.53	13.09	-12.61	14.26	-13.96	14.93	-14.72	14.72
185	-4.73	8.86	-7.35	10.92	-10.70	13.32	-12.80	14.61	-14.14	14.86	-14.82	14.82
χ^2	-4.51	8.49	-7.17	10.68	-10.51	13.04	-12.57	14.22	-13.91	14.86	-14.71	14.71
186	-4.72	8.83	-7.33	10.88	-10.67	13.27	-12.76	14.56	-14.09	14.80	-14.75	14.75
χ^2	-4.50	8.46	-7.16	10.64	-10.48	13.00	-12.54	14.18	-13.90	14.79	-14.68	14.68
187	-4.72	8.80	-7.32	10.84	-10.64	13.23	-12.72	14.53	-14.07	14.73	-14.69	14.69
χ^2	-4.50	8.43	-7.14	10.60	-10.45	12.95	-12.50	14.16	-13.85	14.73	-14.65	14.65
188	-4.71	8.77	-7.30	10.80	-10.61	13.20	-12.73	14.47	-14.03	14.66	-14.62	14.62
χ^2	-4.49	8.40	-7.13	10.57	-10.43	12.95	-12.49	14.10	-13.80	14.66	-14.59	14.59
189	-4.70	8.73	-7.29	10.77	-10.58	13.15	-12.69	14.41	-13.98	14.91	-14.58	14.58
χ^2	-4.48	8.37	-7.11	10.53	-10.40	12.90	-12.46	14.09	-13.75	14.59	-14.54	14.54
190	-4.69	8.70	-7.27	10.73	-10.55	13.15	-12.66	14.36	-13.98	14.97	-14.58	14.58
χ^2	-4.48	8.34	-7.10	10.49	-10.37	12.87	-12.42	14.09	-13.73	14.53	-14.48	14.48
191	-4.68	8.67	-7.26	10.69	-10.52	13.10	-12.62	14.30	-13.94	14.95	-14.60	14.60
χ^2	-4.47	8.31	-7.08	10.46	-10.35	12.82	-12.38	14.04	-13.68	14.47	-14.42	14.42
192	-4.68	8.64	-7.24	10.71	-10.53	13.06	-12.59	14.24	-13.90	14.90	-14.60	14.60
χ^2	-4.46	8.28	-7.07	10.42	-10.32	12.78	-12.35	14.04	-13.64	14.40	-14.36	14.36
193	-4.67	8.61	-7.23	10.68	-10.51	13.01	-12.55	14.20	-13.90	14.84	-14.59	14.59
χ^2	-4.46	8.25	-7.05	10.39	-10.29	12.73	-12.31	13.99	-13.60	14.34	-14.30	14.30
194	-4.66	8.58	-7.21	10.64	-10.48	12.97	-12.51	14.14	-13.85	14.78	-14.59	14.59
χ^2	-4.45	8.23	-7.04	10.35	-10.27	12.69	-12.28	13.98	-13.57	14.28	-14.24	14.24
195	-4.65	8.55	-7.20	10.60	-10.45	12.92	-12.48	14.10	-13.81	14.72	-14.57	14.57
χ^2	-4.44	8.20	-7.02	10.32	-10.24	12.67	-12.25	13.93	-13.53	14.21	-14.18	14.18
196	-4.65	8.52	-7.18	10.57	-10.43	12.93	-12.46	14.06	-13.76	14.66	-14.55	14.55
χ^2	-4.44	8.17	-7.01	10.28	-10.21	12.65	-12.26	13.92	-13.52	14.15	-14.12	14.12
197	-4.64	8.49	-7.17	10.54	-10.41	12.89	-12.43	14.03	-13.75	14.60	-14.51	14.51
χ^2	-4.43	8.14	-6.99	10.25	-10.19	12.61	-12.23	13.86	-13.48	14.09	-14.06	14.06
198	-4.63	8.46	-7.15	10.51	-10.38	12.84	-12.39	14.01	-13.70	14.53	-14.47	14.47
χ^2	-4.42	8.11	-6.98	10.22	-10.16	12.57	-12.19	13.81	-13.44	14.09	-14.00	14.00
199	-4.62	8.43	-7.14	10.47	-10.36	12.80	-12.36	13.96	-13.66	14.47	-14.41	14.41
χ^2	-4.42	8.09	-6.97	10.18	-10.14	12.52	-12.16	13.78	-13.43	14.27	-13.98	13.98
200	-4.62	8.41	-7.12	10.44	-10.33	12.76	-12.35	13.95	-13.62	14.41	-14.36	14.36
χ^2	-4.41	8.06	-6.95	10.15	-10.11	12.52	-12.13	13.73	-13.40	14.33	-13.99	13.99

T10: 2α-Westlake-Prozedur: δ/σ (Crossover-Design A/B – B/A)
N: Gesamtumfang, $\alpha = 0.05$, Power: $1 - \beta = 0.80$ (siehe Abschn. 5.2.2)

N	Wahre Mittelwertdifferenz in Prozenten von δ					
	0	10%	20%	30%	40%	50%
3	8.9010	9.3309	10.4034	11.8875	13.8688	16.6426
4	3.2578	3.3340	3.5807	4.0274	4.6895	5.6272
5	2.4453	2.4964	2.6654	2.9850	3.4725	4.1667
6	2.0662	2.1078	2.2466	2.5142	2.9252	3.5100
7	1.8296	1.8658	1.9872	2.2239	2.5879	3.1053
8	1.6630	1.6956	1.8054	2.0208	2.3518	2.8221
9	1.5369	1.5669	1.6683	1.8675	2.1737	2.6084
10	1.4369	1.4648	1.5595	1.7461	2.0325	2.4390
11	1.3547	1.3810	1.4704	1.6465	1.9167	2.2999
12	1.2857	1.3106	1.3954	1.5627	1.8192	2.1830
13	1.2264	1.2502	1.3312	1.4909	1.7356	2.0827
14	1.1749	1.1977	1.2753	1.4283	1.6628	1.9954
15	1.1295	1.1514	1.2260	1.3732	1.5987	1.9184
16	1.0890	1.1102	1.1821	1.3241	1.5416	1.8498
17	1.0527	1.0731	1.1427	1.2800	1.4902	1.7883
18	1.0199	1.0397	1.1071	1.2401	1.4438	1.7325
19	0.9899	1.0092	1.0746	1.2038	1.4015	1.6818
20	0.9625	0.9812	1.0449	1.1705	1.3627	1.6353
21	0.9373	0.9555	1.0175	1.1398	1.3271	1.5924
22	0.9140	0.9317	0.9922	1.1115	1.2941	1.5529
23	0.8924	0.9097	0.9687	1.0852	1.2635	1.5161
24	0.8722	0.8891	0.9468	1.0607	1.2349	1.4819
25	0.8533	0.8699	0.9264	1.0378	1.2083	1.4499
26	0.8357	0.8519	0.9072	1.0163	1.1833	1.4199
27	0.8191	0.8350	0.8892	0.9961	1.1597	1.3917
28	0.8034	0.8190	0.8722	0.9771	1.1376	1.3651
29	0.7886	0.8039	0.8561	0.9591	1.1167	1.3400
30	0.7746	0.7897	0.8410	0.9421	1.0969	1.3162
31	0.7614	0.7761	0.8266	0.9260	1.0781	1.2937
32	0.7488	0.7633	0.8129	0.9106	1.0603	1.2723
33	0.7368	0.7511	0.7998	0.8961	1.0433	1.2519
34	0.7253	0.7394	0.7874	0.8822	1.0271	1.2325
35	0.7144	0.7283	0.7756	0.8689	1.0116	1.2139
36	0.7040	0.7176	0.7642	0.8562	0.9968	1.1962
37	0.6940	0.7074	0.7534	0.8440	0.9827	1.1792
38	0.6844	0.6977	0.7430	0.8324	0.9691	1.1629
39	0.6752	0.6883	0.7330	0.8212	0.9561	1.1473
40	0.6664	0.6793	0.7234	0.8105	0.9436	1.1323

Die Tabelle gilt nur, falls A/B und B/A gleich häufig auftreten (balanciertes Design).

T10: 2α-Westlake-Prozedur: δ/σ **(Crossover-Design A/B – B/A)**
N: Gesamtumfang, $\alpha = 0.05$, Power: $1 - \beta = 0.80$ (siehe Abschn. 5.2.2)

N	\multicolumn{6}{c}{Wahre Mittelwertdifferenz in Prozenten von δ}
	0	10%	20%	30%	40%	50%
41	0.6579	0.6707	0.7142	0.8002	0.9316	1.1179
42	0.6497	0.6623	0.7054	0.7902	0.9200	1.1040
43	0.6418	0.6543	0.6968	0.7806	0.9089	1.0906
44	0.6342	0.6466	0.6886	0.7714	0.8981	1.0777
45	0.6269	0.6391	0.6806	0.7625	0.8878	1.0653
46	0.6198	0.6319	0.6729	0.7539	0.8777	1.0533
47	0.6130	0.6249	0.6655	0.7456	0.8680	1.0416
48	0.6064	0.6181	0.6583	0.7375	0.8587	1.0304
49	0.5999	0.6116	0.6513	0.7297	0.8496	1.0195
50	0.5937	0.6053	0.6446	0.7221	0.8408	1.0089
51	0.5877	0.5991	0.6380	0.7148	0.8323	0.9987
52	0.5819	0.5932	0.6317	0.7077	0.8240	0.9888
53	0.5762	0.5874	0.6255	0.7008	0.8159	0.9791
54	0.5707	0.5818	0.6196	0.6941	0.8081	0.9697
55	0.5653	0.5763	0.6137	0.6876	0.8006	0.9607
56	0.5601	0.5710	0.6081	0.6813	0.7932	0.9518
57	0.5551	0.5658	0.6026	0.6751	0.7860	0.9432
58	0.5501	0.5608	0.5972	0.6691	0.7790	0.9348
59	0.5453	0.5559	0.5920	0.6633	0.7722	0.9267
60	0.5406	0.5511	0.5870	0.6576	0.7656	0.9187
61	0.5361	0.5465	0.5820	0.6520	0.7592	0.9110
62	0.5316	0.5420	0.5772	0.6466	0.7529	0.9034
63	0.5273	0.5375	0.5725	0.6414	0.7467	0.8960
64	0.5231	0.5332	0.5679	0.6362	0.7407	0.8889
65	0.5189	0.5290	0.5634	0.6312	0.7349	0.8818
66	0.5149	0.5249	0.5590	0.6263	0.7292	0.8750
67	0.5110	0.5209	0.5547	0.6215	0.7236	0.8683
68	0.5071	0.5170	0.5505	0.6168	0.7181	0.8617
69	0.5033	0.5131	0.5465	0.6122	0.7128	0.8553
70	0.4997	0.5094	0.5425	0.6077	0.7076	0.8491
71	0.4961	0.5057	0.5385	0.6033	0.7025	0.8430
72	0.4925	0.5021	0.5347	0.5991	0.6975	0.8370
73	0.4891	0.4986	0.5310	0.5949	0.6926	0.8311
74	0.4857	0.4951	0.5273	0.5907	0.6878	0.8253
75	0.4824	0.4917	0.5237	0.5867	0.6831	0.8197
76	0.4791	0.4884	0.5202	0.5828	0.6785	0.8142
77	0.4760	0.4852	0.5167	0.5789	0.6740	0.8088
78	0.4728	0.4820	0.5133	0.5751	0.6696	0.8035
79	0.4698	0.4789	0.5100	0.5714	0.6653	0.7983
80	0.4668	0.4758	0.5068	0.5677	0.6610	0.7932

T10: 2α-Westlake-Prozedur: δ/σ (Crossover-Design A/B – B/A)
N: Gesamtumfang, $\alpha = 0.05$, Power: $1 - \beta = 0.80$ (siehe Abschn. 5.2.2)

N	\multicolumn{6}{c}{Wahre Mittelwertdifferenz in Prozenten von δ}
	0	10%	20%	30%	40%	50%
81	0.4638	0.4728	0.5036	0.5642	0.6569	0.7882
82	0.4609	0.4699	0.5004	0.5607	0.6528	0.7833
83	0.4581	0.4670	0.4974	0.5572	0.6488	0.7785
84	0.4553	0.4642	0.4943	0.5538	0.6448	0.7738
85	0.4526	0.4614	0.4914	0.5505	0.6409	0.7691
86	0.4499	0.4587	0.4885	0.5472	0.6371	0.7646
87	0.4473	0.4560	0.4856	0.5440	0.6334	0.7601
88	0.4447	0.4533	0.4828	0.5409	0.6297	0.7557
89	0.4421	0.4507	0.4800	0.5378	0.6261	0.7513
90	0.4396	0.4482	0.4773	0.5347	0.6226	0.7471
91	0.4372	0.4457	0.4746	0.5317	0.6191	0.7429
92	0.4348	0.4432	0.4720	0.5288	0.6157	0.7388
93	0.4324	0.4408	0.4694	0.5259	0.6123	0.7348
94	0.4300	0.4384	0.4669	0.5231	0.6090	0.7308
95	0.4277	0.4360	0.4644	0.5203	0.6057	0.7269
96	0.4255	0.4337	0.4619	0.5175	0.6025	0.7230
97	0.4232	0.4315	0.4595	0.5148	0.5994	0.7192
98	0.4210	0.4292	0.4571	0.5121	0.5962	0.7155
99	0.4189	0.4270	0.4548	0.5095	0.5932	0.7118
100	0.4167	0.4248	0.4524	0.5069	0.5902	0.7082
101	0.4146	0.4227	0.4502	0.5043	0.5872	0.7046
102	0.4126	0.4206	0.4479	0.5018	0.5843	0.7011
103	0.4105	0.4185	0.4457	0.4994	0.5814	0.6977
104	0.4085	0.4165	0.4435	0.4969	0.5786	0.6942
105	0.4066	0.4145	0.4414	0.4945	0.5758	0.6909
106	0.4046	0.4125	0.4393	0.4921	0.5730	0.6876
107	0.4027	0.4105	0.4372	0.4898	0.5703	0.6843
108	0.4008	0.4086	0.4351	0.4875	0.5676	0.6811
109	0.3989	0.4067	0.4331	0.4852	0.5649	0.6779
110	0.3971	0.4048	0.4311	0.4830	0.5623	0.6748
111	0.3953	0.4030	0.4291	0.4808	0.5598	0.6717
112	0.3935	0.4011	0.4272	0.4786	0.5572	0.6687
113	0.3917	0.3993	0.4253	0.4765	0.5547	0.6657
114	0.3900	0.3976	0.4234	0.4743	0.5523	0.6627
115	0.3883	0.3958	0.4215	0.4722	0.5498	0.6598
116	0.3866	0.3941	0.4197	0.4702	0.5474	0.6569
117	0.3849	0.3924	0.4179	0.4681	0.5450	0.6540
118	0.3832	0.3907	0.4161	0.4661	0.5427	0.6512
119	0.3816	0.3890	0.4143	0.4641	0.5404	0.6485
120	0.3800	0.3874	0.4125	0.4622	0.5381	0.6457

T11: Einfache Varianzanalyse: $c = 2\sqrt{nc_F/n}$,   (nc_F : *Nichtzentralitätsparameter*)
a-Anzahl Gruppen, n-Gruppenumfang, $\alpha = 0.05$, Power: $1 - \beta = 0.80$ (siehe Abschn.6.1)

n/a	3	4	5	6	7	8	9	10
3	3.3248	3.4600	3.5617	3.6473	3.7230	3.7915	3.8545	3.9132
4	2.6177	2.7539	2.8558	2.9398	3.0126	3.0776	3.1366	3.1909
5	2.2364	2.3626	2.4572	2.5352	2.6025	2.6622	2.7163	2.7659
6	1.9873	2.1037	2.1914	2.2637	2.3259	2.3811	2.4310	2.4768
7	1.8076	1.9157	1.9975	2.0649	2.1229	2.1743	2.2208	2.2633
8	1.6698	1.7710	1.8478	1.9110	1.9655	2.0138	2.0574	2.0973
9	1.5596	1.6551	1.7276	1.7873	1.8388	1.8845	1.9256	1.9633
10	1.4690	1.5594	1.6283	1.6850	1.7340	1.7773	1.8164	1.8522
11	1.3926	1.4787	1.5444	1.5986	1.6453	1.6866	1.7240	1.7581
12	1.3270	1.4095	1.4723	1.5242	1.5690	1.6086	1.6444	1.6771
13	1.2700	1.3491	1.4095	1.4594	1.5024	1.5405	1.5749	1.6063
14	1.2198	1.2960	1.3542	1.4023	1.4437	1.4804	1.5136	1.5439
15	1.1751	1.2487	1.3049	1.3513	1.3914	1.4269	1.4589	1.4882
16	1.1351	1.2062	1.2606	1.3056	1.3444	1.3787	1.4097	1.4381
17	1.0988	1.1678	1.2206	1.2642	1.3018	1.3352	1.3653	1.3928
18	1.0659	1.1328	1.1841	1.2265	1.2631	1.2955	1.3247	1.3515
19	1.0357	1.1009	1.1508	1.1921	1.2277	1.2592	1.2876	1.3137
20	1.0080	1.0715	1.1201	1.1603	1.1950	1.2258	1.2535	1.2789
21	0.9824	1.0443	1.0917	1.1310	1.1649	1.1949	1.2219	1.2467
22	0.9586	1.0191	1.0654	1.1038	1.1369	1.1662	1.1926	1.2168
23	0.9365	0.9956	1.0410	1.0785	1.1108	1.1395	1.1654	1.1890
24	0.9159	0.9737	1.0181	1.0548	1.0865	1.1145	1.1399	1.1630
25	0.8966	0.9532	0.9967	1.0326	1.0637	1.0912	1.1160	1.1387
26	0.8784	0.9339	0.9765	1.0118	1.0423	1.0692	1.0935	1.1158
27	0.8613	0.9158	0.9576	0.9922	1.0221	1.0485	1.0724	1.0942
28	0.8452	0.8987	0.9397	0.9737	1.0030	1.0290	1.0524	1.0739
29	0.8300	0.8825	0.9228	0.9562	0.9850	1.0105	1.0336	1.0546
30	0.8155	0.8671	0.9068	0.9396	0.9679	0.9930	1.0157	1.0364
31	0.8018	0.8525	0.8915	0.9238	0.9517	0.9764	0.9987	1.0190
32	0.7887	0.8387	0.8770	0.9088	0.9362	0.9605	0.9825	1.0025
33	0.7763	0.8254	0.8632	0.8945	0.9215	0.9455	0.9671	0.9868
34	0.7644	0.8128	0.8501	0.8809	0.9075	0.9311	0.9524	0.9718
35	0.7531	0.8008	0.8375	0.8679	0.8941	0.9173	0.9383	0.9575
36	0.7422	0.7893	0.8254	0.8554	0.8813	0.9042	0.9248	0.9437
37	0.7318	0.7782	0.8139	0.8435	0.8690	0.8916	0.9120	0.9306
38	0.7219	0.7676	0.8028	0.8320	0.8572	0.8795	0.8996	0.9180
39	0.7123	0.7575	0.7922	0.8210	0.8458	0.8678	0.8877	0.9059
40	0.7031	0.7477	0.7820	0.8104	0.8349	0.8567	0.8763	0.8942

T11: Einfache Varianzanalyse: $c = 2\sqrt{nc_F/n}$,   ($nc_F : Nichtzentralitätsparameter$)
a-Anzahl Gruppen, n-Gruppenumfang, $\alpha = 0.05$, Power: $1 - \beta = 0.80$ (siehe Abschn.6.1)

n/a	3	4	5	6	7	8	9	10
41	0.6943	0.7383	0.7722	0.8002	0.8245	0.8459	0.8653	0.8830
42	0.6857	0.7292	0.7627	0.7904	0.8144	0.8356	0.8547	0.8722
43	0.6775	0.7205	0.7536	0.7810	0.8046	0.8256	0.8445	0.8618
44	0.6696	0.7121	0.7448	0.7719	0.7952	0.8160	0.8347	0.8518
45	0.6619	0.7039	0.7363	0.7631	0.7862	0.8067	0.8252	0.8421
46	0.6545	0.6961	0.7280	0.7545	0.7774	0.7977	0.8160	0.8327
47	0.6474	0.6885	0.7201	0.7463	0.7689	0.7890	0.8071	0.8236
48	0.6404	0.6811	0.7124	0.7383	0.7607	0.7806	0.7985	0.8148
49	0.6337	0.6740	0.7049	0.7306	0.7528	0.7724	0.7901	0.8063
50	0.6272	0.6671	0.6977	0.7231	0.7451	0.7645	0.7820	0.7981
51	0.6209	0.6603	0.6907	0.7159	0.7376	0.7568	0.7742	0.7901
52	0.6148	0.6538	0.6839	0.7088	0.7303	0.7494	0.7666	0.7823
53	0.6089	0.6475	0.6773	0.7020	0.7233	0.7422	0.7592	0.7748
54	0.6031	0.6414	0.6709	0.6953	0.7164	0.7351	0.7520	0.7675
55	0.5975	0.6354	0.6647	0.6889	0.7098	0.7283	0.7450	0.7603
56	0.5920	0.6296	0.6586	0.6826	0.7033	0.7217	0.7383	0.7534
57	0.5867	0.6240	0.6527	0.6765	0.6970	0.7152	0.7316	0.7467
58	0.5815	0.6185	0.6469	0.6705	0.6909	0.7089	0.7252	0.7401
59	0.5765	0.6131	0.6413	0.6647	0.6849	0.7028	0.7190	0.7337
60	0.5716	0.6079	0.6359	0.6591	0.6791	0.6968	0.7128	0.7275
61	0.5668	0.6028	0.6306	0.6536	0.6734	0.6910	0.7069	0.7214
62	0.5621	0.5979	0.6254	0.6482	0.6679	0.6853	0.7011	0.7155
63	0.5576	0.5930	0.6203	0.6430	0.6625	0.6798	0.6954	0.7097
64	0.5531	0.5883	0.6154	0.6378	0.6572	0.6744	0.6899	0.7041
65	0.5488	0.5837	0.6106	0.6328	0.6521	0.6691	0.6845	0.6986
66	0.5446	0.5792	0.6058	0.6280	0.6470	0.6640	0.6792	0.6932
67	0.5404	0.5748	0.6012	0.6232	0.6421	0.6589	0.6741	0.6879
68	0.5364	0.5705	0.5967	0.6185	0.6373	0.6540	0.6690	0.6828
69	0.5324	0.5663	0.5923	0.6140	0.6326	0.6492	0.6641	0.6778
70	0.5285	0.5621	0.5880	0.6095	0.6280	0.6445	0.6593	0.6728
71	0.5247	0.5581	0.5838	0.6051	0.6235	0.6398	0.6546	0.6680
72	0.5210	0.5542	0.5797	0.6009	0.6191	0.6353	0.6499	0.6633
73	0.5174	0.5503	0.5757	0.5967	0.6148	0.6309	0.6454	0.6587
74	0.5139	0.5465	0.5717	0.5926	0.6106	0.6266	0.6410	0.6542
75	0.5104	0.5428	0.5678	0.5886	0.6065	0.6223	0.6367	0.6498
76	0.5070	0.5392	0.5640	0.5846	0.6024	0.6182	0.6324	0.6454
77	0.5036	0.5356	0.5603	0.5808	0.5985	0.6141	0.6282	0.6412
78	0.5003	0.5321	0.5567	0.5770	0.5946	0.6101	0.6242	0.6370
79	0.4971	0.5287	0.5531	0.5733	0.5907	0.6062	0.6201	0.6329
80	0.4940	0.5254	0.5496	0.5697	0.5870	0.6024	0.6162	0.6289

T11: Einfache Varianzanalyse: $c = 2\sqrt{nc_F/n}$,   (nc_F : $Nichtzentralitätsparameter$)
a-$Anzahl\ Gruppen$, n-$Gruppenumfang$, $\alpha = 0.05$, $Power$: $1 - \beta = 0.80$ $(siehe\ Abschn.6.1)$

n/a	3	4	5	6	7	8	9	10
81	0.4909	0.5221	0.5461	0.5661	0.5833	0.5986	0.6124	0.6250
82	0.4878	0.5188	0.5428	0.5626	0.5797	0.5949	0.6086	0.6211
83	0.4848	0.5157	0.5394	0.5591	0.5762	0.5912	0.6049	0.6173
84	0.4819	0.5126	0.5362	0.5558	0.5727	0.5877	0.6012	0.6136
85	0.4790	0.5095	0.5330	0.5525	0.5693	0.5842	0.5976	0.6099
86	0.4762	0.5065	0.5298	0.5492	0.5659	0.5807	0.5941	0.6063
87	0.4734	0.5035	0.5268	0.5460	0.5626	0.5774	0.5906	0.6028
88	0.4707	0.5006	0.5237	0.5429	0.5594	0.5740	0.5873	0.5993
89	0.4680	0.4978	0.5207	0.5398	0.5562	0.5708	0.5839	0.5959
90	0.4654	0.4950	0.5178	0.5367	0.5531	0.5676	0.5806	0.5926
91	0.4628	0.4922	0.5149	0.5337	0.5500	0.5644	0.5774	0.5893
92	0.4602	0.4895	0.5121	0.5308	0.5470	0.5613	0.5742	0.5860
93	0.4577	0.4868	0.5093	0.5279	0.5440	0.5582	0.5711	0.5829
94	0.4553	0.4842	0.5066	0.5251	0.5411	0.5552	0.5680	0.5797
95	0.4528	0.4816	0.5039	0.5223	0.5382	0.5523	0.5650	0.5766
96	0.4504	0.4791	0.5012	0.5195	0.5353	0.5494	0.5620	0.5736
97	0.4481	0.4766	0.4986	0.5168	0.5325	0.5465	0.5591	0.5706
98	0.4458	0.4741	0.4960	0.5141	0.5298	0.5437	0.5562	0.5677
99	0.4435	0.4717	0.4935	0.5115	0.5271	0.5409	0.5534	0.5648
100	0.4412	0.4693	0.4910	0.5089	0.5244	0.5382	0.5506	0.5619
101	0.4390	0.4670	0.4885	0.5064	0.5218	0.5355	0.5478	0.5591
102	0.4369	0.4647	0.4861	0.5039	0.5192	0.5328	0.5451	0.5563
103	0.4347	0.4624	0.4837	0.5014	0.5167	0.5302	0.5424	0.5536
104	0.4326	0.4601	0.4813	0.4990	0.5142	0.5276	0.5398	0.5509
105	0.4305	0.4579	0.4790	0.4965	0.5117	0.5251	0.5372	0.5482
106	0.4285	0.4557	0.4767	0.4942	0.5092	0.5226	0.5346	0.5456
107	0.4264	0.4536	0.4745	0.4918	0.5068	0.5201	0.5321	0.5431
108	0.4244	0.4514	0.4723	0.4895	0.5045	0.5177	0.5296	0.5405
109	0.4225	0.4493	0.4701	0.4873	0.5021	0.5153	0.5272	0.5380
110	0.4205	0.4473	0.4679	0.4850	0.4998	0.5129	0.5247	0.5355
111	0.4186	0.4452	0.4658	0.4828	0.4975	0.5106	0.5223	0.5331
112	0.4167	0.4432	0.4637	0.4806	0.4953	0.5083	0.5200	0.5307
113	0.4148	0.4412	0.4616	0.4785	0.4931	0.5060	0.5177	0.5283
114	0.4130	0.4393	0.4596	0.4764	0.4909	0.5038	0.5154	0.5260
115	0.4112	0.4374	0.4575	0.4743	0.4887	0.5016	0.5131	0.5237
116	0.4094	0.4355	0.4556	0.4722	0.4866	0.4994	0.5109	0.5214
117	0.4076	0.4336	0.4536	0.4702	0.4845	0.4972	0.5087	0.5192
118	0.4059	0.4317	0.4516	0.4682	0.4824	0.4951	0.5065	0.5169
119	0.4042	0.4299	0.4497	0.4662	0.4804	0.4930	0.5044	0.5147
120	0.4025	0.4281	0.4478	0.4642	0.4784	0.4909	0.5022	0.5126

T12: Rest-Freiheitsgrade zum Vergleich eines Bestimmheitmaßes mit Null
B: Bestimmtheitsmaß, df_Z: Zählerfreiheitsgrade, $\alpha = 0.05$, Power: $1 - \beta = 0.80$ (s.7.2.2)

$B\backslash df_Z$	1	2	3	4	5	6	7	8	9	10
0.01	780	957	1083	1185	1273	1351	1423	1489	1551	1609
0.02	388	475	537	588	631	670	706	738	769	797
0.03	257	315	356	389	418	443	466	488	508	527
0.04	191	234	265	289	311	330	347	363	377	391
0.05	152	186	210	230	247	261	275	288	299	310
0.06	126	154	174	190	204	216	227	237	247	256
0.07	107	131	148	162	173	184	193	202	210	217
0.08	93	114	129	140	150	159	167	175	182	188
0.09	82	101	113	124	133	140	147	154	160	166
0.10	74	90	101	110	118	125	132	137	143	148
0.11	67	81	91	100	107	113	118	124	128	133
0.12	61	74	83	91	97	103	108	112	117	121
0.13	56	68	76	83	89	94	98	103	107	110
0.14	51	62	70	76	82	86	91	94	98	101
0.15	48	58	65	71	76	80	84	87	91	94
0.16	44	54	60	66	70	74	78	81	84	87
0.17	41	50	56	61	65	69	72	75	78	81
0.18	39	47	53	57	61	65	68	71	73	76
0.19	36	44	50	54	57	61	64	66	69	71
0.20	34	42	47	51	54	57	60	62	64	67
0.21	33	39	44	48	51	54	56	59	61	63
0.22	31	37	42	45	48	51	53	55	57	59
0.23	29	35	40	43	46	48	50	52	54	56
0.24	28	34	38	41	43	46	48	50	51	53
0.25	27	32	36	39	41	43	45	47	49	50
0.26	25	31	34	37	39	41	43	45	46	48
0.27	24	29	33	35	37	39	41	43	44	46
0.28	23	28	31	34	36	38	39	41	42	43
0.29	22	27	30	32	34	36	38	39	40	41
0.30	21	26	29	31	33	34	36	37	38	40
0.31	20	25	27	30	31	33	34	36	37	38
0.32	20	24	26	28	30	32	33	34	35	36
0.33	19	23	25	27	29	30	32	33	34	35
0.34	18	22	24	26	28	29	30	31	32	33
0.35	18	21	23	25	27	28	29	30	31	32
0.36	17	20	22	24	26	27	28	29	30	31
0.37	16	19	22	23	25	26	27	28	29	29
0.38	16	19	21	22	24	25	26	27	27	28
0.39	15	18	20	22	23	24	25	26	26	27
0.40	15	18	19	21	22	23	24	25	25	26

T12: Rest-Freiheitsgrade zum Vergleich eines Bestimmheitmaßes mit Null
B: Bestimmtheitsmaß, df_Z: Zählerfreiheitsgrade, $\alpha = 0.05$, Power: $1 - \beta = 0.80$ (s.7.2.2)

$B \backslash df_Z$	1	2	3	4	5	6	7	8	9	10
0.41	14	17	19	20	21	22	23	24	24	25
0.42	14	16	18	19	20	21	22	23	24	24
0.43	13	16	17	19	20	21	21	22	23	23
0.44	13	15	17	18	19	20	21	21	22	22
0.45	12	15	16	17	18	19	20	21	21	22
0.46	12	14	16	17	18	19	19	20	20	21
0.47	12	14	15	16	17	18	19	19	20	20
0.48	11	13	15	16	17	17	18	18	19	19
0.49	11	13	14	15	16	17	17	18	18	19
0.50	11	13	14	15	16	16	17	17	18	18
0.51	10	12	13	14	15	16	16	17	17	17
0.52	10	12	13	14	15	15	16	16	16	17
0.53	10	12	13	13	14	15	15	16	16	16
0.54	10	11	12	13	14	14	15	15	15	16
0.55	9	11	12	13	13	14	14	14	15	15
0.56	9	11	11	12	13	13	14	14	14	15
0.57	9	10	11	12	12	13	13	14	14	14
0.58	8	10	11	11	12	12	13	13	13	14
0.59	8	10	10	11	12	12	12	13	13	13
0.60	8	9	10	11	11	12	12	12	12	13
0.61	8	9	10	10	11	11	12	12	12	12
0.62	8	9	10	10	11	11	11	11	12	12
0.63	7	9	9	10	10	11	11	11	11	11
0.64	7	8	9	9	10	10	10	11	11	11
0.65	7	8	9	9	10	10	10	10	10	11
0.66	7	8	8	9	9	10	10	10	10	10
0.67	7	8	8	9	9	9	9	10	10	10
0.68	6	7	8	8	9	9	9	9	9	10
0.69	6	7	8	8	8	9	9	9	9	9
0.70	6	7	7	8	8	8	9	9	9	9
0.71	6	7	7	8	8	8	8	8	8	9
0.72	6	7	7	7	8	8	8	8	8	8
0.73	6	6	7	7	7	8	8	8	8	8
0.74	5	6	7	7	7	7	7	8	8	8
0.75	5	6	6	7	7	7	7	7	7	7
0.76	5	6	6	6	7	7	7	7	7	7
0.77	5	6	6	6	6	7	7	7	7	7
0.78	5	5	6	6	6	6	6	6	7	7
0.79	5	5	6	6	6	6	6	6	6	6
0.80	4	5	5	6	6	6	6	6	6	6

T12: Rest-Freiheitsgrade zum Vergleich eines Bestimmheitmaßes mit Null
B: Bestimmtheitsmaß, df_Z: Zählerfreiheitsgrade, $\alpha = 0.05$, Power: $1 - \beta = 0.80$ (s.7.2.2)

$B\backslash df_Z$	1	2	3	4	5	6	7	8	9	10
0.81	4	5	5	5	6	6	6	6	6	6
0.82	4	5	5	5	5	5	5	6	6	6
0.83	4	5	5	5	5	5	5	5	5	5
0.84	4	4	5	5	5	5	5	5	5	5
0.85	4	4	4	5	5	5	5	5	5	5
0.86	4	4	4	4	5	5	5	5	5	5
0.87	4	4	4	4	4	4	4	4	4	5
0.88	3	4	4	4	4	4	4	4	4	4
0.89	3	4	4	4	4	4	4	4	4	4
0.90	3	3	4	4	4	4	4	4	4	4
0.91	3	3	3	4	4	4	4	4	4	4
0.92	3	3	3	3	3	3	3	3	3	3
0.93	3	3	3	3	3	3	3	3	3	3
0.94	3	3	3	3	3	3	3	3	3	3
0.95	2	3	3	3	3	3	3	3	3	3
0.96	2	2	3	3	3	3	3	3	3	3
0.97	2	2	2	2	2	2	2	2	2	2
0.98	2	2	2	2	2	2	2	2	2	2
0.99	2	2	2	2	2	2	2	2	2	2

Literaturverzeichnis

ALTMAN, D.G. (1980): Statistics and Ethics in Medical Research III. How Large a Sample? Brit. Med. J., 281, 1336-1338.

ANDERSON, S.; HAUCK, W.W. (1983): A New Procedure for Testing Equivalence in Comparative Bioavailability and Other Clinical Trials. Commun. Statist.-Theor. Meth., 12, 2663-2692.

ARMITAGE, P. (1955): Test for Linear Trend in Proportions and Frequencies. Biometrics 11, 375-385.

ARMITAGE, P. (1959): The Comparison of Survival Curves. J. Royal Statist. Soc., A 122, 279-292.

ARMITAGE, P. (1975): Sequential Medical Trials, 2nd ed.. Oxford, Blackwell.

BEAL, S.L. (1989): Sample Size Determination for Confidence Intervals on the Population Mean and on Difference Between Two Population Means. Biometrics, 45, 969-977.

BENNETT, B.M. (1962): On an Exact Test for Trend in Binomial Trials and its Power Function. Metrika, 5, 49-53.

BENNETT, B.M. (1970): On the Power Function of the Exact Test for the rxc Contingency Table. Metrika, 15, 6-8.

BENNETT, B.M.; HSU, P. (1960): On the Power Function of the Exact Test for the 2 x 2 Contingency Table. Biometrika, 47, 393-398.

BERKSON, J. (1978): In Dispraise of the Exact Test. J. Statist. Planning and Inference, 2, 27-42.

BERNSTEIN, D.; LAGAKOS, S.W. (1978): Sample Size and Power Determination for Stratified Clinical Trials. J. Statist. Comp. and Simul., 8, 65-73.

BLACKWELDER, W.C. (1982): "Proving the Null Hypothesis" in Clinical Trials. Controlled Clinical Trials, 3, 345-353.

BLACKWELDER, W.C.; CHANG, M.A. (1984): Sample Size Graphs for "Proving the Null Hypothesis". Clinical Trials, 5, 97-105.

BOCK, J. (1974): Planung des Stichprobenumfanges beim Newman-Keuls-Test. Biom. Zeitschr., 16, 417-422.

BOCK, J. (1976): Determination of Sample Size for the Comparison of Two Regression Coefficients in the Case of Simple Linear Regression with Unequal Residual Variances. Biom. Zeitschr., 18, 667-670.

BOCK, J. (1977): Sample Size Determination for the Comparison of the Regression Coefficient with a Constant in the Case of Simple Linear Regression Model II. Biom. J., 19, 23-29.

BOCK, J. (1978): Die Bestimmung des Stichprobenumfangs in der linearen Regressionsanalyse Modell II. Transact. of the 8th Prague Conference on Information Theory, Statistical Decision Functions and Random Processes, Prague.

BOCK, J. (1984): Die Bestimmung des Stichprobenumfangs in der Regressionsanalyse. Nova Acta Leopoldina Nr. 254, Bd. 55. Deutsche Akademie der Naturforscher Leopoldina, Halle (Saale).

BOCK, J.; HERRENDÖRFER, G. (1976): The Use of the Coefficient of Determination in Linear Regression Model I. Biom. Zeitschr. 18 (4), 251-257.

BOCK, J.; TOUTENBURG, H. (1991): Sample Size Determination in Clinical Research. in Rao, C.R and R. Chakraborty (ed.): Handbook of Statistics, Vol.8, pp. 515-538, Elsevier Science Publisher B.V., North-Holland, Amsterdam, London, New York, Tokyo.

BOWMAN, K.O. (1972): Tables of the Sample Size Requirement. Biometrika, 59, 234.

BRATCHER, T.I.; MORAN, M.A.; ZIMMER, W.J. (1970): Tables of Sample Sizes in the Analysis of Variance. J. Quantity Techn., 2, 156-164.

BRISTOL, D.R. (1989): Sample Sizes for Constructing Confidence Intervals and Testing Hypotheses. Statistics in Medicine, 8, 803-811.

BROMAGHIN, J.F. (1993): Sample Size Determination for Interval Estimation of Multinomial Probabilities. The American Statistician, 47, 3, 203-208.

BROWN, R.H. (1995): On Use of Pilot Sample for Sample Size Determination. Statistics in Medicine, 14, 1933-1940.

BUDDE, M.; BAUER, P. (1992): Some Considerations on Exact Tests for Comparing Two Binomial Samples Under Restrictions on the Parameter Space. IMDS, Technical Report 4/92.

BÜHRENS, K; BERNDT, P.; HILGENSTOCK, C.M.; BAUMANN, W.; JANZEN, D. (1991): Zum Nachweis der Bioäquivalenz von zwei Allopurinol-Präparaten. Arzneimittel-Forschung/Drug Research, 41 (1), Nr.3, 250-253.

BULL, S.B. (1993): Sample Size and Power Determination for Binary Outcome and an Ordinal Exposure when Logistic Regression Analysis is Planned. Amer.J. of Epidemiology, 137, 676-684.

CAMPBELL, M.J.; JULIUS, S.A.; ALTMAN, D.G. (1995): Estimating Sample Sizes for Binary, Ordered Categorical, and Continuous Outcomes in Two Group Comparisons. Brit. Medical Journal, 311, 1145-1148.

CANTOR, A.B. (1991): Power Estimation for Rank Tests Using Censored Data: Conditional and Unconditional. Controlled Clinical Trials, 12, 462-473.

CASAGRANDE, J.T.; PIKE, M.C.; SMITH, P.G. (1978a): The Power Function of the "Exact" Test for Comparing two Binomial Distributions. Applied Statistics, 27, 176-180.

CASAGRANDE, J.T.; PIKE M.C.; SMITH, P.G. (1978b): An Improved Approximate Formula for Calculating Sample Sizes for Comparing Two Binomial Distributions. Biometrics, 34, 483-486.

CHAPMAN, D.G.; NAM, J. (1968): Asymptotic Power of Chi-square Tests for Linear Trends in Proportions. Biometrics, 24, 315-327.

COCHRAN, W.G. (1954): Some Methods for Strengthening the Common χ^2 Tests. Biometrics, 10, 417-451.

COHEN, J. (1969, 1977): Statistical Power Analysis for the Behavioural Sciences. Acad. Press. Inc., New York - London.

COX, D.R. (1972): Regression Models and Life Tables (with Discussion). J. Royal Statist. Soc. B 34, 187-220.

COX, D.R. (1975): Partial Likelihood. Biometrika 62, 269-76.

CUSICK, J. (1982): The Efficiency of the Proportions Test and the Logrank Test for Censored Survival Data. Biometrics 38, 1033-1039.

DANNEHL, K. (1989): Persönliche Mitteilung.

DASGUPTA, P. (1968): Tables of the Non-Central Parameter of the F-test as a Function of Power. Sankhya B, 30, 73-82.

DAVID, H.A.; LACHENBRUCH, P.A.; BRANDIS, H.P. (1972): The Power Function of Range and Studentized Range Tests in Normal Samples. Biometrika, 59, 161-168.

DAVIS, A.B. (1993): Power of Testing Proportions in Small Two-Sample Studies when Sample Sizes are Equal. Statistics in Medicine, 12, 777-787.

DILETTI,E.; HAUSCHKE D.; STEINIJANS, V.W. (1991): Sample Size Determination for Bioequivalence Assessments by Means of Confidence Intervals. Intern. J. of Clin. Pharmacology, Therapy, Toxicology, 29, 1-8, 1991/30, Suppl. No 1 - 1992, 51-58.

DILETTI,E.; HAUSCHKE D.; STEINIJANS, V.W. (1992): Sample Size Determination: Extended Tables for the Multiplicative Model and Bioequivalence Ranges of 0.9 to 1.11 and 0.7 to 1.43. Intern. J. of Clin. Pharmacology, Therapy, Toxicology, 30, Suppl.No 1 - 1992, 59-62.

DIXON, W.J. (1954): Power under Normality of Several Nonparametric Tests. Ann. Math. Statist., 25, 610-614.

DONNER, A. (1984): Approaches to Sample Size Estimation in the Design of Clinical Trials - A Review. Statistics in Medicine, 3, 199-214.

DOBSON, V.J.; GEBSKI, V. (1986): Sample Sizes for Comparing Two Independent Proportions Using the Continuity-Corrected arc sine Transformation. Statistician 35, 51-53.

DOZZI, M.; RIEDWYL, H. (1984): Small Sample Properties of Asymptotic Tests for Two Binomial Proportions. Biom. J., 26, 505-516.

DUPONT, W.D; PLUMMER Jr, W.D. (1990): Power and Sample Size Calculations. Controlled Clinical Trials, 11, 116-128.

EaST (1992): A Software Package for the Design and Interim Monitoring of Group Sequential Clinical Trials. MA: Cytel Software Cooperation, Cambridge.

FAILING, K.; VICTOR,N. (1981): Die Schätzung des benötigten Stichprobenumfangs für Therapie-Studien, wenn Erfolgsraten verglichen werden. Aus "Medizinische Informatik und Statistik", Therapiestudien, 26. Jahrestagung der GMDS Gießen, Springerverlag Berlin-Heidelberg.

FEIGL, P. (1978): A Graphical Aid for Determining Sample Size when Comparing two Independent Proportions. Biometrics, 34, 111-122.

FIELLER, E.C. (1940): The Biological Standardization of Insulin. J. of the Royal Statistical Society, Supplement, 7, 1-64.

FINNEY, D.J. (1964): Statistical Methods in Biological Assay (2nd ed.) Charles Griffin & Company Ltd., London.

FISHER, R.A. (1935): The Design of Experiments. Oliver and Boyd, Edinburgh.

FLACK, V.F.; EUDEY, T.L. (1993): Sample Size Determinations Using Logistic Regression with Pilot Data. Statistics in Medicine, 12, 1079-1084.

FLEISS, J.L. (1981): Statistical Methods for Rates and Proportions.(2nd ed.) John Wiley, New York.

FLEISS, J.L.; TYTUN, A.; URY, H.K. (1980): A Simple Approximation for Calculating Sample Sizes for Comparing Independent Proportions. Biometrics, 36, 343-346.

FOX, M. (1956): Charts of the Power of the F-Test. Ann. Math. Statist., 27, 484-497.

FREEDMAN, L.S. (1982): Tables on the Number of Patients Required in Clinical Trials Using the Logrank Test. Statistics in Medicine, 1, 121-129.

FREIMAN, J.A.; CHALMERS, T.C.; SMITH, H. jr.; KUEBLER, R.R. (1978): The Importance of Beta, the Type II Error and Sample Size in the Design and Interpretation of the Randomized Control Trial. N. Engl. J. Med., 299, 690-694.

FRICK, H. (1987): On Level and Power of Anderson-Hauck's Procedure for Testing Equivalence in Comparative Bioavailability. Comm. Statist.-Theory Meth., 16, 2771-2778.

FRICK, H. (1991): On Lachin's Formula for Sample Sizes of Survival Tests. Comm. Statist.-Theory Meth., 20 (7), 2267-2280.

FRICK, H. (1994): On Approximate and Exact Sample Size of Equivalence Tests for Binomial Proportions. Biom. J. 36, 7, pp. 841-854.

GAIL, M.H. (1973): The Determination of Sample Sizes for Trials Involving Several Independent 2 x 2 Tables. Journal for Chronic Diseases, 26, 669-673.

GAIL, M.H. (1974): Power Computations for Design of Comparative Poisson Trials. Biometrics, 30, 231-237.

GAIL, M.H. (1985): Applicability of Sample Size Calculations Based on a Comparison of Proportions for Use with the Logrank Test. Controlled Clinical Trials, 6, 112-119.

GAIL, M.H. (1994): Sample Size Estimation when Time-to-Event is the Primary Endpoint. Drug Information Journal 28, pp 865-877.

GAIL, M.H.; GART, J. (1973): The Determination of Sample Sizes for Use with the Exact Conditional Test in 2 x 2 Comparative Trials. Biometrics, 29, 441-448.

GARBE, E.; RÖHMEL J.; GUNDERT-REMY, U. (1993): Clinical and Statistical Issues in Therapeutic Equivalence Trials. Eur. J. Clin Pharmacol. 45, 1-7.

GEHAN, E.A. (1965): A Generalized Two-Sample Wilcoxon Test for Doubly Censored Data. Biometrika 52, 650-652.

GEORGE, S.L.; DSU, M.M. (1974): Planning the Size and Duration of a Clinical Trial Studying the Time to Some Critical Event. J. of Chronic Diseases, 27, 15-24.

GIBBONS, J.D. (1962): The Small-Sample Power of Some Nonparametric Tests. Ph. D. Dissertation, Virginia Polytechnic Institute, Blacksburg.

GIBBONS, J.D. (1964): On the Power of Two-Sample Rank Tests on the Equality of two Distribution Functions. J. Royal Stat. Soc., 26, 293-304.

GOVINDDARAJULU Z.; HAYHNAM, G.E. (1966): Exact Power of Mann-Whitney Test for Exponential and Rectangular Alternatives. Ann. Math. Statist., 37, 945-953.

GREENLAND, S. (1988): On Sample Size and Power Calculations Using Confidence Intervals. Amer. J. of Epidemiology, 128, 231-237.

GREENWOOD, M. (1926): The Natural Duration of Cancer. Reports on Public Health and Medical Subjects 33, 1-26, H.M. Stationary Office, London

GRIEVE, A.P. (1991): Confidence Intervals and Sample Size. Biometrics, 47 (4), 1597-1603.

GROSS, A.J.; CLARK, V.A. (1975): Survival Distributions: Reliability Applications in Biomedical Sciences. Wiley, New York.

HAGER, W.; MÖLLER, H. (1986): Tables and Procedures for the Determination of Power and Sample Sizes in Univariate and Multivariate Analyses of Variances and Regression. Biom. J., 28, 647-663.

HALPERIN, M.; ROGOT, E.; GURIAN, J.; EDERER, F. (1968): Sample Sizes for Medical Trials with Special Reference to Long-Term Therapy. Journal of Chronic Diseases, 21, 13-24.

HALPERN, J.; BROWN B.W. Jr. (1987): Cure Rate Models: Power of the Logrank and the Generalized Wilcoxon Tests. Statistics in Medicine 6, 483-489.

HARTUNG, J.; ELPELT, B.; KLÖSNER, K.-H. (1985): Statistik: Lehr- und Handbuch der angewandten Statistik. R. Oldenbourg Verlag, München.

HASEMAN, J.K. (1978): Exact Sample Sizes for Use with the Fisher-Irwin Test for 2 x 2 Tables. Biometrics, 34, 106-109.

HAUCK, W.W.; ANDERSON, S. (1986): A Comparison of Large-Sample Confidence Interval Methods for the Difference of Two Binomial Probabilities. The Amer. Stat. 40, 4, pp 318-322.

HAUSCHKE, D.; STEINIJANS, V.; DILETTI, E. (1990): A Distribution-free Procedure for the Statistical Analysis of Bioequivalence Studies. Int. J. Clin. Pharmacology Therapy and Toxicology, 28, 72-78.

HAUSCHKE, D.; STEINIJANS, V.; DILETTI, E.; BURKE, M. (1992): Sample Size Determination for Bioequivalence Assessment Using a Multiplicative Model. J. of Pharmacokinetics and Biopharmaceutics, 20, 5, 557-561.

HEISELBETZ, C.; EDLER, L. (1987): A Sample Size Program for "Proving the Null Hypothesis". Controlled Clinical Trials 8, 45-48.

HERRENDÖRFER, G.; BOCK, J. (1973): Beiträge zur Planung des Stichprobenumfanges. III. Planung des Stichprobenumfanges zum Vergleich von Regressionskoeffizienten im Falle der einfachen linearen Regression Modell I. Biom. Zeitschr. 15, 319-323.

HERRENDÖRFER, G.; BOCK, J.; RASCH, D. (1973): Beiträge zur Planung des Stichprobenumfanges. II. Zur Planung des Stichprobenumfanges für den Vergleich von k Mittelwerten bei hierarchischer Klassifikation. Biom. Zeitschr. 15, 411-415.

HERRENDÖRFER, G.; FEIGE, K-D. (1985): Tests in 2 x 2 Tafeln. Probleme der angewandten Statistik, Heft 14, Akad. d. Landwirtschaftswiss. d. DDR.

HILGERS, R.A. (1993): Approximate and Asymptotic Power of Double t-Test and its Mann-Whitney-Analog in Bioequivalence Testing. Preprint, submitted to Biometrical Journal.

HINTZE, J. (1991): NCSS-PASS, Number Cruncher Statistical System - Power Analysis and Sample Size. Kaysville, Utah 84037.

HIRJI, K.F.; TANG, M.L.; VOLLSET, S.E.; ELASHOFF, R.M. (1994): Efficient Power Computation for Exact and MID-P Tests for the Common Odds Ratio in Several 2x2 Tables. Statistics in Medicine 13, 1539-1549.

HORN, M.; VOLLANDT, R. (1995): Multiple Tests uns Auswahlverfahren. Gustav Fischer Verlag, Stuttgart, Jena.

HOTHORN, L. (1992): Sample Size Estimation for Several Trend Tests in the k-Sample Problem. in: Computational Statistics, Vol. 2, Proceedings of the 10th Symposium on Computational Statistics, Physica-Verlag.

HSIEH, F.Y. (1989): Sample Size Tables for Logistic Regression Statistics in Medicine, 8, 795-802

HSIEH, F.Y. (1991): SSIZE: a Sample Size Program for Clinical and Epidemiological Studies. American Statistician, 45, 338

HSU, J.C. (1989): Sample Size Computation for Designing Multiple Comparison Experiments. Computational Statistics and Data Analysis 7, 79-91.

HUDSON, J.D. Jr.; KRUTCHKOFF, R. G. (1968): A Monte Carlo Investigation of the Size and Power of Tests Employing Satterthwaite's Synthetic Mean Squares. Biometrika, 55, 431.

HUGH, R.B.; LE, C.T. (1984): Confidence Estimation and the Size of a Clinical Trial. Controlled Clinical Trials, 5, 157-163.

IMMICH, H. (1982): Wie viele Patienten benötigt eine Therapiestudie. Münch. med. Wschr., 125, 11-14.

JÖCKEL, K.-H. (1979): Sample Size Determination by Simulation. EDV in Medizin und Biologie, 10, 58-61.

KASTENBAUM, M.A.; HOEL, D.G.; BOWMAN, K.O. (1970): Sample Size Requirements: Randomized Block Designs. Biometrika, 57, 573-577.

KRAMER, M.; GREENHOUSE, S.W. (1959): Determination of Sample Size and Selection of Cases. In: Psychopharmacology: Problems in Evaluation. J. O. Cole and R. W. Gerard (eds.), National Academy of Sciences, National Research Council, Washington, D. C., Publication 583, 356-371.

KREWSKI, D.; JUNKINS, B. (1981): Sample Size Determination for the Interval Estimation of the Mean or Median of a Distribution. Journal of Statistical Computation and Simulation, 13, 169-179.

LACHENBRUCH, P.A. (1992): On the Sample Size for Studies Based upon McNemar's Test. Statistics in Medicine, 11, 1521-1525.

LACHIN, J.M. (1977): Sample Size Determinations for r x c Comparative Trials. Biometrics, 33, 315-324.

LACHIN, J.M. (1981): Introduction to Sample Size Determination and Power Analysis for Clinical Trials. Controlled Clinical Trials, 2, 93-113.

LACHIN, J.M. (1992): Power and Sample Size Evaluation for the McNemar Test with Application to Matched Case-Control Studies. Statistics in Medicine, 11, 1239-1251

LACHIN, J.M.; FOULKES, M.A. (1986): Evaluation of Sample Size and Power for Analyses of Survival with Allowance for Nonuniform Patient Entry, Losses to Follow-up, Noncompliance, Stratification. Biometrics, 42, 507-519.

LÄUTER, J. (1978): Sample Size Requirements for the T^2-Test of MANOVA (Tables for One-Way Classification). Biom. J., 20, 389-406.

LAKATOS, E. (1986): Sample Sizes for Clinical Trials with Time-Dependent Rates of Losses and Noncompliance. Controlled Clinical Trials, 7, 189-199.

LAKATOS, E. (1988): Sample Size Based on the Logrank Statistic in Complex Clinical Trials. Biometrics, 44, 229-241.

LAKATOS, E.; LAN K.G.G. (1992): A Comparison of Sample Size Methods for the Logrank Statistics. Statistics in Medicine 11, 179-191.

LEBEL, M.H.; HOYT, M.J.; WAAGNER, D.C.; ROLLINS, N.K.; FINITZO, T.; McCRACKEN, G.H. (1989): Magnetic Resonance Imaging and Dexamethasone Therapy for Bacterial Meningitis. AJDC 143, 301-306.

LEE, A.F.S. (1992): Optimal Sample Sizes Determined by Two-Sample Welch's Test. Commun. Statist.-Simula. 21(3), 689-696.

LEMESHOW, S.; HOSMER, D.W.; KLAR, J.; LWANGA, S.K. (1990): Adequacy of Sample Size in Health Studies. J. Wiley and Sons, Chiquester, New York

LESAFFRE, E.; SCHEYS, I.; FRÖHLICH, J.; BLUHMKI, E. (1993): Calculation of Power and Sample Size with Bounded Outcome Scores. Statistics in Medicine, 12, 1063-1078

LIU, J. ; CHOW, S.C. (1992): Sample Size Determination for the Two One-sided Test Procedure in Bioequivalence J. Pharmacokinetics and Biopharmacy, 20, 101-104

LIU, J.-P.; WENG, C.-S. (1994): Evaluation of Log-Transformation in Assessing Bioequivalence. Commun. Statist.-Theory Meth. 23, 421-434.

LORENZ, R.J. (1996): Grundbegriffe der Biometrie, 4. Aufl. Gustav Fischer Verlag, Stuttgart.

LUI, K.J. (1991): Sample Size for Repeated Measurements in Dichotomeous Data. Stat. in Medicine, 10, 463-472.

MACE, A.E. (1964): Sample Size Determination. Reinhold Publ. Comp., New York.

MACHIN, D.; CAMPBELL, M.J. (1987): Statistical Tables for the Design of Clinical Trials. Blackwell Scientific Publications, Oxford.

MAKUCH, R.W.; SIMON, R.M. (1978): Sample size requirements for evaluating a conservative therapy. Cancer Treatment Reports, 62, 1037-1040.

MANDALLAZ, D.; MAU, J. (1981): Comparison of Different Methods for Decision Making in Bioequivalence Assessment. Biometrics, 37, 213-222.

MARRE, M.; LEBLANC, H.; SUAREZ, L.; GUYENNE, T.T.; MENARD, J.; PASSA, P. (1987): Converting Enzyme Inhibition and Kidney Function in Normotensive Diabetic Patients with Persistent Microalbuminuria. Brit. Med. J. 294, 1448-1452.

MAU, J. (1988): A Statistical Assessment of Clinical Equivalence. Statistics in Medicine, Vol. 7, 1267-1277.

McHUGH, R.B.; CHAP, T.L. (1984): Confidence Estimation and the Size of a Clinical Trial. Controlled Clinical Trials, 5, 157-163.

McDONALD, L.L.; DAVIS, B.M.; MILLIKEN, G.A. (1977): A Nonrandomized Unconditional Test for Comparing Two Proportions in 2 x 2 Contingency Tables. Technometrics, 19, 145-150.

MENCHACA, M.A. (1974): Tables of Determination of Sample Size in One-way Analysis of Variance and Randomized Block Designs. Cuban. J. Agric. Sci., 8, 2.

METZLER, C.M. (1974): Bioavailability – a Problem in Equivalence. Biometrics 30, 309-317.

MIETTINEN, O.S. (1968): The Matched Pairs Design in the Case of All-or-None Response. Biometrics, 24, 339-352.

MOUSSA, M.A.A. (1988): Planning the Size of Survival Time Clinical Trials with Allowance for Patients Noncompliance. Statistics in Medicine, 7, 559-569.

MOUSSA, M.A.A. (1990): Planning the Size of Clinical Trials with Allowance for Patients Noncompliance. Meth. of Inform. in Medicine, 29, 3, 243-246.

MÜHLHAUS, K.; BOCK, J. (1989): Mütterliche Serum-AFP Bestimmung im 2. Trimenon: Eine geeignete Screeningmethode zur Erkennung von Feten mit Morbus Down Syndrom bei jungen Frauen. J. Geburtsh. u. Perinat. 193 , 1-5.

MULLER, K.E.; LAVANGE L.M.; LANDESMAN-RAMEY, S.; RAMEY, C.T. (1992): Power Calculations for General Linear Multivariate Models Including Repeated Measures Applications. J. Amer. Stat. Ass., 87, 1209-1226.

MÜLLER-COHRS, J. (1990): The Power of the Anderson-Hauck's Test and the Double t-Test. Biom. J., 32, 259-266.

MUNOZ, A.; ROSNER, B. (1984a): Power and Sample Size for a Collection of a 2 x 2 Tables. Biometrics, 40, 995-1004.

MUNOZ, A.; ROSNER, B. (1984b): Correction to "Power and Sample Size for a Collection of a 2 x 2 tables". Biometrics, 40, 995-1004.

NAM, J. (1987): A Simple Approximation for Calculating Sample Sizes for Detecting Linear Trend in Proportions. Biometrics, 43, 701-705.

NEISS, A. (1982): Wie viele Patienten braucht man für eine Therapiestudie? - Statistik (Auszug). Münch. Med. Wschr., 124, 444-446.

NOETHER. G.E. (1987): Sample Size Determination for Some Common Nonparametric Tests. J. of the Amer. Stat. Assoc., 82, 398, 645-647.

ODEH, R.E.; FOX, M. (1975): Sample Size Choice. New York: Dekker.

O'BRIAN (1986): Power Analysis for Linear Models. SAS Users Group International Conference Proceedings, 915-922

PALTA, M.; AMINI, S.B. (1985): Consideration of Covariates and Stratification in Sample Size Determination for Survival Studies. J. of Chronic Diseases, 38, 801-809.

PALTA, M.; McHUGH, R. (1979): Adjusting for Losses to Follow-up in Sample Size Determination for Cohort Studies. J. of Chronic Diseases, 32, 315-326.

PASTERNACK, B.S. (1972): Sample Sizes for Clinical Trials Designed for Patient Accrual by Cohorts. Journal of Chronic Diseases, 25, 673-681.

PASTERNACK, B.S.; GILBERT, H.S. (1971): Planning the Duration of Long-Term Survival Studies Designed for Accrual by Cohorts. J. of Chronic Diseases, 24, 681-700.

PATNAIK, P.B. (1948): The Power Function of the Test for the Difference Between two Proportions in a 2 x 2 Table. Biometrika, 35, 157-175.

PEARSON, E.S.; HARTLEY, H.O. (1951): Charts of the Power Function of the Analysis of Variance Tests, Derived from the Non-Central F-Distribution. Biometrika, 38, 112-130.

PEARSON, E.S.; HARTLEY, H.O.(ed). (1962): Biometrika Tables for Statisticians, Vol. 1, 2nd ed.. Cambridge University Press.

PHILLIPS, K.E. (1990): Power of the Two One-Sided Tests Procedure in Bioequivalence. J. Pharmacokin. Biopharm, 18, 137-144.

RALPHS, V. (1986): Programm N zur Berechnung von Stichprobenumfängen. IDV-Datenanalyse und Versuchsplanung, Gauting.

RASCH, D.; HERRENDÖRFER, G.; BOCK, J. (1972): Beiträge zur Planung des Stich-probenumfanges. I. Zur Planung des Stichprobenumfanges für den Vergleich von k Behandlungen mit einer Kontrolle. Biom. Zeitschr. 14, 101-105.

RASCH, D.; HERRENDÖRFER, G.; BOCK, J.; BUSCH, K. (1978): Verfahrensbibliothek Versuchsplanung und -auswertung, BD: I,II VEB Dt. Landwirtschaftsverlag, Berlin.

RASCH, D.; HERRENDÖRFER, G.; BOCK, J.; BUSCH, K. (1980): Verfahrensbibliothek Versuchsplanung und -auswertung, BD: III VEB Dt. Landwirtschaftsverlag, Berlin.

RASCH, D.; HERRENDÖRFER, G.; BOCK, J.; GUIARD, V.; VICTOR, N (1996): Verfahrens-bibliothek Versuchsplanung und -auswertung, Bd.I. Oldenburg Verlag, München.

RASCH, D.; GUIARD, V.; NÜRNBERG, G. (1992): Statistische Versuchsplanung – Ein-füh-rung in die Methoden und Anwendung des Dialogsystems CADEMO. Gustav Fischer Verlag Stuttgart, Jena, New York.

RODARY, C.; COM-NOGUE, C.; TOURNADE, M.F. (1989): How to Establish Equivalence Between Treatments: a One-Sided Clinical Trial in Paediatric Oncology. Statistics in Medicine 8, 593-598.

RODDA, B.E.; DAVIS, R.L. (1980): Determining the Probability of an Important Diffe-rence in Bioavailability. Clin. Pharmacol. Ther., 28, 247-252.

ROTTON, J.; SCHÖNEMANN, P.H. (1978): Power Tables for Analysis of Variance. Educ. Psychol. Measurements, 38, 213-229.

ROYSTONE, P. (1993): Exact Conditional and Unconditional Sample Size for Pair-Matched Studies with Binary Outcome: A Practical Guide. Statistics in Medicine, 12, 699-712.

RUBINSTEIN, L.V.; GAIL, M.H.; SANTNER, T.J. (1981): Planning the Duration of a Com-parative Clinical Trial with Loss to Follow-up and a Period of Continued Observation. J. of Chronic Diseases 34 469-479.

SAHAI,H.; KURSCHID, A. (1996): Formulae and Tables for the Determination of Sample Sizes and Power in Clinical Trials for Testing Differences in Proportions for the Two-Sample Design: a Review. Statistics in Medicine, 15, 1-21.

SATTERTHWAITE, F.W. (1946): An Approximate Distribution of Estimates of Variance Components. Biometrics Bulletin 2, 110-114.

SAYN, H.; MERKEL, W. (1989): Statistical Software for Sample Size Estimation, Power, Design Power and IFNS. Stat. Software Newsletter, 15, 2, 56-59.

SCHLESSELMAN, J.J. (1982): Case-Control-Studies: Design, Conduct, Analysis. Oxford University Press, New York.

SCHNEIDERMANN, M.A. (1964): The Proper Size of a Clinical Trial: "Grandma's Strudel" Method. The J. of New Drugs, 4, 3-11.

SCHOENFELD, D.A. (1981): The Asymptotic Properties of Nonparametric Tests for Comparing Survival Distributions. Biometrika,68, 316-319.

SCHOENFELD, D.A. (1983): Sample-Size Formula for the Proportional-Hazards Regression Model. Biometrics, 39, 499-503.

SCHOENFELD, D.A.; RICHTER, J.R. (1982): Nomograms for Calculating the Number of Patients Needed for a Clinical Trial with Survival as an Endpoint. Biometrics, 38, 163-170.

SCHORK, M.A.; REMINGTON, R.D. (1967): The Determination of Sample Size in Treatment Control Comparisons for Chronic Disease Studies in which Drop-out or Non-Adherence is a Problem. J. of Chronic Diseases, 20, 223-239.

SCHOUTEN, H.J.A.; MOLENAAR, I.W.; STRIK, R. van; BOOMSMA, A. (1980): Comparing Two Independent Binomial Proportions by a Modified Chi Square Test. Biom. J., 22, 241-248.

SCHUBIGER, G.; TÖNZ, O.; GRÜTER, J.; SHEARER, M.J. (1993): Vitamin K_1 Concentration in Breast-Fed After Oral or Intramuscular Administration of a Single Dose of a New Mixed-Micellar Preparation of Phylloquinone. J. of Pediatric Gastroenterology and Nutrition 16, 435-439.

SCHUIRMANN, D.J. (1987): A Comparison of the Two One-Sided Tests Procedure and Power Approach for Assesssing the Equivalence of Average Bioavailability. J. Pharmacokinet., Biopharm, 20, 657-680.

SCHUIRMANN, D.J. (1990): Confidence Intervals for the Ratio of Two Means from a Crossover Study. Proc. 1989 of the Biopharm. Sect., Amer. Stat. Ass., 121-126.

SCHUMACHER, M. (1981): Power and Sample Size Determination in Survival Studies with Special Regard to the Censoring Mechanism. Meth. Inform. Med. 20, 110-115.

SENN, S. (1993): Cross-over Trials in Clinical Research. John Wiley and Sons, Chichester, New York, Brisbane, Toronto, Singapore.

SHUSTER, J.J. (1993a): Practical Handbook of Sample Size Guidelines for Clinical Trials CRC Press Inc., Boca Raton, Florida

SHUSTER, J.J. (1993b): Fixing the Number of Events in Large Comparative Trials With Low Event Rates: A Binomial Approach. Controlled Clinical Trials, 14, 198-208.

SILLITO, G.P. (1949): Note on Approximations to the Power Function of the "2 x 2 Comparative Trial". Biometrika, 36, 347-352.

SISON, C.P.; GLAZ., J. (1995): Simultaneous Confidence Intervals and Sample Size Determination for Multinomial Proportions. J. Amer. Stat. Assoc. 90(429), 366-369.

SUISSA, S.; SHUSTER, J.J. (1985): Exact Unconditional Sample Sizes for the 2x2 Binomial Trial. J. of the Royal Statistical Society, Series A, 148, 317-327.

SUISSA, S.; SHUSTER, J.J. (1991): The 2x2 Matched Pairs Trial: Exact Unconditional Design and Analysis. Biometrics, 47, 361-372.

TANG, P.C. (1938): The Power Function of the Analysis of Variance Tests with Tables and Illustrations of Their Use. Stat. Res. Mem., 2, 126-149.

TARONE, R.E.; WARE, J. (1977): On Distribution-Free Tests for Equality of Survival Distributions. Biometrika 64, 156-160.

TAYLOR, D.J.; MULLER, K.E. (1995): Computing Confidence Bounds for Power and Sample Size of the General Linear Univariate Model. The American Statistician 49 (1), 43-47.

THOMAS, R.G.; CONLON, M. (1992): Sample Size Determination Based on Fisher's Exact Test for Use in 2x2 Comparative Trials with Low Event Rates. Controlled Clinical Trials, 13, 134-147.

THÖNI, H. (1983): Optimale Aufteilung des Stichprobenumfanges zum Vergleich von s Standard- mit t Testbehandlungen. EDV in Medizin und Biologie, 14, 95-97.

TIKU, M.L. (1967): Tables of the Power Function of the F-Test. J. Amer. Statist. Assoc., 62, 525-539.

TIKU, M.L. (1972): More Tables of the Power of the F-Test. J. Amer. Statist. Assoc., 67, 709-710.

TOUTENBURG, H. (1992): Moderne nichtparametrische Verfahren der Risikoanalyse. Physica-Verlag, Heidelberg.

TUKEY, J.W. (1953): The Problem of Multiple Comparisons. Unpublished manuscript, cited by HSU (1989).

UPTON, G.J.G. (1982): A Comparison of Alternative Tests for 2 x 2 Comparative Trials. J. Royal Statist. Soc A 145, 86-105.

URY, H.K. (1981): Continuity-Corrected Approximations to Sample Size of Power when Comparing two Proportions: Chi Squared or Arc Sine? The Statistician, 30, 199-203.

WALSH, J.E. (1949): On the Power Function of the "Best" Solution of the Behrens-Fisher Problem. Ann. Math. Statistics, 20 (4), 616-618.

WALTER, S.D. (1980): Large Sample Formulae for the Expected Number of Matches in a Category Matched Design. Biometrics, 36, 285-291.

WELCH, B.L. (1947): The Generalization of Student's Problem when Several Different Population Variances are Involved. Biometrika 34, 28-35.

WELLEK, S. (1991): Zur Formulierung und optimalen Lösung des Bioäquivalenznach-weis-Problems in der klassischen Theorie des Hypothesentestens. Biometrie in der chemisch-pharmazeutischen Industrie 5. G.Fischer Verlag Stuttgart.

WESTLAKE, W.J. (1972): Use of Confidence Intervals in Analysis of Comparative Bio-availability Trials. J. Pharm. Sci., 61, 1340-1341.

WESTLAKE, W.J. (1976): Symmetrical Confidence Intervals for Bioequivalence Trials. Biometrics, 32, 741-744.

WESTLAKE, W.J. (1979): Statistical Aspects of Comparative Bioavailability Trials. Biometrics, 35, 273-280.

WESTLAKE, W.J. (1981): Response to Bioequivalence Testing – a Need to Rethink. Biometrics 32, 741-744.

WESTLAKE, W.J. (1988): Bioavailability and Bioequivalence of Pharmaceutical For-mulations, in Peace, K.E. (ed.) Biopharmaceutical Staistics for Drug Development. Marcel Dekker, New York.

WHITEHEAD, J. (1986): Sample Sizes for Phase II and Phase III Clinical Trials: An Integrated Approach. Statistics in Medicine, 5, 459-464.

WHITEHEAD, J. (1993): Sample Size Calculations for ordered Categorical Data. Stati-stics in Medicine, 12, 2257-2271.

WOOLSON, R.F.; BEAN, J.A.; ROJAS, P.B. (1986): Sample Size for Case-Control Studies Using Cochran's Statistic. Biometrics, 42, 927-932.

WRIGHT, S.; O'BRIAN (1988): Power Analysis in an Enhanced GLM Procedure: What it Might Look Like. SAS Users Group International Conference Proceedings, 1097-1100.

WU, M.; FISHER, M.; DeMETS, D. (1980): Sample Sizes for Long-Term Medical Trial with Time-Dependent Dropout and Event Rates. Controlled Clinical Trials, 1, 109-121.

YATES, F. (1934): Contingency Tables Involving Small Numbers and the χ^2-Test. Suppl. to J. Royal Statist. Soc. 1, 217-235.

Verzeichnis der Beispiele

Verzeichnis der Abbildungen

Sachverzeichnis

Symbole/Bezeichnungen

n, n_i	Umfänge von Einzelstichproben (sample sizes),
	Gruppenumfänge (group sizes)
N	Gesamtumfang (total size)
df	Anzahl Freiheitsgrade (degrees of freedom)
Δ	entdeckbare Differenz, entdeckbarer Quotient bei Tests
	(difference, ratio detectable by tests),
	zulässige Differenz bei Schätzungen
	(admissible difference for estimates)
c	standardisierte Differenz (standardized difference)
δ	Äquivalenzschranke (equivalence limit)
$Pr(A),\ P(A)$	Wahrscheinlichkeit von A (probability of A)
p_i	Wahrscheinlichkeiten (probabilities)
$\hat{p}_i$	Schätzungen von Wahrscheinlichkeiten (probability estimates)
ϑ	Parameter (parameter)
$\hat{\vartheta}$	Schätzung des Parameters (estimate of the parameter) ϑ
μ	Populationsmittel (population mean)
$\overline{y}$	Stichprobenmittel (sample mean)
$\tilde{y}$	Stichprobenmedian (sample median)
σ^2	Populationsvarianz (population variance)
σ	Standardabweichung in der Population
	(population standard deviation)
s^2	geschätzte Varianz, Stichprobenvarianz
	(estimated variance, sample variance)
s	geschätzte Standardabweichung
	(estimated standard deviation)
u	normalverteilte Zufallsvariable
	(normally distributed random variable)
$B(N, p)$	Binomialverteilung (binomial distribution)
$N(\mu, \sigma^2)$	Normalverteilung (normal distribution)

$\Phi(u)$ — Verteilungsfunktion der Standardnormalverteilung (cumulative distribution function of the standard normal distribution)

$F(t)$ — Verteilungsfunktion von t (cumulative distribution function of t)

$f(t)$ — Dichtefunktion von t (density function of t)

$E(t)$ — Erwartungswert von t (expectation of t)

u_P — P-Quantil der Standardnormalverteilung (P-quantile of the standard normal distribution)

$t_{P,df}$ — P-Quantil der t-Verteilung mit df Freiheitsgraden (P-quantile of Students distribution with df degrees of freedom)

$\chi^2_{P,df}$ — P-Quantil der χ^2-Verteilung mit df Freiheitsgraden (P-quantile of the χ^2-distribution with df degrees of freedom)

$F_{P,dfz,dfn}$ — P-Quantil, F-Verteilung mit dfz und dfn Freiheitsgraden (P-quantile, F-distribution with dfz and dfn degrees of freedom)

nc — Nichtzentralitätsparameter (noncentrality parameter)

λ — Hazardrate oder Parameter einer Poissonverteilung (hazard rate or parameter of the Poisson distribution)

$S(t)$ — Survivalfunktion (survival function)

γ_i — Regressionskoeffizient (regression coefficient)

$\hat{\gamma}_i$ — geschätzter Regressionskoeffizient (estimated regression coefficient)

ρ — Korrelationskoeffizient (correlation coefficient)

r — geschätzter Korrelationskoeffizient (estimated correlation coefficient)

t_{krit}, F_{krit} — kritischer Wert eines Tests (critical value of a test)

$\Leftrightarrow$ — äquivalent zu (equivalent to)